개정판

영양판정

NUTRITIONAL ASSESSMENT

P r e f a c e

머리말

2016년 출간한 〈영양판정〉은 식사조사, 신체계측, 생화학적 조사, 임상조사의 기본적인 영양판정의 이론과 더불어 실습이나 실험의 비중이 큰 영양판정의 특징을 살려, 각 판정방법의 이론을 충실히 서술했을 뿐 아니라, 각 장에 연습문제를 두어 습득한 이론을 응용하고, 현장에서 실무에 활용할 수 있게 하였다. 더불어, 연령 중 가장 영양에 취약할 수 있는 어린이와 노인에 대한 영양판정과 만성질환에 대한 영양판정 부분을 따로 둠으로써 영양취약가능집단에 대한 영양판정을 강조하였다. 또한 임상영양연구를 위해서 자료를 분석하고 해석하기 위한 통계부분을 충실히 보강하여 영양판정연구에 활용할 수 있도록 하였다.

책이 출간되고 5년이 지나는 동안에 한국인 영양섭취기준이 개정되었고, 국민건강영양조사 결과도 업데이트가 되는 등 다양한 자료들이 발표되었다. 본 개정판에서는 2020년 개정된 한국인 영양소 섭취기준과 각 통계자료의 최근 데이터를 반영하여 최신 정보를 제공하도록 노력하였다 그동안 본서를 교재로 이용해주신 여러 교수님과 학생들께 감사드리며, 2판도 잘 활용해 주시길 부탁드린다.

저자들은 본 교재가 식품영양학을 전공하는 학생들에게 기존의 영양사 자격을 위한 기본 교재로 사용될 뿐만 아니라 다양한 영양 조사에 활용할 수 있는 기본 지식을 갖추는 데 적극 활용되고, 식품영양학 전공자뿐 아니라 보건소, 병원, 학교, 사회복지시설, 어린이급식관리지원센터 등에서 영양사, 의사, 간호사, 건강관리사, 사회복지사 등 의료보건 전문인들도 참고할 수 있을 것으로 기대한다.

본 저서의 2판이 나오기까지 애써 주신 파워북 출판사 여러분께 진심으로 감사의 말씀을 전한다.

2021년 8월

저자 일동

C o n t e n t s

차례

Chapter 02 식사섭취조사

Chapter 03 식사섭취평가

Chapter 08 통계

부록

산업이 발달하고 인구가 고령화됨에 따라 예전의 감염성질환이나 영양결핍의 문제보다 영양과잉, 만성질환이 더욱 문제가 되고 있는 현대사회에서 영양결핍이나 영양과잉은 모두 영양불량으로 구분된다. 영양상태가 건강에 직접적인 관련이 있고 바람직한 영양상태가 질병 예방은 물론 질병치료에까지 영향을 미치고 있다. 개인이나 집단의 영양상태를 정확하게 진단하고 판정하는 것은 영양수준을 향상시켜 건강을 유지하는 중요한 절차이다. 영양판정방법의 장 · 단점과 특성을 이해하고 적절한 영양판정도구를 이용함으로써 건강증진을 도모할 수 있다.

Chapter

01

영양판정의 개요 및 계획

1. 영양판정의 개요 | 2. 영양판정체계

3. 영양판정방법 | 4. 영양불량단계 | 5. 영양판정 계획

6. 영양판정 계획 시 고려할 점

7. 영양판정기준치

Chapter 01

Nutritional Assessment

영양판정의 개요 및 계획

영양판정의 개요

영양판정의 의의

19세기 후기에서 20세기 초의 영양문제는 감염성질환과 영양결핍의 문제가 주된 이유였으나, 20세기 중기부터의 영양문제는 위생 및 건강관리의 개선, 깨끗한 식수공급 등이 이루어짐에 따라 변화되고 있다. 최근에는 평균수명 증가, 생활의 질 상승, 신체활동 감소 및 식품의 과잉공급이 증가하고 있으며, 고지방과 알코올의 섭취가 늘어나고, 복합당과 섬유소의 소비가 감소됨에 따라 여러 가지 만성질병이 많아지고 있다. 좋은 영양상태와 적절한 영양관리는 건강한 생활을 영위하게 해주며 질병 예방과 적절한 치료의 기초가 된다. 영양판정은 적절한 영양관리를 위해 반드시 필요하며, 이를 통한 영양교육 및 영양상담이 현대인의 건강관리를 위해서 매우 중요하다. 따라서 여러 가지 영양판정방법의 특성과 장·단점을 이해하여 대상자에 맞는 적절한 영양판정을 실시함으로써 영양문제를 가진 사람을 선별하고, 특히 임신부, 영유아, 어린이, 입원환자, 노인 등 특정대상집단에 맞는 적절한 중재 프로그램을 계획, 시행, 평가하여야 한다.

영양판정의 정의와 목적 영양판정nutrition assessment이란 개인이나 집단의 영양소 섭취상태를 식사섭취조사dietary assessment, 신체계측조사anthropometric assessment, 생화학조사biochemical assessment, 임상조사clinical assessment로부터 조사하여 영양상태에 대한 평가를 하는 과정을 말한다. 영양판정의 목적은 질병을 예방하고 건강을 증진시키는 것으로 구체적인 목표는 ① 영양상태를 파악하여 문제를 찾아내서 영양적으로 위험에 있는 사람을 선별한다, ② 영양문제 해결을 위한 영양중재 프로그램 계획에 필요한 정보를 얻는다, ③ 효율적인 영양중재를 계획하고 시행하여 효과를 평가하거나 사후관리함으로써 영양상태와 건강상태를 증진시킨다이다.

영양판정의 적용 영양판정의 결과는 여러 영역에서 적용될 수 있으며, 다음과 같다. ① 국가 단위로 국민의 영양상태 파악 및 국가의 영양정책, 건강사업 수립에 중요한 근거자료가 된다. ② 지역사회의 보건소, 학교, 산업체 등에서 영양 지원사업의 계획, 실행 및 효과평가를 위해 이용된다. ③ 환자의 영양판정자료를 평가함으로써 영양불량 여부와 환자의 적절한 영양관리를 위한 영양처방 및 영양교육효과를 평가하여 질병회복과 비용감면 등의 혜택을 제공한다. ④ 식사와 질병의 상관성을 분석하고 식사지침을 제안하는 등의 영양역학연구에 이용된다.

영양판정체계

영양판정의 체계로는 영양조사, 영양감독, 영양선별 및 검색, 영양중재 등의 4가지가 있다.

영양조사

영양조사surveys는 인구집단의 식사섭취를 횡단적으로 조사하여 영양상태를 판정하는 방법이다. 영양조사결과를 토대로 특정지역의 기초적이고 전반적인 영양상태를 파악하고 그 지역의 만성적 영양문제를 파악하여 영양적 취약집단을 선별하는 방법이다. 횡단적으로 이루어지므로 영양불량의 원인을 파악하기는 어렵고 급성영양불량도 확인하기 어렵지만 영양적 취약집단 분류가 가능해 지역주민 전체의 영양증진 정책과 영양 지원사업을 수행할 수 있다.

영양감독

영양감독surveillance은 영양취약집단 또는 영양중재 참가집단의 영양상태를 정기적으로 장기간 조사 점검하여 관리, 감독하는 것이다. 특히, 개인을 대상으로 영양감시를 하는 경우 영양모니터링nutrition monitoring이라는 용어를 사용하며, 횡단적인 조사와는 달리 종단적 형태의 영양감독, 영양모니터링은 영양불량의 원인규명이 가능하고 영양중재 방향을 세우는 데 도움이 된다.

영양선별 및 검색

영양선별검사nutrition screening는 영양조사결과에 의해 영양중재를 필요로 하는 영양불량 대상자를 짧은 시간에 선별하기 위해 대상자의 영양상태를 간략하게 평가하는 것으로서 측정이 간단하고 비용이 적게 들어 효율적인 방법이다. MNAMini Nutritional Assessment, 노인을 위한 DETERMINE 등이 사용되고 있다.

영양중재

영양중재nutrition intervention는 영양조사, 영양선별 및 검색 등을 통해 선별된 영양불량대상에게 영양보충, 식사상담, 강화식품 사용 등 영양치료를 함으로써 영양상태가 향상되도록 하는 것이다. 영양판정 후의 적절한 판단을 통한 영양중재와 중재

효과 판정을 위한 모니터링이 필요하다.

영양판정방법

영양판정방법으로 크게 신체계측조사anthropometric assessment, 생화학조사biochemical assessment, 임상조사clinical assessment, 식사섭취조사dietary assessment 등의 4가지 직접평가가 있고, 이를 줄여 영양상태 판정방법의 ABCD라고 한다. 또한, 직접적 영양상태가 아닌 영양상태에 영향을 주는 사회경제적 상태, 건강상태, 문화적 전통, 종교 등 환경생태요인을 조사하는 간접평가가 있다.

신체계측조사

신체계측조사anthropometric assessment는 신체의 크기와 신체조성을 측정하여 이로부터 여러 신체지수를 산출한 후 기준치와 비교하고 평가하여 영양상태를 판정하는 방법이다. 특히, 성장이 활발한 시기에 있어서의 영양상태는 신체의 성장, 신체조성 등에 중요한 영향을 미치므로 성장기 영양상태를 판정하는 데 중요한 방법이다. 체중, 신장, 상완위, 피부두겹두께, 체지방 등을 주로 측정하며 영양섭취결과가 체위에 영향을 미치기 위해서는 오랜 기간이 걸리므로, 신체계측조사는 최근의 영양섭취에 대한 평가보다는 과거의 장기간에 걸친 영양상태를 반영하여 예민도가 낮다고 할 수 있다.

생화학조사

생화학조사biochemical assessment는 혈액, 소변, 조직 등에서 영양소나 대사산물을 측정하거나 효소활성도, 면역기능 등을 분석하고, 이러한 성분들과 영양상태와의 관련성에 대해 검사하는 방법이다. 크게 직접검사법static biochemical tests과 기능검사법functional tests으로 나눌 수 있는데, 직접검사법은 혈액이나 조직에 존재하거나 소변으로 배설되는 영양소 또는 그 대사산물을 직접 측정하는 방법이다. 이 방법은 비교적 영양 결핍 초기의 결핍 정도를 파악할 수 있다. 기능검사법은 기능적인 생화학적 · 생리적 검사법으로서 영양 결핍의 마지막단계를 판정하는 데 이용된다. 예를 들면, 특정영양소가 필요한 효소의 활성 등을 측정하는 방법은 그 영양소의 적절한 수준을 파악하는 데 유용하다. 생화학조사는 임상에서 환자를 대상으로 단시간에 영양치료의 효과를 판정하거나 영양불량의 정도를 알아내는 데 유용하며, 다른 영양판정방법에 비해 객관적이고 정량적인 방법이다.

임상조사

임상조사clinical assessment는 전문가를 통해 영양불량상태와 관련된 임상적 징후를 판별하는 방법이다. 이러한 신체 징후는 보통 비특이적이고, 영양 결핍이 많이 진행된 심각한 단계에서만 판정이 가능하므로 예민도가 낮다. 따라서 임상조사만으로 영양상태를 판정하기는 어려우므로 다른 여러 조사방법과 함께 병행해서 실시해야 한다.

식사섭취조사

식사섭취조사dietary assessment는 대상자가 섭취한 식품의 종류와 양을 조사하고 이를 영양소섭취량으로 환산하여 기준치와 비교함으로써 식품과 영양소 섭취상태를 평가하는 것이다. 영양불량의 초기 단계 판별이 가능하고 개인을 대상으로 하는 24시간 회상법24hr recall, 식품섭취빈도법food frequency questionnaire, 식사력diet history 등의 방법, 가구를 대상으로 하는 식품계정법food account, 식품목록회상법food list-recall 등이 있으며, 국가단위의 식품수급표도 있으므로 사용 목적에 맞는 적합한 방법의 선택이 필요하다.

환경생태조사

영양상태를 조사할 때, 개인이나 집단의 영양상태에 영향을 미칠 수 있는 다양한 생태환경적인 요인을 조사하는 것이 필요한데, 이것이 바로 환경생태조사 ecological factors assessment이다. 예를 들면, 가족구성, 교육 정도, 경제적 상태, 직업 유무, 문화적 전통, 종교, 인종 등의 여러 요인들이 식사섭취에 중요한 영향을 미치기 때문에, 조사 목적에 따라 적절한 환경생태적인 요인을 조사하는 것이 필요하다. 이는 이전에 설명한 다른 평가방법에 비해 간접적인 평가방법이다.

영양불량단계

영양불량malnutrition은 여러 가지 형태가 있으며 제리프Jelliffe는 다음과 같이 4가지로 분류하였다.

영양부족

영양부족undernutrition은 장기간에 걸쳐 여러 가지 영양소 공급이 활발하지 않았거나 체내에서 이용되지 못하여 발생하는 영양불량을 말한다.

영양과잉

영양과잉overnutrition은 장기간에 걸쳐 영양소가 과잉으로 체내에 공급되면서 나타나는 영양불량을 말한다.

영양소 결핍증

영양소 결핍증specific nutrient deficiency은 특정 영양소의 섭취가 부족하거나 체내에서 이용되지 못하여 발생하는 영양불량을 말한다.

영양불균형

영양불균형nutritional imbalance은 체내 영양소 요구량과 식품섭취를 통해 공급되는 영양소의 양과 질의 불균형으로 인한 영양불량을 말한다.

영양 결핍은 1차적 영양 결핍과 2차적 영양 결핍으로 구분할 수 있는데, 1차적 영양 결핍은 식사를 통한 영양 공급이 양적, 질적으로 불량한 경우에 해당하며, 2차적 영양 결핍은 질병이나 체내 흡수불량 또는 이용불량으로 인하여 발생되는 결핍으로 암, 당뇨, 신장질환, 알코올중독, 감염 또는 발열성 질환, 치아불량, 약물중독, 정신질환, 체내 소모 증가 등의 경우이다.

영양 결핍은 여러 단계를 거쳐 나타나기 때문에 여러 가지 영양판정방법은 각각

표 1-1 영양 결핍단계와 상태에 따른 적절한 영양판정방법

단계	영양 결핍상태	영양판정방법
1	부적절한 식사섭취	식사섭취조사
2	조직 내 저장량 감소	생화학조사
3	혈액 내 영양소 농도 감소	생화학조사
4	조직 내의 기능 약화	신체계측조사 생화학조사
5	영양소-의존성 효소 또는 mRNA 감소	생화학조사 분자생물학적 분석
6	체기능 감소	행동학적 검사 생리학적 검사
7	임상 징후	임상조사
8	해부학적 징후	임상조사

출처 : Gibson RS(2005). Principles of Nutritional Assessment.

다른 영양불량상태를 판별할 수 있다. 영양 결핍의 단계는 1단계부터 8단계에 걸쳐 점진적으로 나타나며 표 1-1과 같이 각 단계별로 목적과 상태에 따른 적절한 영양판정방법이 요구된다.

영양판정 계획

영양조사 실행단계

특정집단의 영양상태에 관한 정보를 집단의 일부를 표본으로 추출된 대상자와의 면담을 통해 수집한다. 영양조사는 여러 실행단계를 거치는데, 시간과 비용이 많이 들기 때문에 사전에 영양조사 계획을 철저하게 세워서 목적에 부합하는 영양조사를 해야 한다. 영양조사는 일반적으로 조사를 계획하고, 조사대상자를 선정하며, 조사내용 및 방법을 결정하고, 예비조사를 실시한다. 이후 분석하여 내용을 수정하고 본조사를 실시하며, 마지막으로 자료를 정리하고 결과를 분석하는 단계를 거친다그림 1-1. 이 실행단계는 목적과 방법에 따라 단계가 생략되기도 하고 몇 가지 단계를 다시 반복하기도 하며, 적절한 영양조사 계획을 수립한다.

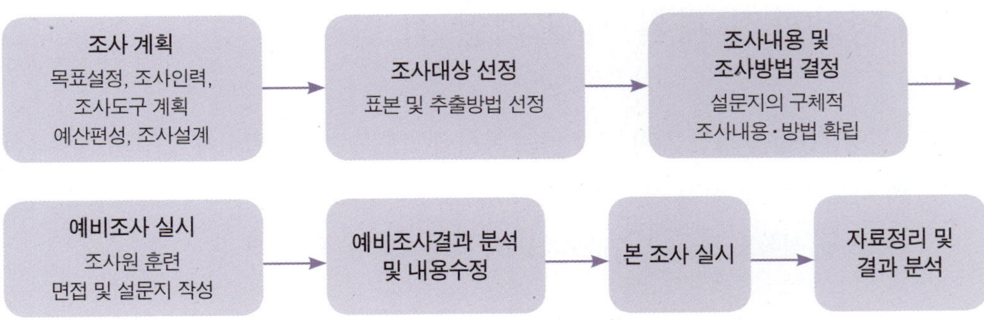

그림 1-1 영양조사의 실행단계

영양조사설계

영양조사설계단계는 조사대상, 내용 및 방법, 조사인력, 도구 계획, 예산 편성, 조사일정, 결과 분석 등의 조사의 목적에 부합하는 내용을 설계하는 단계이다. 영양조사연구에는 다음과 같은 3가지 방법이 있다.

단면연구 단면연구cross-sectional study는 가장 단순한 영양조사의 설계로서 특정한 일정 시점에서 집단을 대표하는 표본이나 관심대상이 되는 집단 내의 대표집단representative subset을 추출한다. 표본의 크기가 클수록 유용한 정보를 얻을 수 있다.

환자-대조군연구 환자-대조군연구case-control study는 조사 목표가 되는 환자군과 그 비교군이 되는 대조군을 서로 비교하며 만성질환과 식사섭취와의 관련성 등을 조사하는 데 많이 사용된다.

코호트연구 코호트연구cohort study는 장기간에 걸쳐 연구 목적에 따라 일정기간 반복적으로 조사하는 방법으로 전후관계가 명확하다는 장점이 있다.

영양판정 계획 시 고려할 점

영양판정을 위한 계획을 할 때는 목적에 맞도록 조사방법이나 도구를 선정하여야 하는데, 도구 선정 시, 특히 타당도validity, 신뢰도reliability, 민감도senstivity, 특이도specificity, 정확도accuracy, 측정오차errors 등을 고려하여야 한다.

타당도

타당도validity는 판정지표나 방법이 측정하고자 하는 영양상태 또는 영양소를 얼마나 적절하게 평가하고 있는지를 나타내는 것이다. 예를 들면, 칼슘의 섭취상태를 알아보기 위해서는 혈청 칼슘 농도를 측정하는 것은 타당하지 않다. 혈청 칼슘 농도는 뼈로부터의 칼슘 재흡수resorption를 통해 항상성을 유지하므로 심각한 영양 결핍의 경우가 아니면 나타나지 않기 때문이다. 민감도와 특이도 또한 타당도와 관련이 있다. 타당도는 내적 타당도와 외적 타당도가 있다.

내적 타당도 내적 타당도internal validity는 측정값이 참값을 반영하는 정도이다. 보통 참고치reference standard와 비교하여 타당도를 판정하게 되는데, 측정하는 척도로는 상관계수, 회귀분석계수, 카파값, 일치도 등을 이용한다. 예를 들면, 식품섭취조사지의 타당도를 검사할 때 식사기록법의 값을 참고치로 하여 타당도를 검사할 수 있다.

외적 타당도 외적 타당도external validity는 일반화generalizability이며, 조사결과를 다른 대상자집단에 일반화할 수 있는지에 관한 것이다.

신뢰도

신뢰도reliability는 재현도reproducibility, 정밀도precision라고도 하며, 같은 방법으로 반복 측정하였을 때, 얼마나 일관된 결과가 나오는지를 나타내는 것이다. 신뢰도를 높이기 위해서는 실험방법에 대한 자세한 순서 및 기술적 방법에 대한 매뉴얼이 작성되어야 하며, 조사자의 훈련과 실험도구의 적절한 선택, 설문지와 인터뷰방법의 표준화가 중요하다. 또한 우연오차random error를 줄이는 것도 고려해야 한다. 하지만 재현성이 높다고 해서 반드시 측정하고자 하는 변수의 참값을 측정했다는 뜻은 아니다.

민감도

민감도sensitivity는 영양상태의 변화를 얼마나 민감하게 반영하는가를 나타내는 지표이며, 영양불량상태의 초기단계에서 문제를 알아낼수록 예민도가 크다고 할 수 있다. 일반적으로 생화학적 검사방법은 예민도가 큰 반면, 신체계측조사나 임상적 조사방법은 예민도가 낮다.

특이도

특이도specificity는 영양상태의 변화가 어떠한 영양소의 문제인지를 알려주는 정도로, 생화학적 방법의 경우는 특이성이 높고, 임상적 조사방법이나 신체계측조사 방법의 경우 여러 요인이 함께 영향을 받기 때문에 특이성이 낮다고 할 수 있다.

정확도

정확도accuracy는 조사방법이 얼마나 참값에 가까운가를 나타내는 정도이다. 이는 신뢰도나 정밀도와는 다른 것으로 정확도가 높은 방법은 재현성은 높으나, 재현성이 높다고 해서 항상 참값에 가까운 정확도가 높다고 할 수는 없다그림 1-2.

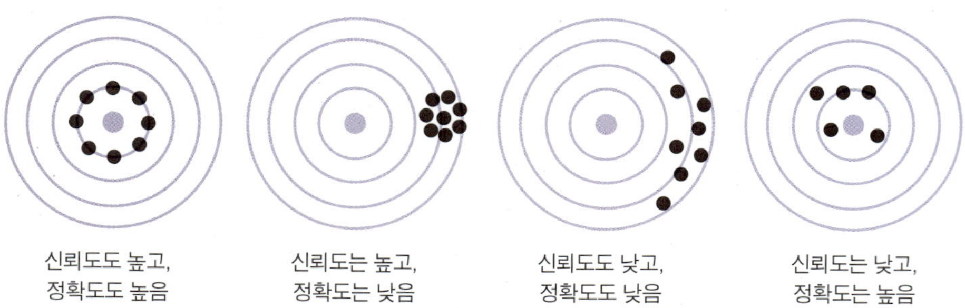

그림 1-2 신뢰도와 정확도의 차이

측정오차

측정오차errors에는 무작위측정오차random measurement errors와 계통측정오차systemic measurement errors가 있다.

무작위측정오차 무작위측정오차random measurement errors는 우발적으로 발생하는 오차로서 판정도구나 기구, 기기가 부정확하여 반복되는 측정치 사이에 발생하는 오차이다. 무작위오차는 신뢰도와 관계가 있으며 무작위오차를 발생하게 하는 원인으로는 개인 간의 생물학적 차이가 주요 원인이 될 수 있으며, 대상자 수를 늘려 오차를 줄일 수 있다. 또한 측정 시 오차는 기술이나 방법의 표준화나 조사자의 훈련 등으로 오차를 줄일 수 있다.

계통측정오차 계통측정오차systemic measurement errors는 측정도구나 방법이 원래 참값으로부터 차이가 나는 오차를 포함하고 있어 모든 측정과정에서 반복적으로 오차가 발생하는 경우인데, 신뢰도와는 관계가 없으나 평균mean이나 중앙값median을 변화시켜 정확도를 낮출 수 있다. 저울의 눈금이 잘못되어 항상 체중을 잘못 측정하는 경우, 인터뷰 시의 편견 등이 이러한 경우이다.

영양판정기준치

영양조사를 한 후 결과에 대해서 판정을 할 때, 여러 기준치를 사용하여 해석한다. 가장 보편적인 방법은 건강한 사람들의 측정치를 참고하는 참고치reference value에 의해서 판정되거나, 영양소의 체내 저장량 감소, 기능장애, 결핍의 임상증상 발생 등의 수준을 근거로 판정하는 판정기준치cutoff points를 사용할 수 있다.

참고치

참고치reference value는 건강한 표준인을 대상으로 한 참고 표본집단reference sample group으로부터 정해진 값이며, 보통 백분위percentile로 나타낸다. 영양섭취기준은 식사섭취조사의 표준치로 쓰일 수 있으며, 표준성장곡선은 신체계측조사의 참고치로 쓰이는데, 이때 연령, 성, 임신, 수유 등의 생리상태, 인종, 자세, 공복상태 등의 여러 측정조건을 참고치와 유사하게 해야 신뢰도가 있는 판정이 가능하다.

판정기준치

판정기준치cutoff point는 영양판정지표와 체내 저장영양소의 고갈, 체내 기능장애, 결핍의 임상증상 발생 등의 수준을 근거로 판정한다. 예를 들면, 영양섭취수준이 판정기준치보다 낮은 경우 영양불량, 혈압이 판정기준치보다 낮은 경우 저혈압으로 판정한다.

참고문헌

ADA(1994). Identifying patients at risk: ADA's definitions for nutrition screening and nutrition assessment JADA, 94(8) : 838−839.

Gibson RS(2005). Principles of nutritional assessment, 2nd ed. Oxford University press, New York.

Jelliffe DB, Jelliffe EFP(1990). Community nutritional assessment: with special reference to less technically developed countries, Oxford University Press, New York.

Lee RD, Nieman DC(2012). Nutritional Assessment, 6th ed. McGraw−Hill Higher Education, Boston.

Simko, M, Cowell, C, Gilbride JA(1995). Nutrition Assessment. A comprehensive guide for planning intervention, 2nd ed. An ASPEN Publication, Gaithersburg.

Vellas BJ, Guigoz Y, Garry PJ, Albarede JL(1997). The Mini Nutritional Assessment: MNA, Facts Research and Intervention in Geriatrics.

Willett W(1998). Nutritional epidemiology, 2nd ed., Oxford University Press, New York.

식사섭취조사분야는 식품영양학 전공자가 전문성을 가질 수 있는 중요한 분야이다. 식사섭취조사를 통해 에너지섭취량부터 미량영양소섭취량 분석까지 다양한 영양소를 분석할 수 있고 각 식품 및 식품군도 분석할 수 있다. 더 나아가 식사 패턴 분석이 가능하다. 본 장을 통해 식사섭취조사방법을 습득하고 실습함으로써 식습관과 관련된 질병을 예방하고 관리하는 역량을 키울 수 있다.

Chapter

02

식사섭취조사

1. 식사섭취조사의 개요 | 2. 식사섭취조사방법
3. 연구설계 | 4. 식사섭취조사의 기술
5. 식사섭취의 변이
6. 식사섭취조사방법의 타당도 및 신뢰도

Chapter 02

Nutritional Assessment
식사섭취조사

식사섭취조사의 개요

식사섭취조사의 의의

식사섭취조사dietary assessment는 영양판정을 수행하는 데 있어서 영양학분야 전공자가 전문성을 가질 수 있는 중요한 분야이다. 기업이나 연구자들이 식사섭취조사의 자동화나 기계화를 추진하고 있으나 기계를 이용한 식사섭취조사는 여전히 한계가 있다. 즉, 섭취음식을 입력하거나 영양소 섭취량을 계산하는 등 산술적인 측면은 자동화가 가능하나, 식사섭취조사는 인터뷰나 자가 기입을 통해 수행할 수 있다. 따라서 식사섭취조사를 수행하는 전문가의 지식과 기술이 중요하고, 분석, 해석 및 결과 응용 역량 또한 중요하다.

식사섭취조사는 많은 분야에서 활용된다. 식품 또는 영양소 섭취평가 및 모니터링, 정부의 건강 및 농업 관련 정책 수립 및 평가, 역학연구epidemiologic research 수행, 상업적 이용 등을 들 수 있다. 몇 가지 식사섭취조사 이용의 중요성은 다음과 같다.

- 국가의 사회경제학적 부담을 초래하는 만성질환의 급격한 증가에 따른 식생활 변화
- 환경오염, 대량생산 및 가공식품의 증가 등에 따른 식품유해물질에 대한 위험도 및 관심 증가

- 국민의 국가 보건정책 및 농업정책 요구도 증가
- 식품산업 및 외식산업 발달

식사섭취조사가 복잡하다고 생각하여 식사섭취조사 자체를 꺼리는 연구자가 있지만 영양상태 측정을 위해 식사섭취조사가 유일한 방법인 경우가 있다. 예를 들어, 칼슘섭취량은 체내 항상성이 높아, 혈액 생화학지표를 이용하는 것이 적절하지 않고, 식사섭취조사방법을 이용하여 섭취하는 양을 산출해야 한다. 또한 생체지표 측정이나 신체계측방법은 비용이 많이 드는 분석의 경우 대상자와 연구자의 부담이 높아 식사섭취조사방법을 수행해야 하는 경우가 많다. 예를 들어, 에너지섭취량은 이중표식수법Double Labeled Water, DLW을 이용하면 객관적으로 측정이 가능하나, 피험자에게 불편을 주고 많은 비용을 부담하게 된다. 그래서 식사섭취조사방법을 이용하여 에너지섭취량을 산출하는 것이 일반적이다.

영양판정 시 생화학적 지표만을 이용해서 영양상태를 판정하는 것은 몇 가지 특정 영양소에는 적당할 수 있으나, 다수의 영양소에 대해서는 식사섭취조사방법을 이용해야 한다. 또한 요즘 중요하게 여겨지고 있는 식사 패턴은 식사섭취조사를 수행하지 않고 파악하는 것이 어렵다. 이처럼, 식사섭취조사는 비록 몇 가지 단점을 가지고 있으나, 영양판정을 위해 반드시 습득해야 할 분야이다.

본 장에서는 식사섭취조사의 종류, 각 조사방법의 장·단점, 연구설계방법, 식사섭취조사 기술, 식사섭취량의 변이, 식사섭취조사방법의 타당도 및 신뢰도에 대해 기술하였다.

BOX 2-1

이중표식수법(Doubly Labeled Water, DLW)

이중표식수법은 수소와 산소의 안정동위체인 18번 산소(^{18}O)과 중수소(^{2}H)로 이루어진 이중표식수($^{2}H_2{}^{18}O$)를 이용하여 에너지소비량을 측정하는 방법으로 에너지소비량을 추정하는 방법 중 가장 정확하다고 여겨지고 있다. 에너지 평형의 원리에 따라 에너지섭취량과 소비량이 동일하다는 것에 근거한 방법이다. 대상자들이 이중표식수를 섭취하도록 한 후 중수소와 18번 산소가 제거되는 비율을 구해서 이산화탄소 배출량을 산출하여 에너지소비량을 산출한다.

식사섭취조사의 장 · 단점

장점

① 유일한 영양판정방법인 경우가 많음

기술의 발전으로 생화학적 지표 및 신체계측치를 이용한 영양판정방법이 계속 발전하고 있으나 여전히 식사섭취조사방법이 유일한 영양판정방법인 영양소가 많다.

② 동시에 다수의 영양소 섭취량 산출 가능

한 번의 조사로 식품데이터베이스에 존재하는 모든 영양소 섭취량을 산출할 수 있다. 반면, 생화학지표의 경우 영양소별로 검사를 해야 한다. 비용 측면에서 생화학적 지표검사법이 고가의 장비나 재료를 사용해야 하는 경우 식사섭취조사방법이 더 높은 비용 효율성을 가지고 있으며, 또한 조사장소에 구애받지 않는다. 하지만 자가 기입 조사방법이 아닌 경우, 조사인원 또는 코딩인원 인건비가 책정되어야 하므로 대규모 인원의 영양상태를 조사할 때 인건비 비용이 높아질 수 있다.

③ 식품군이나 식사 패턴 파악

식품군이나 식사 패턴을 파악하기 위해서는 특정 식품이나 식품군섭취를 충분히 반영하는 생화학적 지표가 거의 없으므로, 식사섭취조사가 유일한 방법인 경우가 많다. 식사섭취조사방법은 식품군섭취나 식사 패턴을 조사할 때 유용한 방법이다.

단점

① 대상자의 주관적 인식 반영

대상자가 음식, 식품 및 섭취량을 직접 기입하거나 면접을 통해 대답할 때 주관적 판단이 들어갈 수 있다. 섭취한 음식을 회상할 때 인지하고 있는 섭취량이 개인마다 다를 수 있고, 기억력 차이에 의해 달라질 수 있다. 또한 섭취한 음식 및 식품의 종류나 섭취량이 대상자의 인지능력 및 다른 요인의 영향을 받아 개인마다 식사섭취상태의 차이가 생길 수 있다.

② 일부 대상자집단에게 간접조사 필요

인터뷰나 자가 기입이 어려운 일부 대상자집단에게는 직접조사를 수행하지 못한다. 이러한 대상자집단의 경우 대리인 조사 등을 통한 간접조사를 해야 한다. 예를 들어, 영유아 식사섭취에 대해서는 육아를 담당하는 대리인의 답변이 필요하다.

③ 식품데이터베이스 구축 필요

식품섭취조사방법으로 영양판정을 할 때, 중요한 기반 작업이 식품데이터베이스 구축이다. 그리고 식품산업의 발달, 수입 및 가공식품의 증가, 다양한 작물 재배로 식품데이터베이스 관리 및 지속적인 수정 또한 중요하다. 이 부분은 미국 등 다른 나라에서는 주로 정부나 학회가 맡아서 하고 있다. 연구자는 조사결과를 발표할 때 식품데이터베이스의 출처를 명시해야 한다.

④ 면담자의 자질 반영

면담자interviewer의 자질에 따라 조사 타당도가 영향을 받을 수 있다. 또한 면담자가 면담자 바이어스interviewer bias를 가지고 조사를 하게 되면, 계통적 오류systematic error가 발생하게 된다.

⑤ 일상섭취량 추정의 어려움

자유롭게 사는 개인의 식사섭취의 중요한 특징은 일간 변이daily variation가 있다는 점이다. 이러한 변이는 무작위한random 성격을 가질 수도 있고 계통적systematic일 수도 있다. 개인 내 변이within-person variation가 심한 영양소의 경우와, 개방형 식사섭취조사의 경우 수일간 조사해야 한다.

표 2-1 식사섭취조사를 이용한 영양평가와 생화학지표를 이용한 영양평가 비교

항목	식사섭취조사 (dietary assessment)	생화학지표조사 (biochemical assessment)
영양소 판정	대부분의 영양소상태 판정 가능	일부 영양소상태 판정 가능
효율성	한 번의 조사로 데이터베이스가 존재하는 모든 영양소상태 판정 가능	영양소별로 판정

항목	식사섭취조사 (dietary assessment)	생화학지표조사 (biochemical assessment)
대상자	일부 대상자집단은 직접조사가 불가능 (예 : 영유아)	생체 시료 채취가 가능한 대부분의 집단에서 직접조사 가능
객관성	대상자 및 면담자의 주관적 인식이 개입될 수 있음	객관성 높음
조사방법	대상자 또는 대리인 인터뷰, 자가 기입	채혈, 채뇨, 조직검사 등
비용목록	• 조사원 인건비 • 영양소 계산 소프트웨어 구입비 • 구조화된 설문지 사용 시 사용료	• 검사 재료비 • 검사 기기비 • 검사수행인력 인건비 • 채혈 시 임상병리사 인건비

식사섭취조사방법

식사섭취조사방법 선택 시 고려할 점

연구설계 연구설계에 따라 적절한 식사섭취조사방법을 선택해야 한다. 연구설계로는 생태학적 연구, 단면연구, 환자–대조군연구, 코호트연구, 중재연구 등이 있는데, 자세한 내용은 뒤의 연구설계에서 설명하였다.

조사하고자 하는 영양소나 식품의 특징 평소 섭취량을 반영할 수 있는가, 개인 내 변이가 큰가, 생화학적 지표로 조사가 가능한가, 해당 영양소의 데이터베이스가 잘 구축되어 있는가 등을 고려해야 한다.

조사대상자의 특성 성별, 나이, 질환력, 비만도, 사회경제학적 요인, 문화, 인종, 동기부여가 되어 있는가, 문자를 읽고 쓸 수 있는가, 자가 기입이 가능한가, 기억이 가능한가 등을 고려해야 한다.

조사에 사용할 수 있는 자원 비용, 장소, 면접자, 컴퓨터, 컴퓨터 소프트웨어, 해당 대상자를 위한 식품섭취빈도조사지 개발 여부 등의 자원 이용이 가능한가에 따라 식사섭취조사방법을 결정한다.

BOX 2-1 식사섭취조사방법 선택 시 고려해야 할 요인들

- 연구설계
- 조사하고자 하는 영양소나 식품의 특징
- 조사 대상자의 특성
- 조사에 사용할 수 있는 자원

식사기록법

식사기록법dietary record은 대상자가 일정 기간 동안 식품섭취량을 직접 기록하는 방법으로 개방형 방법open-ended assessment이다. 식사 중 또는 식사 후 바로 기록을 해야 하므로, 기억에 의존하지 않게 된다. 하루 이상 여러 날을 조사하게 되면, 대상자의 일상 식습관을 알 수 있다. 이때 영양소 섭취량의 변이variation 정도에 따라 조사해야 할 일수가 달라지는데, 이에 대해서는 식사섭취의 변이에서 설명하였다. 예를 들어, 일상 식습관을 조사하기 위해 조사일수 3일을 선택할 경우 주중 이틀과 주말 하루를 선택하게 된다.

대상자는 섭취한 음식, 식재료, 양을 상세하게 기록해야 하므로, 사전에 대상자에게 기록방법에 대한 교육을 실시하는 것이 좋다. 대상자가 식사를 준비할 때 직접 저울을 이용하여 기록하는 것이 이상적이지만, 많은 경우 분량을 추정하게 된다. 따라서 분량 사진 및 식기 등 분량을 기록하거나 추정할 때 도움이 되는 도구를 준비하여 제공하는 것이 좋다.

식사기록법의 장점 식사기록법은 대상자가 식사 중 또는 식사 후 바로 섭취한 식품의 종류와 섭취량을 기록하므로, 식사섭취조사에 있어서 타당도가 높은 최적 기준gold standard으로 여겨진다. 기억에 의존하지 않으므로, 섭취한 음식을 빠뜨리지 않게 되고, 분량 및 조리방법 등에 있어서도 자세한 식사섭취자료를 얻을 수 있다. 개방형이므로 다양한 문화권의 대상자를 조사할 수 있기 때문에 식품섭취빈도조사지food frequency questionnaire와 달리 문화적 차이를 반영할 수 있다.

식사기록법의 단점 식사기록법은 대상자가 직접 기록을 해야 하므로, 대상자가 스스로 기록할 수 있는 능력을 가지고 있어야 한다. 대상자는 문자를 읽고 쓸 수 있어야 하며, 분량을 기록하는 데 있어서도 제공된 도구나 분량 지식을 사용할 수 있어야 한다. 또한 여러 날을 기록해야 하는 경우가 많으므로, 대상자에게 동기부여가 되어야 하며, 대상자의 협조가 필요하다. 가장 큰 단점으로는 대상자가 기록을 쉽게 하기 위해 식사 패턴을 바꿔서, 일상 식습관과 다른 식사섭취 형태가 조사될 수 있다는 점이다. 예를 들어, 대상자가 평소 식습관보다 건강식으로 바꿔서 섭취한다든지, 평상시보다 많이 또는 적게 섭취할 수가 있다. 그리고 섭취한 식품을 입력하는 것이 시간이 많이 걸리고 노동집약적이다.

기록 시 유의점 섭취하는 모든 음식, 음식의 재료, 양념 및 음료수를 기록하도록 한다. 각 음식 및 재료의 섭취량을 함께 기록하여야 하며, 날짜와 시간을 기록하여 아침, 점심, 저녁 또는 간식인지 알 수 있도록 한다. 또한, 술, 커피 등 음료수 및 과자, 과일 등 간식도 빠뜨리지 않고 기록해야 한다. 설문지에 건강기능식품 섭취에 대한 질문이 따로 없다면 섭취한 영양소 계산을 위해 건강기능식품의 상표명, 섭취횟수, 섭취량을 기록해야 한다. 음식의 경우 조리방법도 함께 기록하고, 가공식품의 경우 상품명, 회사명을 기록하여 회사나 식품의약품안전처가 제공하는 식품영양소 데이터베이스를 참고할 수 있도록 한다. 직접 식사를 준비하는 경우 재료의 무게를 측정하기 위해 저울을 사용하는 것이 이상적이나 저울 사용이 어려울 경우, 섭취량을 추정할 수 있는 도구를 이용하여 섭취량을 기록할 수 있다.

24시간 회상법

24시간 회상법24-hour recall은 훈련된 면담자가 심층면담을 진행하는 방법이다. 대상자가 면담하는 전날 24시간 하루 동안 먹거나 마셨던 모든 식품에 대한 정보를 회상하게 된다. 개방형 조사방법으로, 대상자는 전날 하루 동안 섭취한 모든 식품의 종류와 양에 대한 정보를 제공하게 된다. 24시간 회상법에 사용되는 조사지 양식에 식사장소, 식사시간, 음식명, 섭취량, 식재료명, 분량을 기입하게 된다표 2-2. 필요한 경우, 제품의 상표명, 상세한 식품 준비방법 등의 자세한 정보를 기록하게 되며 면담자는 대상자가 잊고 말하지 못한 식품과 분량, 식품준비방법을 잘 회상할 수 있도록 도움을 주는 것이 중요하다. 예를 들어, 전날 했던 활동을 물어봄으로써 섭취한 음식을 잘 회상할 수 있도록 하는 방법 등이 있다. 또한 섭취한 음료, 간식이 빠지지 않도록 해야 한다.

면담자는 훈련을 잘 받는 것이 중요하다. 음식의 조리방법, 식재료, 분량 등에 대한 지식을 가지고 있어야 하며, 면담을 자연스럽게 이끌어 갈 수 있는 기술을 습득해야 한다. 면담자는 중립적 태도를 유지해야 하며, 회상 중 대상자 응답에 영향을 줄 수 있는 질문을 삼가야 한다. 예를 들어, 대상자가 섭취한 음식에 대해 회상을 하는 중에, 그 음식은 건강에 해롭다는 등, 불필요한 소견을 삼가도록 한다. 하지만 영양상담을 하는 경우, 섭취한 음식에 대한 분석이 마무리된 후에는 식습관에 대한 소견을 밝힐 수 있다.

필요한 경우 전화조사를 통해 면담을 할 수 있다. 미국 국민건강영양조사의 경우 2일 동안 섭취한 식사에 대해 24시간 회상법을 수행하는데, 첫 번째 24시간 회상법은 면담자가 대상자를 만나서 24시간 회상법으로 식사섭취조사를 하고, 3~10일 후 전화로 24시간 회상법을 수행한다.

● 표 2-2 24시간 회상법 조사지의 예

식사	식사장소	시간	음식명	음식섭취량	식재료명	분량
아침	집	7 : 30am	토스트	2쪽	식빵	2쪽
					버터	2스푼
					딸기잼	2스푼
			저지방우유	1컵	저지방우유	1컵
점심	회사	12 : 00pm	쌀밥	2/3 공기	백미	140g
			미역국	1대접	마른 미역	2g
					쇠고기	15g
					마늘	1g
					참기름	0.3g
			배추김치	8조각	배추김치	80g
			숙주나물무침	1그릇	숙주나물	50g
					간장	1g
					참기름	0.2g
			고등어구이	고등어 한 토막	고등어	60g
					소금	2g

24시간 회상법의 장점 대상자들이 섭취한 식품의 정보를 식품량을 포함하여 자세히 얻을 수 있다. 또한 대상자의 응답률이 비교적 높고, 직접 면담을 통해 이루어지므로 대상자들의 교육수준에 크게 구애를 받지 않는다. 면담자의 숙련도에 차이가 있을 수 있으나, 숙련된 면담자의 경우 다른 식사섭취조사방법보다 비교적 짧은 시간보통 20~30분이 소요된다. 식사기록법과 마찬가지로 개방형이므로 식품섭취빈도조사법food frequency questionnaire과 달리 다양한 문화를 가진 대상자들을 조사할 때 활용할 수 있다. 또한 식사 후 회상을 통해 조사하므로 식사기록법dietary record과 달리 대상자들이 일상적 식사 패턴을 바꿀 염려가 없다.

24시간 회상법의 단점 대상자의 회상에 의존해야 하므로 대상자의 연령, 지능, 성별, 기분, 태도 등의 영향을 받을 수 있다. 면담자의 자질이 중요한 만큼, 고도

식품군	1인 1회 분량				
곡류 (300kcal)	쌀밥(210g)	시루떡(150g)	국수 말린 것(90g)	감자(140g)*	식빵(35g)*
고기 · 생선 · 달걀 · 콩류 (100kcal)	닭고기(60g)	고등어(60g)	달걀(60g)	두부(80g)	대두(20g)
채소류 (15kcal)	당근(70g)	풋고추(70g)	토마토(70g)	배추김치(40g)	미역(30g)
과일류 (50kcal)	사과(100g)	바나나(100g)	포도(100g)	대추 말린 것(15g)	과일주스(100mL)
우유 · 유제품류 (125kcal)	우유(200mL)	호상요구르트(100g)	액상요구르트(150mL)	아이스크림(100g)	치즈(20g)*
유지 · 당류 (45kcal)	깨(5g)	콩기름(5g)	마요네즈(5g)	버터(5g)	설탕(10g)

*표시는 0.3회

그림 2-1 식품군별 대표식품 1인 1회 분량

출처 : 보건복지부(2015). 2015 한국인 영양소 섭취기준.

로 훈련된 면담자가 필요하다. 또한 섭취량을 회상하는 과정에서 오차가 발생할 수 있다. 대상자가 섭취량 회상을 어렵게 여길 수 있으므로 양을 추정할 수 있는 다양한 도구를 마련하는 것이 좋다. 분량 사진, 식품 모형, 그릇, 식품군별 대표식품 1인 1회 분량그림 2-1 등을 활용하면 섭취량을 추정하는 데 도움을 줄 수 있다. 그리고 섭취한 식품을 입력하는 것이 시간이 많이 걸리고 노동집약적이다.

기록 시 유의점 대상자의 회상을 기반으로 하므로, 전날 활동을 함께 회상하도록 하여 대상자의 식사섭취 회상을 도울 수 있도록 한다. 식품 분량을 추정할 수 있는 도구를 이용하여 대상자의 섭취량 추정을 돕도록 한다. 음료수 및 간식을 빠뜨리지 않도록 주의한다. 또한 샐러드드레싱, 잼, 버터, 토핑 등 추가식품의 종류 및 섭취량을 기록하도록 한다. 대상자가 그램 단위로 추정하는 것이 어려울 수 있으므로, 공기예 : 밥, 대접예 : 국, 토막예 : 생선, 점예 : 쇠고기 등의 단위로 제시하도록 한다. 음주에 대해서도 술의 종류, 섭취량을 기록하도록 한다. 가공식품의 경우 상품명, 회사명을 기입하고, 건강기능식품의 상품명, 섭취 횟수, 섭취량 정보를 기록하여 영양소 섭취량 산출에 오류가 없도록 한다. 전날 섭취한 음식 및 음료수를 기록한 후 점검을 위해 한 번 더 회상하도록 하여 정확도를 높인다.

식품섭취빈도조사법

식품섭취빈도조사법food frequency questionnaire은 비교적 장기간에 걸친 일상 식사섭취를 조사하는 방법으로 얼마만큼, 얼마나 자주, 해당 음식 또는 식품을 섭취하는가를 조사한다. 보통 지난 1년간 주어진 식품이나 음식목록을 해당 분량만큼 얼마나 자주 섭취하였는지 기록할 수 있는 조사지를 이용한다. 일상섭취량을 조사할 수 있다는 점에서 만성질환 위험요인을 파악하는 데 이용되고, 자가 기입이나 면접 둘 다 가능하면서 동시에 코딩의 자동화가 가능하다는 점에서 대규모 역학연구에서 자주 이용된다.

식품섭취빈도조사법의 장점 대상자의 일상 식습관을 파악할 수 있고, 개인 내 변이가 높은 영양소 섭취량을 산출할 때 유용한 조사방법이다. 만성질환 발생은 식품의 일상섭취량에 중요한 영향을 받으므로 만성질환 예방연구에 빈번히 사용된다. 조사 수행이 개방형에 비해 비교적 쉽고, 대규모조사에 사용할 수 있다. 자가 기입이 가능하고 더불어 코딩의 자동화가 가능하며 인건비를 상당히 줄일 수 있다.

식품섭취빈도조사법의 단점 다양한 문화적 특이성을 감안하여 대상자집단에 따라 식품섭취빈도조사지를 개발해야 한다. 예를 들어, 국내 다문화가정의 이주자가 본국의 음식을 즐겨 먹고 있다면, 한식 위주로 구성되어 있는 일반 식품섭취빈도조사지를 사용할 수 없다. 조사지에 식품목록이 정해져 있으므로 대상자집단이 자주 먹는 음식이나 식품이 조사지에 포함되어야 한다. 식품섭취빈도조사지를 개발하는 것은 보통 1년 이상이 소요되는 상당히 준비가 필요한 작업이다. 개방형 조사를 통해 다빈도 섭취음식 및 식품을 조사한 후 조사 목적에 따라 식품목록을 선정해야 한다. 또한 관심 있는 질환에 따라, 그 질환과 관련 있다고 여겨지는 특정 영양소 섭취량에 기여도가 높은 음식 및 식품을 고려해야 한다. 예를 들어, 연구자가 심혈관질환 발생에 관심이 있다면, 식품섭취빈도조사지를 이용하여 대상자의 식이섬유소 섭취량이 산출될 수 있어야 한다. 또한 대상자집단에서의 해당 영양소나 음식 및 식품의 개인 간 변이between-person variation도 고려해야 한다.

대상자가 만약 조사지에 포함된 음식이나 식품이 아닌 다른 식품을 빈번히 섭취한다면 섭취량이 저평가underestimation될 수 있다. 또한 자가 기록을 하거나 기억에 의존해야 하므로 어린이나 노인 등에게는 사용하기 어려울 수 있으며 표준화된 레시피를 사용하므로, 실제로 섭취한 구체적인 식품재료를 반영하지 않을 수 있다.

식품섭취빈도조사지의 종류 식품섭취빈도조사지에 기본적으로 빈도 정보는 들어가게 되고, 양을 어떻게 기록하도록 하느냐에 따라 세 가지로 구분할 수 있다그림 2-2.

① 단순 식품섭취빈도조사지

단순 식품섭취빈도조사지simple food frequency questionnaire는 섭취량 정보가 없는 식품섭취빈도조사지로 식품목록에 따라 빈도만 기록한다그림 2-2의 A.

② 반정량 식품섭취빈도조사지

반정량 식품섭취빈도조사지semi-quantitative food frequency questionnaire는 각 음식 또는 식품의 1회 섭취분량을 주고 그 해당 분량을 얼마나 자주 섭취하는지 기록한다그림 2-2의 B.

③ 정량 식품섭취빈도조사지

정량 식품섭취빈도조사지quantitative food frequency questionnaire는 각 음식 또는 식품의 섭취분량을 직접 기록하든지, 대·중·소 등으로 구분하여 그에 따른 섭취빈도를 조사한다그림 2-2의 C. 질병관리본부 유전체역학과 식품섭취빈도조사지가 그 예이다그림 2-3.

A	지난 1년간 평균 섭취빈도					
식품목록	월 1회 미만	월 1~3회	주 1~4회	주 5~7회	일 2~4회	일 5+회
커피						
식빵						
아이스크림						

B	지난 1년간 평균 섭취빈도								
식품목록	월1회 미만	월 1~3회	주 1회	주 2~4회	주 5~6회	일 1회	일 2~3회	일 4~5회	일 6+회
커피(1컵)									
식빵(1쪽)									
아이스크림 (1/2컵)									

C		1회분량			얼마나 자주				
식품목록	중간 1회 분량	소	중	대	1일	1주	1개월	1년	전혀 먹지 않음
커피	(1컵)								
식빵	(1쪽)								
아이스크림	(1/2컵)								

● 그림 2-2 식품섭취빈도조사지의 예

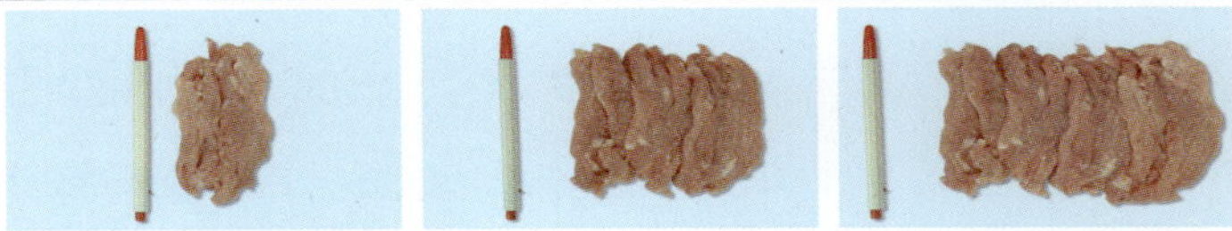

〈 사진 13-1. 고기 75그램 〉 〈 사진 13-2. 고기 150그램 〉 〈 사진 13-3. 고기 225그램 〉

〈 사진 14-1. 돼지고기찜 25그램〉 〈사진 14-2. 돼지고기찜 50그램〉 〈사진 14-3. 돼지고기찜 75그램〉

	지난 1년간 평균 섭취빈도									평균 1회 섭취분량
	거의 안먹음	월		주			일			
		1회	2-3회	1-2회	3-4회	5-6회	1회	2회	3회	
삼겹살	$\square_1$	$\square_2$	$\square_3$	$\square_4$	$\square_5$	$\square_6$	$\square_7$	$\square_8$	$\square_9$	□ 사진 13-1 □ 사진 13-2 □ 사진 13-3
돼지고기구이/볶음/돼지불고기/동그랑땡	$\square_1$	$\square_2$	$\square_3$	$\square_4$	$\square_5$	$\square_6$	$\square_7$	$\square_8$	$\square_9$	□ 사진 13-1 □ 사진 13-2 □ 사진 13-3
돼지고기 찜 (보쌈, 장조림, 족발)	$\square_1$	$\square_2$	$\square_3$	$\square_4$	$\square_5$	$\square_6$	$\square_7$	$\square_8$	$\square_9$	□ 사진 14-1 □ 사진 14-2 □ 사진 14-3
가공육 (햄, 소시지)	$\square_1$	$\square_2$	$\square_3$	$\square_4$	$\square_5$	$\square_6$	$\square_7$	$\square_8$	$\square_9$	□ 비엔나햄 3개, 햄 $\frac{1}{2}$장 □ 비엔나햄 5개, 햄 1장 □ 비엔나햄 8개, 햄 1장 반
부산물 (내장육, 선지, 순대)	$\square_1$	$\square_2$	$\square_3$	$\square_4$	$\square_5$	$\square_6$	$\square_7$	$\square_8$	$\square_9$	□ 사진 14-1 □ 사진 14-2 □ 사진 14-3
스테이크/쇠고기구이 (갈비, 등심, 안심, 쇠고기불고기)	$\square_1$	$\square_2$	$\square_3$	$\square_4$	$\square_5$	$\square_6$	$\square_7$	$\square_8$	$\square_9$	□ 사진 13-1 □ 사진 13-2 □ 사진 13-3
개고기	$\square_1$	$\square_2$	$\square_3$	$\square_4$	$\square_5$	$\square_6$	$\square_7$	$\square_8$	$\square_9$	□ 사진 13-1 □ 사진 13-2 □ 사진 13-3

● **그림 2-3** 질병관리본부 한국인유전체역학조사사업 식품섭취빈도조사지

출처 : 질병관리본부 국립보건연구원 유전체역학과(2015).

기록 시 유의점 면담자가 대상자의 식품섭취빈도를 조사할 때에는 면담자는 식품모델, 사진, 식기 등 섭취량 추정도구를 보여 주면서 섭취량 추정을 돕도록 한다. 자가 기입의 경우 대상자에게 동기부여가 되어야 한다. 정보의 중요성과 대상자의 역할을 설명하고, 비밀유지를 확인해주도록 하며 계절별 과일섭취가 다를 수 있으므로 계절별 항목이 없는 경우, 지난 1년간 평균적 섭취량을 기록하도록 한다.

● 표 2-3 주요 식사섭취조사법의 비교

구분	식사기록법	24시간 회상법	식품섭취빈도조사법
주 기록자	대상자 본인	면담자	대상자 본인 또는 면담자
기억 의존도	낮다	높다	높다
한 번 조사 시 일상섭취 반영도	낮다	낮다	높다
조사항목	제한 없음	제한 없음	제한 있음
조사기간의 섭취량에 대한 정확도	높다	비교적 높다	보통
대상자 부담	높다	낮다	낮다
식사섭취내용 변경 가능성	높다	없다	없다

식사력

식사력dietary history은 비교적 장기간의 식습관을 파악하기 위해 사용하고, 위에서 설명한 방법을 함께 조사하는 경우가 많다. 예를 들어, 1인 분량에 대한 이해를 돕기 위해 1인 1회 분량의 식품 사진을 포함하여 24시간 회상법을 수행하면서, 식품섭취빈도조사법으로 각 식품품목이나 음식품목의 섭취한 빈도와 양을 조사할 수 있다. 또한 외식빈도, 결식빈도, 식이보충제 사용 등 다양한 식행동에 대해 질문할 수 있다. 다양하게 장기간의 식습관을 조사할 수 있으나 조사하는 데 시간이 많이 든다는 단점이 있다.

식품수급표

식품수급표food balance sheets는 연도별로 국민에게 공급되는 식품공급량을 바탕으로 1인 1일당 식품공급량을 산출한 자료이다표 2-4. 1월 1일부터 12월 31일까지 1년 동안의 생산량, 이입량, 수출량, 수입량, 사료용, 종자용, 가공용 중 식용/비식용, 감모량 등을 조사하여, 식품공급량을 산출한 후 이를 연앙인구수**연앙인구는 한 해의 중앙(7월 1일)에 해당하는 인구로 통계청에서 안전행정부에서 공표하는 연말기준 주민등록인구를 기초로 작성하**

● 표 2-4 2019 식품수급표

(인구 : 50,004천 명)

식품명	생산	수입	이입	총공급량	이월	수출	사료	종자	감모	가공용		식용 공급량	폐기율
										식용	비식용		
	1,000톤												%
1. 곡류	**4,111.0**	**14,745.0**	**2,745.0**	**21,601.0**	**2,182.0**	**2.0**	**10,278.0**	**39.0**	**458.0**	**1,265.8**	**845.8**	**7,376.2**	**0.0**
밀	15.0	3,237.0	497.0	3,751.0	455.0	0.0	1,168.0	1.0	8.0	0.0	0.0	2,119.0	23.0
쌀	3,868.0	292.0	1,442.0	5,602.0	898.0	2.0	453.0	31.0	405.0	191.0	0.0	3,622.0	0.0
보리	137.0	211.0	52.0	400.0	103.0	0.0	10.0	4.0	19.0	229.0	0.0	35.0	0.0
옥수수	78.0	10,759.0	745.0	11,582.0	717.0	0.0	8,606.0	0.0	0.0	845.8	845.8	1,413.2	0.0
기타	13.0	244.0	9.0	266.0	9.0	0.0	41.0	3.0	26.0	0.0	0.0	187.0	0.0

출처: 한국농촌경제연구원(2020). 2019 식품수급표(https://knhanes.kdca.go.kr/knhanes/sub02/sub02_03.do)

여 제공로 나누고 365일로 나누어 국민 1인당 1일 공급량을 산출한다. 개인의 섭취량을 직접 조사하는 방법이 아니므로 개인의 섭취량을 조사할 때 사용할 수 없다. 하지만 국가의 식품섭취상태를 대략적으로 파악할 때 유용한 조사방법이다.

식품계정조사

식품계정조사food account method는 가정이나 급식소 단위로 식품소비실태를 파악하는 방법이다. 일정기간주로 1주일 정도 동안 구매했거나 선물로 받았거나 생산한 식품의 종류와 양을 가구단위로 조사한다. 조사대상자의 부담이 적고, 조사비용이 적게 드나, 실제 섭취량을 조사하지는 않는다. 또한 외식이나 폐기된 식품량은 조사하지 않으므로 부정확할 수 있다.

식품소비조사

식품소비조사food inventory method는 일정기간 동안 가구단위로 소비된 식품의 양을 조사하는 방법으로 조사 시작 전후 식품의 양을 조사한다. 즉, 조사를 시작하는

표 2-5 식사섭취조사법의 조사단위

식사섭취조사법	설명	조사단위
식사기록법	개인이 본인의 식사를 직접 기록	개인
24시간 회상법	면접원이 면접을 통해 개인의 식사섭취조사	개인
식품섭취빈도조사법	개인이 또는 면접원이 개인의 식사를 응답하거나 조사	개인
식사력	개인이 또는 면접원이 개인의 식사를 응답하거나 조사	개인
식품수급표	국가의 전체 국민에게 공급되는 식품공급량을 바탕으로 산출	국가
식품계정조사	일정기간 동안 구매했거나 선물로 받았거나 생산한 식품의 종류와 양을 가구단위로 조사	가구
식품소비조사	일정기간 동안 가구단위로 소비된 식품의 양을 조사	가구

날에 가구의 모든 식품의 양을 조사하고, 조사 마지막 날 남아 있는 모든 식품의 양을 조사한다. 조사기간 중 폐기되는 양도 기록하도록 하여 해당 가구의 실제 식품 소비량을 파악하게 된다. 가구원 수와 나이 등의 정보를 이용하여 가구원 개인의 섭취량을 추정할 수도 있다. 식품계정조사와 달리 음식준비를 담당하는 가구원의 협조가 필요하므로, 오랜 기간 동안 조사하기는 어렵다. 우리나라는 1998년 국민건강영양조사를 시작하기 전에 국민영양조사방법으로 이 방법을 이용하였다.

국민건강영양조사

국민건강영양조사Korea National Health and Nutrition Examination Survey : KNHANES는 1995년에 공표된 국민건강증진법에 근거하여 국민영양조사와 국민건강 및 보건의식행태조사를 통합한 조사로 1998년, 2001년, 2005년에 시행되었고, 2007년부터는 매년 통계생산이 가능한 연중조사로 수행되고 있다. 1998년과 2001년에는 한국보건산업진흥원이 수행하였으며, 2005년에는 한국보건산업진흥원과 질병관리본부가 공동으로 수행하였고, 2007년부터 수행 주체가 질병관리본부가 되었다. 국민건강영양조사 중 영양조사는 영양사 2명으로 구성된 영양조사팀이 전국 표본추출된 대상가구를 방문하여 개인별 면접을 통해 식생활습관 및 식품섭취량을 조사한다.

영양조사방법 국민건강영양조사에서 영양조사의 목적은 '우리 국민의 영양상태를 평가하고 영양취약집단 및 시급한 영양문제 파악, 질병의 예방 및 치료를 위한 영양관리방안 마련 등을 위해 실시한다'고 명시하고 있다질병관리본부 국민건강영양조사. 식사빈도나 외식 등의 식행동, 식이보충제 사용, 수유 등 식생활과 식품안정성 조사를 수행하고, 만 1세 이상을 대상으로 24시간 회상법을 이용하여 조사 1일 전 하루 섭취한 음식의 종류 및 섭취량, 조리법을 조사한다. 또한 식품섭취빈도조사를 통해 선정된 총 112개 음식의 빈도를 조사한다. 2013년 6월부터 섭취량이 포함된 식품섭취빈도조사법을 사용하고 있고, 뒤에 기술한 타당도 검증방법과 같은 방법으로그림 2-12, 표 2-7 참조 타당도 연구대상자들이 3일의 식사기록법을 4번 작성하도록 하여

● 표 2-6 국민건강영양조사 항목(2021년 조사 기준)

구분	조사항목	조사대상자
식생활조사	• 끼니별 식사빈도 • 외식빈도 • 끼니별 동반식사 여부 및 동반대상 • 채소.과일 섭취빈도 • 식이보충제 복용 경험 여부 • 현재 복용중인 식이보충제	만1세 이상
식생활조사	• 영양교육 및 상담 수혜 여부 • 영양표시 인지 및 이용 여부, 영양표시 관심영양소, 영양표시 영향 여부 • 음료별 섭취빈도	초등학생 이상
식생활조사	• 음료 섭취빈도 및 1회 섭취량	만 6~29세
식생활조사	• 모유 수유 여부, 수유 기간 • 조제분유 수유 여부, 수유 기간 • 이유보충식, 시판우유 섭취 시작 시기 • 영아기 영양제 복용 여부 및 복용 영양제 종류	만 1~3세
식품섭취조사	• 조사 1일 전 섭취 음식의 종류 및 섭취량(24시간 회상법)	만 1세 이상
식품섭취조사	• 조사 1일 전 가구에서 섭취한 음식에 대한 조리 내용	조리자
식품안정성조사	• 가구별 식품안정성 확보 여부	식품구매자

출처: 질병관리본부 국민건강영양조사(ttps://knhanes.kdca.go.kr/)

식품섭취빈도조사지와 비교를 통해 검증하였다Kim DW et al., 2015.

국민건강영양조사 자료 분석 국민건강영양조사 원시자료는 사용자 정보를 입력한 후 다운로드를 받을 수 있다. 자료는 통계 분석 프로그램인 SAS/SPSS 데이터 포맷으로 제공한다. 질병관리본부가 원시자료 분석 지침서를 제공하므로 분석 전에 지침서를 꼼꼼히 읽어보는 것이 중요하다. 24시간 회상법 조사결과인 식품섭취조사 데이터는 한 대상자당 한 행을 가지고 있는 형태가 아니고, 섭취한 식품당 한 행을 가지고 있으므로, 한 대상자당 여러 개의 행을 가지고 있는 데이터 형태를 가지고 있다. 따라서 이러한 점을 유념하면서 분석을 해야 한다. 또한 국민건강영양조사는 표본의 대표성 및 추정의 정확성 향상을 위해 복합표본설계방법을 사용하기 때문에, 단순임의표본설계 시 사용하는 분석방법과는 차이가 있으므로, 복합표본설계 정보를 고려한 분석방법을 사용해야 한다.

연구설계

생태학적 연구

생태학적 연구ecologic study의 중요한 특징은 개인이 아닌 집단을 연구단위로 한다는 것이다. 각 개인의 식사섭취량을 측정하기보다 집단의 평균섭취량 자료를 이용하여 영양상태와 특정 위험요인과의 연관성을 연구하는 연구설계방법이다. 즉, 각 개인을 직접 면담하거나 설문을 하는 것이 아니고, 집단 전체의 특징을 나타내는 자료를 이용한다. 예를 들어, 우리나라 식품수급표와 국가암등록 자료를 이용하면 우리나라 1인 1일당 1년 식품공급량과 암 발생률과의 상관관계를 볼 수 있다.

또 각 나라의 연간 육류섭취량per capita daily meat consumption과 대장암 발생률과의 상관관계를 생태학적 연구설계를 통해 살펴볼 수 있다그림 2-4. 그림 2-4에서는 높은 육류섭취량이 대장암 발생률과 양의 상관관계를 가짐을 보임으로써 대장암 발생률의 원인이 높은 육류섭취량일 수 있다는 가설을 제시하였다.

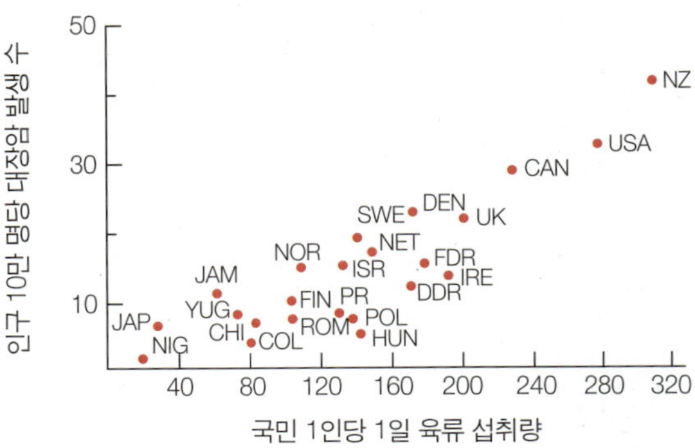

*나라 약자

- NIG : 나이지리아(Nigeria)
- YUG : 유고슬라비아(Yugoslavia)
- PR : 푸에토리코(Puerto Rico)
- HUN : 헝가리(Hungary)
- USA : 미국(The United States of America)
- NZ : 뉴질랜드(New Zealand)
- FDR : 서독(Federal Germany Republic)
- COL : 콜롬비아(Colombia)
- JAP : 일본(Japan)
- ROM : 루마니아(Rumania)
- POL : 폴란드(Poland)
- CAN : 캐나다(Canada)
- SWE : 스웨덴(Sweden)
- IRE : 아일랜드(reland)
- FIN : 핀란드(Finland)
- CHI : 중국(China)
- JAM : 자메이카(Jamaica)
- NOR : 노르웨이(Norway)
- UK : 영국(United Kingdom)
- ISR : 이스라엘(Israel)
- NET : 네덜란드(Netherlands)
- DDR : 동독(German Democratic Republic)
- DEN : 덴마크(Denmark)

● 그림 2-4 육류섭취와 대장암 발생의 생태학적 연구

출처 : Armstrong & Doll(1975). Int J cancer. 15 : 617-631.

생태학적 연구의 특징

① 가설을 세울 때 유용

개인의 영양상태나 질병 발생 여부를 측정하지 않으므로 영양상태와 질병과의 직접적인 연관성을 나타낼 수는 없으나, 가설 제시를 위해서 유용한 연구이다.

② 인과관계를 나타내지 않음

집단수준에서 평균 식사섭취의 추정량을 이용하고, 해당 개인의 질병 발생이 아닌, 집단예 : 국가의 질병 발생자료를 이용하므로 식사섭취요인과 질병 발생 간의 원인-결과관계가 있는지에 관한 가설을 검증할 수 없다.

③ 식사섭취의 대략적인 추정량 이용

식품수급표 등 식품소비자료를 이용하여 관심집단의 평균적인 식사섭취의 대략적인 추정량을 이용한다.

단면연구

단면연구cross-sectional study는 동일 시점에서 영양상태와 질병상태를 관찰하는 연구이다. 동일 시점에서 개인에게 식사섭취조사를 수행하고, 해당 개인의 질병상태를 확인하게 된다. 예를 들어, 국민건강영양조사 분석을 들 수 있다. 개인에게 24시간 회상법을 이용하여 영양상태를 파악하고, 혈압을 측정한 경우, 나트륨 섭취량과 혈압과의 연관성을 살펴볼 수 있다. 단면연구는 신속히 수행할 수 있으나 시간적 선후관계가 없다는 단점을 가지고 있다.

단면연구의 특징

① 영양상태와 질병상태의 단편snapshot을 제공함으로써 가설 제시

식사섭취조사와 질병상태 조사가 동시에 이루어지므로 하나의 단편을 찍는 것과 같다. 가설을 제시하는 역할을 할 수 있어서, 추후 고비용의 코호트연구나 임상

시험의 기반연구가 될 수 있다.

② 현재의 식사 또는 매우 가까운 과거의 식습관자료 수집

식사섭취조사 시 현재의 식사 또는 매우 가까운 과거의 식습관에 대해 질문이 가능하므로, 추적이 가능한 코호트연구와 달리 질병 발생의 원인이 된 과거의 식습관에 대해서는 알기 어렵다.

③ 시간적 선후관계가 불분명하여 인과관계를 알기 어려움

식사섭취요인과 질병 발생 간의 원인–결과관계를 알기 어렵다. 동시에 식사섭취요인과 질병상태 여부를 조사하므로 식사섭취요인으로 인해 질병이 발생했는지의 인과관계를 설명하기가 어렵다.

환자대조군연구

환자대조군연구case-control study는 질병이 있는 집단과 없는 집단을 선정하여 과거 식사섭취요인을 조사한 후 환자군과 대조군을 비교하는 연구이다그림 2-5. 환자군의 경우 대상자가 질병판정을 받은 후 대상자 모집을 하고, 환자군과 대조군이 과거의 식습관**환자군의 경우 질병 발병 전**을 회상하도록 하는 형태로 식사섭취조사를 수행한다.

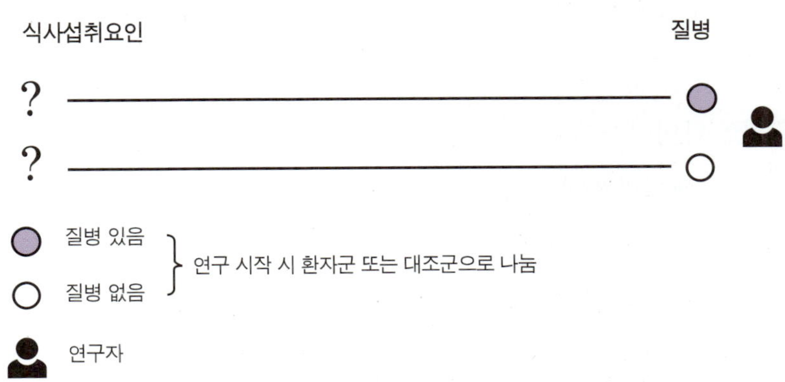

그림 2-5 환자대조군연구

환자대조군연구의 특징

① 효율성

이미 질병이 발생한 후에 조사를 하기 때문에, 시간과 비용 면에서 효율적이다. 질병 발생까지 오랜 시간 기다릴 필요가 없고, 질병이 있는 환자군과 질병이 없는 대조군의 식사섭취조사를 수행한다. 질병 발생을 기다릴 필요가 없다는 점에서 비교적 단기간에 수행이 가능하다.

② 다양한 위험요인 조사 가능

질병과 관련될 것으로 생각되는 다양한 위험요인을 조사하는 것이 가능하다. 질병 발생 후 조사를 하므로 최근 질병 관련 지식을 반영하여 위험요인을 조사할 수 있다는 장점이 있다.

③ 선택 바이어스의 위험

대조군을 선정하는 과정에서 대조군을 환자군의 연구 가능 모집단source population과 다른 모집단에서 선정한다면 선택 바이어스selection bias가 발생할 수 있다. 특히, 질병이 없는 대상자가 연구에 참여하는 과정에서 특별히 건강에 관심이 많은 대조군집단이 연구에 참여하게 된다면, 환자군의 모집단과 다른 모집단에서 대조군을 선정하는 결과가 생긴다. 이렇게 다른 모집단에서 환자대조군을 선정하게 되면 선택 바이어스가 일어나게 된다. 식사섭취조사의 경우 건강에 대한 관심도의 차이에 따라 영양판정결과가 달라질 수 있으므로 환자대조군연구에서 선택 바이어스의 영향을 쉽게 받을 수 있다.

④ 회상 바이어스의 위험

질병 유무에 따라 회상하는 데 있어 정확도의 정도가 다를 수 있다. 특히, 환자군이나 대조군에서 회상의 정확도가 계통적systematic으로 다르면, 회상 바이어스recall bias가 발생하게 된다. 예를 들어, 환자군에서 지방섭취에 대해 과장해서 회상을 하게 되면, 특정 질병과의 연관성연구에서 환자군과 대조군의 지방섭취가 유의한 차이가 있는 것처럼 보일 수 있다. 식습관은 건강에 관심이 있는 정도와 건강 관련 지식과 밀접하게 관련되어 있으므로 영양상태가 질병에 어떠한 영향을 미치는지 연구하는 분야에서는 환자대조군연구는 선호하는 연구설계방법이 아니다.

⑤ 질병과 관련된 시기의 식사섭취조사의 어려움

환자에게 질병이 발생한 후 설문을 하게 되므로, 질병과 관련된 시기가 회상 가능한 범위를 넘어가는 경우, 질병의 원인을 찾기 위한 식사섭취조사는 어렵게 된다.

코호트연구

코호트연구cohort study는 조사 시점에서 질병이 없는 대상자를 추적하여 조사 시점예 : 기저시기의 식사습관에 따라 질병 발생 여부를 비교하는 연구이다그림 2-6.

코호트연구의 특징

① 추적방법

능동적인 추적조사active follow-up를 통해 직접 대상자를 추적하게 된다. 수동적 추적passive follow-up은 국가 암등록사업자료나 사망자료 등을 연계하여 관심 있는 결과자료를 수집한다.

② 회상 바이어스나 선택 바이어스의 위험 적음

질병이 없는 상태에서 식습관을 조사하므로, 질병에 의해 영향을 받을 수 있는 회상 바이어스나 선택 바이어스의 위험이 적다는 장점이 있다. 대상자가 건강한 식습관에 관한 지식을 가지고 있다면, 회상 바이어스나 선택 바이어스의 문제점이 두드러질 수 있는데, 코호트연구에서는 이러한 바이어스 발생 가능성이 낮다.

③ 선후관계 존재

식습관이 조사된 후 추적조사를 통해 질병 여부 자료를 수집하므로 식습관과 질병 발생과의 선후관계가 명확하다.

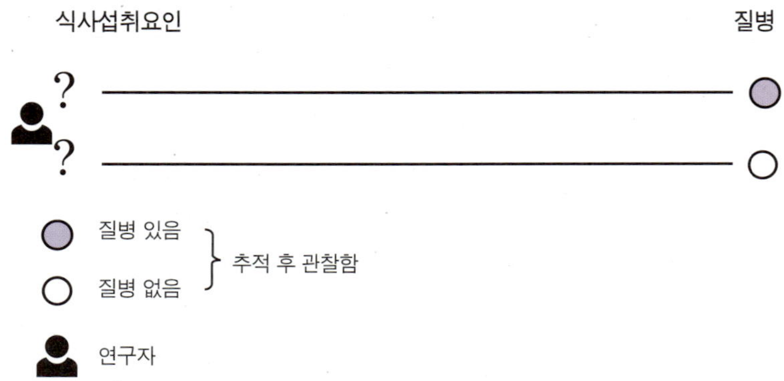

● 그림 2-6 코호트연구

④ 고비용

기저조사 후 오랜 시간 추적해야 하고, 많은 비용과 인력이 소요되는 연구설계 방법이다.

⑤ 식습관조사 및 관련 변수조사

주로 지난 1년간 식습관을 질문하므로, 상대적으로 최근 식습관을 조사하게 되어 환자대조군연구에 비해 대상자들에게 회상의 부담이 적다. 또한 관련 변수에 있어서도 환자대조군연구에 비해 최근 생활습관이나 환경에 관한 정보를 조사하게 되므로 대상자의 회상으로부터 오는 오류를 줄일 수 있다. 하지만 한 번 조사를 하면 다시 과거로 돌아가 조사를 할 수 없으므로 기저조사 시 가설을 잘 세워서 빠지는 변수가 없도록 해야 한다.

중재연구

중재연구intervention study는 노출요인**영양소나 식사 패턴 등**을 대상자에게 배정한 후 추적 관찰하여 관심 있는 질병이나 영양상태를 파악하는 연구이다그림 2-7.

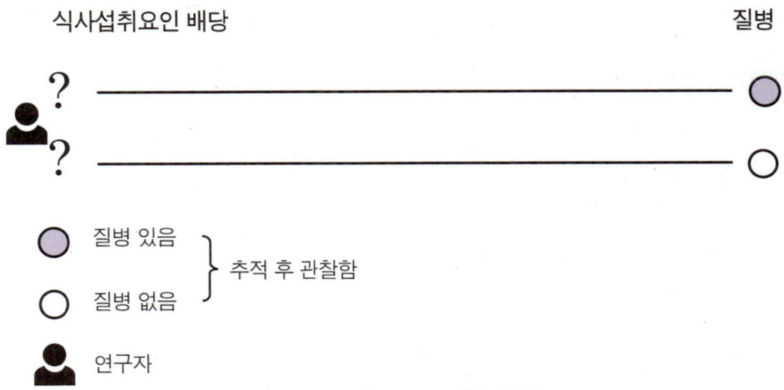

● 그림 2-7 중재연구

중재연구의 특징

① 노출요인 할당

연구자가 연구대상자에게 의약품이나 그 외 중재요인을 할당하여 중재의 효능이나 효과를 확인하는 연구이다. 즉, 관찰연구와 달리 노출요인예 : 종합비타민제을 할당하게 된다. 연구자가 노출요인을 조절할 수 있는 장점이 있다.

② 교란변수 통제

무작위 선정randomization을 통하여, 교란변수confounding factor를 통제할 수 있다.

③ 인과관계연구

무작위 선정을 통해 교란변수를 통제할 수 있고, 맹검법을 통해 노출요인 차이의 인지에서 오는 바이어스를 통제할 수 있는 장점이 있어, 인과관계를 살펴보기에 가장 좋은 연구설계방법이다.

④ 고비용

연구설계방법 중 가장 비용이 높고, 많은 인력과 시간을 요구한다.

⑤ 낮은 일반화

중재연구의 목적을 상세히 정의해야 하고, 이에 특정대상자를 모집하게 되므로,

광범위한 분석을 하기 어렵다. 연구에서 특정 가설**예 : 50~79세 폐경여성이 매일 비타민 D를 400IU 섭취하면 골다공증을 예방하는지**에 대한 답은 얻을 수 있으나, 일반화하기 어려울 수도 있다.

⑥ 높은 순응도 필요

성공적인 중재연구를 위해서는 높은 순응도가 필요하다.

BOX 2-2

연구설계에서의 바이어스

- 바이어스(bias) : 내적 타당도가 훼손된 것
- 선택 바이어스(selection bias) : 대상자를 질병요인에 따라(환자대조군연구) 또는 노출요인에 따라(코호트연구) 비교하게 되는데, 이때 대상집단의 모집단(source population)이 각각 다를 때 발생한다.
- 회상 바이어스(recall bias) : 대상자가 위험요인에 대해 부정확한 회상을 하고, 부정확한 정도가 질병 발생 여부에 따라 다르게 되면, 이로 인해 타당도가 낮아지게 된다.
- 면담자 바이어스(interviewer bias) : 면담자가 위험요인에 대해 질문할 때 편견을 가지고 조사하여 대상자의 질병 발생 여부에 따라 계통적 오류가 발생하게 되고, 이로 인해 타당도가 낮아지게 된다.
- 교란변수(confounding factor) : 질병과 관련되어 있으면서 그 질병의 원인변수와도 연관되어 있어 질병과 특정 원인과의 연관성을 왜곡시키는 변수이다. 교란변수는 중간변수(intermediate factor)가 아니어야 한다. 예를 들어, 지방섭취와 폐암과의 연관성을 조사할 때 담배가 지방섭취와 관련이 있고, 폐암과 관련이 있다면 담배가 교란변수가 될 수 있다.

식사섭취조사의 기술

면담의 질 관리

식사섭취조사 중 24시간 회상법이나 식품섭취빈도조사 시 면담방법을 이용할 때 면담방법을 표준화하고, 면담자를 충분히 교육시키는 것이 중요하다. 특히, 다수의 면담자가 조사를 수행하게 되는 대규모연구에서는 중요한 절차라 할 수 있다.

면담의 질 관리 절차

① 면담자 자체 모니터링

면담자는 제공된 확인목록check-list을 가지고, 간식, 음료, 샐러드드레싱 등 빠지기 쉬운 식품목록을 질문하였는지, 섭취량이 부적절한 값으로 표시되지는 않았는지, 식재료 중 빠진 재료는 없는지 등 자체적으로 모니터링을 하도록 한다. 컴퓨터 소프트웨어를 이용할 경우, 기록 중 또는 기록 후 확인목록이 화면에 보이도록 하여 면담자의 기록을 도울 수 있다.

② 숙달된 한 명의 면담자가 재검토

숙달된 한 명의 면담자가 면담자들과 조사한 정보를 자체 모니터링방법을 이용하여 재검토한다. 또한, 다기관조사의 경우 기관별 차이가 없는지 검토한다.

③ 재조사

필요한 경우 대상자에게 다시 연락을 하여, 명확하지 않거나 잘못 기록된 정보를 재조사한다.

대상자 식사량 추정

식사섭취조사 시 가장 어렵게 여겨지는 것이 식사량 추정이다. 에너지 및 영양소 산출을 위해서 식사섭취량을 가능한 한 정확히 기록하여야 한다.

식사량 추정도구

식사량을 추정하기 위해, 직접 식기를 이용하거나, 음식 그림, 모형, 실물 사진을 이용한다. 일반적으로 식품 및 음식 실물 사진 자료집을 개발하여 면접 시 활용한다 그림 2-8.

● 그림 2-8 식품 및 음식 실물 사진집

출처 : 질병관리본부 국립보건연구원 유전체역학과(2015. 12). 개정판 한국인유전체역학조사사업을 위한 식품 및 음식 실물 사진집 ; 발간등록번호[11-1352159-000420-01]

IT 이용 ITInformation Technology 기술의 발달로 IT 기술을 이용하여 식사량을 추정하고, 식단을 평가하고자 하는 노력이 계속되고 있다. 간단한 방법으로는 스마트폰을 이용해 사진을 촬영하게 하고 영양사가 섭취량을 추정할 수 있다. 또한, 학교 식당에서 급식을 하는 학생들에게 쟁반에 담긴 식품과 식사 후 사진을 찍도록 하고, 학교 영양교사또는 영양사로부터 해당 식품의 레시피를 얻어 섭취량을 추정한다. 하지만 이러한 조사는 정확도를 높일 수 있으나, 기존의 개방형 조사와 마찬가지로 대상자를 면접하거나 식사섭취를 입력하는 등 상당부분 인력에 의존해야 한다.

이에 공학 기술을 이용하여 식사평가를 자동화하고자 하는 노력이 계속되고 있다. 자동화를 위해서는 컴퓨터 알고리즘을 이용하여, 식품의 종류, 크기, 분량을 추정하는 것이 필요하다. 식품을 다각도에서 촬영하여 3D 그림을 이용하여 분량을 추정하고자 하는 등 다양한 방식이 시도되고 있으나, 훈련된 영양사가 식품의 종류와 양을 밝혀야 하는 과정이 필요하다. 예를 들어, 샌드위치의 경우 빵 속 재료를 파악하는 데 어려움이 있을 수 있다. 하지만 외식의 경우 위치 파악 시스템 등을 이용하여 식당 정보를 이용하면 식당에서 판매하는 식품 및 그에 따른 영양소 정보 데이터베이스가 저장되어 있을 경우 섭취량 및 영양소 함량 산출이 가능할 것이다. 가공식품의 경우 바코드를 이용하여 섭취한 가공식품의 영양소 함량을 기록할 수 있다. 식품의약품안전처에서 제공하는 맞춤형 영양관리 모바일 애플리케이션 칼로리 코디-II를 이용하면 열량, 탄수화물, 단백질, 지방 및 나트륨섭취량을 알 수 있다그림 2-9.

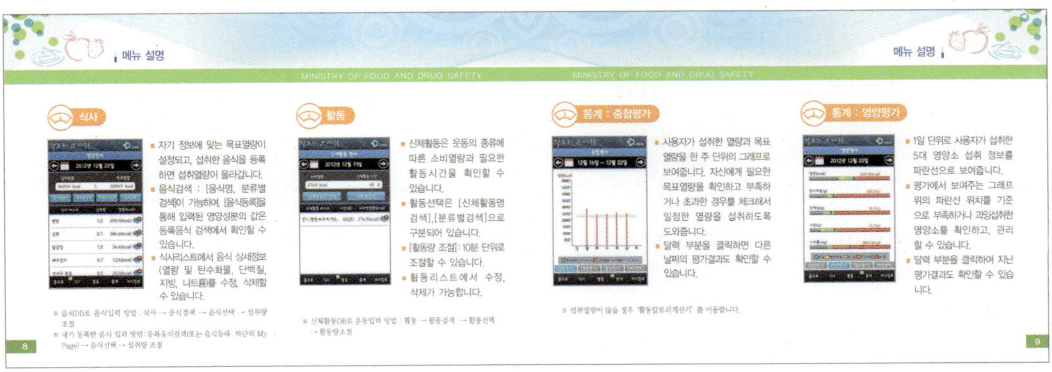

● 그림 2-9 식품의약품안전처 맞춤형 영양관리 모바일 애플리케이션 칼로리 코디-II

출처 : 식품의약품안전처(2015).

코딩 및 영양소 섭취량 산출

식사자료 수집 후 코딩 및 영양소 섭취량을 산출할 때 자동화 기술을 이용할 수 있다. 식사섭취조사를 하면서 또는 조사 후 수집된 정보를 컴퓨터 프로그램을 이용하여 코딩하게 되고, 컴퓨터 프로그램에 미리 저장된 데이터베이스를 이용하여 영양소 섭취량을 산출할 수 있다. 면담자가 컴퓨터 프로그램을 열어, 식사섭취조사를 하면서 기록하거나 기록한 정보를 입력할 수 있다. 컴퓨터 프로그램에는 식품명, 상표명, 각 식품의 영양소 함유량을 가진 데이터베이스가 저장되어 있고, 필요한 경우 음식명과 그에 따라 선택된 조리법에 따른 식품의 종류, 각 식품의 분량을 저장할 수 있다. 식품 정보를 데이터베이스화하기 위해서는 식품코드가 부여되어야 하고, 각 식품별 표준화된 영양소 함유량이 필요하다.

코딩

① 가식부

코딩 시 가식부 식품의 데이터베이스가 저장되어 있는지 확인하고, 그에 따라 코딩을 해야 한다. 예를 들어, 껍질이 있는 식품예 : 조개류의 경우 가식부인 조갯살 섭취량에 따라 영양소 함량이 데이터베이스화되어 있다면, 조갯살섭취량을 코딩해야 한다.

② 데이터베이스에 추가

사용하는 소프트웨어나 애플리케이션의 데이터베이스에 없는 식품이나 음식을 섭취할 경우, 섭취한 음식의 재료 및 조리 형태를 코딩하여 데이터베이스에 추가할 수 있어야 한다. 식품의 경우 관련 영양소 섭취량 자료를 데이터베이스에 추가할 수 있어야 한다. 데이터베이스에 대한 설명은 제3장 식사평가에서 자세히 기술하였다.

영양소 섭취량 산출

영양소 섭취량을 산출할 때 컴퓨터 소프트웨어 프로그램을 이용한다. 컴퓨터 소프트웨어 프로그램을 선택할 때는 자료 입력의 용이성, 자료의 수정 및 추가의 용이성, 식품성분 데이터베이스 자료 출처 및 구축 정도, 하드웨어 사양 등 세심하게 평가한 후 선택하도록 한다그림 2-10.

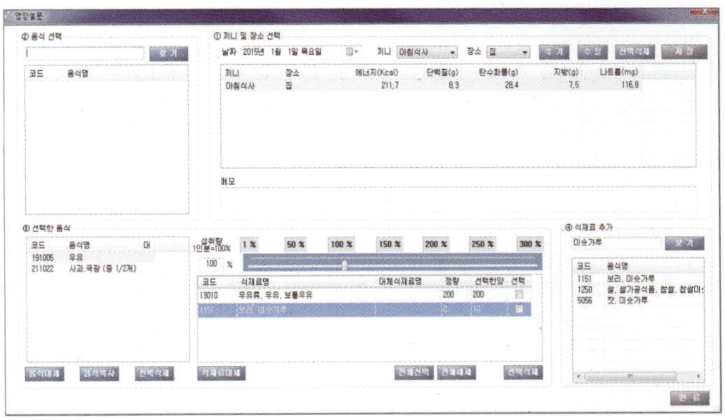

● 그림 2-10 질병관리본부 유전체역학조사 24시간 회상법 입력 프로그램 화면

출처 : 질병관리본부 국립보건연구원 유전체역학과(2015).

식사섭취의 변이

측정오차

계통오차 계통오차systematic error는 연구의 타당도를 위협하는 차별적 오차로 영양판정 시 주의해서 계통오차가 발생하지 않도록 해야 한다. 예를 들어, 비만인 대상자가 지속적으로 원래 섭취량보다 낮게 기록한다면, 오차에 있어서 패턴을 형성하고 계통오차가 발생한다.

무작위오차 무작위오차random error는 임의로 참값에 비하여 크거나 작은 오차로, 집단의 결과를 왜곡하기보다 분포에 영향을 미친다. 무작위성으로 동일한 내용을 반복 측정하면 정밀도를 높이고 무작위오차를 줄일 수 있다. 하지만 식습관과 질병과의 상관관계에 있어서 무작위 오차 때문에 실제로 연관성이 있는데, 없다고 나올 수 있으나 실제 연구에서는 반복 측정이 어려울 수 있으므로 무작위오차를 줄이기 위해 주의해서 측정해야 한다.

측정오차의 원인 무작위오차는 무작위적으로 회상의 정확도가 낮다든지, 섭취분량을 크게 또는 적게 인식하고 있는 등 오차를 발생하는 요인들이 특별히 결과변수와 관련하여 경향성을 가지고 있지 않다. 예를 들어, 섭취량을 회상할 때 특별한 경향성 없이 실제 섭취량보다 많이 또는 적게 먹는다고 대답한다면, 이는 무작위오차이다. 반면, 계통오차는 대상자나 면접자의 편견이 반영되거나 설문지 또는 코딩의 오류가 발생하여 결과변수와 관련되어 특정한 경향성을 가진 오차이다. 예를 들어, 만성질병이 결과변수인 연구에서 비만인 대상자들이 적게 섭취했다고 보고하는 경향성이 있다면, 계통오차가 발생할 수 있다.

변이

식품섭취량의 변이는 개인 내 변이와 개인 간 변이로 나눌 수 있다그림 2-11.

개인 내 변이 개인의 식사섭취는 일별, 계절별, 조사 시 심리적 상태, 사회경제적 요인, 건강상태, 주중/주말 등 다양한 요인의 영향을 받는다. 이에 섭취하는 식품의 종류 및 섭취량이 개인마다 다르고 따라서 개인 내 변이within-person variation가 발생하게 된다.

개인 간 변이 개인 간 변이between-person variation는 개인과 개인 간에 관찰되는 변이로, 연구자 입장에서는 관찰하고 싶은 변이이다. 하지만 측정오차로 인한 변이

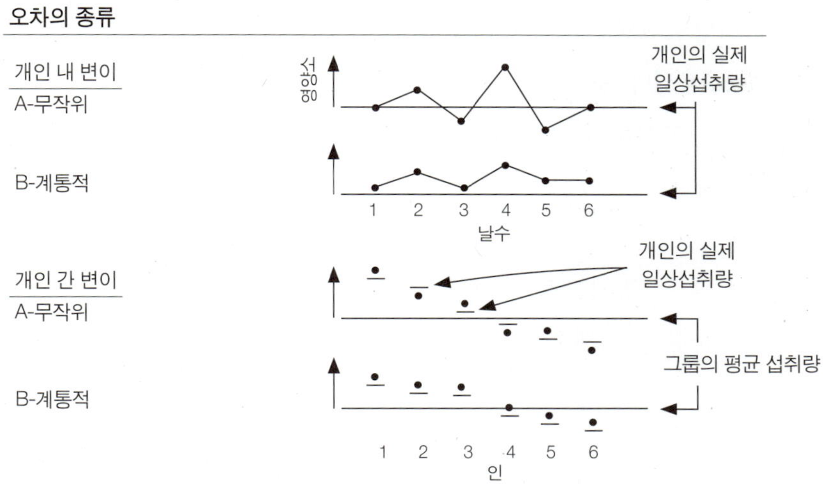

● 그림 2-11 오차, 개인 내 변이 및 개인 간 변이

는 바람직하지 않다.

조사에 필요한 날짜 수

평소 식습관을 조사해야 한다면, 개방형 식사섭취조사를 수행할 때 하루의 섭취량 정보는 대상자의 평소 섭취량을 반영하지 못하므로 여러 날의 섭취량 정보를 수집해야 한다. 그러나 대규모집단의 섭취량의 평균값을 추정하고자 할 때는 24시간 회상법이나 식사기록법으로 하루 조사한 섭취량 정보를 이용하여 평균량을 산출할 수 있다. 그리고 개인의 식사습관을 조사해야 하는 연구의 경우**예 : 만성질환 발생과의 연관성을 밝히는 영양역학연구** 여러 날의 개방형 조사결과가 필요하다. 이때 개인 내 변이의 크기에 따라 필요한 조사날짜 수가 달라지게 된다.

3일에서 5일 다수의 연구에서 개방형 식사섭취조사를 수행할 경우 필요한 날짜 수를 도출하였다. 미국 워싱턴 DC 지역의 체질량지수 28 이상 38 미만 남녀 73명을 대상으로 24시간 회상법 조사일수를 도출한 결과, 총에너지와 다량영양소에 대한 타당도 0.9에 이르기 위해 남성은 7~10일, 여성은 12~15일 조사일수가 필요하다고 하였다Stote et al., 2011. 개인 내 변이가 큰 영양소의 경우 많은 조사일수가 필요하나, 조사의 효율성을 고려하여 보통 3~5일 정도의 섭취량 정보를 수집하기도 한다.

장기간 조사 장기간에 걸쳐 섭취량을 조사해야 할 필요가 있을 경우, 계절별로 3~4일 분량, 즉 4계절이 있는 경우, 개인당 12~16일 조사를 하는 것이 이상적이다.

측정오차를 줄이는 방법 계통오차는 조사 시 선택 바이어스나 정보 바이어스가 발생하지 않도록 주의를 기울여야 한다. 계통오차는 일단 발생하면 통제하기 어렵다. 표본 수를 늘리거나 조사일수를 늘려서 무작위오차를 줄일 수 있다.

식사섭취조사방법의 타당도 및 신뢰도

타당도

식사섭취조사는 면담자의 자질, 대상자의 환경, 문화, 심리 등 다양한 요인의 영향을 받기 때문에 적당한 타당도validity, accuracy를 가지는 것이 중요하다. 24시간 회상법과 식사기록법의 경우 대상자의 1인 1회 분량에 대한 인식 및 식품과 섭취량 회상 정도, 식품성분데이터베이스의 타당도, 코딩의 정확도, 평소 식사섭취량을 반영할 수 있는 날짜 수 등이 타당도를 결정하게 된다. 식품섭취빈도조사지의 경우, 다른 식사섭취조사방법과 비교하여 타당도가 있는지 확인하는 절차가 필요하다.

내적 타당도 내적 타당도internal validity는 측정값이 참값을 반영하는 정도이다.

보통 참고치reference standard와의 비교를 통해 타당도를 판정하게 된다. 타당도를 측정하는 척도로는 상관계수correlation coefficient, 회귀분석계수regression coefficient, 카파값kappa statistic, 일치도agreement 등을 이용한다. 식품섭취조사지의 타당도를 검사할 때 식사기록법의 값을 참고치로 하여 타당도를 검사할 수 있다.

외적 타당도 외적 타당도external validity는 일반화generalizability의 개념이며 대표성을 추구하였는가의 문제이다. 즉, 조사결과를 다른 대상자집단에 일반화할 수 있는지 여부이다.

신뢰도

신뢰도reliability, reproducibility, precision란 같은 조건으로 조사를 반복하였을 때 동일한 결과가 도출되는 정도를 말한다. 계절, 요일, 기억하는 정도의 차이, 대상자 또는 면접자의 숙련도 등에 따라 달라질 수 있다. 식사섭취와 관련하여 다양한 요인이 영향을 미칠 수 있으므로 사용하고자 하는 조사방법의 신뢰도를 판정하는 것이 중요하다.

식품섭취빈도조사지의 타당도 및 신뢰도 식품섭취빈도조사지는 구조화된 설문지이므로 타당도와 신뢰도가 검증되어야 한다. 식품섭취빈도조사지의 타당도와 신뢰도를 동시에 검증할 수 있는데, 이를 위해서는 연구기간을 보통 1년으로 잡는다. 그림 2-12의 예와 같이 식품섭취빈도조사지를 이용하여 식사섭취조사를 한 후 1년 후 같은 대상자들에게 같은 식품섭취빈도조사지를 이용하여 식사섭취조사를 수행한 후 신뢰도를 조사할 수 있다. 식품섭취빈도조사지의 타당도를 검증할 때에는 식사기록지를 이용하여 계절별로 3개월마다 식사섭취조사를 한 후 식품섭취빈도조사지의 결과와 비교하여 검증할 수 있다. 대상자를 선정할 때 식습관을 바꾸는 집단, 예로 수술 후 회복단계의 환자, 1년 이내에 임신을 계획하고 있는 가임여성

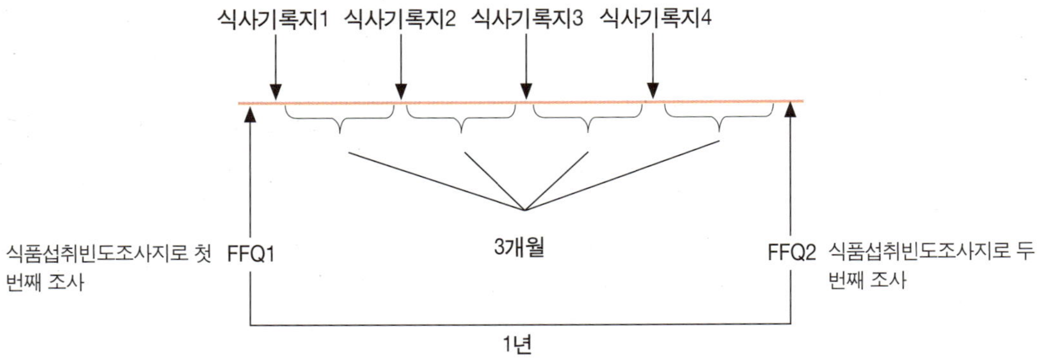

● 그림 2-12 식품섭취빈도조사지의 타당도 및 신뢰도 조사

등은 대상자로 적절하지 않다.

식품섭취빈도조사지의 타당도 및 신뢰도를 분석할 때 상관계수를 구하거나 표 2-7, 표 2-8 회귀분석계수, 카파값, 일치도 등을 구해서 영양소 섭취량이나 식품섭취량을 비교한다.

● 표 2-7 식품섭취빈도조사지의 타당도 및 신뢰도 조사결과

첫 번째 식품섭취빈도조사지와 두 번째 식품섭취빈도조사지를 통해 산출한 일일 에너지 섭취량 및 영양소 섭취량과 식품섭취빈도조사지의 신뢰도 : 서울 지역에 사는 20~65세 한국인 성인 126명을 대상으로

에너지/영양소	식품섭취빈도조사지 1		식품섭취빈도조사지 2		피어슨 상관계수+	
	평균	표준편차	평균	표준편차	보정하지 않음	에너지 보정
에너지(kJ)	9,547.7	3,236.5	9,160.9	3,319.8	0.54	-
에너지(kcal)	2,281.9	773.5	2,189.5	793.4	0.54	-
단백질(g)	80.7	30.8	76.7	33.3	0.55	0.52
지방(g)	50.1	23.5	47.5	26.9	0.62	0.65
탄수화물(g)	360.9	128.4	347.6	117.9	0.54	0.61
칼슘(mg)	636.4	260.5	589.4	259.1	0.58	0.63
인(mg)	1,369.7	472.6	1,303.3	486.2	0.53	0.61
철(mg)	16.4	6.9	15.7	7.0	0.57	0.51
칼륨(mg)	3,771.1	1,611.8	3,491.1	1,427.4	0.57	0.65
나트륨(mg)	5,633.7	2,543.6	4,965.3	2,392.0	0.60	0.35

에너지/영양소	식품섭취빈도조사지 1		식품섭취빈도조사지 2		피어슨 상관계수+	
	평균	표준편차	평균	표준편차	보정하지 않음	에너지 보정
비타민 A(μg RE)	824.1	384.7	750.5	367.5	0.55	0.44
티아민(mg)	1.58	0.62	1.49	0.65	0.55	0.48
리보플라빈(mg)	1.33	0.54	1.26	0.55	0.55	0.55
니아신(mg)	18.9	7.1	18.1	7.7	0.54	0.45
비타민 C(mg)	139.6	82.9	123.3	60.2	0.61	0.64

+로그 변환을 한 값임

● 표 2-8 식품섭취빈도조사지와 식사기록지와의 피어슨 상관계수+

12일 식사기록지로 산출한 일일 에너지 섭취량 및 영양소 섭취량과 식품섭취빈도조사지 타당도 : 서울 지역에 사는 20~65세 한국인 성인 126명을 대상으로

에너지/영양소	12일 식사기록지		피어슨 상관계수+	
	평균	표준편차	보정하지 않음	보정함*
에너지(kJ)	8,411.7	1,930.6	0.43	-
에너지(kcal)	2,010.5	461.4	0.43	-
단백질(g)	78.9	21.1	0.37	0.33
지방(g)	51.9	16.4	0.45	0.54
탄수화물(g)	299	67	0.44	0.64
칼슘(mg)	588	169	0.43	0.48
인(mg)	1,262	315	0.37	0.45
철(mg)	16.3	5.5	0.36	0.38
칼륨(mg)	3,335	904	0.40	0.53
나트륨(mg)	5,877	2,087	0.36	0.23
비타민 A(μg RE)	1,083	510	0.27	0.22
티아민(mg)	1.47	0.45	0.39	0.15§
리보플라빈(mg)	1.46	0.44	0.37	0.38
니아신(mg)	18.6	5.0	0.29	0.29
비타민 C(mg)	117	43	0.37	0.47

* 로그 변환하고, 에너지 보정, 멀티플 소스(Multiple Source)방법을 이용하여 변이 보정, 티아민 §을 제외하고 모두 통계적으로 유의함

출처 : Kim DW et al.(2015). Public Health Nutr. 18: 1369−77.

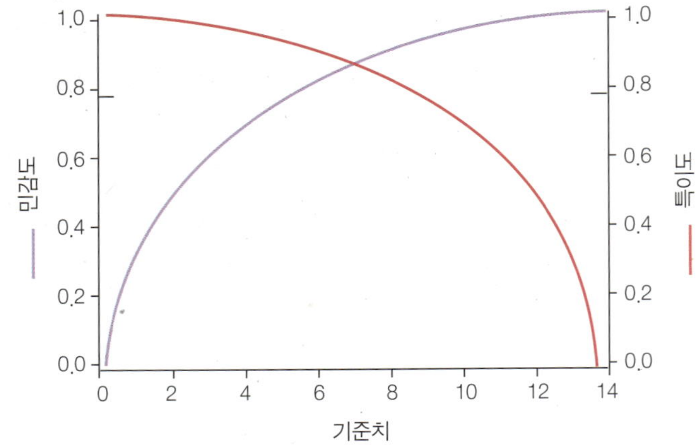

● 그림 2-13 민감도 · 특이도 곡선

민감도와 특이도 민감도sensitivity는 실제 질병이 있는 사람을 질병이 있다고 측정해 내는 능력이고, 특이도specificity는 실제 질병이 없는 사람을 질병이 없다고 측정해 내는 능력이다. 민감도 및 특이도 산출을 위해서는 표준값gold standard이 필요하다. 민감도가 증가할수록 특이도는 감소하고, 특이도가 증가할수록 민감도는 감소한다그림 2-12. 좋은 평가지표는 두 가지 모두 높은 지표이다. 민감도가 높고 특이도가 낮은 경우에는 필요 이상으로 많은 사람이 질병이 있다고예 : 영양불량 판정할 수 있고, 특이도를 높이려고 할 경우 민감도가 낮아져서 실제로 질병이 있는 사람을 정상으로 판정할 우려가 있다.

민감도와 특이도 산출

민감도는 실제로 질병이 있는 사람들 중 양성positive으로 판정된 사람의 비율을 계산하여 산출하고, 특이도는 실제로 질병이 없는 사람들 중 음성negative으로 판정된 사람의 비율을 계산한다표 2-9. 표 2-9와 같이 네 가지 경우의 수 중 정상이나 질병이 있다고 판정된 경우를 위양성자false positive라고 한다. 실제로 질병이 있으나 정상으로 판정되는 경우를 위음성자false negative라고 한다.

질병이 있다고 판정된 사람들 중 실제로 질병이 있는 비율을 양성예측도 positive predictive value 라고 하고, 질병이 없다고 판정된 사람들 중 실제로 질병이 없는 비율

표 2-9 민감도 및 특이도

구분		실제		
		영양불량	정상	계
판정	영양불량	a[1)]	b[2)]	a+b
	정상	c[3)]	d[4)]	c+d
	계	a+c	b+d	a+b+c+d

1) a : 실제는 영양불량이고 판정결과도 영양불량(옳음)
2) b : 실제는 정상이고 판정결과는 영양불량(틀림, 위양성자)
3) c : 실제는 영양불량이고 판정결과는 정상(틀림, 위음성자)
4) d : 실제는 정상이고 판정결과도 정상(옳음)

을 음성예측도negative predictive value 라고 한다.

$$\text{민감도} = \frac{a}{(a+c)}$$

$$\text{특이도} = \frac{d}{(b+d)}$$

$$\text{위양성자} = \frac{b}{(b+d)} = 1 - \text{특이도}$$

$$\text{위음성자} = \frac{c}{(a+c)} = 1 - \text{민감도}$$

$$\text{양성예측도} = \frac{a}{(a+b)}$$

$$\text{음성예측도} = \frac{d}{(c+d)}$$

Exercise 01

식사기록법을 이용한 식사섭취조사

식사기록법을 이용하여 섭취한 영양소 및 식품섭취량을 조사한다. 특별한 날(생일, 명절 등)에 식사를 한 경우 특별한 날이었음을 기록하도록 한다.

1. 3일치(주중 2회, 주말 1회)의 식사를 식사기록법을 이용하여 작성하도록 한다.
2. 영양소값을 계산할 수 있는 소프트웨어를 이용하여 식사기록법에 기록한 음식 및 재료와 섭취량을 입력하여 에너지, 탄수화물, 단백질, 지방, 비타민 A, 티아민, 리보플라빈, 니아신, 비타민 C, 칼슘, 철, 인, 나트륨, 칼륨섭취량의 평균 및 표준편차를 산출한다.
3. 각 산출한 영양소 3일치에 대한 CV%(coefficient variation%)를 구한다. CV%는 다음과 같이 구한다.

$$CV\% = \frac{\text{표준편차}}{\text{평균}} \times 100$$

4. CV%를 비교하고, 차이가 있는 이유에 대해 고찰해본다.

끼니	식사시간	장소	음식명	음식 분량	재료	재료 분량
간식 (아침식사 전)						
아침식사						
간식						
점심식사						
간식						
저녁식사						
간식(저녁식사 후)						

참고문헌

Armstrong B, Doll R(1975). Environmental factors and cancer incidence and mortality in different countries, with special reference to dietary practices. Int J Cancer. Apr 15, 15(4) : 617–631.

Baranowski T, Islam N, Douglass D, Dadabhoy H, Beltran A, Baranowski J, Thompson D, Cullen KW, Subar AF(2014). Food Intake Recording Software System, version 4 (FIRSSt4): a self-completed 24-h dietary recall for children. J Hum Nutr Diet. 27 Suppl 1 : 66–71.

Kim DW, Song S, Lee JE, Oh K. Shim J, Kweon S, Paik HY, Joung H(2015). Reproducibility and validity of an FFQ developed for the Korea National Health and Nutrition Examination Survey (KNHANES). Public Health Nutr, 18(8) : 1369–77.

Stote KS, Radecki SV, Moshfegh AJ, Ingwersen LA, Baer DJ(2011). The number of 24 h dietary recalls using the US Department of Agriculture's automated. multiple-pass method required to estimate nutrient intake in overweight and obese adults. Public Health Nutr, 14(10) : 1736–42.

Willett WC(2013). Nutritional Epidemiology. New York, NY: Oxford University Press.

질병관리본부 국민건강영양조사 https://knhanes.cdc.go.kr

식사섭취상태는 영양상태를 판정하기 위한 중요한 항목 중 하나이다. 식사섭취평가는 일상적인 식사섭취량을 조사한 후 식품영양성분 데이터베이스를 활용하여 영양소 섭취량을 계산한 다음 이를 영양소 섭취기준과 비교하는 단계로 이루어진다. 식사섭취평가를 간단히 수행하기 위한 식생활평가지표 등이 활용되기도 한다.

Chapter

03

식사섭취평가

1. 식사섭취상태평가 개요 | 2. 영양소 섭취량 계산
3. 영양소 섭취량에 대한 평가
4. 생애주기별 식사의 다양성 및 식생활평가
5. 앞으로의 과제

Chapter

03 Nutritional Assessment 식사섭취평가

식사섭취상태평가 개요

우리가 매일 섭취하는 식품을 통한 영양소 섭취량을 평가하기 위해서는 이전 장에서 배운 것과 같이 일상적으로 섭취하는 식품에 대한 조사가 필요하다. 이후 식품을 통한 영양소 섭취량을 알기 위해서는 식품에 어떤 성분이 들어 있는지를 보여 주는 식품성분 데이터베이스를 바탕으로 영양소 섭취량을 계산할 수 있다. 최근에는 이러한 식품성분 데이터베이스가 전산화되어 있어서 컴퓨터를 이용하여 섭취한 식품을 통해 영양소 섭취량을 계산할 수 있다. 이렇게 식품을 통한 영양소 섭취량을 계산한 후에 권장하는 영양소 섭취량 표준에 비교하여 식사의 양과 질을 평가할 수 있는데, 이를 위해 한국인 영양소 섭취기준이 제정되었으며 각 연령과 성별에 따른 하루 영양소 섭취량의 표준이 제시되어 개인과 인구집단의 식사평가에 활용할 수 있다. 이 외에도 식사의 다양성을 평가하기 위한 체크리스트나 건강한 식생활을 하는지의 여부를 조사하는 식생활평가지수 역시 이용할 수 있고 필요한 경우 식행동평가지표를 활용하여 개인의 식행동을 평가할 수 있다.

따라서 식사섭취평가에서 무엇을 평가할 것인가는 평가대상개인 대 집단, 평가항목, 그리고 평가를 통해 이루고자 하는 평가의 목적에 따라 가장 적합한 방법을 선택할 수 있다. 본 장에서는 영양판정에 필요한 식사섭취평가에 대한 방법과 도구에 대해 살펴보고 그 결과를 통해 각 개인과 집단에게 어떠한 메시지를 전달할 수 있을지 생각해보기로 한다.

영양소 섭취량 계산

식품성분 및 음식 데이터베이스

식품 안에 어떠한 성분이 있는지에 대한 초기 연구는 식품 안에 있는 어떤 성분이 특정 질병이나 영양문제와 관련되어 있는지였기 때문에 주로 특정 질병이나 영양문제에 효능이 있거나 있다고 알려진 약초, 식품의 활성성분을 규명하고 불량한 식품을 가려내는 것이었다. 1670년대에 페브르Le Febvre와 두다트Dodart가 식물 분석을, 1782년 드 모르보de Morveau가 미네랄워터의 화학성분**폐기물, 물, 단백질, 지방, 탄수화물, 회분, 연료**을 일부 모아 표로 발간했지만 19세기 말까지도 현재 일반적으로 사용하고 있는 형태의 식품성분표는 만들어지지 않았다.

최근 식사와 만성질환 사이의 관련성에 대한 많은 연구가 이루어지면서 식품 내 어떤 성분이 정확히 들어 있는지에 대한 요구도가 증가하기 시작했고 현재와 같은 형태의 신뢰할 만한 식품성분표가 만들어지기 시작했다. 또한 식품성분표는 국가 간 무역에서 각 국가가 제공해야 하는 필수사항이 되었으며 각 국이 생산하는 가공식품에 대한 영양표시를 제공하기 위해서도 필수사항이 되었다. 식품성분표는 초기에는 인쇄물로 발간되었지만 이용의 편리성, 접근성, 실시간 정보 등을 반영할 수 있도록 점점 전산화된 데이터베이스 형태로 제공되기 시작했다. 일반적으로 식품성분 데이터베이스는 각 국가의 수준에서 모아지고 발간되었으나 앞서 언급한 식품의 수출입 증가 및 식품성분에 대한 관심의 증가로 인해 개별 국가의 데이터베이스를 국제적으로 호환하여 이용하기 위해 지난 수십 년간 연구가 계속되었다. 그 결과 1983년 만들어진 FAO의 INFOODS나 EuroFIREuropean Food Information Resource, 미국 농무성United States Department of Agriculture : USDA 등의 웹기반 네트워크가 발전하게 되었다. 국내의 경우 농촌진흥청의 식품성분표와 식품의약품안전처의 FANTASY가 이러한 정보를 제공하고 있다.

농촌진흥청의 국가표준식품성분표 국내의 경우 1970년에 농촌진흥청의《국가표준식품성분표》초판이 발간되었고, 이후 1977년 제1개정판, 1981년 제2개정판에 이어 5년마다 개정판이 발간되었으며, 현재 2016년도 발간된 제9개정판이 가장 최신의 정보를 수록하고 있다. 수록되어 있는 식품 수도 초판 476개에서 제9개정판에는 3,000종 43개의 성분으로 증가했으며 수시로 업데이트되고 있다.《국가표준식품성분표》는 직접 분석한 자료와 국내·외 수집자료를 함께 수록하고 있기 때문에 자료원의 출처 검색을 통해 자료원**농촌진흥청, 식품의약품안전처, 국립수산과학원, USDA(미국), JAPAN(일본), 기타 등**을 확인할 수 있다.《국가식품성분표》에 수록된 식품의 형태를 살펴보면, 곡류와 과실류의 경우 국내에서 가장 재배면적이 넓고 생산량이 많은 품종을 선택하며 식품은 생것, 말린 것, 삶은 것, 찐 것, 구운 것과 가공식품 등으로 구분하여 수록하고 있다. 단, 쌀과 같은 다소비식품은 품종별 자료를 수록하고 있다.

● 그림 3-1 농촌진흥청의《식품성분표》제9개정판

출처 : 농촌진흥청 국립농업과학원(2016). 제9개정판 식품성분표. 농촌진흥청 국립농업과학원 농식품자원부 기능성식품과.

또한 기존의 전문가용 식품성분표에서 식품군별, 음식군별로 사진을 통해 알아보는 소비자 맞춤형 식품성분표를 추가하여 제공되는 정보의 형태를 다양화하였으며 식이섬유, 플라보노이드와 같은 파이토케미컬 유래성분 등의 기능성 식품성분표, 어린이 및 노인대상 맞춤형 용도별 성분표, 아미노산, 지방산, 지용성 비타민 등 특수 영양성분표 등 대상별 맞춤형 식품성분표를 개발하여 제공하고 있다그림 3-1.

국가표준식품성분표는 식품 100g 단위에 대한 영양소 함량을 원칙적으로 제시하고 있으며 분량기준 검색에서 1회 섭취 분량은 성인기준으로 제시하고 있다. 식품의 분류와 코드는 5단계로 되어 있는데, 1단계는 식품군으로 분류하며 2단계는 원료 식품명 및 원재료 가공 유형, 3단계는 분류 및 품종**가공식품명**, 4단계는 가식부위 및 형태, 5단계는 조리상태로 분류한다. 농촌진흥청 국립농업과학원 농식품종합정보시스템을 통해 이와 같은 국가표준식품성분표를 검색할 수 있도록 웹사이트 역시 구축되어 있다http://koreanfood.rda.go.kr/kfi/fct/fctFoodSrch/list.

식품의약품안전처의 데이터활용서비스 식품의약품안전처의 데이터 활용서비스는 식품영양정보, 식품 및 건강기능식품을 비롯한 식품위해관리와 안전관리 등

● 그림 3-2 식품의약품안전처의 데이터활용서비스

출처: 식품의약품안전처 데이터활용서비스(https://www.foodsafetykorea.go.kr/apiMain.do)

의 분류별 데이터 서비스를 제공한다. 2021년 8월 현재 건강기능식품 DB, 식품영양성분 DB, 조리식품의 레시피 DB 등을 검색할 수 있도록 웹사이트 역시 구축되어 있다https://www.foodsafetykorea.go.kr/apiMain.do.

소프트웨어나 웹사이트를 이용한 영양소 섭취량 계산

CAN ProComputer Aided Nutritional analysis Program는 식품성분 데이터베이스와 영양성분 데이터베이스로 섭취한 식품과 영양소 섭취량을 평가한 뒤 한국인의 영양소 섭취기준을 사용하여 영양평가 및 상담, 교육이 가능하도록 만든 프로그램이다. 한국영양학회가 1998년 개발하여 보급한 CAN Pro 1.0 버전 이래 2002년 2.0, 2006년 3.0, 2011년 4.0 버전이 출시되면서 점차 수록된 식품과 영양성분이 확장되었다. 2015년 9월 5.0 웹버전이 출시되면서 전문가뿐 아니라 일반인들도 손쉽게 사용할 수 있도록 편의성이 확장되었다.

개인별 섭취량을 프로그램에 입력하면 식품성분 데이터베이스를 활용하여 섭취한 영양소 섭취량이 산출되며 이를 각 개인의 영양소 필요량에 맞추어 식사의 질과 양을 평가할 수 있어 전문가와 일반인 모두 식사평가에 활용이 가능하다그림 3-3.

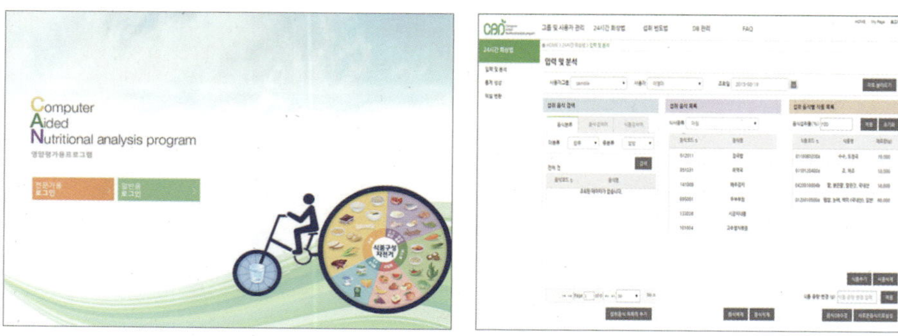

● 그림 3-3 한국영양학회 CAN Pro 5.0

출처 : 한국영양학회 영양정보위원회(2016).

● 표 3-1 한국영양학회의 캔 프로그램

구분	CAN Pro 1.0	CAN Pro 2.0	CAN Pro 3.0	CAN Pro 4.0	CAN Pro 5.0
영양평가 기준	한국인의 영양권장량(1995, 제6차 개정판)	한국인의 영양권장량(2000, 제7차 개정판)	한국인 영양섭취기준(2005)	한국인 영양섭취기준(2010, 개정판)	한국인 영양소 섭취기준(2015, 개정판)
프로그램 자동 업데이트 기능	×	×	○	○	○
추가 및 개선 기능		• 메인 데이터베이스 수정 시 데이터베이스를 새로운 이름으로 저장하는 기능 추가 • 식품섭취빈도 법에 의한 식사입력법 추가 • 데이터베이스 편집 기능 및 백업 기능 가능 • 사용자 정의 영양소로 등록 가능(영양소 10가지) • 영양권장량 데이터베이스 관리 기능 추가 • 섭취음식 입력화면 변경	• 자료 입력 화면 변경 • 사용자 상세 정보 활동정도 기능 추가 • 섭취음식검색 시 음식분류 음식검색어(음식명, 음식 코드), 식품 검색어(식품명, 식품 코드) 3가지로 변경 • 섭취음식 및 영양소 표시화면에서 영양소군 선택기능 추가 • 24시간 회상법 결과물 추가 • 24시간 회상법 컨설트 추가	• 메인 데이터베이스 편집 시 사용자 식사군 편집 기능 추가 • 입력자료 백업 및 복원 기능 추가 • 이전 버전 자료 불러오기 범위 강화 • 사용자 영양소 추가 기능 강화 • 음식 데이터베이스 편집기능 강화 • 영양소값 산출 시 결측치(missing data) 표시 • 동 · 식물성 구분 영양소의 합계값 제공 • 24시간 회상법 식사군 편집 기능 추가 • 24시간 회상법 컨설트 편집 기능 추가 • 식품섭취빈도법 등 타 설문지 불러오기 강화	• 웹버전이 구축되면서 실시간 식품성분 데이터베이스를 자동반영

출처 : 한국영양학회 영양정보위원회(2016).

영양소 섭취량에 대한 평가

한국인 영양소 섭취기준

질병이 없는 건강한 삶을 유지하기 위해 각 사람들에게는 적절한 양의 영양소가 공급되어야 한다. 따라서 각 인구집단마다 필수로 섭취해야 하는 영양소의 기준이 제정되어 보급되고 있으며 국내에서는 1962년에 한국인 영양권장량이 최초로 제정된 이래 2000년까지 제7차 개정안이 만들어졌다. 이후 질병이 없는 대부분의 사람들이 최적의 건강상태를 유지하기 위해 매일 필요한 영양소 섭취량을 조금 더 자세히 제공하고자 한국인 영양섭취기준이 2005년부터 제정되었고 2010년 2차 개정을 거쳐 2015년 3차 개정인 한국인 영양소 섭취기준이 마련되었다. 이에 따라 보다 다양한 영양소에 대한 기준이 확대 보급되었다. 2020 한국인 영양소 섭취기준에서는 안전하고 충분한 영양을 확보하는 기준치(평균필요량, 권장섭취량, 충분섭취량, 상한섭취량)와 식사와 관련된 만성질환 위험감소를 고려한 기준치(에너지적정비율, 만성질환위험감소섭취량)를 제시하고 있다. 추가로 신규 설정된 만성질환위험감소

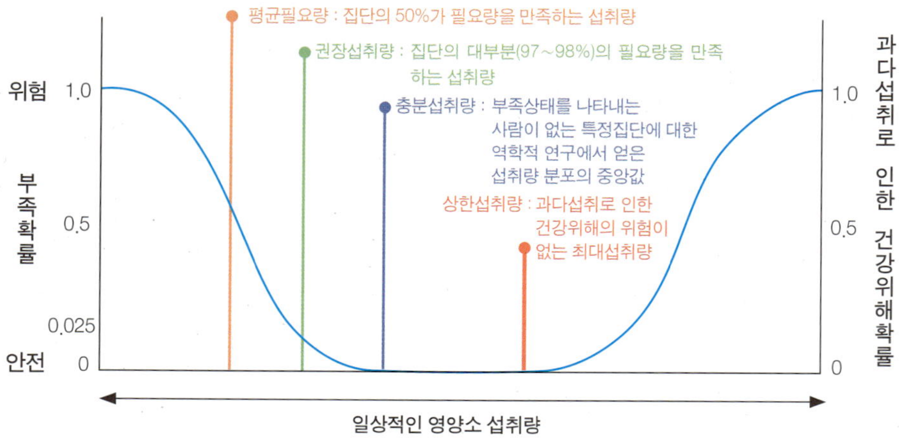

그림 3-4 영양소 섭취기준 지표의 개념도(평균필요량, 권장섭취량, 충분섭취량, 상한섭취량)

출처 : 보건복지부 · (사)한국영양학회(2015). 2015 한국인 영양소 섭취기준.

섭취량은 건강한 인구집단에서 만성질환의 위험을 감소시킬 수 있는 영양소의 최저 수준의 섭취량으로 영양소 섭취와 만성질환 간 인과적 연관성과 만성질환의 위험을 감소시킬 수 있는 구체적 섭취범위를 고려하여 설정되었다.

영양소 섭취기준Dietary Reference Intakes : DRIs은 건강한 개인 및 집단이 건강증진 및 생활습관 관련 질환을 예방하고 최적의 건강상태를 유지하기 위한 에너지 및 각 영양소 섭취량의 기준이다. 영양소 섭취기준 설정의 목적은 영양소 섭취부족과 과다섭취로 인한 건강위해를 예방하는 것이며 영양소 섭취부족을 예방하기 위한 목적인 평균필요량Estimated Average Requirement : EAR, 권장섭취량Recommended Nutrient Intake : RNI 및 충분섭취량Adequate Intake : AI과 과다섭취로 인한 건강위해를 예방하기 위한 목적인 상한섭취량Tolerable Upper Intake Level : UL으로 구성된다그림 3-4.

영양소 섭취기준 지표

평균필요량 평균필요량EAR은 영양소 섭취부족을 예방하기 위한 지표로 개인의 경우에는 부족할 확률이 50%, 집단의 경우에는 절반의 대상자에서 영양부족이 발

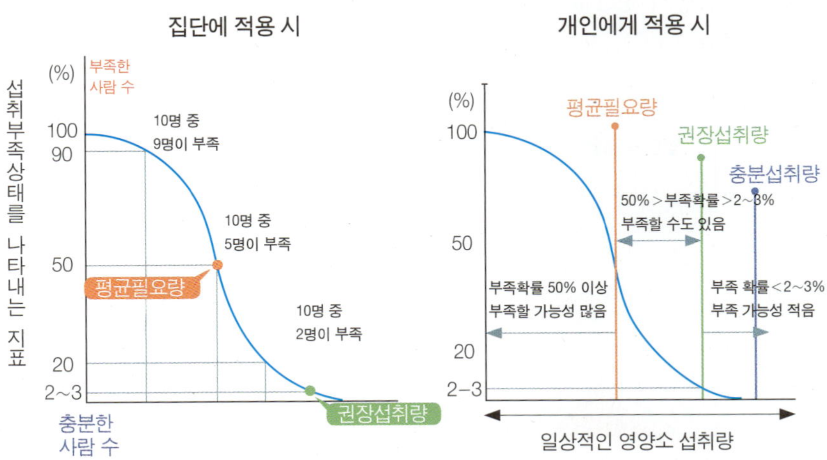

● 그림 3-5 평균필요량과 권장섭취량

출처 : 보건복지부 · (사)한국영양학회(2015). 2015 한국인 영양소 섭취기준.

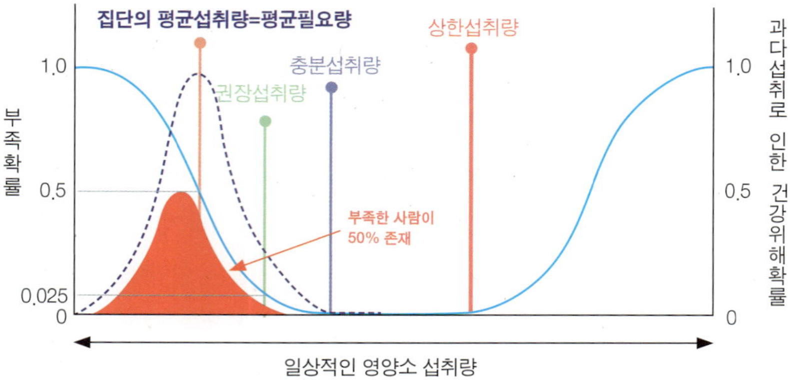

● 그림 3-6 집단의 평균섭취량이 평균필요량과 같은 경우
출처 : 보건복지부 · (사)한국영양학회(2015). 2015 한국인 영양소 섭취기준.

생그림 3-5, 3-6하는 섭취량 수준이다. 따라서 집단의 경우 부족한 사람을 줄이기 위해서는 평균섭취량보다 적게 섭취하는 사람의 비율을 최소로 하도록 한다.

권장섭취량 권장섭취량RNI은 영양소 섭취부족을 예방하기 위한 지표로서 개인의 경우에는 부족할 확률이 거의 없도록 설정한 섭취량이다그림 3-5. 집단의 경우에는 영양소 섭취량의 평균값이 권장섭취량과 동일하다고 해도 섭취량의 분포를 본다면 섭취량이 부족한 사람부터 개인의 영양소 필요량보다 많이 섭취한 사람까지 존

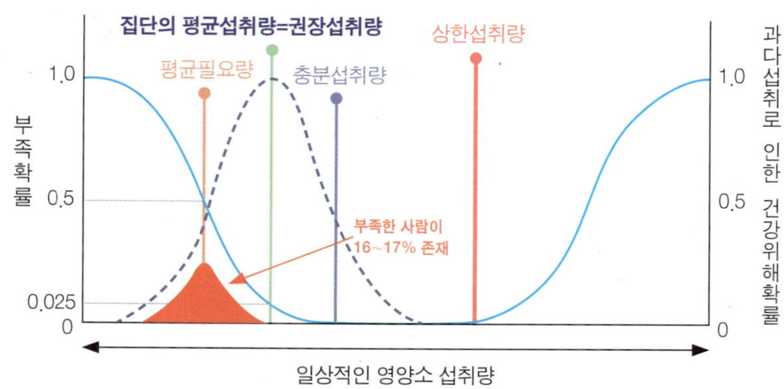

● 그림 3-7 집단의 평균섭취량이 권장섭취량과 같은 경우
출처 : 보건복지부 · (사)한국영양학회(2015). 2015 한국인 영양소 섭취기준.

재하므로 부족할 확률을 가진 대상자가 일정 수치만큼이론상으로는 16~17% 존재하게 된다그림 3-7. 따라서 집단의 식사개선을 위한 평가와 계획에는 권장섭취량을 사용하지 않는다.

평균필요량과 권장섭취량을 결정하기 위해서는 명확한 과학적 근거가 있어야 한다. 즉, 부족 또는 충분상태를 객관적으로 측정할 수 있는 생체지표바이오마커를 기반으로 인위적으로 부족상태를 만들어 그 값을 결정한 영양소만 가능하다.

충분섭취량 충분섭취량AI은 평균필요량과 권장섭취량을 설정할 수 없는 경우 영양섭취부족을 예방하기 위해 설정하는 지표이다. 단기간에 섭취부족상태를 결정할 수 없거나 유아와 같이 실험을 할 수 없는 경우에 생체지표 등을 이용하여 섭취를 충족하고 있는 사람들을 추출한 후 그 집단의 일상적인 섭취량을 조사하여 분포의 중앙값을 충분섭취량으로 사용한다. 충분섭취량에 근접하게 섭취한다면 적절한 섭취상태라고 판단할 수 있다그림 3-8.

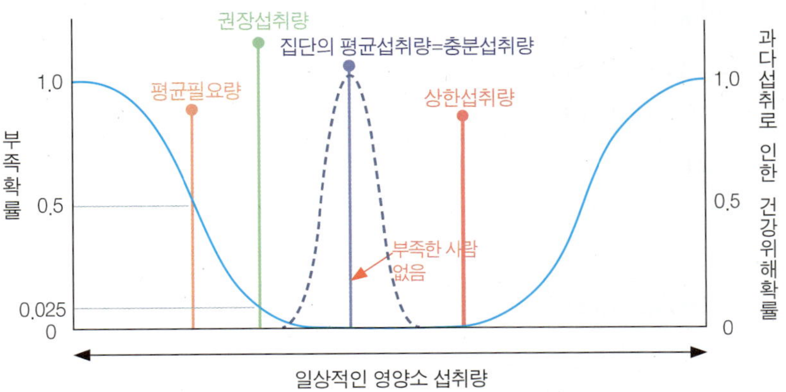

● 그림 3-8 집단의 평균섭취량이 충분섭취량과 같은 경우

출처 : 보건복지부 · (사)한국영양학회(2015). 2015 한국인 영양소 섭취기준.

상한섭취량 상한섭취량UL은 영양소의 과다섭취를 예방하기 위한 지표로서 이 값을 초과하여 섭취하면 과다섭취로 인한 건강위해가 일어나는 위험이 존재하며 섭취량이 계속적으로 증가할수록 건강위해확률은 증가한다. 일반적인 식품을 섭취하

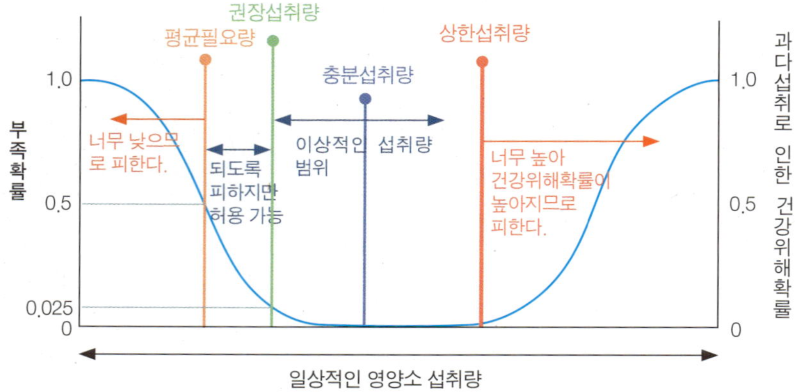

그림 3-9 이상적인 영양소 섭취량의 범위

출처 : 보건복지부 · (사)한국영양학회(2015). 2015 한국인 영양소 섭취기준.

는 경우에는 거의 도달할 수 없는 양이며 상한섭취량을 넘어 섭취하는지 평가하기 위해서는 보충제나 건강기능식품으로 섭취하는 양까지 고려해서 모든 섭취량의 합이 이 값에 근접하여 섭취하지 않도록 권장한다.

따라서 이상적인 영양소 섭취량의 범위는 그림 3-9와 같다. 영양소 섭취기준은 연령별, 성별, 활동 정도 등에 따라 달라지며 임신과 수유기에는 추가적으로 필요량이 달라지므로 생애주기별 자신에 맞는 섭취기준을 알고 있는 것은 건강한 식생활에 도움이 된다.

2020년 한국인 영양소 섭취기준

연령 및 체위기준 2020년 제4차 한국인 영양소 섭취기준 설정을 위한 연령 및 체위기준은 표 3-2와 같다. 성인의 체위기준은 건강한 19~49세의 성인을 기준으로 체질량지수 중위수남성 BMI 22.6, 여성 21.4를 산출하여 적용하였다.

표 3-2 2020 한국인 영양소 섭취기준을 위한 연령 및 체위기준

연령	2015 한국인 영양소 섭취기준						2020 한국인 영양소 섭취기준					
	신장 (cm)		체중(kg)		체질량지수 (kg/m^2)		신장 (cm)		체중(kg)		체질량지수 (kg/m^2)	
0~5개월	60.3		6.2		17.1		58.3 ▼		5.5 ▼		16.2 ▼	
6~11개월	72.2		8.9		17.1		70.3 ▼		8.4 ▼		17.0 ▼	
1~2세	86.4		12.5		16.7		85.8 ▼		11.7 ▼		15.9 ▼	
3~5세	105.4		17.4		15.7		105.4 ▲		17.6 ▲		15.8 ▲	
	남자	여자	남자	여자	남자	여자	남자	여자	남자	여자	남자	여자
6~8세	126.4	125.0	26.5	25.0	16.6	16.0	124.6 ▼	123.5 ▼	25.6 ▼	25.0 (-)	16.7 ▲	16.4 ▲
9~11세	142.9	142.9	38.2	35.7	18.7	17.5	141.7 ▼	142.1 ▼	37.4 ▼	36.6 ▲	18.7 (-)	18.1 ▲
12~14세	163.5	158.1	52.9	48.5	19.8	19.4	161.2 ▼	156.6 ▼	52.7 ▼	48.7 ▲	20.5 ▲	20.0 ▲
15~18세	173.3	160.9	63.1	53.1	21.0	20.5	172.4 ▼	160.3 ▼	64.5 ▲	53.8 ▲	21.9 ▲	21.0 ▲
19~29세	174.8	161.5	68.7	56.1	22.5	21.5	174.6 ▼	161.4 ▼	68.9 ▲	55.9 ▼	22.6 ▲	21.4 ▲
30~49세	172.0	159.0	66.6	54.4	22.5	21.5	173.2 ▲	159.8 ▲	67.8 ▲	54.7 ▲	22.6 ▲	21.4 ▲
50~64세	168.4	155.4	63.8	51.9	22.5	21.5	168.9 ▲	156.6 ▲	64.5 ▲	52.5 ▲	22.6 ▲	21.4 ▲
65~74세	164.9	152.1	61.2	49.7	22.5	21.5	166.2 ▲	152.9 ▲	62.4 ▲	50.0 ▲	22.6 ▲	21.4 ▲
75세 이상	163.3	147.1	60.0	46.5	22.5	21.5	163.1 ▼	146.7 ▼	60.1 ▲	46.1 ▼	22.6 ▲	21.4 ▲

출처 : 보건복지부 · (사)한국영양학회(2020). 2020 한국인 영양소 섭취기준.

● 표 3-3 2020 한국인 영양소 섭취기준 제정 대상 영양소

영양소		영양소 섭취기준					
		평균 필요량	권장 섭취량	충분 섭취량	상한 섭취량	만성질환 위험감소를 고려한 섭취량	
						에너지적정비율	만성질환위험감소섭취량
에너지	에너지	○[1]					
다량 영양소	탄수화물	○	○			○	
	당류						○[3]
	식이섬유			○			
	단백질	○	○			○	
	아미노산	○	○				
	지방			○		○	
	리놀레산			○			
	알파-리놀렌산			○			
	EPA+DHA			○[2]			
	콜레스테롤						○[3]
	수분			○			
지용성 비타민	비타민 A	○	○		○		
	비타민 D			○	○		
	비타민 E			○	○		
	비타민 K			○			
수용성 비타민	비타민 C	○	○		○		
	티아민	○	○				
	리보플라빈	○	○				
	니아신	○	○		○		
	비타민 B_6	○	○		○		
	엽산	○	○		○		
	비타민 B_{12}	○	○				
	판토텐산			○			
	비오틴			○			
다량 무기질	칼슘	○	○		○		
	인	○	○		○		
	나트륨			○			○
	염소			○			
	칼륨			○			
	마그네슘	○	○		○		
미량 무기질	철	○	○		○		
	아연	○	○		○		
	구리	○	○		○		
	불소			○	○		
	망간			○	○		
	요오드	○	○		○		
	셀레늄	○	○		○		
	몰리브덴	○	○		○		
	크롬			○			

1) 에너지필요추정량

2) 0~5개월과 6~11개월 영아의 경우 DHA 단일성분으로 충분섭취량 설정

3) 권고치

출처 : 보건복지부 · (사)한국영양학회(2020). 2020 한국인 영양소 섭취기준.

2020년 한국인 영양소 섭취기준 제정 대상 영양소 표 3-3은 2020년 한국인 영양소 섭취기준 제·개정 대상 영양소를 제시하고 있다.

2020년 한국인 영양소 섭취기준 요약 2020 한국인 영양소 섭취기준이 제시된 영양소는 에너지 및 다량영양소 12종, 비타민 13종, 무기질 15종의 총 40종의 영양소가 제·개정되었다.

BOX 3-1

제2차 제·개정 (2020) 대상 영양소 40종

- 에너지 및 다량영양소 12종
  - 탄수화물, 당류, 식이섬유, 단백질, 아미노산, 지방, 리놀레산, 알파-리놀렌산, EPA+DHA, 콜레스테롤, 수분
- 비타민 13종
  - A, D, E, K, C, B_1, B_2, B_6, 니아신, 엽산, B, 판토텐산, 비오틴
- 무기질 15종
  - Ca, P, Na, Cl, K, Mg, Fe, Zn, Cu, F, Mn, I, Se, Mo, Cr.

주요 제·개정 사항을 살펴보면 첫째, 탄수화물에 대한 평균필요량 및 권장섭취량이 제정되었으며 둘째, 지방산리놀레산, 알파-리놀렌산, DHA+EPA에 대한 충분섭취량이 제정되었다. 셋째, 단백질에 대한 평균필요량과 권장섭취량이 개정되었고 넷째, 나트륨에 대한 심혈관질환과 고혈압 등 만성질환 위험감소를 위한 섭취량이 신규 설정되었다. 마지막으로 에너지대사 조절 영양소티아민, 리보플라빈, 니아신에 대한 노인기 기준치가 설정되었다. 그 내용을 영양소 별로 살펴보면 다음과 같다.

BOX 3-2

평균필요량(EAR) 혹은 충분섭취량(AI)

- 평균필요량(EAR) 혹은 충분섭취량(AI)에 대한 기준치가 변경되지 않은 영양소 : 비타민 D, 비타민 B_6, 엽산, 판토텐산, 망간

- 단백질 : 필요량 추정에 관한 과학적 근거의 변화로 상향조정
- 그 외 변화가 있는 다른 영양소 : 대부분 체위 기준 또는 에너지 필요추정량이나 에너지 섭취량 변화로 인해 기준치 변경

상한섭취량(UL)

- 상한섭취량(UL) 기준이 변경되지 않은 영양소 : 비타민 D, 엽산, 칼슘, 인, 철
- 상한섭취량에 변화가 있는 영양소들은 모두 체위 기준의 변화로 인해 기준치 변경

에너지적정비율 2020년 한국인 영양소 섭취기준의 에너지적정비율을 표 3-4와 같다.

표 3-4 2020 한국인 영양소 섭취기준 - 에너지적정비율

성별	연령	에너지적정비율(%)				
		탄수화물	단백질	지질[1]		
				지방	포화지방산	트랜스지방산
영아	0~5(개월)	-	-	-	-	-
	6~11	-	-	-	-	-
유아	1~2(세)	55~65	7~20	20~35	-	-
	3~5	55~65	7~20	15~30	8 미만	1 미만
남자	6~8(세)	55~65	7~20	15~30	8 미만	1 미만
	9~11	55~65	7~20	15~30	8 미만	1 미만
	12~14	55~65	7~20	15~30	8 미만	1 미만
	15~18	55~65	7~20	15~30	8 미만	1 미만
	19~29	55~65	7~20	15~30	7 미만	1 미만
	30~49	55~65	7~20	15~30	7 미만	1 미만
	50~64	55~65	7~20	15~30	7 미만	1 미만
	65~74	55~65	7~20	15~30	7 미만	1 미만
	75 이상	55~65	7~20	15~30	7 미만	1 미만

성별	연령	에너지적정비율(%)				
		탄수화물	단백질	지질[1]		
				지방	포화지방산	트랜스지방산
여자	6~8(세)	55~65	7~20	15~30	8 미만	1 미만
	9~11	55~65	7~20	15~30	8 미만	1 미만
	12~14	55~65	7~20	15~30	8 미만	1 미만
	15~18	55~65	7~20	15~30	8 미만	1 미만
	19~29	55~65	7~20	15~30	7 미만	1 미만
	30~49	55~65	7~20	15~30	7 미만	1 미만
	50~64	55~65	7~20	15~30	7 미만	1 미만
	65~74	55~65	7~20	15~30	7 미만	1 미만
	75 이상	55~65	7~20	15~30	7 미만	1 미만
임신부		55~65	7~20	15~30		
수유부		55~65	7~20	15~30		

1) 콜레스테롤: 19세 이상 300 mg/일 미만 권고

출처 : 보건복지부 · (사)한국영양학회(2020). 2020 한국인 영양소 섭취기준.

식품구성자전거

- 식품구성자전거는 한국인이 일반적으로 섭취하는 식품의 종류와 영양소 함량 및 그에 따른 기능이 유사한 것으로 묶어 이러한 식품군을 매일 골고루 필요한 만큼 섭취하는 균형 잡힌 식사를 표현하고 있다그림 3-10. 자전거 뒷바퀴에 각 식품군별 매일 필요한 양의 비율이 표현되어 있고 해당되는 면적을 그 식품군의 섭취 횟수로 배분하여 식사를 계획하고 평가할 수 있도록 만들었다. 여기에 앞바퀴는 매일 충분한 양의 물을 섭취해야 하는 것을 표현하고 있으며 자전거에 앉은 사람의 모습은 매일 충분한 양의 신체활동을 해서 적절한 영양섭취와 함께 건강을 유지하고 비만을 예방할 수 있음을 의미한다.
- 식품구성자전거의 뒷바퀴를 보면 곡류는 매일 2~4회, 고기 · 생선 · 달걀 · 콩류는 매일 3~4회, 채소류는 매 끼니 2가지 이상, 과일은 매일 1~2개, 우

● 그림 3-10 식품구성자전거

출처 : 보건복지부 · (사)한국영양학회(2015). 2015 한국인 영양소 섭취기준.

유 · 유제품은 매일 1~2잔을 섭취하야 함을 표현한다. 물론 각 개인의 하루 필요량에 따라 식품의 양과 종류를 조정할 수 있으며, 식사구성안**권장식사 패턴**을 이용하면 편리하게 하루에 필요한 식품군의 섭취 횟수를 정할 수 있다.

권장식사 패턴 권장식사 패턴이란 복잡한 영양가 계산을 하지 않고도 개인이 영양소 섭취기준에 맞는 식단을 구성할 수 있도록 만든 식단 구성방법이다. 각 1일 에너지필요량에 따라 식품군별 섭취 횟수를 계산하여 제시하였기 때문에 자신에게 필요한 에너지를 안다면 자신에게 필요한 식품군별 섭취 횟수를 선택할 수 있다. 하루에 필요한 식품군별 섭취 횟수에 맞춰 식단을 간편하게 작성하여 식사를 하면 자연스럽게 하루에 필요한 영양소 섭취량을 충족할 수 있다. 2015년 제3차 한국인 영양소 섭취기준의 식사구성안은 표 3-5와 같다.

● **표 3-5** 2015년 한국인 영양소 섭취기준의 권장식사 패턴

① 우유 · 유제품 2회 권장

A타입						
에너지(kcal)	곡류	고기 · 생선 · 달걀 · 콩류	채소류	과일류	우유 · 유제품류	유지 · 당류
1,000	1	1.5	4	1	2	3
1,100	1.5	1.5	4	1	2	3
1,200	1.5	2	5	1	2	3
1,300	1.5	2	6	1	2	4
1,400	2	2	6	1	2	4
1,500	2	2.5	6	1	2	5
1,600	2.5	2.5	6	1	2	5
1,700	2.5	3	6	1	2	5
1,800	3	3	6	1	2	5
1,900	3	3.5	7	1	2	5
2,000	3	3.5	7	2	2	6
2,100	3	4	8	2	2	6
2,200	3.5	4	8	2	2	6
2,300	3.5	5	8	2	2	6
2,400	3.5	5	8	3	2	6
2,500	3.5	5.5	8	3	2	7
2,600	3.5	5.5	8	4	2	8
2,700	4	5.5	8	4	2	8
2,800	4	6	8	4	2	8

② 우유 · 유제품 1회 권장

B타입						
에너지(kcal)	곡류	고기 · 생선 · 달걀 · 콩류	채소류	과일류	우유 · 유제품류	유지 · 당류
1,000	1.5	1.5	5	1	1	2
1,100	1.5	2	5	1	1	3
1,200	2	2	5	1	1	3
1,300	2	2	6	1	1	4

B타입						
에너지(kcal)	곡류	고기 · 생선 · 달걀 · 콩류	채소류	과일류	우유 · 유제품류	유지 · 당류
1,400	2.5	2	6	1	1	4
1,500	2.5	2.5	6	1	1	4
1,600	3	2.5	6	1	1	4
1,700	3	3.5	6	1	1	4
1,800	3	3.5	7	2	1	4
1,900	3	4	8	2	1	4
2,000	3.5	4	8	2	1	4
2,100	3.5	4.5	8	2	1	5
2,200	3.5	5	8	2	1	6
2,300	4	5	8	2	1	6
2,400	4	5	8	3	1	6
2,500	4	5	8	4	1	7
2,600	4	6	9	4	1	7
2,700	4	6.5	9	4	1	8

출처 : 보건복지부 · (사)한국영양학회(2015). 2015 한국인 영양소 섭취기준.

영양소 섭취기준을 활용한 식사평가 한국인 영양소 섭취기준을 식사평가에 적용하기 위한 원칙은 다음과 같다.

개인 및 집단의 식사평가에 영양소 섭취기준을 적용할 때는 언제나 모든 영양소를 고려해야 하는 것은 아니며 평가의 우선순위는 다음과 같다.

첫째, 평균필요량, 권장섭취량, 충분섭취량의 경우 생명 및 건강 유지와 적절한 성장에 불가피한 영양소에 우선순위를 둔다.

둘째, 만성질환을 예방하기 위해 영양소 섭취기준이 책정된 영양소를 우선으로 한다.

셋째, 현재까지의 과학적인 근거자료가 부족하여 영양소 섭취량과 공급량을 추정할 수 없는 영양소의 경우 우선순위를 낮게 둔다.

집단의 식사평가

영양소 섭취기준은 개인의 식사평가를 비롯하여 집단이나 소집단 및 국가 전체 구성원의 식사평가에 모두 사용할 수 있다. 국민 전체에게 적용한 예로 제 5차 국민건강증진종합계획 2030을 살펴보면 표 3-6 대표지표로 식품안정성 확보 가구분율을 향상시키며 그 외 세부지표로 포화지방산, 나트륨, 칼슘, 비타민 A를 적정수준으로 섭취하는 인구비율 향상을 목표 지표로 가지고 있다. 이때 목표지표는 국민건강영양조사의 식사조사를 통해 영양소 섭취량을 도출한 후 한국인 영양소 섭취기준으로 평가했을 때 한국인에게 가장 부족하거나 과잉하기 쉬운 영양소를 우선순위로 삼은 것이다.

표 3-6 제5차 국민건강증진종합계획 2030 중 영양분야 지표

번호	성과 지표	기준치 (2018)	목표치 (2030)
1	식품 안정성 확보 가구분율	96.9%	97.0%
2	소득 1-5분위 식품 안정성 확보 가구분율 격차	11.4%p	7.0%p
3	포화지방산을 적정수준으로 섭취하는 인구 비율(만3세 이상)	56.5%	74.0%
4	소득 1-5분위 포화지방 적정수준 섭취 인구 비율 격차(만3세 이상)	-3.7%p	0.0%p
5	나트륨을 1일 2300mg 이하로 섭취하는 인구 비율 (만9세 이상)	33.2%	42.0%
6	소득 1-5분위 나트륨 적정수준 섭취 인구 비율 격차 (만9세 이상)	-7.9%p	-0.2%p
7	과일/채소를 1일 500g이상 섭취하는 인구비율(만 6세이상)	29.3%	41.0%
8	소득 1-5분위 과일/채소를 1일 500g이상 섭취 인구 비율격차(만 6세이상)	9.7%p	6.0%p
9	가공식품의 영양표시 이용률(만7세이상)	26.4%	31.7%
10	소득 1-5분위 가공식품 영양표시 이용 인구 비율 격차	4.4%p	4.0%p
11	건강 식생활 실천율(만6세 이상)	41.5%	50.6%
12	소득 1-5분위 건강 식생활 실천율 격차	7.7%p	4.4%p

번호	성과 지표	기준치 (2018)	목표치 (2030)
13	칼슘 적정수준 섭취하는 인구 비율 (만1세 이상)	16.5%	21.0%
14	소득 1-5분위 칼슘 적정수준 섭취율 격차 (만1세 이상)	3.9%p	2.0%p
15	비타민 A 적정수준 섭취하는 인구비율 (만 1세 이상)	11.4%	24.0%
16	소득 1-5분위 비타민 A 적정수준 섭취 분율 격차 (만1세 이상)	0.9%p	0.0%p
17	영양섭취부족 노인 인구비율 (75세 이상)	18.5%	12.0%
18	소득 1-5분위 영양섭취부족 노인 인구 분율 격차 (75세 이상)	5.4%p	0.0%p
19	가임기 여성의 빈혈 유병률	13.1%	11.0%
20	소득 1-5분위 가임기 여성의 빈혈 유병률 격차	2.8%p	0.0%p

즉, 집단의 식사평가에서는 집단구성원들의 섭취량이 영양소 필요량을 충족하는지 여부를 평가하여 부적절하게 섭취하는 사람들의 비율을 구한다. 집단의 식사평가에서 사용하는 영양소 섭취기준은 평균필요량이므로 평균필요량이 설정된 영양소만을 집단평가에서 사용할 수 있다. 집단의 식사평가에서 권장섭취량은 부적절하게 섭취하는 사람의 비율을 추정하기 위한 기준으로 사용하지 않는다.

집단의 평가에서는 실제 모든 개인의 필요량이나 평소 섭취량을 파악하는 것이 불가능하기 때문에 부적절하게 섭취하는 사람의 비율을 추정하기 위해서 확률접근법과 컷포인트cut-point 방법으로 평가하게 된다. 즉, 평균필요량을 이용하여 집단의 영양상태를 평가할 때는 확률적 접근법과 컷포인트 방법 두 가지를 이용한다.

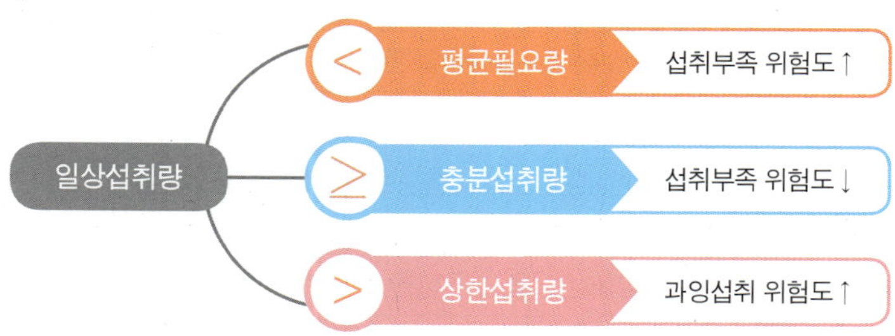

● 그림 3-11 집단의 식사평가에서 영양소 섭취기준의 활용

출처 : 보건복지부 · (사)한국영양학회(2015). 2015 한국인 영양소 섭취기준.

① 확률적 접근법

확률적 접근법에서는 집단의 영양소 필요량과 영양소 섭취량의 분포를 사용한다. 즉, 집단을 대상으로 특정 영양소 섭취에 대해 평가하고 싶다면, 우선 해당 영양소 필요량의 분포를 알아야만 한다. 만약 그림 3-12와 같이 해당 영양소의 필요량 분포가 첫째, 정규분포를 따르고, 둘째, 평균이 100이라고 하면, 다음과 같이 평가한다.

- 섭취량이 30이면 '섭취가 부족할 위험이 100%이다.'
- 섭취량이 100이면 '섭취가 부족할 위험이 50%이다.'
- 섭취량이 150이면 '섭취가 부족할 위험이 거의 0%이다.'

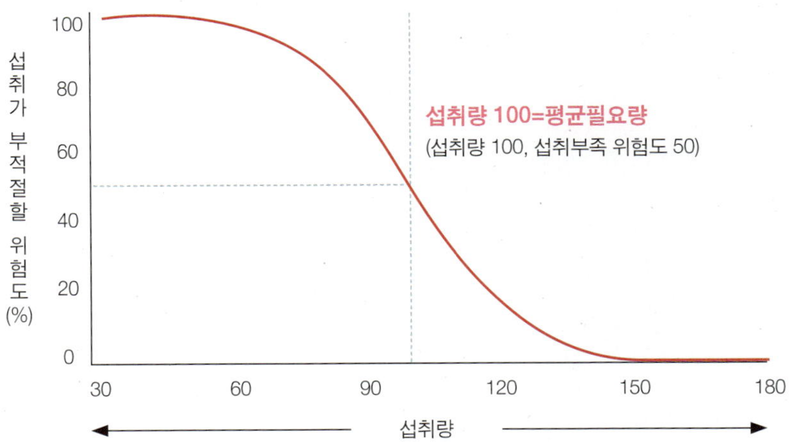

● **그림 3-12** 영양소 섭취량에 따른 영양섭취 부족의 위험도 확률 분포

출처 : 보건복지부 · (사)한국영양학회(2015). 2015 한국인 영양소 섭취기준.

② 컷포인트(cut point) 방법

영양소 필요량의 분포가 평균필요량을 중심으로 대칭일 경우 사용하는 방법으로 이 방법에서는 평균필요량보다 작게 섭취하는 대상자의 비율을 영양섭취를 부

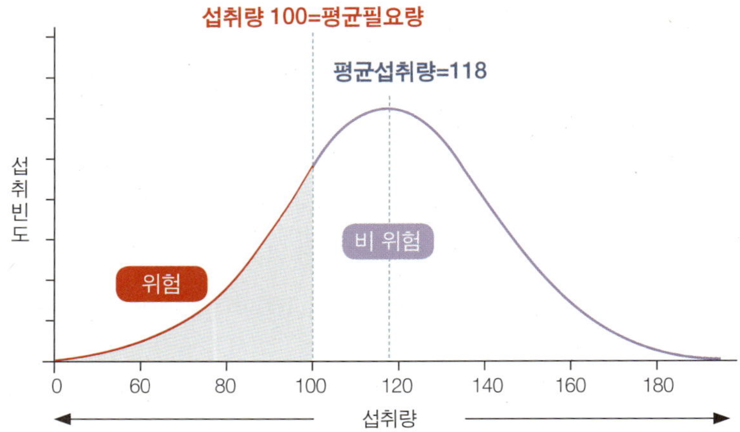

● 그림 3-13 평균필요량 컷포인트 방법 (평균필요량 미만의 회색 부분으로 섭취할 경우 위험에 속함)

출처 : 보건복지부 · (사)한국영양학회(2015). 2015 한국인 영양소 섭취기준.

족하게 하는 사람들의 비율로 파악한다. 만약, 집단을 대상으로 특정 영양소 섭취에 대해서 평가하고 싶다면, 우선 해당 영양소 필요량의 분포를 알아야 한다. 단, 이 경우에는 분산을 반드시 알 필요는 없으며 중앙값만 알아도 된다. 그림 3-13과 같이 집단의 해당 영양소 섭취량의 평균이 118이고 평균필요량이 100이라면 이 집단에서 영양소 섭취량이 평균필요량 미만의 회색 부분으로 섭취한 비율이 해당 영양소 섭취가 부족한 사람들의 비율이 된다.

그림 3-14처럼 집단의 평소 영양소 섭취량의 평균이 1,600이고 평균필요량이 1,200이라면,

- 그림 3-14의 음영부분A삼각형 : 평균필요량 이상 섭취했으나 개인의 필요량보다 섭취량이 낮은 경우
- 그림 3-14의 비음영부분B삼각형 : 평균필요량 미만으로 섭취했으나 개인의 필요량보다 섭취량이 높은 경우

삼각형 A부분과 삼각형 B부분의 분포가 일치하므로, 평소 섭취량이 1,200 미만인 사람의 비율을 부적절하게 섭취하는 비율로 평가한다그림 3-14.

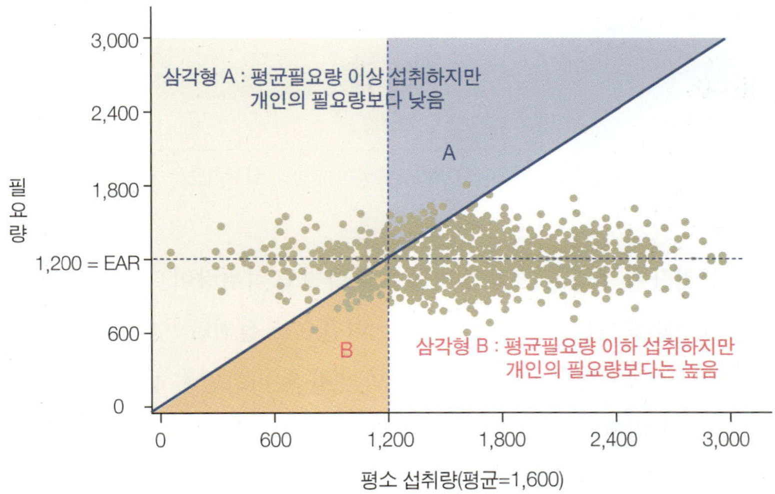

그림 3-14 집단 내 3,000명의 필요량과 섭취량 분포(단, 섭취량과 필요량은 독립)
출처 : 보건복지부 · (사)한국영양학회(2015). 2015 한국인 영양소 섭취기준.

집단의 식사평가 예 집단의 식사평가의 예로 20대 남자 성인 집단200명의 비타민 C 섭취량을 평가한다고 하자. 이때 필요한 자료는 200명의 식사섭취조사자료를 산출하여 개인별 비타민 C 섭취량을 알아야 하며 평가기준인 한국인 영양소 섭취기준의 19~29세 남자의 비타민 C 평균필요량과 상한섭취량 값을 알아야만 한다. 이를 기준으로 다음과 같이 평가한다.

> 비타민 C 섭취량이 부족한 대상자의 비율 = 평균필요량 미만으로 섭취한 대상자의 비율
>
> 비타민 C를 과잉 섭취하여 잠재적인 독성 위험이 있는 대상자의 비율 = 상한섭취량 초과로 섭취한 대상자의 비율

조사결과, 20대 성인남자집단 200명의 비타민 C 섭취량의 평균이 83mg, 표준편차가 79mg이었다표 3-7.

● 표 3-7 19~29세 성인남자의 비타민 C 섭취기준

19~29세의 영양소 섭취기준	평균필요량	상한섭취량
비타민 C	75mg	2,000mg

출처 : 보건복지부 · (사)한국영양학회(2015). 2015 한국인 영양소 섭취기준.

따라서 섭취량이 부족한 사람의 비율은 비타민 C 섭취량이 75mg 미만인 사람들의 비율로 계산할 수 있으며 42명이 75mg 미만으로 섭취하였기 때문에 부족한 사람의 비율은 21%였다. 과잉섭취한 사람들의 비율은 비타민 C 섭취량이 2,000mg을 초과한 사람들의 비율로 계산할 수 있으며 10명이 초과 섭취하여서 과잉섭취자의 비율은 5%였다그림 3-15.

집단의 식사평가에 영양소 섭취기준을 사용할 때 유의할 점은 다음과 같다.

첫째, 집단의 식사평가에는 권장섭취량을 기준값으로 사용하지 않으며, 만약 사용할 경우에는 결과 해석에 주의해야 한다.

둘째, 상한섭취량을 이용하여 평가할 때는 영양소의 모든 급원, 즉 식품, 영양보충제, 강화제, 약 등으로부터 오는 섭취량도 합해서 평가해야 한다.

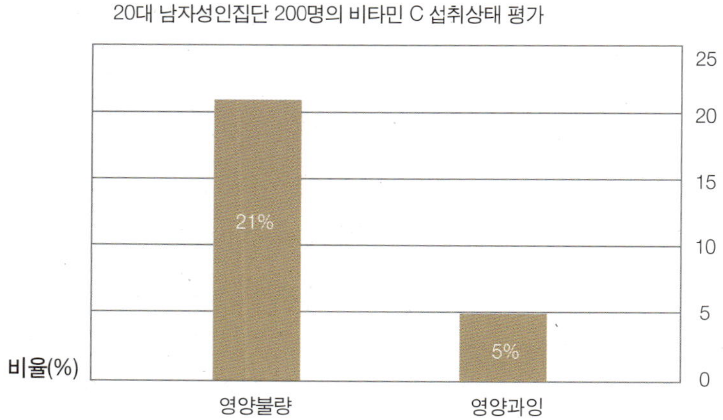

영양소	영양불량	영양과잉
비타민 C	21%	5%

● 그림 3-15 집단평가 시 결과제시의 예

개인의 식사평가

개인의 식사를 영양소 섭취기준을 이용하여 평가하기 위해서는, 우선 개인의 일상적인 영양소 섭취량을 파악해야 한다. 그러나 특정 개인의 일상적인 영양소 섭취를 정확하게 파악하기는 매우 어렵기 때문에 보통 식사기록법이나 식품섭취빈도법, 24시간 회상법 등을 사용하여 개인의 일상적인 식사를 조사한 후 영양소 섭취 정도를 추정하게 된다. 따라서 식사섭취조사로 개인의 영양소 섭취수준을 평가할 때는 절대적 수치로 평가하는 것이 아니라 적절 또는 부적절의 가능성확률으로 평가해야 한다. 즉, 개인수준의 식사에 대한 평가는 평균필요량, 권장섭취량, 충분섭취량, 상한섭취량 등의 기준을 적용하여 적절 또는 부적절수준에 도달할 위험 가능성이 얼마나 되는지로 평가한다.

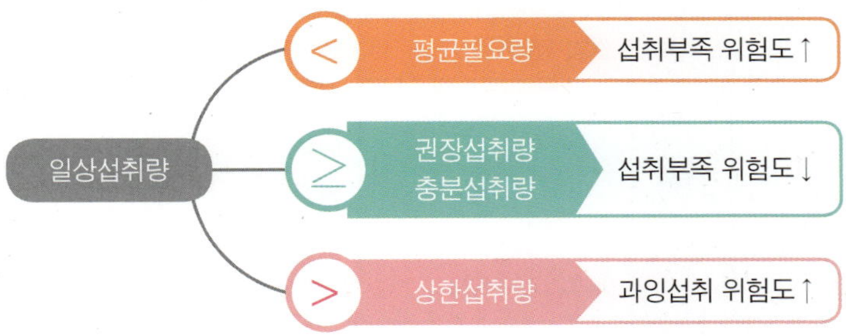

● **그림 3-16** 개인의 식사평가 시 영양소 섭취기준 활용

출처 : 보건복지부 · (사)한국영양학회(2015). 2015 한국인 영양소 섭취기준.

개인의 식사평가단계 개인의 식사평가를 위해서는 적절한 식사섭취조사방법을 실시해서 개인의 식사섭취를 조사해야 하며 식품성분 데이터베이스 등을 활용하여 개인별 일일 영양소 섭취량을 계산해야 한다. 식사섭취조사에 의해서 개인의 일일 영양소 섭취량이 계산되었다면 다음과 같은 단계를 통해서 개인의 식사평가를 할 수 있다.

첫째, 특정 개인의 성별, 연령 및 체위기준을 확인하고 활동수준을 점검한다.

둘째, 에너지는 개인별 에너지 필요추정량을 기준으로 개인별 체위와 활동수준과 연계하여 평가한다.

셋째, 탄수화물, 단백질, 지질은 에너지 적정비율을 기준으로 평가한다.

넷째, 비타민, 무기질은 평균필요량과 권장섭취량이 설정되어 있는 영양소와 충분섭취량만이 설정되어 있는 영양소를 나누어서 평가한다.

다섯째, 상한섭취량이 설정되어 있는 영양소를 평가한다.

개인의 식사평가의 예 표 3-8은 20대 여대생의 일상적인 식사섭취를 하루 24시간 회상법으로 조사한 예이다.

표 3-8 24시간 회상법으로 조사한 20대 여대생의 1일 일상섭취량

구분	시간	장소	식품명	분량/재료명	섭취량
식전 간식					
아침	8시	집	쌀밥 1/2공기	쌀	45g
			쇠고기장조림	쇠고기 메추리알 설탕 간장	30g 25g 1g 5g
			배추김치 4/5접시	배추김치	32g
오전 간식					
점심	12시	학교	고기만두 5개	간장 돼지고기 두부 마늘 밀가루 생강 소금 참기름 대파	4.5g 75g 135g 3g 90g 1.5g 1.5g 4.5g 15g
			김치만두 5개	간장 배추김치 돼지고기 두부	4.5g 105g 60g 120g

구분	시간	장소	식품명	분량/재료명	섭취량
점심	12시	학교	김치만두 5개	마늘 밀가루 생강 소금 참기름 대파	3g 90g 1.5g 1.5g 4.5g 15g
			단무지	단무지	12g
			팥빵 1개	팥빵	80g
오후 간식	3시	학교	크림빵		30g
저녁	6시	집	쌀밥 1/2공기	쌀	45g
			함박스테이크	돼지고기 소금 콩기름 후추	80g 1g 5g 0.3g
			문어	문어 소금	50g 0.5g
			배추김치 4/5접시	배추김치	32g
야식	8시	집	과자	꼬깔콘	15g

① 개인의 에너지 필요량 계산

개인의 식사를 평가하기 위해서는 우선 개인의 에너지필요량을 알아야 한다. 에너지필요량 계산 시 신장, 체중, 성별, 활동량을 고려하여 계산하며 계산공식은 표 3-9의 공식을 이용한다. 과체중이거나 저체중인 사람은 바람직한 체중을 갖기 위한 하루 필요 에너지섭취량을 계산하도록 하며 에너지필요량은 자신의 활동 정도와 체중에 따라 다시 조정해야 한다.

사례의 20대 여대생이 저활동을 하면서 키가 161cm이고 몸무게가 53kg이라고 하면 에너지필요량은 약 2,000kcal[1]이다. 에너지필요추정량은 정상체중 범위에서

---

1) 에너지 필요량 = 354−6.91×연령(세)+PA[9.36×체중(kg)+726×신장(m)] = 354−6.91×20+1.12[9.36×53+726×1.61] = 2,081kcal≈2,000kcal

● 표 3-9 연령대별 에너지필요추정량(EER) 산출식

구분	연령	총에너지소비량(TEE) 산출공식	생애단계별 추가필요량
영아	0~5개월	[89×체중(kg)-100]	+115.5
	6~11개월		+22
유아	1~2세		+20
	3~5세	남: 88.5-61.9×연령(세)+PA×[26.7×체중(kg)+903×신장(m)] [PA=1.0(비활동적), 1.13(저활동적), 1.26(활동적), 1.42(매우 활동적)] 여: 135.3-30.8×연령(세)+PA×[10.0×체중(kg)+934×신장(m)] [PA=1.0(비활동적), 1.16(저활동적), 1.31(활동적), 1.56(매우 활동적)]	+20
아동	6~8세		
	9~11세		+25
청소년	12~14세		
	15~19세		
성인	20세 이상	남: 662-9.53×연령(세)+PA×[15.91×체중(kg)+539.6×신장(m)] [PA=1.0(비활동적), 1.11(저활동적), 1.25(활동적), 1.48(매우 활동적)] 여: 354-6.91×연령(세)+PA×[9.36×체중(kg)+726×신장(m)] [PA=1.0(비활동적), 1.12(저활동적), 1.27(활동적), 1.45(매우 활동적)]	-
	임신부		초기+0 중기+340 말기+450
	수유부		+340

* 국내 연구논문자료 분석을 통해 우리나라 국민의 신체활동은 대부분 '저활동적'에 속하고 있어, 총 에너지소비량(TEE) 계산을 위한 PA은 '저활동적' 에 해당하는 신체활동단계별 계수(표2)를 적용하였음.

의 에너지 소비량이므로 대상자의 비만도**체질량지수**[2]를 계산하여 정상체중 여부를 확인하는 단계를 거쳐야 한다. 이 여대생의 체질량지수를 계산하면 $20.4kg/m^2$[3] 로 이 여대생은 정상체중에 해당한다.

한국인 영양소 섭취기준은 성별·연령별 체위기준에 맞게 설정된 것이므로 개인별 체위에 맞게 제시된 것이 아니다. 영양소 섭취량은 체위와 신체활동에 따라 달

---

2) 체질량지수=체중(kg)/키(m)^2
체질량지수가 18.5kg/m^2 미만이면 저체중, 18.5~23kg/m^{2}은 정상체중, 23~25kg/m^{2}은 과체중, 25kg/m^2 이상은 비만으로 판정

3) 키 161cm = 1.61m이므로
체질량지수 = 체중(kg)/키(m)^2 = 53/(1.61)^2 = 20.4kg/m^2, 18.5–23kg/m^2 이므로 정상체중

라지므로 성별 · 연령별 체위기준을 확인해야 하며 본인의 체격과 신체활동에 따라 영양소 섭취량을 더하거나 빼서 조정해야 한다.

② 영양소 섭취량 평가

일상적인 식사섭취량을 영양소 데이터베이스를 이용하여 영양소 섭취량으로 계산한 후 영양소 섭취기준에 따라 영양소 섭취량을 평가할 수 있다.

- 에너지섭취평가

사례의 20대 여대생의 일상적인 하루 식사를 영양소 섭취량으로 계산한 결과, 에너지 섭취량 및 다량영양소 섭취량은 표 3-10과 같다. 본 사례의 20대 여대생의 경우 앞에서 살펴본 것처럼 하루 에너지필요추정량이 2,000kcal로 20대 여성 기준 2,000kcal와 일치한다.

이 여대생의 에너지 섭취량은 2,455kcal로 자신이 해당하는 성별 · 연령별 기준인 에너지필요추정량인 2,000kcal에 비해 높은 편이다.

● 표 3-10 20대 여대생의 일상적인 영양소 섭취량

영양소	일상섭취량	에너지 비율
에너지	2,455kcal	
탄수화물	281.0g	46%
단백질	122.2g	20%
지질	91.5g	34%

- 다량영양소 평가

3대 영양소 섭취의 경우 각 영양소의 섭취량도 중요하지만 3대 영양소가 총 에너지섭취량 중 차지하는 비율 또한 중요하므로 에너지 적정비율을 기준으로 평가한다. 2015년 개정된 영양소 섭취기준에 의하면 총 열량 중 탄수화물의 비율은 55~65%, 단백질의 비율은 7~20%, 지질의 비율은 15~30%가 되도록 권장하고 있다. 사례 여대생의 경우 탄수화물의 에너지비율은 46%, 단백질은 20%, 지질은 34%

로 에너지 적정비율에서 탄수화물이 차지하는 비율이 기준 범위보다 낮고 지질은 기준 범위를 초과하여 식사에서 탄수화물섭취의 비중을 높이고 지질섭취의 비율을 낮추는 노력이 필요할 것이다. 또한 평균필요량과 권장섭취량이 설정된 단백질의 경우 20대 여성의 평균필요량인 45g, 권장섭취량인 55g을 상회하는 91.9g이므로 단백질 섭취량은 충분하며 일상적인 섭취량이 적절할 가능성이 매우 높다고 할 수 있겠다.

• 비타민과 무기질 평가

개인의 식사평가에서 평균필요량과 권장섭취량이 설정된 영양소는 16가지로 표 3-11과 같이 해석할 수 있다.

사례의 20대 여대생의 일상적인 비타민과 무기질섭취량을 보면, 식이섬유는 충분섭취량인 20g을 충족하고 있지만 지용성비타민 중 비타민 A와 수용성 비타민 중 비타민 C의 경우 평균필요량에도 미치지 못하기 때문에 섭취가 부족할 가능성이 매우 높다. 비타민 D와 판토텐산, 비오틴의 경우 충분섭취량 미만으로 섭취하고 있어 섭취를 증가시킬 필요가 있다. 비타민 E와 비타민 K의 경우 충분섭취량을 상회하고 있어 섭취가 적절할 가능성이 매우 높으며, 수용성비타민의 경우 티아민, 니아신, 비타민 B_6, 엽산, 비타민 B_{12}의 경우 권장섭취량 이상으로 섭취하고 있어 섭취가 적절할 가능성이 크다. 리보플라빈의 경우 평균섭취량보다는 높으나 권장섭취량보다는 낮게 섭취하고 있어 섭취를 증가시킬 필요가 있다.

무기질 중 구리, 마그네슘의 경우 일상섭취량이 평균필요량보다도 낮아 섭취가 부족할 가능성이 매우 높으며 칼슘, 철, 요오드의 경우 평균필요량보다는 높으나 권장섭취량보다는 낮은 수준으로 섭취하고 있어 일상섭취량을 증가할 필요가 있다. 또한 인, 아연, 셀레늄의 경우 권장섭취량 이상, 상한섭취량 미만으로 적절하게 섭취하고 있었다. 나트륨은 만성질환위험감소섭취량의 2배 이상 섭취하고 있어 섭취 조절이 필요할 것으로 판단되며 칼륨과 망간은 충분섭취량 이상으로 적절히 섭취했으나 염소와 불소는 충분섭취량 미만이므로 섭취량을 증가시킬 필요가 있을 것으로 판단된다.

개인별 식사평가에 영양소 섭취기준 사용 시 주의할 점은 다음과 같다.

● 표 3-11 20대 여성의 영양소 섭취기준 대비 일상적인 영양소 섭취량

영양소	일상섭취량	평균필요량	권장섭취량	충분섭취량	상한섭취량
식이섬유(g)	23.3			20	
비타민 A(μg RE)*	296.9	460	650		3,000
비타민 D(ug)	1.1			10	100
비타민 E(mg α-TE)	19.5			12	540
비타민 K(ug)	127.7			65	
비타민 C(mg)	32.6	75	100		2,000
티아민(mg)	2.0	0.9	1.1		
리보플라빈(mg)	1.1	1.0	1.2		
니아신(mg)	22.7	11	14		35(니코틴산) 1,000(니코틴아미드)
비타민 B_6(mg)	1.6	1.2	1.4		100
엽산(ug)	438.1	320	400		1,000
비타민 B_{12}(mg)	13.4	2.0	2.4		
판토텐산(mg)	4.2			5	
비오틴(ug)	7.9			30	
칼슘(mg)	547.1	550	700		2,500
인(mg)	1,396	580	700		3,500
나트륨(mg)	5,116			1,500	2,300(만성질환위험감소섭취량)
염소(mg)	29.0			2,300	
칼륨(mg)	2,178			3,500	
마그네슘(mg)	131.6	230	280		350
철(mg)	13.2	11	14		45
아연(mg)	13.9	7	8		35
구리(ug)	1.3	500	650		10,000
불소(mg)	0.0			8.5	10.0
망간(mg)	3.6			3.5	11.0
요오드(ug)	92.4	95	150		2,400
셀레늄(ug)	186.8	50	60		400

* 비타민 A의 RAE에 대한 데이터베이스의 부재로 기존의 RE로 제시하였으며, 2020년 한국인 영양소 섭취기준에는 RAE로 제시되어 있다.

출처 : 보건복지부 · (사)한국영양학회(2020). 2020 한국인 영양소 섭취기준.

첫째, 한국인 영양소 섭취기준은 건강한 사람의 평균적인 필요량을 상회하도록 책정되어 있기 때문에 각 개인 또는 환자에게 적용하여 영양상태를 판정할 때는 대상자의 상태 및 상황을 고려하여 적절히 활용해야 한다.

둘째, 현재 한국인 영양소 섭취기준에서 제시된 영양소는 과학적 근거가 있는 것에 한하여 설정되어 있으며 향후 영양소 섭취기준에 제시되어 있지 않은 영양소도 과학적 근거가 있는 새로운 연구결과가 추가됨에 따라 섭취기준이 마련될 수 있다.

셋째, 영양소 섭취기준이란 모든 사람이 동일하게 섭취해야 하는 양은 아니다.

영양밀도평가

영양소 적정섭취비율 영양소 적정섭취비율Nutrient Adequacy Ratio : NAR이란 하루 식사를 통한 특정 영양소 섭취량을 특정 영양소의 권장섭취량(또는 충분섭취량)으로 나누어 구한 값이다.

$$NAR = \frac{\text{섭취한 식사에 포함된 특정 영양소의 양}}{\text{특정 영양소의 권장섭취량(또는 충분섭취량)}}$$

NAR이 1 이상일 때 하루 식사를 통해 특정 영양소의 권장섭취량을 만족함을 의미하므로 1 이상의 값은 모두 1로 간주한다.

평균영양소 적정섭취비율 평균영양소 적정섭취비율Mean Adequacy Ratio : MAR은 각 영양소에 대한 NAR의 평균값이며 전반적인 식사의 질을 평가한다. 이 지수의 다른 이름은 Madden-Yoder Index이다.

$$MAR = \frac{n\text{개의 영양소의 }NAR\text{값의 합}}{\text{영양소의 개수}(n)}$$

MAR이 1이라면 하루 식사를 통해 MAR에 포함된 모든 영양소의 권장섭취량(또는 충분섭취량)을 충족했음을 의미한다. MAR에서 각 영양소는 동일한 중요도로 포함되고 평균으로 제시되기 때문에 1보다 작을 경우 어떤 영양소가 부족했는지는 알 수 없다는 단점이 있다.

영양밀도지수 일반적으로 에너지섭취량이 증가할수록 영양소 섭취량도 증가하게 된다. 식사를 평가하기 위해서는 에너지필요추정량을 만족할 때 미량영양소 섭취량도 만족했는지 평가해보아야 한다. 영양밀도지수Index of Nutritional Quality : INQ란 개인의 식사의 질을 평가하기 위한 지수로서 일상적인 하루식사를 통한 특정영양소의 섭취량을 특정영양소의 1,000kcal당 권장섭취량(또는 충분섭취량)으로 나누어 구한 값이다.

$$INQ = \frac{\text{섭취한 식사 1,000kcal에 포함된 특정영양소의 양}}{\text{1,000kcal당 특정영양소의 권장섭취량(또는 충분섭취량)}}$$

즉, 1,000kcal를 섭취했을 때 특정영양소의 권장량 대비 함량이 얼마인지를 보여 주는 지표로서 INQ가 1 이상이면 특정영양소의 함량이 권장수준 이상으로 섭취되었다는 것을 의미하며 따라서 식사의 질이 양호함을 의미한다.

생애주기별 식사의 다양성 및 식생활평가

생애주기별 식사의 다양성 평가

영유아 및 어린이 생애주기 중 성장과 발달이 활발한 영유아 및 어린이의 영양상태평가를 위한 지표는 한국영양학회의 어린이 영양지수Nutrition Quotient : NQ, 식품의약품안전처의 생애주기별 영양지수 중 미취학 어린이와 학령기 어린이 체크리스트가 있다.

미취학 어린이(만 3~5세)용 영양지수 조사지

▶ 본 조사는 귀 자녀의 영양상태와 식행동을 간단하게 평가하기 위한 영양지수 계산에 사용될 것입니다. 귀 자녀가 가정에서는 물론, 어린이집/유치원에서 먹고 있는 것도 포함해서 답해 주시기 바랍니다.

1. 귀하의 자녀는 한 번 식사할 때 채소류 반찬(김치 포함)을 몇 가지나 먹나요?
※ 채소류 반찬에는 오이, 당근, 시금치나물, 콩나물 무침, 배추김치 등이 포함됩니다.
① 1가지 이하
② 2가지
③ 3가지
④ 4가지 이상

2. 귀하의 자녀는 과일을 얼마나 자주 먹나요?
※ 한 번에 해당하는 양은 다음을 참고해주세요
– 귤 1/2개, 사과 1/4개, 포도 1/4송이, 참외 1/4개, 단감 1/4조각
① 먹지 않는다(일주일에 1번도 먹지 않음)
② 일주일에 1번
③ 일주일에 3~4번
④ 하루에 1번
⑤ 하루에 2번 이상

3. 귀하의 자녀는 흰 우유를 얼마나 자주 마시나요?
※ 한 번에 해당하는 양은 1/2컵(1/2팩, 100mL) 입니다.
① 먹지 않는다(일주일에 1번도 먹지 않음)
② 일주일에 1번
③ 일주일에 3~4번
④ 하루에 1~2번
⑤ 하루에 3번
⑥ 하루에 4번 이상

4. 귀하의 자녀는 콩이나 두부(두유 포함)를 얼마나 자주 먹나요?
※ 밥에 들어 있는 콩도 해당됩니다.
※ 한 번에 해당하는 양은 다음을 참고해주세요 - 두유 1/2컵, 두부부침 1조각
① 먹지 않는다
② 한 달에 1번
③ 2주일에 1번
④ 일주일에 1번
⑤ 일주일에 3~4번
⑥ 하루에 1번 이상

5. 귀하의 자녀는 육류(쇠고기, 돼지고기, 닭고기, 오리고기 등)를 얼마나 자주 먹나요?
※ 한 번에 해당하는 양은 다음을 참고해주세요
– 쇠고기 1/2접시(30g), 돼지고기 1/2접시(30g), 닭고기 작은 1조각
① 먹지 않는다
② 한 달에 1번
③ 2주일에 1번
④ 일주일에 1번
⑤ 일주일에 3~4번
⑥ 하루에 1번 이상

6. 귀하의 자녀는 생선을 얼마나 자주 먹나요?
※ 각종 생선 및 새우, 오징어, 조개 등의 해물류가 해당됩니다.
※ 한 번에 해당하는 양은 다음을 참고해주세요 - 생선 1/2토막(30g), 오징어 4조각
① 먹지 않는다
② 한 달에 1번
③ 2주일에 1번
④ 일주일에 1번
⑤ 일주일에 3~4번
⑥ 하루에 1번 이상

7. 귀하의 자녀는 햄, 소시지 등의 가공육류를 얼마나 자주 먹나요?
   ① 먹지 않는다
   ② 한 달에 1번
   ③ 2주일에 1번
   ④ 일주일에 1번
   ⑤ 일주일에 3~4번
   ⑥ 하루에 1번 이상

8. 귀하의 자녀는 피자나 햄버거를 얼마나 자주 먹나요?
   ① 먹지 않는다
   ② 한 달에 1번
   ③ 2주일에 1번
   ④ 일주일에 1번
   ⑤ 일주일에 3~4번 이상

9. 귀하의 자녀는 과자(초콜릿, 사탕 포함) 또는 달거나 기름진 빵(케이크, 도넛, 단팥빵 등)을 얼마나 자주 먹나요?
   ① 먹지 않는다(일주일에 1번도 먹지 않음)
   ② 일주일에 1번
   ③ 일주일에 3~4번
   ④ 하루에 1번
   ⑤ 하루에 2번 이상

10. 귀하의 자녀는 가공 음료를 얼마나 자주 마시나요?
   ※ 탄산음료(콜라, 사이다 등), 착향음료, 당이 들어 있는 캐릭터 음료 등을 말합니다.
   ① 먹지 않는다
   ② 한 달에 1번
   ③ 2주일에 1번
   ④ 일주일에 1번
   ⑤ 일주일에 3~4번
   ⑥ 하루에 1번 이상

11. 귀하의 자녀는 아침 식사를 얼마나 자주 하나요?
   ※ 빵, 선식, 죽, 시리얼(예 : 콘프레이크, 푸르츠프레이크) 등을 먹은 경우는 식사를 한 것으로 합니다.
   ※ 단, 우유, 주스, 과일만 먹은 경우는 식사를 하지 않는 것으로 합니다.
   ※ 어린이집/유치원의 오전 간식은 아침 식사로 간주하지 않습니다.
   ① 먹지 않는다
   ② 일주일에 1~2번
   ③ 일주일에 3~4번
   ④ 일주일에 5~6번
   ⑤ 매일

12. 귀하의 자녀는 돌아다니지 않고 식탁(밥상)에 앉아서 먹나요?
   ① 전혀 그렇지 않다
   ② 그렇지 않다
   ③ 보통이다
   ④ 그렇다
   ⑤ 매우 그렇다

13. 귀 댁에서는 자녀가 바른 식생활을 하도록 도와주시나요?
   ① 전혀 그렇지 않다
   ② 그렇지 않다
   ③ 보통이다
   ④ 그렇다
   ⑤ 매우 그렇다

14. 귀하의 자녀는 음식을 먹기 전에 손을 씻나요?
   ① 전혀 그렇지 않다
   ② 그렇지 않다
   ③ 보통이다
   ④ 그렇다
   ⑤ 매우 그렇다

15. 귀하의 자녀가 TV, 스마트폰, 아이패드, 컴퓨터 등을 보는 시간을 합하면 하루에 얼마나 되나요? ① 하지 않는다 ② 30분 ③ 1시간 ④ 2시간 ⑤ 3시간 이상	16. 귀하의 자녀는 운동을 얼마나 자주 하나요? ※ 체육시간, 하원 후 운동교실(어린이집/유치원, 학원) 포함 ① 하지 않는다 ② 일주일에 1~2번 ③ 일주일에 3~4번 ④ 일주일에 5~6번 ⑤ 매일
▶ 다음 문항은 영양지수 계산 외에도 귀 자녀의 식생활 상담에 필요한 내용이니 답해 주시기 바랍니다.	
1. 귀 자녀의 식생활을 책임지는 사람은 누구입니까? ① 어머니 ② 아버지 ③ 할머니 또는 할아버지 ④ 베이비시터 ⑤ 기타(적을 것 :)	3. 귀 자녀의 출생연도와 월은? ______년______월
	4. 귀 자녀의 키는? ______cm
2. 귀 자녀의 성별은? ① 남자 ② 여자	5. 귀 자녀의 몸무게는? ______kg

● 그림 3-17 미취학어린이(만 3~5세)용 영양지수 조사지

출처 : (사)한국영양학회 · 식품의약품안전처 · 식품의약품안전평가원(2016). 영양 식생활관리를 위한 생애주기별 영양지수 개발연구 최종보고서.

어린이 영양지수BOX 7-1란 어린이의 식행동을 조사하여 관련된 식사의 질과 영양상태를 평가하기 위한 도구로 만점을 100점으로 하여 평가하고 있다. 영양지수 점수로 어린이가 성장과 발달에 필요한 영양소를 충분하게 먹고 있는지, 또 바람직한 식사행동을 하고 있는지를 종합적으로 평가할 수 있다. 20개의 문항, 5개의 평가 영역으로 구성하여 어린이의 식사의 질과 영양상태를 종합적으로 평가한다. 5개의 평가영역은 균형**균형 잡힌 식사를 하는가**, 다양**다양한 식품을 섭취하는가**, 절제**건강에 좋지 않은 식품의 섭취를 절제하는가**, 규칙**식사를 규칙적으로 하는가**, 실천**건강한 식생활을 위해 행동으로 실천하는가**이다. 어린이 영양지수는 타당도 및 민감도와 특이도 검증을 통해 각 영역별로 양호와

불량을 판정하는 기준 점수를 산출하고 있으며 전국적인 어린이 급식관리지원센터나 초등학교 등에서 활용할 수 있다.

또한 어린이의 영양위험을 평가하기 위한 식생활평가지로는 에너지 과잉섭취 위험을 진단하기 위한 식습관평가표**연미영 · 현태선, 2008**와 미량영양소 섭취부족 위험 진단을 위한 식습관평가표**연미영 · 현태선, 2009**가 개발되었으며 평가항목과 배점은 표 3-12와 같다.

표 3-12 어린이 영양섭취 진단 식습관평가표

구분	에너지 과잉섭취 위험진단용[1]	미량영양소 섭취부족 위험진단용[2]
평가항목 평가항목	1. 식사할 때 주로 TV를 봅니까? – 그렇다(2점), 아니다(0점) 2. 다른 친구들과 비교하여 식사량이 어느 정도입니까? – 많이 먹는 편이다(1점), 비슷하거나 적게 먹는 편이다(0점) 3. 식사하는 속도는 어느 정도입니까? – 10분 이내(2점), 10분 이상(0점) 4. 하루에 간식은 몇 번 먹습니까? – 4회 이상(2점), 3회(1점), 2회 이하(0점) 5. 과식은 얼마나 자주 합니까? – 주 3회 이상(2점), 주 1~2회(1점), 주 1회 미만(0점) 6. 외식은 얼마나 자주 합니까? – 주 3회 이상(2점), 주 1~2회(1점), 주 1회 미만(0점) 7. 지난 일주일 동안 라면이나 패스트푸드는 몇 번 먹었습니까? – 3회 이상(2점), 1~2회(1점), 먹지 않았다(0점)	1. 식사는 보통 아침, 점심, 저녁 세 끼를 먹습니까? – 항상 그렇다(0점), 그렇지 않다(1점) 2. 아침식사를 하는 시간은 충분합니까? – 충분하다(0점), 보통이다(1점), 충분하지 않다(2점) 3. 저녁 식사는 정해진 시간에 합니까? – 예(0점), 아니오(1점) 4. 식사할 때 식욕이 있습니까? – 있다 또는 그저 그렇다(0점), 없다(2점) 5. 어제 김치를 몇 번 먹었습니까? – 3회 이상(0점), 2회 이하(1점) 6. 지난 3일 동안 우유를 몇 번 먹었습니까? – 3회 이상(0점), 2회 이하(1점) 7. 지난 3일 동안 과일을 몇 번 먹었습니까? – 3회 이상(0점), 1~2회(1점), 먹지 않았다(2점) 8. 지난 3일 동안 콩이나 두부를 몇 번 먹었습니까? – 3회 이상(0점), 1~2회(1점), 먹지 않았다(2점)
평가기준	평가항목 합계 점수 5점 이상 : 현재 식습관은 에너지를 필요 이상으로 섭취할 위험이 있다.	* 미량영양소 부적절 섭취의 위험도 ≤ 3 : 낮은 위험도, 4~5 : 보통 위험도, ≥ 6 : 높은 위험도

1) 연미영 · 현태선(2008).
2) 연미영 · 현태선(2009).

청소년 청소년의 경우 식품의약품안전처의 생애주기별 영양지수 중 청소년용이 활용 가능하다.

청소년(만 12~18세)용 영양지수 조사지

▶ 본 조사는 청소년 여러분의 영양상태와 식행동을 간단하게 평가하기 위한 영양지수 계산에 사용될 것입니다. 가정에서는 물론, 학교급식과 외식에서 먹고 있는 것도 포함해서 답해 주시기 바랍니다.

1. 한 번 식사할 때 채소류 반찬(김치 포함)을 몇 가지나 먹나요?
※ 채소류 반찬에는 오이, 당근, 시금치나물, 콩나물 무침, 배추김치 등이 포함됩니다.
① 1가지 이하
② 2가지
③ 3가지
④ 4가지
⑤ 5가지 이상

2. 과일을 얼마나 자주 먹나요?
※ 한 번에 해당하는 양은 다음을 참고해주세요
– 귤 1개, 사과 1/2개, 포도 1/3송이, 참외 1/2개, 단감 1/2개
① 먹지 않는다(일주일에 1번도 먹지 않음)
② 일주일에 1번
③ 일주일에 3~4번
④ 하루에 1번
⑤ 하루에 2번 이상

3. 흰 우유를 얼마나 자주 마시나요?
※ 한 번에 해당하는 양은 1컵(200mL)
① 먹지 않는다(일주일에 1번도 먹지 않음)
② 일주일에 1번
③ 일주일에 3~4번
④ 하루에 1번
⑤ 하루에 2번 이상

4. 콩이나 두부(두유 포함)를 얼마나 자주 먹나요?
※ 밥에 들어있는 콩도 해당됩니다.
※ 한 번에 해당하는 양은 다음을 참고해주세요
– 두유 1컵, 두부부침 2조각
① 먹지 않는다
② 한 달에 1번
③ 2주일에 1번
④ 일주일에 1번
⑤ 일주일에 3~4번
⑥ 하루에 1번 이상

5. 생선을 얼마나 자주 먹나요?
※ 각종 생선 및 새우, 오징어, 조개 등의 해물류가 해당됩니다.
※ 한번 섭취할 때 분량(1인 1회 분량)
– 생선 1토막(60g), 오징어 8조각
① 먹지 않는다
② 한 달에 1번
③ 2주일에 1번
④ 일주일에 1번
⑤ 일주일에 3~4번
⑥ 하루에 1번 이상

6. 라면(컵라면 포함)을 얼마나 자주 먹나요?
① 먹지 않는다
② 한 달에 1번
③ 2주일에 1번
④ 일주일에 1번
⑤ 일주일에 3~4번
⑥ 하루에 1번 이상

7. 과자(초콜릿, 사탕 포함) 또는 달거나 기름진 빵(케이크, 도넛, 단팥빵 등)을 얼마나 자주 먹나요?
① 먹지 않는다(일주일에 1번도 먹지 않음)
② 일주일에 1번
③ 일주일에 3~4번
④ 하루에 1번
⑤ 하루에 2번 이상

8. 가공 음료를 얼마나 자주 먹나요?
※ 탄산음료(콜라, 사이다 등), 착향음료, 이온음료 등을 말합니다.
① 먹지 않는다
② 한 달에 1번
③ 2주일에 1번
④ 일주일에 1번
⑤ 일주일에 3~4번
⑥ 하루에 1번 이상

9. 카페인 음료(커피, 에너지 드링크 등)를 얼마나 자주 마시나요?
① 먹지 않는다
② 한 달에 1번
③ 2주일에 1번
④ 일주일에 1번
⑤ 일주일에 3~4번
⑥ 하루에 1번 이상

10. 아침식사를 얼마나 자주 하나요?
※ 빵, 선식, 죽, 시리얼(예 : 콘프레이크, 푸르츠프레이크) 등을 먹은 경우는 식사를 한 것으로 합니다.
※ 단, 우유, 주스, 과일만 먹은 경우는 식사를 하지 않는 것으로 합니다.
① 먹지 않는다
② 일주일에 1~2번
③ 일주일에 3~4번
④ 일주일에 5~6번
⑤ 매일

11. 저녁식사 후 밤에 야식(간식이나 식사)을 얼마나 자주 하나요?
① 하지 않는다(2주일에 1번도 먹지 않음)
② 2주일에 1번
③ 일주일에 1번
④ 일주일에 3~4번
⑤ 매일

12. 식사할 때 식탁(밥상)에서 먹나요?
① 전혀 그렇지 않다
② 그렇지 않다
③ 보통이다
④ 그렇다
⑤ 매우 그렇다

13. 식사할 때 반찬을 골고루 먹나요?
① 전혀 그렇지 않다
② 그렇지 않다
③ 보통이다
④ 그렇다
⑤ 매우 그렇다

14. 특별히 먹지 않는 식품이 있나요?
※ 단순히 싫어서, 혹은 알레르기나 아토피, 종교적 이유, 채식주의 등의 이유로 섭취하지 않은 식품이 있는 경우가 해당됩니다.
① 전혀 없다
② 없다
③ 보통이다
④ 많다
⑤ 매우 많다

15. 편의점, 분식점, 문방구, 학교매점 등에서 음식을 얼마나 자주 사 먹나요?
① 사 먹지 않는다(2주일에 1번도 먹지 않음)
② 2주일에 1번
③ 일주일에 1번
④ 일주일에 3~4번
⑤ 매일

16. 가공식품을 살 때 영양성분표시를 확인하나요?
※ 가공식품은 과자, 빵, 음료, 피자, 햄버거, 소시지 등이 해당됩니다.
① 전혀 그렇지 않다
② 그렇지 않다
③ 보통이다
④ 그렇다
⑤ 매우 그렇다

17. 음식을 먹기 전에 손을 씻나요?
① 전혀 그렇지 않다
② 그렇지 않다
③ 보통이다
④ 그렇다
⑤ 매우 그렇다

18. TV, 스마트폰, 아이패드, 컴퓨터 등의 사용 시간을 합하면 하루에 얼마나 되나요?
① 1시간 미만
② 1시간
③ 2시간
④ 3시간
⑤ 4시간 이상

19. 운동을 얼마나 자주 하나요?
※ 체육시간, 방과 후 운동교실(학교, 학원) 포함
① 하지 않는다
② 일주일에 1~2번
③ 일주일에 3~4번
④ 일주일에 5~6번
⑤ 매일

20. 자신의 체형이 어떻다고 생각하나요?
① 매우 마른 편이다
② 마른 편이다
③ 보통이다
④ 살이 찐 편이다
⑤ 매우 살이 찐 편이다

21. 최근 3개월 중 살을 빼려고 굶은 적이 있나요?
① 있다 ② 없다

▶ 다음 문항은 영양지수 계산 외에도 여러분의 식생활 상담에 필요한 내용이니 답해 주시기 바랍니다.

D1. 성별은?
① 남자 ② 여자

D2. 출생연도와 월은?
_______ 년 ______월

D3. 키는?
________cm

D4. 몸무게는?
________kg

● 그림 3-18 청소년(만 12~18세)용 영양지수 조사지

출처 : (사)한국영양학회 · 식품의약품안전처 · 식품의약품안전평가원(2016). 영양 식생활관리를 위한 생애주기별 영양지수 개발연구 최종보고서.

표 3-13 국민건강영양조사에서의 청소년 식생활지침 평가항목

분류	청소년 식생활지침	국민건강영양조사 제5기
다양성	밥과 다양한 채소, 생선, 육류를 포함하는 반찬은 골고루 매일 먹습니다.	식품섭취빈도조사(FFQ)
	간식으로 신선한 과일을 주로 먹습니다.	식품섭취빈도조사(FFQ)
	우유는 매일 2컵 이상 마십니다.	식품섭취빈도조사(FFQ)
균형성	아침식사를 거르지 않습니다.	식생활 조사-1. 끼니별 식사 여부
적절성	짠 음식, 짠 국물을 적게 먹습니다.	식품섭취조사
	인스턴트 음식을 적게 먹습니다.	식품섭취빈도조사(FFQ)
	튀긴 음식과 패스트푸드를 적게 먹습니다.	식품섭취빈도조사(FFQ)
	물을 자주, 충분히 마십니다.	식품섭취조사-5. 물섭취량
	탄산음료, 가당 음료를 적게 마십니다.	식품섭취빈도조사(FFQ)
	배가 고프더라도 한꺼번에 많이 먹지 않습니다.	-
기타	내 키에 따른 건강 체중을 알아봅니다.	신체계측
	매일 1시간 이상의 신체활동을 적극적으로 합니다.	신체활동
	무리한 다이어트를 하지 않습니다.	비만 및 체중조절
	TV시청과 컴퓨터 게임 등을 모두 합해서 하루에 2시간 이내로 제한합니다.	-
기타	술을 절대 마시지 않습니다.	음주
	식사는 제 시간에 천천히 먹습니다.	-
	불량식품을 먹지 않습니다.	-
	식품의 영양표시와 유통기한을 확인하고 선택합니다.	식생활 조사-6. 영양표시 이용 여부(단, 유통기한 없음)

그 외 국민건강영양조사를 활용하여 청소년의 식생활지침 준수 여부를 평가할 수 있다표 3-13.

성인 성인을 위한 식사의 다양성 평가도구는 다른 생애주기별에 비해 비교적 다양한 연구가 이루어져 왔다. 과체중 예방을 위한 식생활 간이평가표의 경우

표 3-14 성인(30～49세)의 과체중 예방을 위한 식생활 간이평가표

문항	점수			
	0점	1점	2점	3점
1. 과체중이 처음 시작된 때가 35세 이후입니까?	□ 과체중 아님 □ 아니오			□ 예
2. 술을 자주(2회 이상/주) 마십니까?	□ 아니오	□ 예		
3. 하루 7시간 이상 잠을 잡니까?	□ 예		□ 아니오	
4. 체중을 생각해서 운동합니까?	□ 아니오 □ 운동 안함	□ 예		
5. 아침에 결식이나 소식을 합니까?	□ 예	□ 아니오		
6. 비타민이나 다른 영양제를 복용합니까?	□ 아니오	□ 예		
7. 하루에 다른 사람에 비해 많이 먹는 편입니까?	□ 아니오	□ 예		
8. 오후 간식을 먹을 때는 과일이나 주스를 찾는 편입니까?	□ 예	□ 아니오		
9. 성별은 무엇입니까?	□ 여자	□ 남자		
10. 고등학교를 졸업하셨습니까?	□ 예		□ 아니오	
합계 점수				
총 14점 만점 : 7점 이상이면 과체중의 식생활 패턴으로 판정함				

출처 : 박영숙 외(2002). 대한지역사회영양학회지, 7(4) : 495-505.

1998년 국민건강영양조사자료 중 보건의식행태조사, 식생활조사Ⅰ, 식생활조사Ⅱ, 식품섭취량식품 및 영양소 섭취량에 모두 응답한 30～49세 성인 3,498명의 상대체중Relative Body Weight : RBW을 기준으로 과체중군비만 포함과 정상군저체중 포함으로 분류하여 각 군 사이에 유의한 차이를 나타낸 변수를 지표로 선정, 활용하여 문항으로 개발되었다표 3-15.

성인의 영양위험군 진단을 위한 식생활진단표의 경우 건강한 30～40대 성인남녀 387명을 대상으로 식생활진단표, 건강식사지표를 사용하여 설문조사를 수행하였고 24시간 회상법에 의한 식사섭취량을 조사한 후 식생활진단표의 타당도는 항목별로 관련 식품섭취 및 영양소 섭취량과의 상관 분석을 통해 검증을 실시하여 개

표 3-15 성인(30~49세)의 영양위험군 진단을 위한 식생활진단표

항목	점수		
	항상 그런 편이다	보통이다	아닌 편이다
F1. 우유나 유제품(요구르트, 요플레)을 매일 1병 이상 마신다.	5	3	1
F2. 육류, 생선, 달걀, 콩, 두부 등으로 된 음식을 매일 3~4회 이상 먹는다.	5	3	1
F3. 김치 이외의 채소를 식사할 때마다 먹는다.	5	3	1
F4. 과일(1개)이나 과일주스(1잔)를 매일 먹는다.	5	3	1
F5. 튀김이나 볶음요리를 2일에 1회 이상 먹는다.	1	3	5
F6. 지방이 많은 육류(삼겹살, 갈치, 장어 등)를 3일에 1회 이상 먹는다.	1	3	5
F7. 식사할 때 음식에 소금이나 간장을 더 넣을 때가 많다.	1	3	5
F8. 식사는 매일 세 끼를 규칙적으로 한다.	5	2	1
F9. 아이스크림, 케이크, 스낵, 탄산음료(콜라, 사이다 등)를 간식으로 매일 먹는다.	1	3	5
F10. 모든 음식을 골고루 섭취하는 편이다(편식하지 않는다).	5	3	1
합계 점수			
총 50점 만점			

출처 : 김화영 외(2003). 한국영양학회, 36(1) : 83-92.

발되었다표 3-16.

한국인을 위한 식사의 질 평가지수KDQI는 우리나라의 영양문제를 잘 평가할 수 있는 항목을 포함하여 영양소와 식품섭취의 관점을 함께 평가하며, 특히 부족과 과잉을 모두 평가에 반영하여 균형 있는 섭취를 평가하는 지표 개발을 목적으로 하였다. 평가항목은 채소군, 유제품군, 과일군의 섭취와 섭취하는 식품의 다양성, 칼슘, 철분, 단백질, 지방, 콜레스테롤, 에너지 섭취를 포함하는 10개 항목으로 구성되어 있으며, 항목은 10점을 만점으로 하여 총 100점을 만점으로 한다표 3-17.

● 표 3-16 한국인을 위한 식사의 질 평가지수(KDQI)

요소	점수범위	10점 만점	0점
채소	0~10	3~6회/일[1)]	0회/일
과일	0~10	2회/일[1)]	0회/일
유제품	0~10	1~2회/일[1)]	0회/일
식품의 다양성	0~10	≥20	≤10
칼슘	0~10	권장섭취량의 75~125%	≤50% 또는 ≥150%
철	0~10	권장섭취량의 75~125%	≤50% 또는 ≥150%
단백질	0~10	권장섭취량의 75~125%	≤50% 또는 ≥150%
에너지	0~10	권장섭취량의 90~110%	≤50% 또는 ≥150%
지질	0~10	에너지섭취량의 15~25%	0% 또는 ≥40%
콜레스테롤	0~10	100mg/1,000kcal · 일	≥150mg/1,000kcal · 일

1) 각 연령군의 만점 기준은 연령당 에너지 필요추정량에 따른 권장섭취량에 따른다.
출처 : 심재은 외(2002). 한국영양학회, 35(5) : 558-570.

대상자의 KDQI 점수에 따라 40점 미만, 40~70점, 70점 이상의 세 군으로 나누어 주요 영양소의 섭취량과 비교하였을 때 지표에 포함되지 않은 영양소의 섭취량도 잘 반영하고 있었으며, 영양소 섭취의 적절함이나 식품의 다양성을 평가하는 다른 지표의 평가결과와 비교하였을 때도 상충되지 않아 타당성이 있는 것으로 평가되었다.

식생활 관련 건강위험도 평가도구Diet related-Health Risk Appraisal : D-HRA는 개인의 식생활진단을 통해 만성질환 위험도를 평가하고 그 결과에 근거하여 식생활 습관 개선을 도와주는 도구로, 만성질환의 발병 가능성을 개인의 식생활에 근거하여 예측할 수 있는 평가도구의 필요성에 따라 한국보건산업진흥원에 의해 개발되었다. 제4기 국민건강영양조사자료를 비롯한 한국인의 데이터를 바탕으로 하였으며, 생활습관 및 식습관에서 교정 가능한 요인과 일반인이 쉽게 답할 수 있는 문항으로 구성되었다표 3-18.

표 3-17 식생활 관련 건강위험도 평가도구(D-HRA)

기본 신상정보
1. 나이와 성별
2. 키와 몸무게
3. 음주습관
4. 흡연량
5. 활동량
6. 학력사항
골다공증 식생활평가
1. 과일은 얼마나 자주 먹습니까?
2. 채소반찬(김치 제외)은 하루 평균 몇 가지를 먹습니까?
3. 우유나 요구르트는 얼마나 자주 먹습니까?
4. 잡곡밥은 얼마나 자주 먹습니까?
5. 생선은 얼마나 먹습니까?
6. 아침식사를 합니까?
7. 식사할 때 반찬을 평균 몇 가지 먹습니까?(양념장, 소스 제외)
심혈관대사질환 식생활평가
1. 과일은 얼마나 자주 먹습니까?
2. 채소반찬(김치 제외)은 하루 평균 몇 가지를 먹습니까?
3. 우유나 요구르트는 얼마나 자주 먹습니까?
4. 라면 등 인스턴트 면류는 얼마나 자주 먹습니까?
5. 잡곡밥은 얼마나 자주 먹습니까?
6. 생선은 얼마나 먹습니까?
7. 삼겹살은 얼마나 먹습니까?
8. 햄, 소시지 등 육가공품은 얼마나 자주 먹습니까?
9. 탄산음료는 얼마나 자주 마십니까?
10. 콩이나 두부는 얼마나 자주 먹습니까?

11. 아침식사를 합니까?
12. 외식은 얼마나 자주 합니까?
13. 김치를 매끼 먹습니까?
14. 식사하실 때 반찬을 평균 몇 가지 먹습니까?(양념장, 소스 제외)
15. 패스트푸드를 자주 먹습니까?

출처 : 한국보건산업진흥원(2013). DHRA 홈페이지(http://dhra.khidi.or.kr/index.do).

표 3-18 한국인을 위한 식생활평가지수

항목		최대점	최대점 기준	최소점 기준
식사의 충분도 영역	과일섭취량(주스 포함)	5	남자 : ≥3회/일 여자 : ≥2회/일	0회/일
	과일섭취량(주스 불포함)	5	남자 : ≥1.5회/일 여자 : ≥1회/일	0회/일
	채소섭취량(김치, 장아찌 포함)	5	≥7회/일	0회/일
	채소섭취량(김치, 장아찌 불포함)	5	≥4회/일	0회/일
	우유 및 유제품 섭취량	10	≥1 회/일	0회/일
	단백질 식품 섭취량	10	남자 : ≥5회/일 여자 : ≥4회/일	0회/일
	흰고기 : 붉은 고기 비율	5	4 : 1(≥4)	0(붉은 고기만 섭취)
	전곡류 섭취량	5	≥1회/일	0회/일
	아침식사 여부	10	연속된 이틀간의 아침식사	섭취 안함
식사의 절제영역	나트륨 섭취량	10	≤2,000mg/day	>85퍼센타일 값
	고열량·저영양 식품 에너지비	10	≤5% 에너지	≥10% 에너지
	지방 에너지비	10	15~25%	<15퍼센타일 값 >85퍼센타일 값
	도정곡 섭취량	5	남자 : ≤4회/일 여자 : ≤3회/일	남자 : ≥5회/일 여자 : ≥4회/일
	탄수화물 에너지비	5	55~70%	<15퍼센타일 값 >85퍼센타일 값

출처 : Yook et al.(2015). J. Nutr. Health, 48(5) : 419–428.

한국 성인을 대상으로 인구집단의 식생활수준을 모니터링하기 위해 한국인 식생활평가지수Korean Healthy Eating Index : KHEI가 개발되었다. 식사의 충분도영역 9개 항목, 식사의 절제영역 5개 항목으로 총 14개의 지표 구성항목을 선정하였으며, 식생활지침과 2010 한국인 영양섭취기준을 근거로 점수화 기준을 마련하고 각 항목별로 5~10점을 배정하여 총 점수 100점이 되도록 구성하였다. 한국인 식생활평가지표는 대한민국 성인대상 인구집단의 식사의 질을 모니터링할 목적으로 개발된 식생활평가지표로, 식생활지침과 한국인 영양소 섭취기준을 기반으로 제5기 국민건강영양조사 데이터를 활용하여 개발되었으며, 여러 측면에서 타당성을 확인하여 향후 개정과 보완을 통해 국가의 영양사업결과의 평가 및 활용에 사용될 수 있다표 3-18.

식생활평가지수는 이후 질병관리청의 수정과 보완을 거쳐 총 과일 섭취(5점), 생과일 섭취(5점), 총 채소 섭취(5점), 김치, 장아찌류 제외 채소 섭취(5점), 우유 · 유제품 섭취(10점), 고기 · 생선 · 달걀 · 콩류 섭취(10점), 잡곡 섭취(5점), 아침식사 섭취(10점), 나트륨 섭취(10점), 당류, 음료류 에너지 섭취비율(10점), 포화지방산 에너지 섭취비율(10점), 지방 에너지 섭취비율(5점), 탄수화물 에너지 섭취비율(5점), 에너지 적정섭취(5점)로 최종 구성되었다.

노인 노인의 영양위험 정도를 파악하여 영양관리에 활용하기 위해 개발된 간이 영양상태 판정도구로는 노인의 간이 영양진단표표 3-19, 영양선별 이니셔티브 Nutrition Screening Initiative : NSI, 표 3-20 또는 10문항의 자가점검표인 DETERMINE 점검표가 있으며 제7장 표 7-9 **질병**(disease), **빈약한 식사**(eating poorly), **치아손실/구강통증**(tooth loss/mouth pain), **경제적 어려움**(economic hardship), **사회접촉감소**(reduced social contact), **복합적 약복용**(multiple medicines), **무의식적인 체중감소/증가**(involuntary weight lose/gain), **자기관리 보조 필요성** needs assistance in self-care **및 80세 이상 노인**(elder years above age 80), 병원이나 노인요양시설 거주 노인의 영양불량을 선별하기 위해 체위와 식생활 및 생활습관에 관한 질문을 기초로 하여 개발된 간이식생활진단표Mini Nutritional Assessment : MNA 등이 있다.

● 표 3-19 노인의 간이 영양진단표 구성 문항

당신의 영양상태를 간단히 진단할 수 있는 표입니다. □에 V표를 하시고 점수합계를 내신 후 스스로 진단해 보십시오. ( ) 안의 숫자가 점수입니다.		
당신의 연령은 75세 미만입니까?	□ 예(1)	□ 아니오(0)
배우자와 둘이서만 삽니까?	□ 예(1)	□ 아니오(0)
월 용돈이 20만 원 이상입니까?	□ 예(1)	□ 아니오(0)
당신의 학력은 중학교 졸업 이상입니까?	□ 예(1)	□ 아니오(0)
규칙적으로 식사합니까?	□ 예(1)	□ 아니오(0)
하루에 세 번 이상 식사합니까?	□ 예(1)	□ 아니오(0)
가족과 함께 식사합니까?	□ 예(1)	□ 아니오(0)
식욕이 좋습니까?	□ 예(1)	□ 아니오(0)
식사하는 것이 즐겁습니까?	□ 예(1)	□ 아니오(0)
규칙적으로 운동합니까?	□ 예(1)	□ 아니오(0)
술을 한 달에 두세 번 이하로 마십니까?	□ 예(1)	□ 아니오(0)
약을 매일 복용합니까?	□ 아니오(1)	□ 예(0)
치아 때문에 먹는 데 어려움이 있습니까?	□ 아니오(1)	□ 예(0)
만성질환이 있습니까?	□ 아니오(1)	□ 예(0)
다음의 다섯 가지 임상증세 중 몇 가지가 해당됩니까? (눈앞이 흐리게 보임, 감기에 잘 걸림, 소화가 잘 안 됨, 어지러움, 우울함)	□ 없다 □ 1개 □ 2개 이상	(2) (1) (0)
과일을 매일 먹습니까?	□ 매일 먹는다 □ 가끔 먹는다 □ 거의 먹지 않는다	(2) (1) (0)
우유를 매일 먹습니까?	□ 매일 먹는다 □ 가끔 먹는다 □ 거의 먹지 않는다	(2) (1) (0)
합계 점수 0~11 : 영양위험이 높음 12~15 : 영양위험이 중등임 16~23 : 영양위험이 낮음		

출처 : 이정원 외(2011). 한국영양학회지, 33(8) : 864-872. ; Boyle MA, Morris DH(1999). Community Nutrition in Action: An Entrepreneurial Approach, 2nd ed, West/Wadsworth, p. 469.

국가조사에서의 식생활평가항목의 활용

국가에서는 국민의 식생활을 파악하기 위해 유전체 코호트, 지역사회 건강조사, 소비실태조사에서 조사하는 설문 문항 중 식생활 관련 항목을 포함하고 있으며 결과에 따라 국가의 보건영양정책 등에 반영하고 있다.

● 표 3-20 국가조사에서의 식생활평가항목

조사명	식생활 관련 항목
소아비만 및 대사질환 코호트 연구(2012)	• 아침식사 섭취 횟수 • 과일, 채소 및 우유 섭취 횟수 • 패스트푸드, 라면 및 탄산음료 섭취 횟수 • 평소 식습관(기분 나쁠 때 먹는 것이 좋다, 음식을 오래 씹지 않는다 등 총 13문항) • 식후 배부름 정도
도시기반코호트 (2013)	• 지난 1년간 음식의 종류가 달라진 정도 • 하루 식사 횟수 • 탄 고기 섭취 빈도 • 육류의 기름부분 섭취 정도 • 아침식사 빈도 • 가족과 함께 아침식사/점심식사/저녁식사 여부 • 식사 속도 • 외식 빈도
국제협력코호트 (2013)	• 식사섭취량 • 선호하는 육류 조리방법 • 종합비타민 및 미량영양소 섭취력
지역사회건강조사 (2013)	• 최근 1주일 동안 아침섭취빈도 • 최근 1달 동안 과일(과일주스 제외) 섭취빈도 • 최근 1달 동안 채소(쌈, 샐러드, 생채소 무침) 섭취빈도 • 평상시 섭취하는 음식의 짠 정도 • 차려진 식탁의 음식에 소금이나 간장 추가 여부 • 전, 부침, 튀김을 먹을 때 간장을 찍는지 여부 • 가공식품을 사거나 고를 때 영양표시를 읽는지 여부 • 최근 1년 동안 영양교육 및 상담 수혜 여부(보건소, 구청, 동사무소, 복지시설, 학교 병원) • 최근 1년 동안 식생활 형편 • 현재 본인의 체형 판단

조사명	식생활 관련 항목
식품 소비실태조사 (2013)	• 결식 여부 • 포장된 식사섭취 빈도 • 가족(친구) 동반 식사 여부 • 외식행태(친구/동료/지인 여부, 메뉴 선택 기준) • 기능성 식품 복용 여부 • 영양표시 인지 여부 • 건강한 식생활의 주관적 생각 • 식재료에 대한 관심도 • 선호식품군(밥, 과일, 과일 맛, 육류, 음료) • 식품별로 건강에 미치는 영향에 대한 생각(15가지) • 식품의 안전성에 대한 주관적 생각(원산지, 장소, 종류) • 식품표시사항 확인 인지 및 실천 • 식품표시제도 인지 여부 • 식품 관련 교육, 홍보 정보 참가 여부, 만족도 • 식생활 정보를 얻는 경로 • 식품 관련 피해/구제 경험, 이유, 결과 • 식품 관련 소비자정책의 주관적 생각

국가영양정책에 대한 모니터링을 하기 위해 국가단위조사에서는 국가정책내용에 반영하는 항목을 포함하여 장기적인 영양정책 등에 반영하고 있다. 예를 들어, 국민건강영양조사에는 국민영양관리기본계획, 식생활지침, 권장식사 패턴 등의 국가영양정책을 고려한 식생활조사항목이 있다.

표 3-21 국민건강증진종합계획 2030 목표와 국민건강영양조사 평가항목 비교

지표명	국민건강영양조사
식품안정성 확보 가구분율	식품안정성 조사
건강식생활 실천율 (아래 4개 지표 중 2개 이상 만족)	식품섭취조사
포화지방산을 적정수준으로 섭취하는 인구 비율	식품섭취조사
나트륨을 1일 2,300mg 이하로 섭취하는 인구 비율	식품섭취조사
과일/채소를 1일 500g 이상 섭취하는 인구 비율	식품섭취조사
가공식품 영양표시 이용 인구 비율	식생활조사
칼슘 적정수준 섭취하는 인구 비율	식품섭취조사

지표명	국민건강영양조사
비타민 A 적정수준 섭취하는 인구 비율	식품섭취조사
영양섭취부족 노인 인구비율(75세 이상)	식품섭취조사
가임기 여성의 빈혈 유병률	혈액 검사

앞으로의 과제

쉽게 사용할 수 있는 간이식품 섭취평가법이나 식생활평가항목 등의 장점은 짧은 시간 내 작은 인력으로 개인 및 집단의 식생활을 파악하는 데 도움이 된다는 장점이 있다. 하지만 이러한 간단한 식품섭취평가법에서 사용되는 질문은 표준이 되는 식사조사법와 함께 조사되어 타당도가 입증된 것이어야 한다. 또한 전반적인 식사평가는 가능하나 영양소 섭취량 등의 구체적인 조사는 어렵다. 국가조사 등에서 활용되는 식생활지표 역시 국가의 보건영양목표나 식생활지침 등을 평가하기 위해 사용되며 국가의 전반적인 식생활상태의 지표가 될 수 있다.

개인 및 집단의 식사평가를 위해 사용되는 지표나 도구들은 사용 목적에 따라 달리 선택되고 개발되어야 하며 오랜 기간 추이를 살펴보면 개인과 집단의 영양상태의 변화 등을 살펴볼 수 있는 도구가 될 수 있다. 향후 개인과 집단의 보다 정확한 영양평가를 위해 또는 상황에 따라 보다 간단한 영양평가를 위해 정확도와 타당도가 입증된 도구들이 개발되고 활용되어야 할 것이다.

Exercise 01

식품영양성분데이터베이스를 이용한 영양소 섭취량 계산

1. 제3장에서 배운 식사조사방법 중 24시간 회상법이나 식사기록법을 이용하여 일상적인 하루의 식사섭취량을 조사한 후 다음의 표에 기록해보자.

구분	시간	장소	식품명	분량/재료명	섭취량
식전 간식					
아침					
오전 간식					
점심					
오후 간식					
저녁					
야식					

2. 조사한 일상적인 하루의 식사섭취량을 영양소 섭취량으로 환산하기 위해 CAN-Pro 5.0 웹버전을 이용하여 영양소 섭취량을 계산하여 다음의 표에 작성해보자.

영양소	일상섭취량
에너지(kcal)	
탄수화물(g)	
단백질(g)	
지질(g)	
식이섬유(g)	
비타민 A(ug RAE)	
비타민 D(ug)	
비타민 E(mg)	
비타민 K(ug)	
비타민 C(mg)	
티아민(mg)	

영양소	일상섭취량
리보플라빈(mg)	
니아신(mg)	
비타민 B_6(mg)	
엽산(ug)	
비타민 B_{12}(mg)	
판토텐산(mg)	
비오틴(ug)	
칼슘(mg)	
인(mg)	
나트륨(mg)	
염소(mg)	
칼륨(mg)	
마그네슘(mg)	
철(mg)	
아연(mg)	
구리(mg)	
불소(ug)	
망간(mg)	
요오드(ug)	
셀레늄(ug)	

3. 이러한 일상섭취량이 적정한지 어떻게 평가할 수 있을까? 토론해보고 생각을 정리하여 답을 써보자.

4. 일상섭취량이라고 보기 힘든 하루를 골라 다시 한번 1번과 같이 식사섭취량을 조사하여 2번과 같이 영양소 섭취량을 산출해보자. 이러한 결과가 2번의 결과와 달랐던 부분은 무엇인가? 두 결과를 비교해보았을 때 식사평가를 위해 우리가 유의할 점은 무엇인지 토론해보고 결과를 간단히 작성해보자.

Exercise 02

한국인 영양소 섭취기준을 이용한 영양평가

1. 실습 1의 결과를 다음의 표에 기록해보자. 기록 후 해당 성별, 연령별 2015년 한국인 영양소 섭취기준을 써보자.

영양소		일상섭취량	비일상섭취량	영양소 섭취기준			
				평균 필요량	권장 섭취량	충분 섭취량	상한 섭취량
에너지	에너지			1)			
다량영양소	단백질						
	아미노산						
	식이섬유						
	수분						
지용성 비타민	비타민 A						
	비타민 D						
	비타민 E						
	비타민 K						
수용성 비타민	비타민 C						
	티아민						
	리보플라빈						
	니아신						
	비타민 B_6						
	엽산						
	비타민 B_{12}						
	판토텐산						
	비오틴						
다량 무기질	칼슘						
	인						
	나트륨						2)
	염소						
	칼륨						
	마그네슘						

영양소		일상섭취량	비일상섭취량	영양소 섭취기준			
				평균 필요량	권장 섭취량	충분 섭취량	상한 섭취량
미량 무기질	철						
	아연						
	구리						
	불소						
	망간						
	요오드						
	셀레늄						
	몰리브덴						
	크롬						

1) 에너지필요추정량

2) 목표섭취량

2. 2015년 한국인 영양소 섭취기준에 기반하여 영양평가를 다음의 항목에 맞추어 해보자.

    1) 에너지 평가

    2) 다량영양소 평가

    3) 에너지 적정비율 평가

    4) 식이섬유 및 비타민, 무기질 평가

3. 본인의 에너지필요량이 본인의 성별, 연령별 에너지필요추정량과 차이가 있는지 본문의 표 3-10의 공식에 맞추어 본인의 에너지필요량을 산출해보자. 차이가 있는지 여부와 차이가 있다면 왜 그런지, 아니라면 왜 그런지 이유를 작성해보자.

4. 본인의 에너지필요량이 성별, 연령별 에너지필요추정량과 차이가 있다면 본인의 에너지 필요량에 맞추는 것이 아니라 성별 · 연령별 에너지필요추정량에 맞추어 권장식사 패턴에서 본인의 에너지필요량을 찾은 후 본인의 식사를 권장식사 패턴에 따라 평가해보자. 실습 1의 평가와의 차이점에 대해 간단히 서술해보자.

식품군별 권장 횟수 \ 식단		아침	점심	저녁	간식
곡류	회				
고기 · 생선 · 달걀 · 콩류	회				
채소류	회				
과일류	회				
우유 · 유제품류	회				
유지 · 당류	회				

참고문헌

강명희 · 이정숙 · 김혜영 · 권세혁 · 최영선 · 정해랑 · 곽동경 · 조양희(2012). 어린이 영양지수개발을 위한 평가항목 선정. 한국영양학회지, 45(4) : 372–389.

김화영 · 조미숙 · 이현숙(2003). 한국 성인의 영양위험군 진단을 위한 식생활진단표의 개발과 타당성에 관한 연구. 한국영양학회지, 36(1) : 83–92.

농촌진흥청 국립농업과학원(2011). 제8개정판 식품성분표. 농촌진흥청 국립농과학원 농식품자원부 기능성식품과.

문현경 · 공정은(2009). 우리나라 농촌지역 노인들의 영양점검표(DETERMINE)를 통한 계절별 영양상태 판정의 신뢰도 분석 연구. 대한지역사회영양학회, 14(3) : 340–353.

박영숙 · 이정원(2002). 20대 성인의 과체중 식생활 패턴과 간이평가표 개발. 대한지역사회영양학회지, 7(5) : 675–685.

박영숙 · 한재라 · 이정원 · 조한석 · 구재옥 · 김정희 · 윤진숙(2002). 한국 장년 성인의 과체중 예방을 위한 식생활 간이평가표 개발. 대한지역사회영양학회지, 7(4) : 495–505.

보건복지부(2015). 2015 한국인 영양소 섭취기준. 보건복지부.

(사)대한영양사협회(2010). 임상영양관리지침서 제3판 – 성인.

심재은 · 백희영 · 이심열 · 문현경 · 김영옥(2002). 서울 및 근교에 거주하는 한국인의 연령별 식생활 비교 및 평가 : (4) 식사의 질 평가. 한국영양학회지, 35(5) : 558–570.

연미영 · 현태선(2008). 초등학생의 에너지 과잉섭취 위험진단을 위한 식습관평가표 개발. 한국영양학회지, 41(5) : 414–427.

연미영 · 현태선(2009). 초등학생의 미량영양소 섭취부족 위험 진단을 위한 간이 식습관평가표 개발. 한국영양학회지, 42(1) : 38–47.

이정원 · 김경은 · 김기남 · 현태선 · 현화진 · 박영숙(2000). 우리나라 노인의 영양부족 위험진단을 위해 개발된 간이조사표의 타당성 평가. 한국영양학회지, 33(8) : 864–872.

이혜옥 · 이정숙 · 신지원 · 이금주(2010). MNA(Mini Nutritional Assessment)를 이용한 건강증진센터 내원 노인의 영양상태 판정, 대한영양사협회 학술지, 16(2) : 122–132.

Yook SM, Park S, Moon HK, Kim K, Shim JE, Hwang JY(2015). Development of Korean Healthy Eating Index for adults using the Korea National Health and Nutrition Examination Survey data. Journal of Nutrition and Health, 48(5) : 419–428

영양상태는 신체의 성장 및 발달, 신체조성에 영향을 미친다. 신체계측은 비교적 쉽고 간편하게 측정할 수 있어, 영양상태판정 시 첫 단계에서 이용되고 있다. 신체계측을 통한 영양판정은 영양불량뿐 아니라 영양과잉으로 인한 비만과 그로 인한 만성질환의 위험도와도 그 관련성이 높아, 만성질환의 예방 및 건강관리 측면에서 중요한 의미가 있다.

Chapter

04

신체계측조사

1. 신체계측의 개요 | 2. 성장의 측정
3. 신체조성의 측정

04 Nutritional Assessment 신체계측조사

신체계측의 개요

신체계측의 의의

신체계측이란 신체 각 부위의 크기 및 신체구성성분을 측정하여 성장발달 및 영양상태를 판정하는 것이다. 조사방법이 비교적 간단하고 정확하며 신뢰성이 높다. 또한, 성장발달 및 장기간의 영양상태를 반영하여 영양불량의 위험이 높은 대상자

표 4-1 신체계측의 장 · 단점

구분	내용
장점	• 방법이 간단하고 안전하여 조사대상자에게 적용하기 쉽다. • 측정기기가 비교적 저렴하고 운반이 용이하다. • 다른 방법에 비해 측정방법의 습득이 쉽다. • 표준화된 기술을 사용할 경우 정확하고 재현성이 높다. • 장기간의 영양상태에 관한 정보를 얻을 수 있다. • 영양불량판정에 도움이 된다. • 일정기간 영양상태의 변화를 평가할 수 있다. • 영양불량 위험도가 높은 대상자를 찾아내는 선별검사방법으로 사용할 수 있다.
단점	• 단기간의 영양상태판정이 어렵다. • 특정 영양소의 결핍을 규명해 내기가 어렵다. • 비영양적 요인에 의한 영향을 받을 수 있다.

를 찾아내는 데 유용하다. 표준화된 방법과 기술을 활용하여 개인과 집단의 영양상태판정에 널리 활용되어 영양상태판정의 첫 단계로 흔히 사용된다. 그러나 단기간의 영양상태 및 특정 영양소의 결핍을 판정하기가 어려운 단점이 있다표 4-1.

신체계측의 종류는 성장 측정과 신체조성 측정으로 분류해 볼 수 있다표 4-2. 성장을 측정하는 계측에서는 신장, 체중, 머리둘레 등을 이용하여 성장의 정도를 평가하며, 신체조성을 측정하는 계측에서는 체지방과 제지방의 양을 이용하여 신체조직의 조성을 평가한다.

표 4-2 신체계측의 종류

구분	종류
성장	신장, 체중, 머리둘레, 팔꿈치넓이, 손목둘레
신체조성	• 비만도, 허리–엉덩이둘레비, 체질량지수, 폰더럴지수, 뢰러지수, 카우프지수, 피부두겹두께(가슴, 삼두근, 이두근, 복부, 장골상부, 옆중심선, 견갑골하부, 허벅지, 장딴지) • 상완둘레, 상완근육둘레, 상완근육면적, 장딴지둘레, 허벅지둘레 • 수중체중법, 생체전기저항측정법, 총 체수분량, 총 칼륨양, 컴퓨터단층촬영법, 초음파법, 이중에너지방사선흡수계측법

신체계측의 오차

신체계측 조사는 비교적 정확하지만 측정과정에서 오차가 발생할 수 있다. 그 원인으로는 신체계측 시 발생하는 측정오차, 생리적 특성에 따른 신체구성성분의 변화에 의해 발생하는 오차, 신체계측치로부터 신체구성성분 추정 시 사용하는 가설의 오차 등이 있다표 4-3. 이러한 오차는 조사자료의 정밀도, 정확도 및 타당도에 영향을 미친다.

측정오차는 측정방법의 어려움, 부정확한 측정기구, 조사원의 훈련부족 등으로 발생하므로, 조사원에게 표준화되고 타당한 측정방법을 훈련시키거나 측정기구의 정확성을 정기적으로 점검함으로써 최소화할 수 있다.

● 표 4-3 측정 오차의 원인

원인	세부원인
측정오차	• 측정방법의 어려움 • 측정기구의 부정확 • 조사원의 훈련부족
신체구성성분 변화	• 생리주기에 따른 조직의 수분함량 변화 • 연령, 측정 부위에 따른 피부두겹두께 결과 변화 • 환자에게 예측방정식 적용의 오차
타당하지 않은 가설	타당하지 않은 가설 적용 시 발생 오차

신체구성성분은 건강한 사람에서도 생리주기나 연령, 측정 부위에 따라 변화할 수 있으며, 건강한 사람을 대상으로 만든 예측방정식을 환자나 다른 연령층에 적용 시 오차가 발생할 수 있다.

신체구성성분 추정 시 사용하는 가설은 타당하지 못한 가설을 적용할 경우 오차가 생기게 된다. 피부두겹두께로 체지방량을 추정 시 피하지방조직의 두께가 일정하다는 가정은 실제로는 측정 부위 및 성, 연령, 인종에 따라 달라진다.

성장의 측정

신장

특징 신장은 골격의 발달을 반영하는 지표로서 유전적 요인과 관련이 있으며, 연령별 신장의 측정치는 그 집단 내에서 개인의 영양상태를 반영하는 간접지표로 이용된다. 성장기 어린이가 신장이 작은 경우 일반적으로 영양불량과 관련이 있으나, 신장이 작은 성인에서는 과거 성장기의 영양상태를 반영하기는 하나 성장이 완료된 현재의 영양상태와는 무관하다.

측정방법 36개월 미만의 혼자 바로 설 수 없는 유아들**주로 24개월 미만**의 신장은 소아용 신장계로 누운 상태에서 길이를 측정한다. 측정을 위해서는 2명의 조사원이 필요하다BOX 4-1.

BOX 4-1

영유아 신장 측정방법

① 측정판 위에 아기를 똑바로 눕히고 머리판에 머리가 닿게 붙인다.
② 무릎을 편 상태에서 발꿈치에 발판이 닿도록 하여 측정치를 mm 단위로 읽는다.

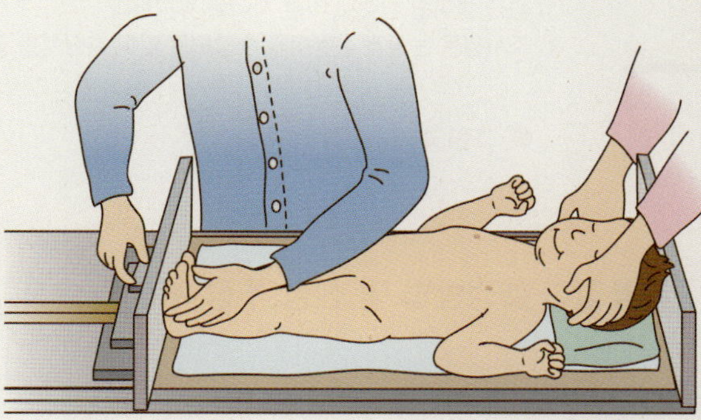

2~3세 이상의 연령층으로 혼자 서 있을 수 있는 대상은 신장계를 이용하여 서서 신장을 측정한다. 가벼운 옷차림으로 측정하며 신장계가 없을 경우 측정용 막대나 줄자를 벽에 고정시켜 신장을 측정할 수도 있다그림 4-1.

거동이 불편한 노인이나 척추측만증 및 질병 등으로 서서 신장을 재기 어려운 경우에 무릎높이를 측정하고, 계산식 또는 계산도표를 이용하여 신장을 추정한다. 무릎높이는 90° 각도로 측정막대가 부착된 캘리퍼를 이용하여 측정한다. 조사대상자가 누운 상태에서 왼쪽 다리를 구부려 무릎의 각도가 90°가 되게 한다BOX 4-2.

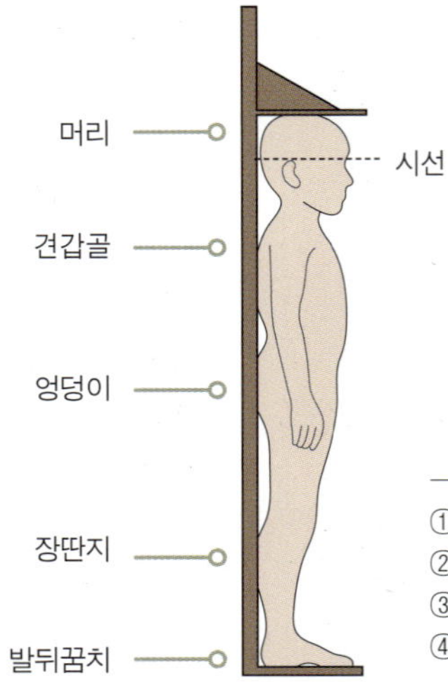

① 신장계 위에 양말을 벗고 올라간다.
② 발뒤꿈치, 엉덩이, 견갑골, 머리가 신장계에 닿도록 똑바로 선다.
③ 숨을 들이쉰 상태로 바른 자세를 유지한다.
④ 조사원은 눈금과 눈높이를 수평으로 맞춰 측정치를 읽는다.

그림 4-1 신장의 측정

BOX 4-2

무릎길이 측정방법 및 신장 추정 계산식

(A) 무릎길이 측정방법

① 누운 상태에서 왼쪽 다리를 구부려 무릎의 각도가 90°가 되게 한다.
② 캘리퍼의 한쪽 날이 발뒤꿈치 밑에 닿게 한다.
③ 캘리퍼의 반대쪽 날이 무릎 슬개골 꼭대기에 닿게 한다.
④ 캘리퍼를 정강이뼈와 평행이 되도록 하여 무릎길이 측정값을 5mm 단위까지 읽는다.

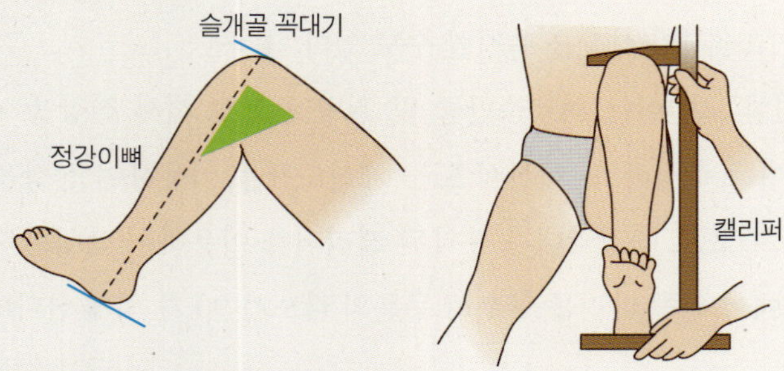

(B) 무릎높이 신장 추정 계산식

남자(cm)=[2.02×무릎높이(cm)]−[0.04×나이(세)]+64.19
여자(cm)=[1.83×무릎높이(cm)]−[0.24×나이(세)]+84.88

영양판정 측정치는 연령별, 성별로 한국인 소아발육표준치그림 4-2, 부록 참조와 체위참고치, 세계보건기구의 성장표준치, 미국의 질병통제예방센터의 성장도표 등과 비교하여 평가한다. 즉, 표준치참고치에 대한 백분율 또는 백분위수를 계산한다. 질병관리본부와 대한소아과학회에서 제시하는 2017 소아청소년 성장도표는 3세 미만0~35개월과 3~18세로 구분한다. 이때, 3세 미만의 경우는 WHO Growth Standards를 적용하며, 신장측정방법으로 2세 미만0~23개월은 누운 키를, 2~3세 24~35개월는 선 키를 적용한다.

성장도표의 선별기준은 대한소아과학회에서 제시하는 기준을 활용하였다표 4-4. 연령별 신장은 과거 또는 장기간에 걸친 영양상태를 추정해 주는 지표로 이용된다 표 4-4. 측정값이 0~2세 및 2~18세에서 3백분위수 미만이면 저신장으로 판정한다. 저신장으로 판정될 경우에는 1년 정도의 간격을 두고 성장속도를 지켜보면서 영양상태를 판정하는 것이 필요하다. 단기간에 정상 범위를 벗어나거나 두 개 곡선 이상 하락하는 경우 그 원인파악과 적절한 영양중재가 필요하다.

표 4-4 2017 소아청소년 성장도표 선별 기준

구분	0~2세		2~18세	
	성장도표	선별 기준	성장도표	선별 기준
저신장	연령별 신장	3백분위수 미만	연령별 신장	3백분위수 미만
소두증	연령별 머리둘레	3백분위수 미만	–	
저체중	연령별 체중	5백분위수 미만	연령별 체중	5백분위수 미만
과체중	신장별 체중	95백분위수 이상	연령별 체질량지수	85백분위수 이상이면서 95백분위수 미만
비만	–		연령별 체질량지수	95백분위수 이상

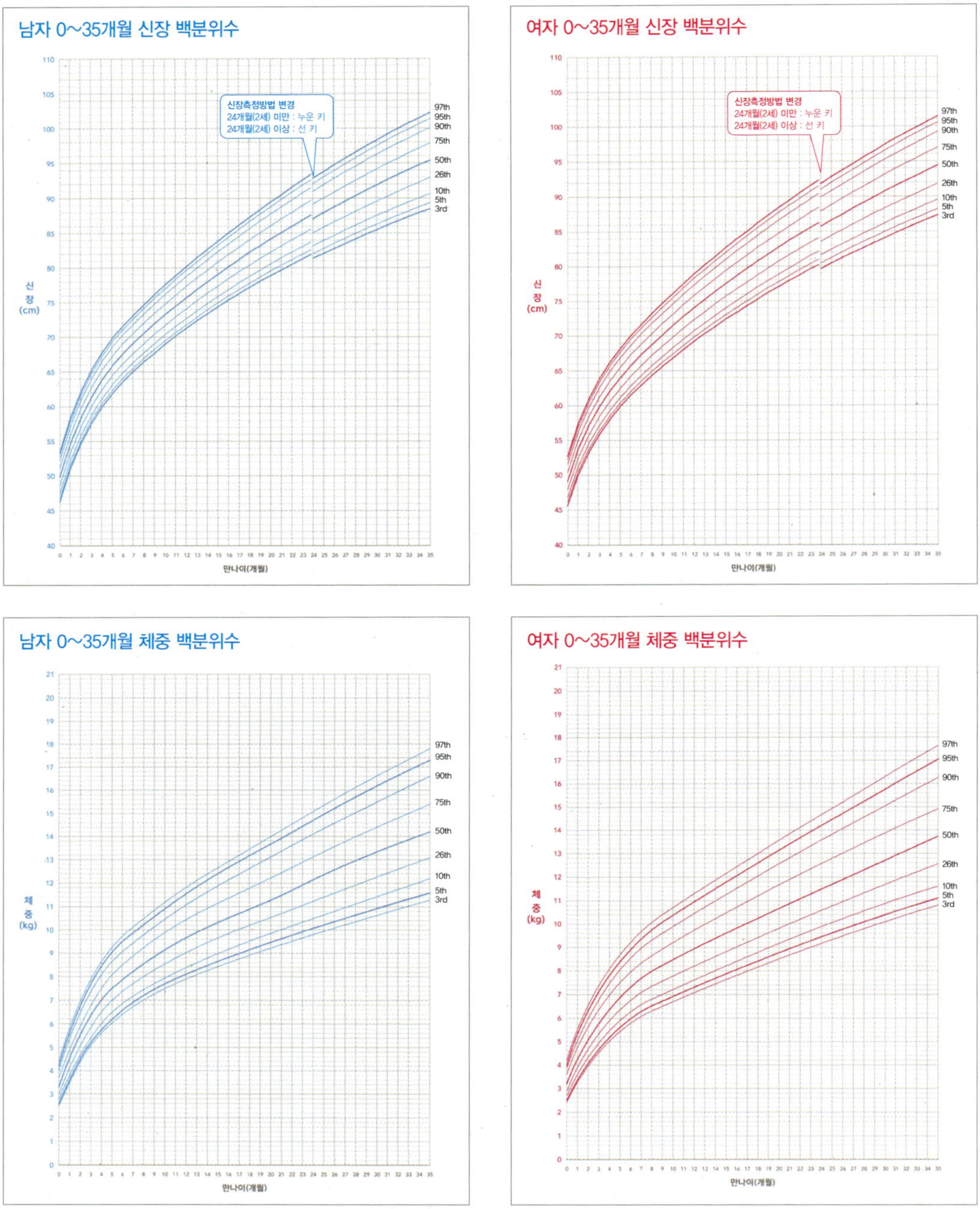

그림 4-2 소아청소년 성장도표(연령별 신장과 체중, 3세 미만)

출처 : 질병관리본부(2017). 2017 소아청소년 성장도표.

체중

특징 체중은 골격, 근육, 피하지방의 양 등을 종합적으로 나타내며, 영양상태의 평가에 활용되는 가장 중요한 지표 중의 하나이다. 체중만으로 영양상태를 판정하기보다는 연령과 신장을 함께 고려하여 판정하는 것이 바람직하다.

측정방법 영유아는 소아용 전자저울이나 추저울, 스프링 저울을 이용하여 체중을 측정한다. 전자저울은 적정하게 표준화되면 매우 정확하고 신속한 값을 내어, 오래 누워 있지 못하는 영아들의 무게를 재는 데 적합하다. 이 외에도 어른이 아기를 안고 잰 후 어른의 체중을 빼서 아기의 체중을 계산할 수도 있다BOX 4-3.

BOX 4-3 **영아의 체중 측정방법**

① 소아용 저울 팬에 타월을 깔고 보정하여 0점을 맞춘다.
② 아기를 가벼운 옷만 입혀 저울 팬의 중앙에 누인다.
③ 아기가 조용히 누워 있을 때 10g 단위까지 측정한다.

전자저울

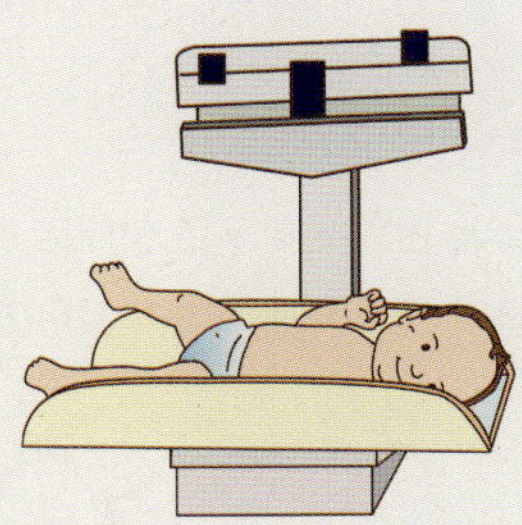

혼자 설 수 있는 어린이와 성인은 전자저울이나 눈금저울로 체중을 측정한다. 저울은 평평하고 단단한 면 위에 놓아 흔들리거나 기울어지지 않게 한다. 가능한 옷을 적게 입거나, 측정 후 체중에서 옷 무게를 빼서 계산할 수 있다. 체중의 측정은 식사 전과 소변을 본 상태에서 측정하도록 한다BOX 4-4.

BOX 4-4

성인용 체중 측정방법

① 저울의 0점을 확인한 후 체중계 발판의 중앙에 서서 양발에 체중을 골고루 싣는다.
② 정면을 응시하고 편안한 자세로 100g 단위까지 측정한다.

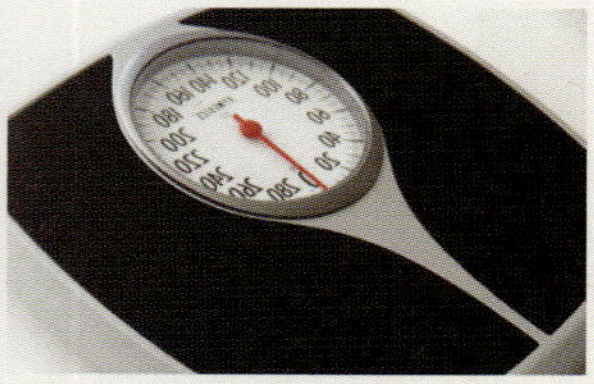

눈금저울

혼자 설 수 없는 거동이 불편한 사람은 침대저울이나 의자저울로 체중을 측정하거나, 계산식으로 체중을 추정할 수도 있다. 계산식으로 추정할 경우에는 무릎높이, 상완둘레, 장딴지둘레 및 견갑골하부 피부두겹두께 측정값을 이용한다BOX 4-5.

BOX 4-5

침대저울과 의자저울 및 체중 추정 계산식

(A) 침대저울과 의자저울

① 침대저울에 편안하게 누운 상태로 천천히 들어올려 100g 단위까지 측정한다.
② 의자저울의 등받이에 기대어 가운데 반듯이 앉은 상태에서 100g 단위까지 측정한다.

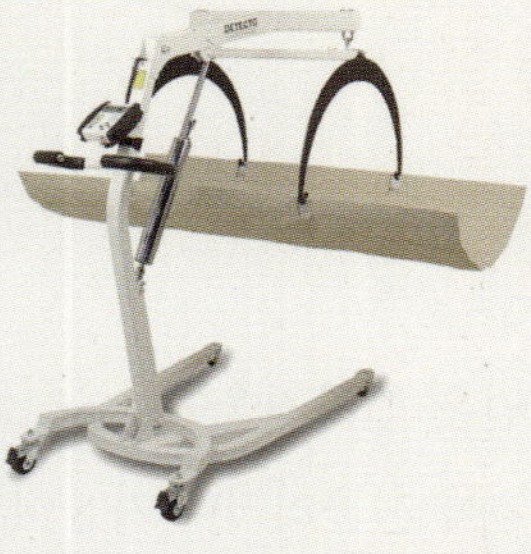

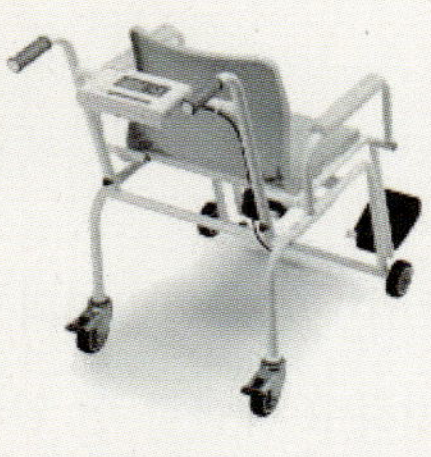

(B) 체중 추정 계산식

남자(kg)=0.98AC+1.27CC+0.4SSF+0.87KN−62.35
여자(kg)=1.73AC+0.98CC+0.37SSF+1.16KN−81.69
AC : 상완둘레(cm) CC : 장딴지둘레(cm)
SSF : 견갑골하부 피부두겹두께(mm) KN : 무릎높이(cm)

영양판정 측정치는 연령별, 성별, 신장별로 한국인 소아발육표준치그림 4-2, 부록 참조와 체위참고치, 세계보건기구의 성장표준치, 미국의 질병통제예방센터의 성장도표 등과 비교하여 평가한다. 즉, 표준치참고치에 대한 백분율 또는 백분위수를 계산한다.

① 연령별 체중

연령별 체중weight for age은 성장기 어린이의 정상 성장 여부를 판정할 수 있다. 생후 6개월에서 7세 영유아의 급성영양실조에 따른 단백질-에너지 영양불량과 영양과잉을 판정하는 데 이용된다. 2017 소아청소년 성장도표 선별기준에 따르면, 0~2세 및 2~18세에서 연령별 체중 5백분위수 미만으로 나타난 경우는 저체중으로 해석한다표 4-4. 저체중은 어린이의 경우에는 성장발육의 둔화나 질병에 걸린 상태로, 성인의 경우는 질병에 걸린 상태로 의심해 볼 여지가 있다.

어린이의 체중은 변화속도가 빨라서 일정기간의 간격을 두고 체중 증가속도를 평가하여 영양상태를 판정하는 것이 바람직하다. 특히, 질병에 걸린 경우 체중이 감소하기 쉬워 해석에 주의해야 한다. 또한, 연령별 체중은 신장의 차이를 반영하지 못하기 때문에 신장이 작을수록 영양불량으로 평가될 우려가 있다.

성인의 경우에는 연령이 증가할수록 지방이 증가하고 근육이 감소하기 때문에 연령별 체중이 큰 의미가 없다.

② 신장별 체중

신장별 체중weight for height은 어린이 현재의 영양상태를 나타내주는 지표이다. 생후 1년 미만의 경우는 월령이 높을수록 신장별 체중이 증가하는 경향이 있어, 월령에 따른 신장별 체중지표를 활용한다. 1~10세 어린이의 경우에는 연령과 비교적 무관하여 연령을 모르더라도 신장별 체중으로 영양상태를 판정하기에 적절하다. 생후 12~23개월의 영유아에서 신장별 체중이 낮은 쇠약상태가 가장 많이 나타나며, 적절한 영양중재를 하면 빠르게 회복된다. 2017 소아청소년 성장도표에서 신장별 체중의 경우 2세 미만에서 과체중 선별도구로 활용되어 95백분위수 이상이면 과체중으로 판정한다표 4-4. 성장표는 성장도표WHO Growth Standard 2017 소아청소년성장도표와 신장측정방법에누운 키, 선 키 따라 0~23개월, 24~35개월, 3~18세를 구분하였다표 4-5. 성인의

표 4-5 소아청소년 신장별 체중 (남자 0~23개월, 24~35개월, 3~18세)

[신장별 체중 남자 0~23개월]

신장(cm)	체중(kg) 백분위수										
	3rd	5th	10th	15th	25th	50th	75th	85th	90th	95th	97th
45	2.1	2.1	2.2	2.2	2.3	2.4	2.6	2.7	2.8	2.9	2.9
45.5	2.1	2.2	2.3	2.3	2.4	2.5	2.7	2.8	2.8	2.9	3.0
46	2.2	2.3	2.3	2.4	2.5	2.6	2.8	2.9	2.9	3.0	3.1
46.5	2.3	2.3	2.4	2.5	2.5	2.7	2.9	3.0	3.0	3.1	3.2
47	2.4	2.4	2.5	2.5	2.6	2.8	3.0	3.1	3.1	3.2	3.3
47.5	2.4	2.5	2.6	2.6	2.7	2.9	3.0	3.1	3.2	3.3	3.4
48	2.5	2.6	2.6	2.7	2.8	2.9	3.1	3.2	3.3	3.4	3.5
48.5	2.6	2.6	2.7	2.8	2.9	3.0	3.2	3.3	3.4	3.5	3.6
49	2.7	2.7	2.8	2.9	2.9	3.1	3.3	3.4	3.5	3.6	3.7
49.5	2.7	2.8	2.9	2.9	3.0	3.2	3.4	3.5	3.6	3.8	3.8
50	2.8	2.9	3.0	3.0	3.1	3.3	3.5	3.7	3.7	3.9	4.0
50.5	2.9	3.0	3.1	3.1	3.2	3.4	3.6	3.8	3.9	4.0	4.1
51	3.0	3.1	3.2	3.2	3.3	3.5	3.8	3.9	4.0	4.1	4.2
51.5	3.1	3.2	3.3	3.3	3.4	3.6	3.9	4.0	4.1	4.2	4.3
52	3.2	3.3	3.4	3.4	3.5	3.8	4.0	4.1	4.2	4.4	4.5
52.5	3.3	3.4	3.5	3.6	3.7	3.9	4.1	4.3	4.4	4.5	4.6
53	3.4	3.5	3.6	3.7	3.8	4.0	4.3	4.4	4.5	4.6	4.7
53.5	3.5	3.6	3.7	3.8	3.9	4.1	4.4	4.5	4.6	4.8	4.9
54	3.6	3.7	3.8	3.9	4.0	4.3	4.5	4.7	4.8	4.9	5.0
54.5	3.8	3.8	4.0	4.0	4.2	4.4	4.7	4.8	4.9	5.1	5.2
55	3.9	4.0	4.1	4.2	4.3	4.5	4.8	5.0	5.1	5.3	5.4
55.5	4.0	4.1	4.2	4.3	4.4	4.7	5.0	5.1	5.2	5.4	5.5
56	4.1	4.2	4.3	4.4	4.6	4.8	5.1	5.3	5.4	5.6	5.7
56.5	4.3	4.3	4.5	4.6	4.7	5.0	5.3	5.4	5.6	5.7	5.9
57	4.4	4.5	4.6	4.7	4.8	5.1	5.4	5.6	5.7	5.9	6.0
57.5	4.5	4.6	4.7	4.8	5.0	5.3	5.6	5.8	5.9	6.1	6.2
58	4.6	4.7	4.9	5.0	5.1	5.4	5.7	5.9	6.0	6.2	6.4
58.5	4.8	4.9	5.0	5.1	5.3	5.6	5.9	6.1	6.2	6.4	6.5
59	4.9	5.0	5.1	5.2	5.4	5.7	6.0	6.2	6.4	6.6	6.7
59.5	5.0	5.1	5.3	5.4	5.5	5.9	6.2	6.4	6.5	6.7	6.9
60	5.1	5.2	5.4	5.5	5.7	6.0	6.3	6.5	6.7	6.9	7.0
60.5	5.3	5.4	5.5	5.6	5.8	6.1	6.5	6.7	6.8	7.1	7.2
61	5.4	5.5	5.6	5.8	5.9	6.3	6.6	6.8	7.0	7.2	7.4
61.5	5.5	5.6	5.8	5.9	6.1	6.4	6.8	7.0	7.1	7.4	7.5
62	5.6	5.7	5.9	6.0	6.2	6.5	6.9	7.1	7.3	7.5	7.7
62.5	5.7	5.8	6.0	6.1	6.3	6.7	7.0	7.3	7.4	7.6	7.8
63	5.8	5.9	6.1	6.2	6.4	6.8	7.2	7.4	7.6	7.8	8.0
63.5	5.9	6.0	6.2	6.3	6.5	6.9	7.3	7.5	7.7	7.9	8.1
64	6.0	6.2	6.3	6.5	6.6	7.0	7.4	7.7	7.8	8.1	8.2
64.5	6.1	6.3	6.4	6.6	6.8	7.1	7.6	7.8	8.0	8.2	8.4
65	6.3	6.4	6.6	6.7	6.9	7.3	7.7	7.9	8.1	8.3	8.5
65.5	6.4	6.5	6.7	6.8	7.0	7.4	7.8	8.1	8.2	8.5	8.7
66	6.5	6.6	6.8	6.9	7.1	7.5	7.9	8.2	8.4	8.6	8.8
66.5	6.6	6.7	6.9	7.0	7.2	7.6	8.1	8.3	8.5	8.8	8.9

* 2세 미만(0~23개월)의 신장은 누운 키로 측정

[신장별 체중 남자 24~35개월]

신장(cm)	체중(kg) 백분위수										
	3rd	5th	10th	15th	25th	50th	75th	85th	90th	95th	97th
65	6.4	6.5	6.7	6.8	7.0	7.4	7.9	8.1	8.3	8.5	8.7
65.5	6.5	6.6	6.8	6.9	7.1	7.6	8.0	8.2	8.4	8.7	8.9
66	6.6	6.7	6.9	7.1	7.3	7.7	8.1	8.4	8.5	8.8	9.0
66.5	6.7	6.8	7.0	7.2	7.4	7.8	8.2	8.5	8.7	8.9	9.1
67	6.8	6.9	7.1	7.3	7.5	7.9	8.4	8.6	8.8	9.1	9.3
67.5	6.9	7.0	7.2	7.4	7.6	8.0	8.5	8.7	8.9	9.2	9.4
68	7.0	7.1	7.3	7.5	7.7	8.1	8.6	8.9	9.0	9.3	9.5
68.5	7.1	7.2	7.4	7.6	7.8	8.2	8.7	9.0	9.2	9.5	9.7
69	7.2	7.3	7.5	7.7	7.9	8.4	8.8	9.1	9.3	9.6	9.8
69.5	7.3	7.4	7.6	7.8	8.0	8.5	9.0	9.2	9.4	9.7	9.9
70	7.4	7.5	7.7	7.9	8.1	8.6	9.1	9.4	9.6	9.9	10.1
70.5	7.5	7.6	7.8	8.0	8.2	8.7	9.2	9.5	9.7	10.0	10.2
71	7.6	7.7	7.9	8.1	8.3	8.8	9.3	9.6	9.8	10.1	10.3
71.5	7.7	7.8	8.0	8.2	8.4	8.9	9.4	9.7	9.9	10.2	10.5
72	7.8	7.9	8.1	8.3	8.5	9.0	9.5	9.8	10.1	10.4	10.6
72.5	7.8	8.0	8.2	8.4	8.6	9.1	9.7	10.0	10.2	10.5	10.7
73	7.9	8.1	8.3	8.5	8.7	9.2	9.8	10.1	10.3	10.6	10.8
73.5	8.0	8.2	8.4	8.6	8.8	9.3	9.9	10.2	10.4	10.7	11.0
74	8.1	8.3	8.5	8.7	8.9	9.4	10.0	10.3	10.5	10.9	11.1
74.5	8.2	8.4	8.6	8.8	9.0	9.5	10.1	10.4	10.6	11.0	11.2
75	8.3	8.4	8.7	8.9	9.1	9.6	10.2	10.5	10.7	11.1	11.3
75.5	8.4	8.5	8.8	9.0	9.2	9.7	10.3	10.6	10.9	11.2	11.4
76	8.5	8.6	8.9	9.0	9.3	9.8	10.4	10.7	11.0	11.3	11.6
76.5	8.5	8.7	8.9	9.1	9.4	9.9	10.5	10.8	11.1	11.4	11.7
77	8.6	8.8	9.0	9.2	9.5	10.0	10.6	10.9	11.2	11.5	11.8
77.5	8.7	8.9	9.1	9.3	9.6	10.1	10.7	11.0	11.3	11.6	11.9
78	8.8	8.9	9.2	9.4	9.7	10.2	10.8	11.1	11.4	11.7	12.0
78.5	8.8	9.0	9.3	9.5	9.7	10.3	10.9	11.2	11.5	11.9	12.1
79	8.9	9.1	9.4	9.5	9.8	10.4	11.0	11.3	11.6	12.0	12.2
79.5	9.0	9.2	9.4	9.6	9.9	10.5	11.1	11.4	11.7	12.1	12.3
80	9.1	9.3	9.5	9.7	10.0	10.6	11.2	11.5	11.8	12.2	12.4
80.5	9.2	9.3	9.6	9.8	10.1	10.7	11.3	11.6	11.9	12.3	12.5
81	9.3	9.4	9.7	9.9	10.2	10.8	11.4	11.8	12.0	12.4	12.6
81.5	9.3	9.5	9.8	10.0	10.3	10.9	11.5	11.9	12.1	12.5	12.8
82	9.4	9.6	9.9	10.1	10.4	11.0	11.6	12.0	12.2	12.6	12.9
82.5	9.5	9.7	10.0	10.2	10.5	11.1	11.7	12.1	12.3	12.7	13.0
83	9.6	9.8	10.1	10.3	10.6	11.2	11.8	12.2	12.5	12.9	13.1
83.5	9.7	9.9	10.2	10.4	10.7	11.3	12.0	12.3	12.6	13.0	13.3

* 2세(24개월) 이상의 신장은 선 키로 측정

[신장별 체중 남자 3~18세]

신장(cm)	체중(kg) 백분위수										
	3rd	5th	10th	15th	25th	50th	75th	85th	90th	95th	97th
90	11.3	11.6	11.9	12.2	12.5	13.2	13.9	14.2	14.5	14.8	15.1
91	11.6	11.8	12.2	12.4	12.8	13.4	14.1	14.5	14.7	15.1	15.3
92	11.8	12.1	12.4	12.7	13.0	13.7	14.4	14.7	15.0	15.4	15.6
93	12.1	12.3	12.7	12.9	13.3	13.9	14.6	15.0	15.3	15.6	15.9
94	12.3	12.5	12.9	13.2	13.5	14.2	14.9	15.3	15.5	15.9	16.2
95	12.6	12.8	13.2	13.4	13.8	14.5	15.2	15.5	15.8	16.2	16.5
96	12.8	13.0	13.4	13.6	14.0	14.7	15.4	15.8	16.1	16.5	16.7
97	13.0	13.3	13.6	13.9	14.3	15.0	15.7	16.1	16.4	16.8	17.0
98	13.3	13.5	13.9	14.1	14.5	15.2	16.0	16.4	16.6	17.0	17.3
99	13.5	13.8	14.1	14.4	14.8	15.5	16.2	16.6	16.9	17.3	17.6
100	13.8	14.0	14.4	14.6	15.0	15.8	16.5	16.9	17.2	17.7	17.9
101	14.0	14.3	14.6	14.9	15.3	16.0	16.8	17.3	17.5	18.0	18.3
102	14.3	14.5	14.9	15.2	15.6	16.3	17.1	17.6	17.9	18.3	18.6
103	14.5	14.8	15.2	15.4	15.8	16.6	17.5	17.9	18.2	18.7	19.0
104	14.8	15.0	15.4	15.7	16.1	16.9	17.8	18.2	18.6	19.1	19.4
105	15.0	15.3	15.7	16.0	16.4	17.2	18.1	18.6	18.9	19.4	19.8
106	15.3	15.6	16.0	16.3	16.7	17.6	18.5	19.0	19.3	19.8	20.2
107	15.5	15.8	16.3	16.6	17.0	17.9	18.8	19.3	19.7	20.2	20.6
108	15.8	16.1	16.5	16.8	17.3	18.2	19.2	19.7	20.1	20.7	21.0
109	16.1	16.4	16.8	17.1	17.6	18.6	19.5	20.1	20.5	21.1	21.5
110	16.4	16.7	17.1	17.4	17.9	18.9	19.9	20.5	20.9	21.5	21.9
111	16.6	16.9	17.4	17.8	18.3	19.2	20.3	20.9	21.3	22.0	22.4
112	16.9	17.2	17.7	18.1	18.6	19.6	20.7	21.3	21.8	22.4	22.9
113	17.2	17.5	18.0	18.4	18.9	20.0	21.1	21.8	22.2	22.9	23.4
114	17.5	17.8	18.4	18.7	19.3	20.4	21.5	22.2	22.7	23.4	23.9
115	17.8	18.2	18.7	19.1	19.6	20.7	22.0	22.7	23.2	23.9	24.4
116	18.1	18.5	19.0	19.4	20.0	21.1	22.4	23.1	23.7	24.4	25.0
117	18.4	18.8	19.3	19.7	20.3	21.5	22.9	23.6	24.1	25.0	25.5
118	18.7	19.1	19.7	20.1	20.7	22.0	23.3	24.1	24.7	25.6	26.1
119	19.1	19.4	20.0	20.5	21.1	22.4	23.8	24.7	25.2	26.1	26.8
120	19.4	19.8	20.4	20.8	21.5	22.8	24.3	25.2	25.8	26.7	27.4
121	19.7	20.1	20.8	21.2	21.9	23.3	24.9	25.8	26.4	27.4	28.1
122	20.1	20.5	21.2	21.6	22.4	23.8	25.4	26.4	27.0	28.1	28.8
123	20.4	20.8	21.5	22.0	22.8	24.3	26.0	27.0	27.7	28.7	29.5
124	20.8	21.2	22.0	22.5	23.3	24.9	26.6	27.7	28.4	29.5	30.3
125	21.1	21.6	22.4	22.9	23.7	25.4	27.3	28.3	29.1	30.3	31.1
126	21.5	22.0	22.8	23.4	24.2	26.0	27.9	29.0	29.8	31.0	31.9
127	21.9	22.4	23.2	23.8	24.7	26.6	28.6	29.8	30.6	31.9	32.8
128	22.3	22.8	23.7	24.3	25.3	27.2	29.3	30.5	31.4	32.7	33.7
129	22.7	23.3	24.2	24.8	25.8	27.8	30.0	31.3	32.2	33.6	34.5
130	23.1	23.7	24.7	25.3	26.4	28.4	30.7	32.1	33.0	34.5	35.5
131	23.5	24.1	25.1	25.8	26.9	29.1	31.5	32.9	33.9	35.4	36.4
132	24.0	24.6	25.6	26.4	27.5	29.7	32.2	33.7	34.7	36.3	37.4
133	24.4	25.1	26.1	26.9	28.1	30.4	33.0	34.5	35.6	37.3	38.4
134	24.8	25.5	26.7	27.5	28.7	31.1	33.8	35.4	36.5	38.2	39.4
135	25.3	26.0	27.2	28.0	29.3	31.8	34.6	36.3	37.4	39.2	40.4
136	25.7	26.5	27.7	28.6	29.9	32.6	35.5	37.2	38.3	40.2	41.4
137	26.2	27.0	28.3	29.2	30.5	33.3	36.3	38.1	39.3	41.2	42.5

출처 : 질병관리본부(2017). 2017 소아청소년 성장도표.

경우에는 비만도를 나타내는 지표로 쓰인다. 이때 지방이나 근육과다 혹은 부종으로 인한 체중 증가를 구별하기는 어려워 피부두겹두께 등을 같이 평가하는 것이 좋다.

③ 영양불량 분류

신장별 체중 또는 연령별 체중을 이용한 판정 시 나타날 수 있는 오류를 줄이기 위하여 두 지표를 같이 사용하는 것이 바람직하다. 워터로우Waterlow 분류법에서는 영양불량을 정상, 쇠약**마른 아동**, 성장부진**키가 작은 아동**, 성장부진과 쇠약으로 분류한다표 4-6.

표 4-6 워터로우 영양불량 판정기준

구분		신장별 체중 (Weight for Height)	
		정상 (> −2SD WHZ[2])	쇠약 (≤ −2SD WHZ)
연령별 신장 (Height for Age)	정상 (> −2SD HAZ[1])	정상	쇠약
	성장부진 (≤ −2SD HAZ)	성장부진	성장부진과 쇠약

1) HAZ : Z−scores for height−for−age
2) WHZ : Z−scores for weight−for−height
출처 : Waterlow(1972).

머리둘레

특징 머리둘레head circumference는 생후 1년 사이에 일어나는 두뇌의 정상적인 성장상태를 반영하는 지표로서, 생후 12개월까지 증가속도가 매우 빠르며 그 후 2년 동안은 비교적 완만하게 증가한다.

측정방법 머리둘레는 부드러운 줄자를 이용하여 측정한다. 영아의 경우 보호자의 무릎이나 의자에 앉혀서 측정하며, 그 외의 경우 선 자세로 측정한다. 머리는 똑바로 세워 안와의 맨 아래와 이주가 수평이 되는 프랑크포르트 평면Frankfort horizontal plane을 맞춘다BOX 4-6.

BOX 4-6

머리둘레 측정방법

① 머리를 똑바로 세우고 시선은 정면을 향한다.

② 줄자를 눈썹 바로 위 이마의 돌출 부위에서 후두부 돌출 부위를 둘러, 머리둘레가 최대가 되는 값을 mm 단위까지 읽는다.

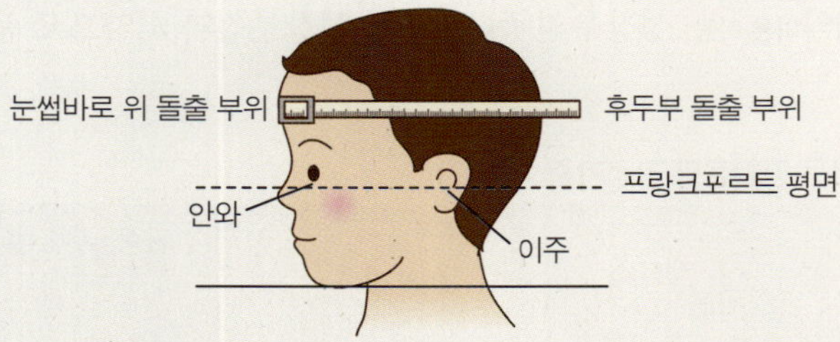

영양판정 측정치는 연령별, 성별로 한국인 소아발육표준치부록 참조와 체위참고치, 세계보건기구WHO의 성장표준치, 미국의 질병통제예방센터Centers for Disease Control and Prevention : CDC의 성장도표 등과 비교하여 평가한다. 즉, 표준치참고치에 대한 백분율 또는 백분위수를 계산한다.

연령별 머리둘레가 0~2세에서 3백분위수 미만이면 소두증으로 판정한다표 4-4.

신체골격크기

골격의 크기를 알면 골격을 제외한 조직량 및 체지방량 등을 추정할 수 있다. 골격의 크기를 추정하기 위한 방법에는 두 견봉 간 넓이, 가슴넓이, 무릎넓이, 손목넓이, 팔꿈치넓이 등이 있다.

팔꿈치넓이

① 측정방법

팔꿈치넓이가 신체골격의 크기를 가장 잘 반영하는 것으로 알려져 있다BOX 4-7.

BOX 4-7 **팔꿈치넓이 측정방법**

① 똑바로 서서 오른팔을 바닥과 평행하게 들어올린 상태에서 손바닥이 위를 향하게 하여 팔꿈치를 90°로 구부린다.

② 팔꿈치의 가장 넓은 곳을 캘리퍼로 mm 단위까지 측정한다.

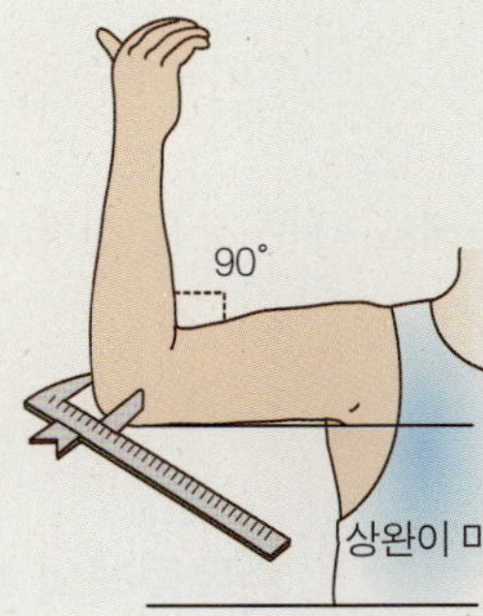

② 영양판정

측정치는 표준치참고치 등을 참고하여 평가하며, 팔꿈치넓이에 따라 작은 체격, 중간 체격, 큰 체격으로 분류한다표 4-7.

표 4-7 팔꿈치넓이에 의한 골격크기의 분류 (단위 : mm)

신장(cm)		작은 체격	중간 체격	큰 체격
남자	155~158	<64	64~73	>73
	159~168	<67	67~73	>73
	169~178	<70	70~76	>76
	179~188	<70	70~79	>79
	≥ 189	<73	73~83	>83
여자	145~148	<57	57~64	>64
	149~158	<57	57~64	>64

신장(cm)		작은 체격	중간 체격	큰 체격
여자	159~168	<60	60~67	>67
	169~178	<60	60~67	>67
	≥179	<64	64~70	>70

출처 : The Metropolitan Life Insurance Company. Metropolitan height and weight tables(1983).

손목둘레

① 측정방법

신장을 손목둘레로 나눈 값을 신장 손목둘레비(r)의 기준치와 비교하여 골격크기를 평가한다BOX 4-8.

BOX 4-8 **손목둘레의 측정방법 및 판정**

(A) 손목둘레의 측정방법

① 오른손의 힘을 빼고 손바닥이 위를 향하게 펼친다.

② 손목의 가장 가는 부위를 줄자로 mm 단위까지 측정한다.

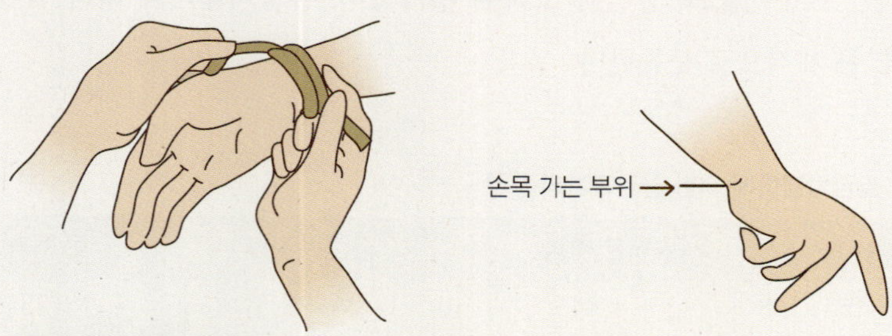

(B) 신장과 손목둘레의 비

$$\text{신장과 손목둘레의 비(r)} = \frac{\text{신장(cm)}}{\text{손목둘레(cm)}}$$

② 영양판정

골격의 크기는 세 가지로 구분된다. 신장과 체중이 동일하더라도 작은 체격인 사람이 큰 체격인 사람에 비해 체지방이나 근육량이 많다고 추정할 수 있다표 4-8.

● 표 4-8 신장과 손목둘레비(r)에 의한 골격크기의 분류

구분	작은 체격	중간 체격	큰 체격
남	>10.4	10.4~9.6	<9.6
여	>10.9	10.9~9.9	<9.9

출처 : Grant JP et al.(1981). J Surgical Clinics of North America.

신체조성의 측정

신체조성을 크게 지방조직과 제지방조직으로 구분할 수 있다. 제지방조직이란 신체에서 지방을 뺀 나머지 조직으로, 주로 근육, 골격, 연조직 등으로 구성되어 있다.

신체조성은 피부두겹두께, 상완둘레, 허리둘레, 체질량지수 등을 활용하며, 최근에는 전기저항측정법, 이중에너지방사선흡수계측법, 자기공명영상법, 컴퓨터단층촬영법 등 첨단기기를 활용하여 측정한다.

체지방량 측정

체지방을 측정하는 방법에는 캘리퍼로 피부두겹두께를 측정하여 체지방량을 추정하는 방법과 허리둘레와 엉덩이둘레를 측정하는 방법, 여러 가지 측정기기를 이용하는 방법 등이 있다. 정상 성인의 체지방률은 남자는 11~14%, 여자는 16~19%이다표 4-9.

● 표 4-9 성인(18~30세)의 %체지방 분류

분류	남자(%)	여자(%)
거의 없음	≤10	≤15
적정수준	11~14	16~19
허용수준	15~18	20~25
과체중	19~24	26~29
비만	≥25	≥30

출처 : Blackbum GL et al.(1977). J Parent Ent Nutr.

신장-체중지수 신체조성을 파악하기 위해서는 신장-체중지수를 구하여 평가할 수 있다. 신장-체중지수는 측정하기 쉽고 부담이 없으며 정확하기 때문에 대규모 영양조사 및 역학조사에서 비만의 간접 측정법으로 흔히 사용된다. 신장-체중지수는 어린이에게 있어서는 영양상태를, 성인에게 있어서는 비만도를 나타내는 지표로 주로 쓰인다.

신장체중지수에는 비만도, 상대체중, 체중변화, 체질량지수BMI, 카우프지수 Kaup index, 뢰러지수 Rohrer index, 폰더럴지수 Ponderal index 등이 있다표 4-10.

● 표 4-10 신장-체중지수 산출

지표	구하는 공식
비만도	(실제체중-표준체중)/표준체중×100
상대체중	(실제체중/신장별 표준체중)×100
체중손실비율	(평상시 체중-현재 체중)/평상시 체중×100
체질량지수	체중(kg)/신장(m)^2
카우프지수	[체중(g)/신장(cm)^2]×10
뢰러지수	[체중(kg)/신장(cm)^3]×10^7
폰더럴지수	신장(inch)/체중(lb)$^{1/3}$

① 표준체중 이용법

현재 자신의 체중을 표준체중**이상체중**과 비교하여 영양상태를 판정하는 방법이다. 표준체중을 계산하는 방법에는 여러 가지가 있으나 일반적으로 브로카Broca 변법이 많이 사용되고 있다. 이 외에도 대한당뇨병학회에서 제시한 표준체중 계산법이 있으며, 체지방률과 제지방률을 이용한 계산법도 있다표 4-11.

● 표 4-11 표준체중 계산법

지표	구하는 공식	
브로카변법 1	표준체중(kg)=[신장(cm)−100]×0.9	
브로카변법 2	160cm 이상	표준체중(kg)=[신장(cm)−100]×0.9
	150~160cm	표준체중(kg)=[신장(cm)−150]×0.5+50
	150cm 이하	표준체중(kg)=신장(cm)−100
대한당뇨병학회	남자	표준체중(kg)=신장$(m)^2$×22
	여자	표준체중(kg)=신장$(m)^2$×21
체지방률 이용 계산법	표준체중(kg)=제지방조직량 ÷(1−정상의 체지방률)	
	체지방량=체중×체지방률(%)	
	제지방조직량=체중−체지방량	

• 비만도

비만도는 실제체중과 표준체중과의 차이를 표준체중으로 나누어 백분율로 나타낸다. 비만도가 ±10%의 범위 안에 있으면 정상체중, 10~20%는 과체중, 20% 이상이면 비만으로 판정한다표 4-12.

표 4-12 비만도 산출 및 판정

비만도(%)		구분
(실제체중 – 표준체중) / 표준체중 ×100	<−20	저체중, 매우 마름
	−20 ~−10	저체중, 마름
	−10 ~+10	정상체중
	+10 ~+20	과체중
	≥+20	비만

• 상대체중

상대체중은 실제체중을 표준체중으로 나눈 후 백분율로 표현한 것이다. 상대체중이 90% 미만이면 체중미달, 90~110%면 정상, 110~120%이면 과체중, 120% 이상이면 비만으로 판정한다표 4-13.

표 4-13 상대체중 산출 및 판정

상대체중(%)		구분
실제체중/신장별 표준체중×100	<80	저체중, 매우 마름
	80 ~90	저체중, 마름
	90 ~110	정상체중
	110 ~120	과체중
	≥120	비만

② 체중 변화

체중의 변화는 체단백질, 수분, 무기질 또는 체지방량의 변화로 인해 나타난다. 건강한 사람의 하루 체중변화는 ±0.5kg 이하이다. 질병이 있거나 영양상태가 불량하면 음의 에너지–단백질 평형으로 체중이 감소한다. 섭취 에너지가 소비 에너지보다 많으면 양의 에너지–단백질 평형으로 체중이 증가한다.

체중 변화는 영양상태를 잘 반영하는 지표로서, 체중감소율이 클수록, 감소된 기간이 짧을수록 영양 결핍 정도가 심한 것으로 평가한다. 일반적으로 6개월 내에 10%를 초과하는 체중 감소, 또는 1개월 내에 5%를 초과하는 체중감소가 나타나면

체중손실이 심한 것으로 판정하고, 그 원인을 파악하여야 한다. 주로 병원에 입원한 환자의 영양판정 시 많이 이용된다표 4-14.

한편, 부종, 복수, 탈수, 설사 등 신체 총 수분량이 증가하는 경우 지방과 골격조직의 변화를 파악하기 어렵다. 종양의 급격한 성장 및 기관의 확장이 있는 환자 또는 급격한 체중 조절을 시도하고 있는 비만인의 경우에도 평가가 적절하지 않다.

표 4-14 체중손실비율 산출 및 판정기준치

체중손실비율	기간	유의적인 체중손실비율(%)	심한 체중손실비율(%)
{(평상시 체중−현재 체중)/평상시 체중}×100	1주일	1~2	>2
	1개월	5	>5
	3개월	7.5	>7.5
	6개월	10	>10

③ 체질량지수

체질량지수BMI는 가장 널리 이용되는 신장-체중지수로서 케틀레지수Quetelet index라고도 한다. 체질량지수는 계산이 쉽고, 체지방량과 높은 상관관계를 나타내므로, 성인의 비만을 판정하는 지표로 전 세계적으로 많이 활용되고 있다. 최근 아동의 체지방과도 상관성이 높다고 보고되어 아동의 비만판정에도 이용된다. 체질량지수를 구하는 계산도표는 다음과 같다.

$$\text{체질량지수(BMI)} = \frac{\text{체중(kg)}}{\text{신장(m)}^2}$$

- 성인의 체질량지수

체질량지수와 체지방과의 관계는 연령, 성별 및 인종에 따라 달라지는데, 여성이 남성에 비해 체지방률이 높고, 연령이 높은 사람이 낮은 사람에 비해 체지방률이 높은 경향을 보인다. 한편, 체질량지수는 근육과 체지방으로 인한 체중 증가를 구별하지 못한다. 즉, 근육이 많은 운동선수나 부종으로 인한 환자의 체중 증가에도 체지방 과다나 비만으로 판정하게 된다. 따라서 체질량지수와 함께 피부두겹두께, 허리둘레 등을 함께 측정하는 것이 좋다. 체질량지수가 높으면서 피부두겹두께나 허리둘레도 높다면 체지방 과다로 판정한다.

성인에게 있어서 체질량지수에 의한 비만판정의 기준은 표 4–15와 같다. 우리나라를 포함한 아시아–태평양 사람들이 서구인에 비해 더 낮은 체질량지수에서도 비만으로 인한 질병이 잘 나타나, 비만판정기준이 서구와 다르다. 즉, 서구에서 체질량지수 30kg/m^2 이상인 사람에서의 당뇨병이나 심순환계 질환의 유병률이 아시아–태평양 사람들에서는 체질량지수 25kg/m^{2}에서의 유병률과 비슷하다.

WHO 기준으로는 25kg/m^2 미만인 경우에 정상, 30kg/m^2 이상인 경우에 비만이다. 아시아–태평양지역 기준으로는 23kg/m^2 미만인 경우에 정상, 25kg/m^{2}이상인 경우에 비만으로 분류한다표 4–15.

● 표 4–15 체질량지수에 의한 성인의 비만판정

분류	BMI(kg/m^2)		질병의 위험도
	WHO 기준	대한비만학회 및 WHO 서태평양지역 기준(2004)	
저체중	<18.5	<18.5	낮음
정상	18.5~24.9	18.5~22.9	보통
과체중	25.0~29.9	23.0~24.9	증가
경도비만(1단계)	30.0~34.9	25.0~29.9	중등도
중등도비만(2단계)	35.0~39.9	30.0~34.9	고도
고도비만	≥40.0	≥35.0	매우 고도

체질량지수는 비만과 관련된 만성질환의 발생 위험과 상관성이 높다. 체질량지수와 각종 질병의 사망률과의 관계는 J형 커브를 보인다. 체질량지수가 정상보다 높을수록 암, 심장병, 당뇨병 등에 의한 사망률이 증가하며, 체질량지수가 20kg/m^2 미만으로 낮아질 경우에는 소화기계나 호흡기계 질환에 의한 사망률이 증가한다그림 4–3.

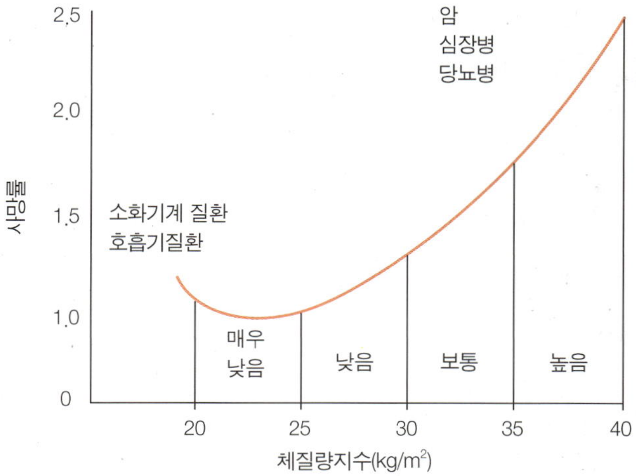

그림 4-3 체질량지수와 질병의 사망률과의 관계

출처 : Lee RD, Nieman DC(2007). Nutritional assessment.

체질량지수가 18.5kg/m^2 미만의 저체중은 만성 에너지 결핍상태로 스트레스에 대한 반응능력 및 면역력이 감소하고, 골다공증, 불임 등이 나타난다. WHO는 저체중을 세 단계로 분류하였다표 4-16.

표 4-16 체질량지수에 의한 성인의 만성 에너지 결핍 판정

분류	BMI(kg/m^2)
정상	≥18.5
경도 저체중(1단계)	17.0~18.4
중등도 저체중(2단계)	16.0~16.9
심한 저체중(3단계)	<16.0

출처 : Shetty PS and James WPT(1994). FAO.

• 소아 및 청소년의 체질량지수

체질량지수는 주로 성인의 비만판정에 사용되었으나, 최근 아동 및 청소년의 비만과의 상관성이 밝혀져 사용이 권장되고 있다. 2~18세에서 비만을 판정하고자 할 때에는 연령에 따른 체질량지수 기준을 적용해야 한다.

2~18세에는 연령별 체질량지수에서 95백분위수 이상인 경우를 비만으로 판정하며, 85백분위수 이상이면서 95백분위수 미만이면 과체중으로 판정한다표 4-4.

0~2세에는 아직 체질량지수 및 체지방량의 임상적 · 역학적 의미가 불명확하므로 비만이라는 용어는 잘 사용되지 않는다.

이 외에도 WHO에서 제시한 아동 및 청소년의 연령별 과체중과 비만기준을 참고할 수 있다**부록 참조**.

④ 카우프지수

카우프지수Kaup index는 영유아**5세 미만의 유아 중 특히 2세 미만**의 비만판정에 많이 사용되는 지수로서 성인의 체질량지수와 같은 방법으로 계산한다. 평가기준은 다음과 같다표 4-17.

표 4-17 카우프지수 산출 및 평가기준

카우프지수	1세 미만	1~2세	구분
체중(g)/신장(cm)^2 ×10	<15	<14	영양불량
	15~18	14~17	정상
	18~20	17~18.5	비만 경향
	>20	>18.5	비만

⑤ 폰더럴지수

폰더럴지수Ponderal index는 신장을 체중으로 나눈 값으로 수치가 높을수록 마른 것을 나타내며, 13 이상이면 심혈관계 질환의 위험도가 낮고, 12 이하는 심혈관계 질환의 위험도가 높은 것으로 판정한다.

$$\text{폰더럴 지수} = \frac{\text{신장(inch)}}{\text{체중(lb)}^{1/3}}$$

⑥ 뢰러지수

뢰러지수Rohrer index는 학령기 어린이의 영양상태를 나타내는 신체충실지수로서, 92 미만일 때 매우 마름, 110 미만일 때 마름, 110~140일 때 정상, 140 이상일 때를 비만으로 판정한다. 그러나 신장이 작은 어린이는 비만으로 판정되기 쉬운 단점이 있어, 신장을 기준으로 하여 신장이 110~129cm에서는 180 이상, 130~149cm에서는 170 이상, 150cm 이상에서는 160 이상을 비만으로 판정하기도 한다표 4-18.

● 표 4-18 뢰러지수 산출 및 평가기준

뢰러지수		구분
체중(kg)/신장(cm)^3 ×10^7	<92	매우 마름
	92~109	마름
	110~140	정상
	141~156	비만
	≥157	고도비만

피부두겹두께 체지방률을 간접적으로 측정할 때 가장 널리 사용되는 방법은 피부두겹두께이다. 피부두겹두께 측정은 피하지방을 손가락으로 잡아 쥐어 그 두께를 측정하는 방법이다. 피부두겹두께 측정에 의한 총 체지방량 추정 시 전제 가설 및 장・단점은 표 4-21과 같다. 보다 정확한 체지방량 추정을 위해서는 최소 3부위 이상의 피부두겹두께 측정을 권장한다. 한 부위만 측정하는 경우에는 삼두근을 가장 많이 측정한다.

① 측정기기

캘리퍼는 5~50mm의 범위에서 0.1mm 단위까지 읽을 수 있는 것을 선택하고, 주기적으로 보정을 해주어야 한다. 캘리퍼 끝부분의 압력은 10g/mm^2 정도의 압력이다그림 4-4.

표 4-19 피부두겹두께 측정의 장 · 단점과 체지방량 추정 시 전제 가설

분류	특성
전제 가설	• 피부와 피하지방조직의 두겹두께는 일정한 압축성을 가진다. • 피부의 두께는 무시할 만하거나 일정하다. • 피하지방조직의 두께는 개인 내 또는 개인 간에 일정하다. • 지방조직의 지방 함량은 일정하다. • 피하지방과 신체 내부지방의 비는 일정하다. • 체지방은 균일하게 분포된다. • 피하에 체지방의 50%가 존재한다.
장점	• 측정방법이 간단하여 빠르다. • 경제적이다. • 수중체중법과 상관성이 높다.
단점	• 정밀도가 낮다. • 측정자에 따른 오차가 크다. • 재현성이 낮다.

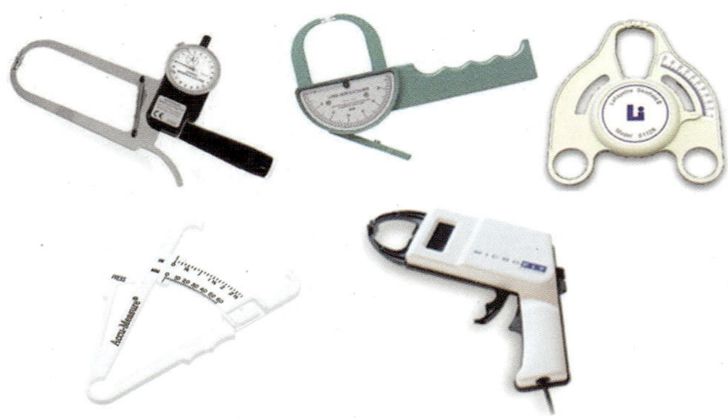

그림 4-4 다양한 캘리퍼

② 측정방법

피부두겹두께를 정확하게 측정하기 위해서는 측정 부위의 선택과 측정방법이 매우 중요하다. 오른쪽이든 왼쪽이든 어느 한쪽으로 일관되게 측정하며 경험이 없는 조사원은 측정하고자 하는 부위의 중심부에 표시를 한 후 측정한다. 왼손의 엄지와 검지 손가락으로 표시된 측정 부위에서 1cm 위쪽의 피하지방을 단단하게 잡

아당긴다. 이때 측정할 때마다 엄지와 검지 손가락의 힘을 일정하게 유지하도록 한다. 캘리퍼의 숫자판이 위로 오게 하고, 접힌 피부의 긴 축과 수직이 되도록 캘리퍼로 집는다. 이때 캘리퍼를 피부두겹에 너무 깊게 놓거나 피부두겹 끝에 너무 가까이 놓지 않도록 한다. 캘리퍼의 끝을 측정점에 놓은 뒤 약 4초 후에 숫자판을 0.5mm까지 읽는다. 같은 부위를 두 번 측정하여 평균값을 이용한다. 두 번 측정치의 차이는 1mm 이하가 바람직하며, 차이가 클 경우 한 번 더 측정하여 비슷한 두 번의 평균값을 이용한다. 운동 직후나 열이 많이 났을 때에는 체액이 피부 쪽으로 이동하여 평상시의 피부두겹두께보다 두껍게 측정되는 경향이 있기 때문에 즉시 측정하지 않도록 한다BOX 4-9.

BOX 4-9 **피부와 지방조직 두겹집기 측정방법**

① 측정 부위의 1cm 위쪽의 피부두겹을 잡는다.
② 접힌 피부와 수직이 되게 캘리퍼로 집고 숫자판을 읽는다.

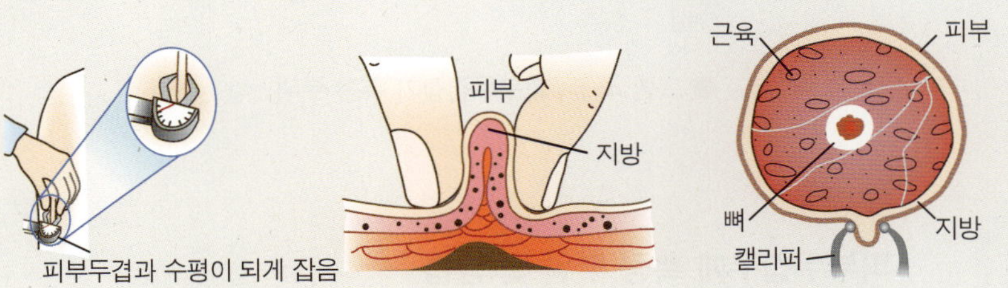

③ 측정 부위

일반적으로 측정하는 부위는 삼두근, 견갑골 하부, 옆중심선 부위, 복부, 장골 상부, 장딴지, 허벅지, 가슴 등이다그림 4-5, BOX 4-10.

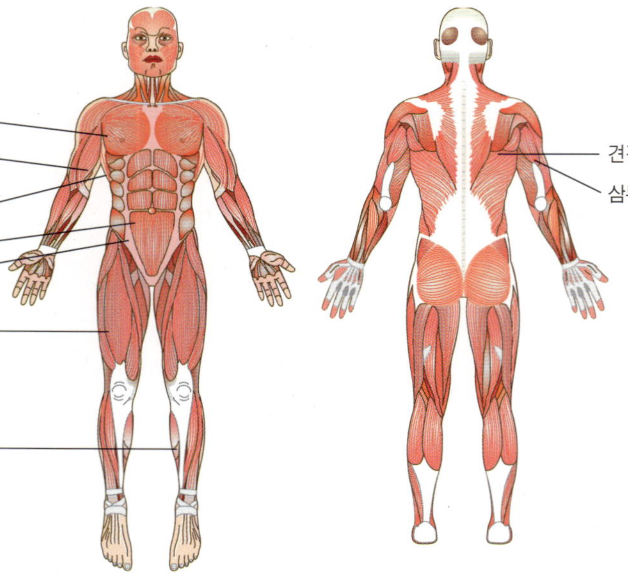

● 그림 4-5 피부두겹집기 측정 부위

BOX 4-10

피부두겹두께 측정 부위 및 방법

① 가슴

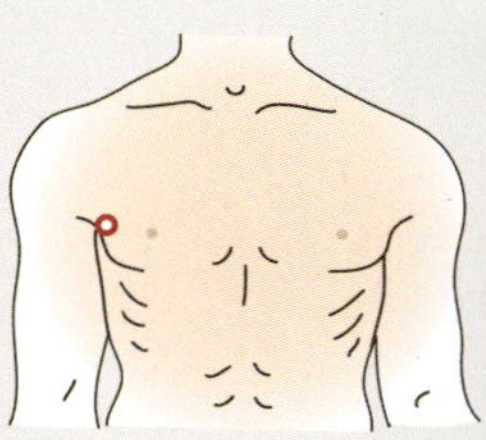

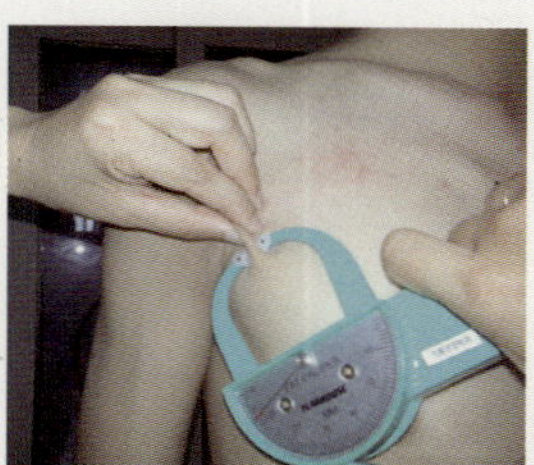

- 앞쪽 겨드랑이의 접히는 부위 제일 위쪽에서 젖꼭지에 이르는 긴 축을 따라 측정한다.
- 겨드랑이의 제일 위쪽을 잡고, 1cm 아랫부분을 측정한다.

CHAPTER 04

② 이두근

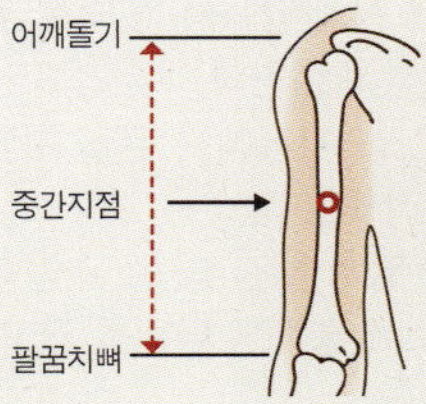

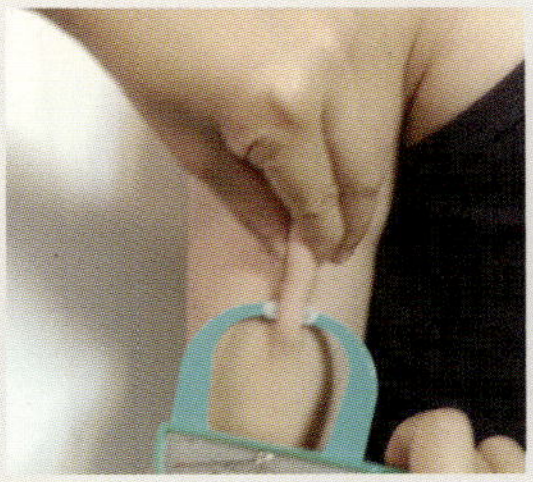

- 팔을 옆으로 자연스럽게 내려뜨리고 손바닥을 앞으로 향하게 한다.
- 삼두근과 같은 선상에 있는 팔의 앞면을 측정한다.

③ 삼두근

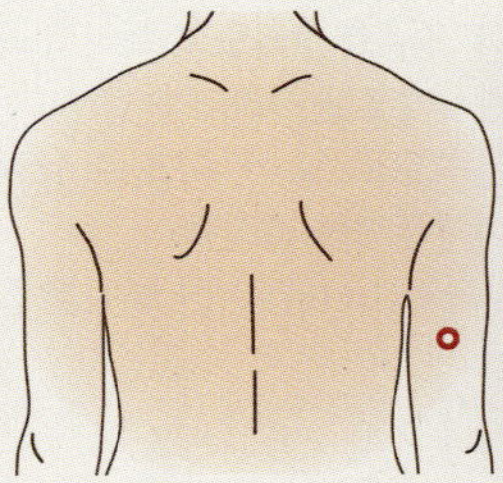

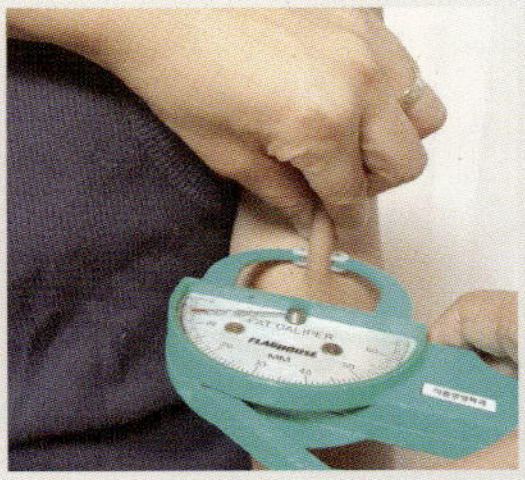

- 똑바로 서서 팔을 90°로 구부린 상태에서 어깨 꼭짓점과 팔꿈치와의 중간 지점을 찾아 팔 뒤쪽에 표시한다.
- 팔을 자연스럽게 내려뜨린 상태에서 측정점으로부터 위쪽으로 1cm 떨어진 부위를 수직으로 잡고 측정한다.

④ 견갑골 하부

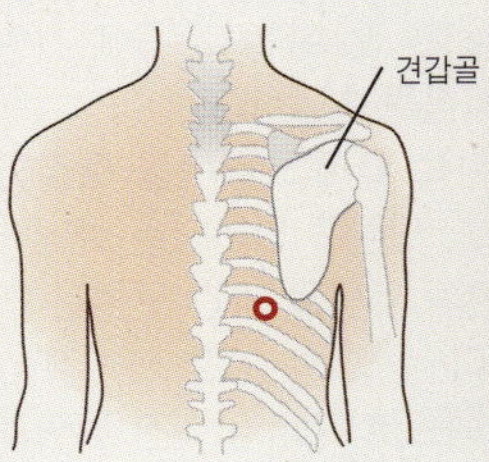

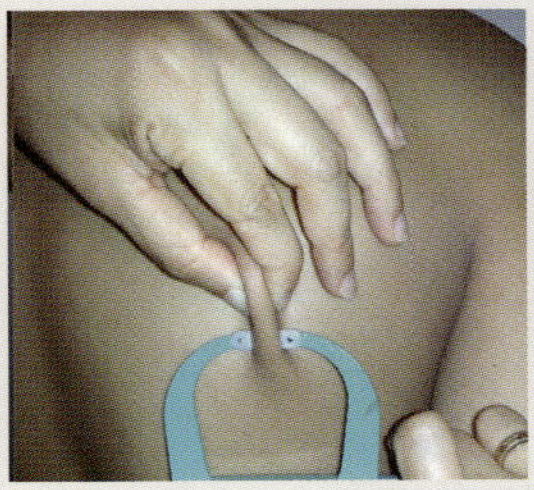

- 오른쪽 팔을 등 뒤로 올려 정확한 견갑골의 위치를 확인한 다음, 어깨와 팔을 자연스럽게 내려뜨린다.
- 견갑골의 안쪽 각진 곳의 가장 밑부분에서 1cm 아래 떨어진 곳이 측정점이다.
- 측정점에서 비스듬히 위쪽으로 1cm 떨어진 부위를 잡고 측정한다.

⑤ 옆중심선

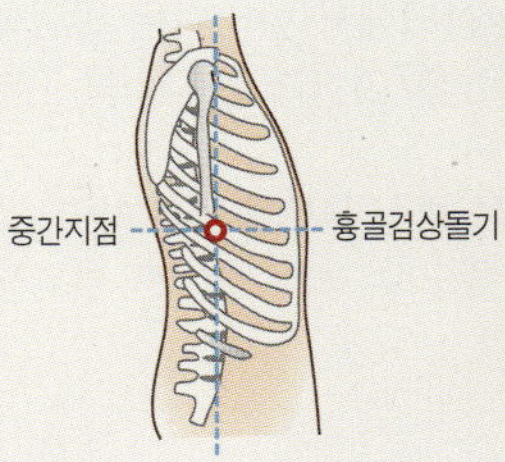

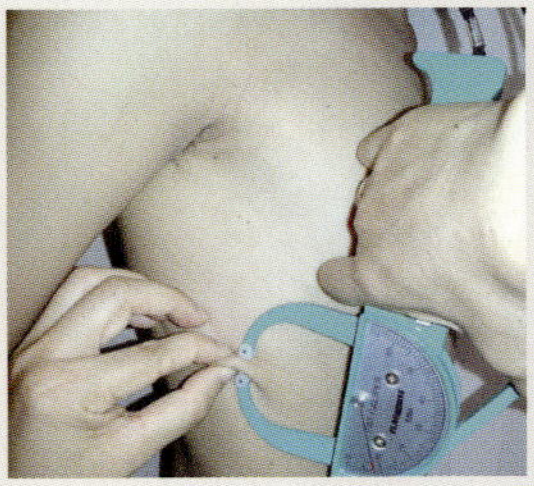

- 옆중심선(겨드랑이의 중심 수직선)과 흉골검 결합 부위가 만나는 지점을 측정한다.
- 똑바로 서서 팔을 약간 뒤로 젖힌다.
- 측정점에서 등쪽으로 1cm 떨어진 부위를 수평으로 잡아 측정한다.

⑥ 장골 상부

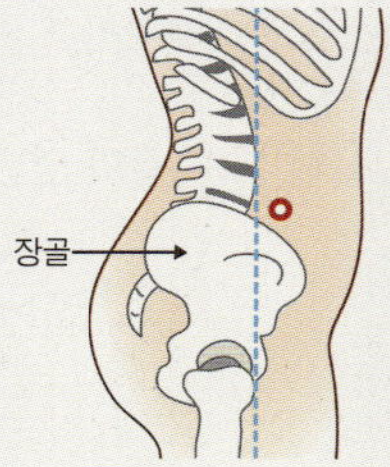

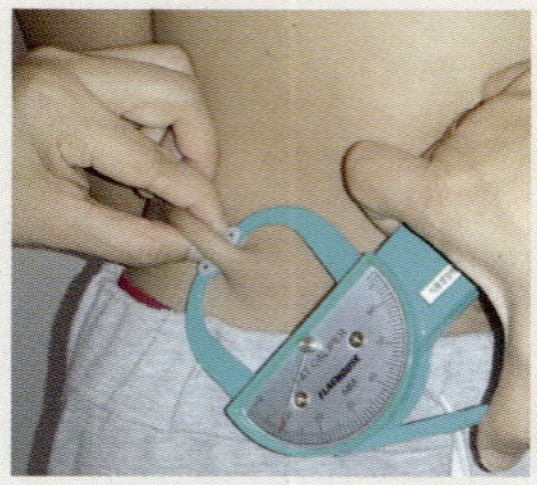

- 옆중심선상에서 장골(엉덩뼈)능 바로 위의 약간 앞쪽 부위를 측정한다.
- 두 발을 모으고 선 자세에서 팔을 자연스럽게 옆으로 내려뜨린다.
- 오른팔을 약간 뒤로 돌린 다음, 측정점에서 뒤쪽으로 1cm 떨어진 부위를 잡고 측정한다.

⑦ 복부

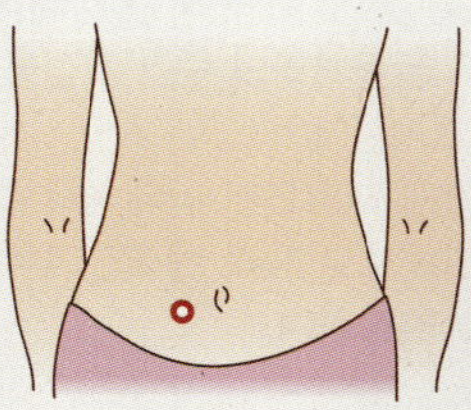

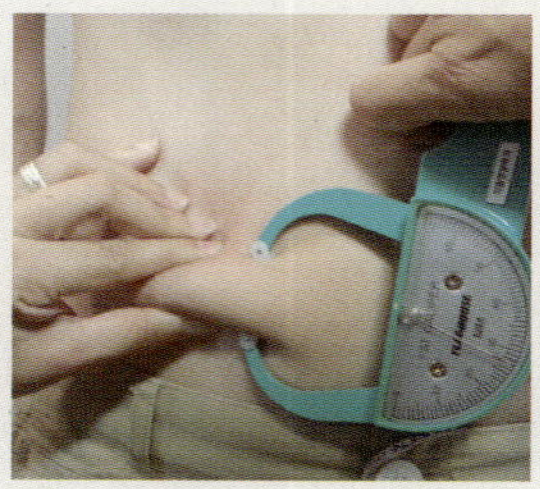

- 양 발에 체중이 고루 분산되도록 똑바로 서서 복부를 이완시키고 편안하게 숨을 쉰다.
- 배꼽에서 오른쪽으로 3cm, 아래로 1cm 되는 지점의 피부두께를 측정한다.
- 측정점에서 옆으로 1cm 떨어진 부위를 잡고 측정한다.

⑧ 허벅지

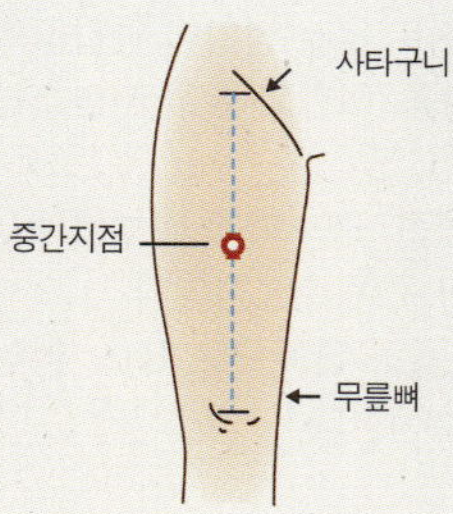

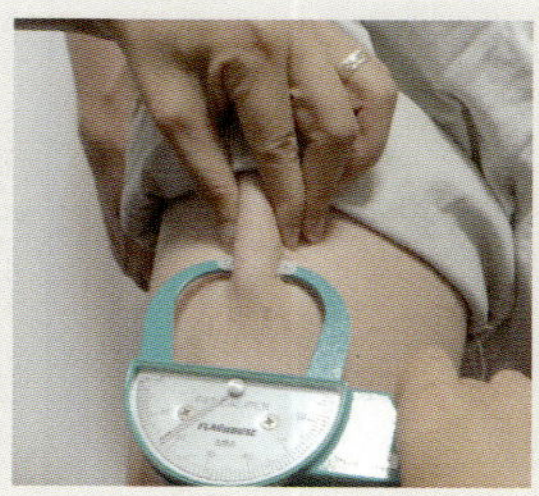

- 사타구니의 접히는 끝부위와 무릎뼈 사이의 앞쪽 중간 지점을 측정한다.
- 체중은 약간 왼쪽 발에(오른쪽을 측정할 때) 실리게 하고, 오른쪽 발바닥은 바닥에 닿은 채로 오른쪽 무릎을 약간 구부려 다리를 이완시킨다.
- 측정점에서 위쪽으로 1cm 떨어진 부위를 잡고 측정한다.

⑨ 장딴지

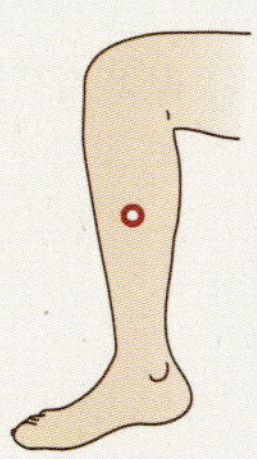

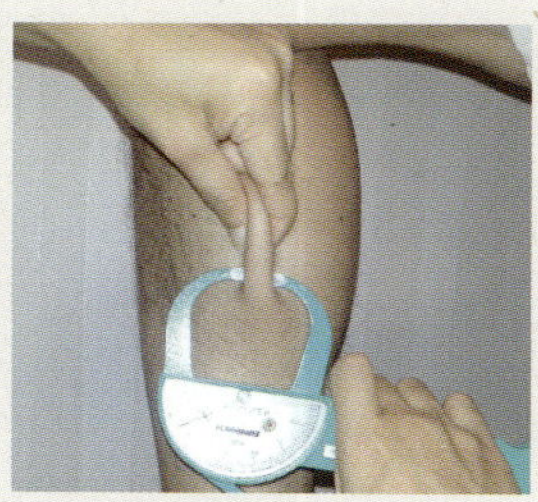

- 의자에 앉은 상태에서 발바닥은 바닥에 붙이고, 무릎이 90°가 되도록 다리를 구부린다.
- 장딴지의 안쪽 중심 부위에 표시하고, 측정점에서 위쪽으로 1cm 떨어진 부위를 잡고 측정한다.

④ 체지방 산정

피부두겹두께 측정치로부터 체지방량을 추정하고자 할 때에는 한 부위, 두 부위 또는 여러 부위의 피부두겹두께를 함께 이용하여 계산한다.

- 한 부위의 피부두겹두께 측정을 통한 체지방률 추정

한 부위의 피부두겹두께로 체지방률을 추정하려면, 선택한 신체 부위가 체내 총 피하지방량을 대표할 수 있어야 한다. 그러나 신체 부위에 따른 피하지방은 다르며, 성별·연령별로 체지방을 대표하는 피하지방 측정 부위도 다르다. 따라서 한 부위의 피부두겹두께만으로 체지방량을 추정하기 어렵고 단지 기준치와의 비교를 통한 상대적인 평가에 이용할 수 있다. 측정하기 쉬운 삼두근이 가장 일반적으로 사용되는 부위이다. 현재까지 발표된 한국 성인의 삼두근 피부두겹두께의 참고치는 표 4-20과 같다.

표 4-20 한국 성인의 삼두근 피부두겹두께 참고치 (단위 : mm)

연령	백분위수															평균	표준편차
	5	10	15	20	25	30	40	50	60	70	75	80	85	90	95		
남자																	
전 연령	4.8	5.6	6.3	6.9	7.7	8.5	9.7	10.9	12.1	13.8	14.9	16.2	17.8	19.8	22.5	12.2	5.7
~24	4.5	5.5	6.1	6.6	7.1	7.7	8.7	9.8	11.7	12.9	13.9	15.5	16.4	18.6	19.9	11.3	5.0
25~34	4.6	4.9	5.5	6.1	6.8	7.3	8.4	9.6	10.8	12.1	12.9	14.3	16.1	18.1	19.7	10.8	5.1
35~44	5.3	5.7	6.4	6.8	7.3	7.9	9.4	10.6	11.8	13.0	14.4	15.6	16.9	18.7	22.3	11.9	5.5
45~54	5.4	6.7	7.8	9.0	9.8	10.5	11.7	12.7	13.8	15.7	16.7	18.0	19.6	21.6	23.9	13.8	5.8
55~64	4.4	5.6	6.6	7.3	8.0	8.8	10.3	11.8	13.0	15.0	16.8	18.5	20.3	22.0	25.0	13.3	6.4
65~	4.8	5.4	5.8	6.4	6.9	7.7	8.7	9.8	11.1	12.4	13.3	14.4	15.5	17.6	20.9	11.4	5.4
여자																	
전 연령	8.6	10.5	12.0	13.7	14.8	15.9	17.7	19.6	20.9	22.9	23.8	24.9	26.8	29.0	31.5	20.0	7.2
~24	10.2	12.8	14.1	14.8	15.6	17.0	17.9	19.7	21.0	22.1	22.9	23.7	24.0	25.7	29.9	19.9	6.1
25~34	11.3	13.6	14.2	15.8	16.2	17.3	18.5	19.9	22.1	23.7	24.4	26.2	27.6	29.3	30.8	21.1	6.2
35~44	9.7	11.0	12.4	14.4	15.4	17.1	18.8	20.4	23.1	24.9	26.6	27.3	28.5	31.0	33.5	21.4	7.4
45~54	9.3	11.7	14.2	15.3	16.2	18.1	19.6	20.8	22.4	24.4	25.9	27.1	29.4	32.4	35.0	21.9	7.6
55~64	7.1	7.9	10.0	10.9	11.6	12.4	15.3	16.9	18.8	20.5	22.1	23.9	25.4	28.6	33.7	18.5	8.8
65~	5.2	6.7	8.3	9.4	10.4	11.6	13.7	15.2	16.8	18.8	20.1	21.2	23.1	24.7	27.3	16.1	6.8

출처 : 채수인 외(1987). 대한내과학회잡지.

- 두 부위의 피부두겹두께 측정을 통한 체지방률 추정

두 부위의 피부두겹두께를 측정하는 경우, 일반적으로 삼두근과 견갑골 하부의 합을 이용한다. 이들 부위의 측정값은 신뢰도와 객관성이 높고, 다른 체지방량 측정치와 상관성이 높다. 슬론-위어Sloan-Weir 계산식에서는 남자는 허벅지와 견갑골 하부, 여자는 삼두근과 장골 상부의 측정값을 이용하기도 한다표 4-21, 그림 4-6.

● 표 4-21 두 부위 피부두겹두께에서 체지방률 추정 계산방법

체지방률 추정	계산방법
피부두겹두께 측정	• 남자 : X_1(허벅지 mm), X_2(견갑골하부 mm) • 여자 : X_3(장골상부 mm), X_4(삼두근 mm)
체지방률(% 체지방)	• 남자 : %체지방= $[\{4.57 \div (1.1043 - 0.00133 \times X_1 - 0.00131 \times X_2)\} - 4.142] \times 100$ • 여자 : %체지방= $[\{4.57 \div (1.0764 - 0.00081 \times X_3 - 0.00088 \times X_4)\} - 4.142] \times 100$

출처 : A. W. Sloan and J. Weir(1970). "Nomograms for Prediction of Body Density and Total Body Fat from Skinfold Measurements." Journal of Applied Physiology, 28(2) : 221–222. Reprinted by permission of the American Physiological Society.

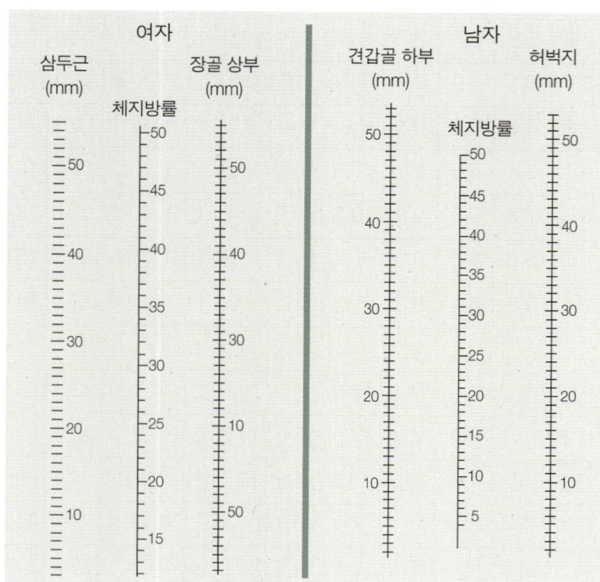

● 그림 4-6 두 부위의 피부두겹두께를 이용한 %체지방 계산도표

출처 : A. W. Sloan and J. Weir(1970). "Nomograms for Prediction of Body Density and Total Body Fat from Skinfold Measurements." Journal of Applied Physiology, 28(2) : 221–222. Reprinted by permission of the American Physiological Society.

- 여러 부위의 피부두겹두께 측정을 통한 체지방률 추정

여러 부위의 피부두겹두께 측정치로부터 신체밀도나 체지방률, 체지방량 및 제지방량을 추정할 수 있다. 연령, 성별, 인구집단에 적합한 부위를 선정해서 피부두겹두께를 측정한다. 일반적으로 남자는 가슴, 옆중심선, 삼두근, 허벅지, 견갑골, 장골 상부, 복부를 측정하고, 여자는 삼두근, 장골 상부, 허벅지를 측정한다. 적절한 방정식을 이용하여 신체밀도를 계산하며 신체밀도로부터 브로젝Brozek 계산식이나 시리Siri 계산식을 이용하여 체지방률을 구한다. 또는 피부두겹두께 측정치로부터 직접 체지방률을 계산한다. 체지방률이 구해지면 이를 기준치와 비교하여 판정한다. 체지방률%체지방에 체중kg을 곱하여 100으로 나누면 총 체지방량kg을 구할 수 있으며, 제지방량kg은 체중kg에서 체지방량kg을 뺀다표 4-22.

표 4-22 여러 부위의 피부두겹두께를 이용한 체지방률 추정 계산방법

체지방률 추정		계산방법	
피부두겹두께 측정		연령, 성별, 인구집단에 적합한 부위를 측정 A : 연령, W : 허리둘레(cm) X_1= 가슴, 복부, 허벅지 피부두겹두께(mm)의 합 X_2= 삼두근, 허벅지, 장골 상부 피부두겹두께(mm)의 합 X_3= 가슴, 옆중심선, 삼두근, 허벅지, 견갑골, 장골 상부, 복부 피부두겹두께(mm)의 합	
신체밀도		남자[1]	신체밀도=$1.10938-0.0008267(X_1)+0.0000016(X_1)^2-0.0002574(A)$
		여자[2]	신체밀도=$1.0994921-0.0009929(X_2)+0.0000023(X_2)^2-0.0001392(A)$
체지방률	% 체지방[3]	남자	%체지방=$0.465+0.180(X_3)-0.0002406(X_3)^2+0.06619(A)$
		여자	%체지방=$-6.40665+0.41946(X_2)-0.00126(X_2)^2+0.12515(W)+0.06473(A)$
	브로젝 계산식	%체지방 = (457÷신체밀도)−414	
	시리 계산식	%체지방 = (495÷신체밀도)−450	
체지방량(kg)		체지방량 = 체지방률(%체지방)×체중(kg)/100	
제지방량(kg)		제지방량 = 체중−체지방량	

출처 : 1) Jackson AS, Pollock MI(1978). Br J Nutr, 40 : 497−504.
2) Jackson AS et al.(1980). Medicine and Science in Sports, 12 : 175−182.
3) Ball S et al.(2006). Measurement in physical education and exercise science.

허리둘레와 엉덩이둘레 체지방의 분포는 체지방량보다 더 중요한 의미를 가진다. 체지방량이 정상이어도 복부비만인 경우 비만 관련 질병의 발생 위험이 증가한다. 또한 같은 복부비만이라고 하더라도 내장지방형이 피하지방형보다 더 위험하다그림 4-7.

체지방의 분포양상을 나타내는 지표로 허리둘레와 허리-엉덩이둘레비가 있다. 허리둘레는 신장에 관계없이 복부비만 정도를 잘 반영한다. 그러나 내장지방량보다는 전체지방량의 영향을 더 크게 받기 때문에, 비만 정도가 심해질수록 내장지방량을 잘 반영하지 못하는 단점이 있다. 허리-엉덩이둘레비는 피하지방과 복부지방의 분포를 나타내는 지표이다. 그러나 비만하지 않더라도 엉덩이둘레가 작은 사람과 비만하면서도 엉덩이둘레가 큰 사람의 값이 상대적으로 비슷해지는 등 허리둘레의 변화나 내장지방량의 변화를 적절히 반영하지 못한다는 단점이 있다.

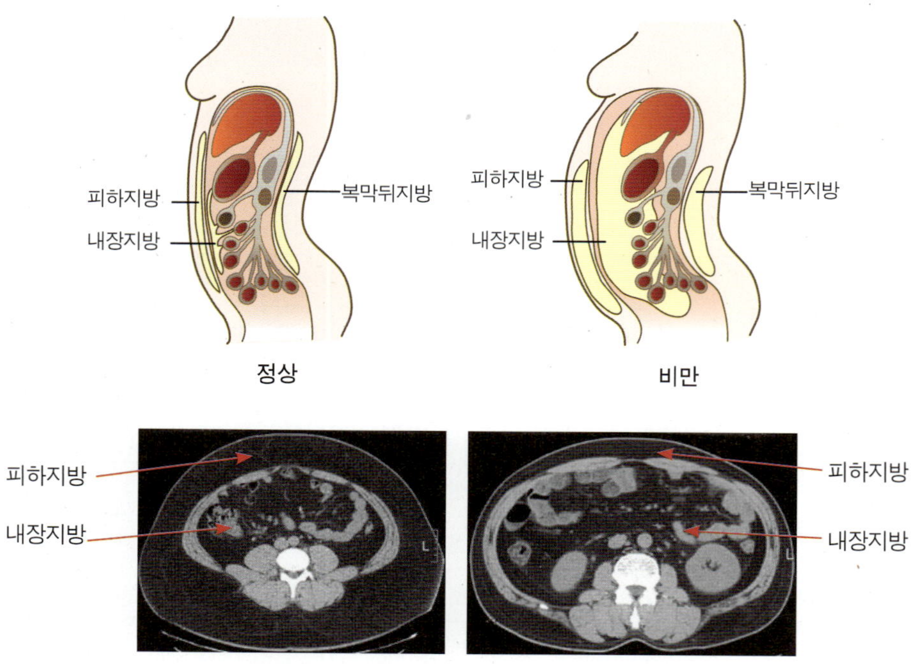

● 그림 4-7 복부 내 지방 분포 및 복부 CT 사진

CHAPTER 04

① 측정방법

허리둘레는 갈비뼈의 맨 아래와 장골능 사이의 중간 부위인 가장 작은 둘레를 측정한다.

엉덩이둘레는 서 있는 조사대상자의 엉덩이둘레 중 가장 큰 곳을 잰다. 허리둘레를 엉덩이둘레로 나누어서 허리-엉덩이둘레비의 값을 계산한다BOX 4-11.

BOX 4-11 허리둘레와 엉덩이둘레 측정방법 및 허리-엉덩이둘레비

① 허리둘레

- 양발을 25~30cm 정도의 간격으로 벌리고 숨을 편안히 내쉰 상태에서 측정한다.
- 허리의 가장 작은 둘레를 줄자로 mm 단위까지 측정한다.

② 엉덩이둘레

- 줄자를 엉덩이둘레의 가장 큰 곳에 수평으로 놓고 mm 단위까지 측정한다.

허리-엉덩이둘레비(WHR) = 허리둘레/엉덩이둘레

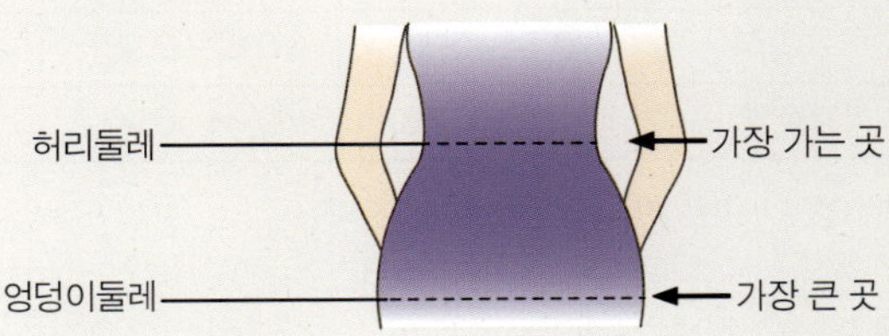

② 영양판정

WHO는 허리둘레가 남자 90cm 이상, 여자 80cm 이상이면 복부비만으로 분류하며, 우리나라에서는 대한비만학회에서 허리둘레가 남자 90cm 이상, 여자 85cm 이상을 복부비만으로 분류한다. 또한, 허리-엉덩이둘레비가 남자의 경우 0.95 이상, 여자의 경우 0.85 이상이면 복부비만으로 분류한다표 4-23.

허리둘레 및 허리-엉덩이둘레가 증가할수록 비만 관련 동반질환의 위험도가 증가한다표 4-24. 체질량지수, 허리둘레, 허리-엉덩이둘레비가 증가할수록 심혈관계질환 등 만성질환의 발생 및 사망률이 증가한다그림 4-8.

● 표 4-23 허리둘레와 허리-엉덩이둘레비의 복부비만 판정기준

구분	허리둘레	허리-엉덩이둘레비
남자	90cm 이상	0.95 이상
여자	85cm 이상	0.85 이상

● 표 4-24 허리-엉덩이둘레비의 질병발생 위험도 판정기준

구분	연령	질병발생 위험도			
		낮은 위험도	보통 위험도	높은 위험도	매우 높은 위험도
남자	20~29	<0.83	0.83~0.88	0.89~0.94	>0.94
	30~39	<0.84	0.84~0.91	0.92~0.96	>0.96
	40~49	< 〈0.88	0.88~0.95	0.96~1.00	>1.00
	50~59	<0.90	0.90~0.96	0.97~1.02	>1.02
	60~69	<0.91	0.91~0.98	0.99~1.03	>1.03
여자	20~29	<0.71	0.71~0.77	0.78~0.82	>0.82
	30~39	<0.72	0.72~0.78	0.79~0.84	>0.84
	40~49	<0.73	0.73~0.79	0.80~0.87	>0.87
	50~59	<0.74	0.74~0.81	0.82~0.88	>0.88
	60~69	<0.76	0.76~0.83	0.84~0.90	>0.90

출처 : Heyward VH, Stolarcyzk LM(1996). Human Kinetics, 82.

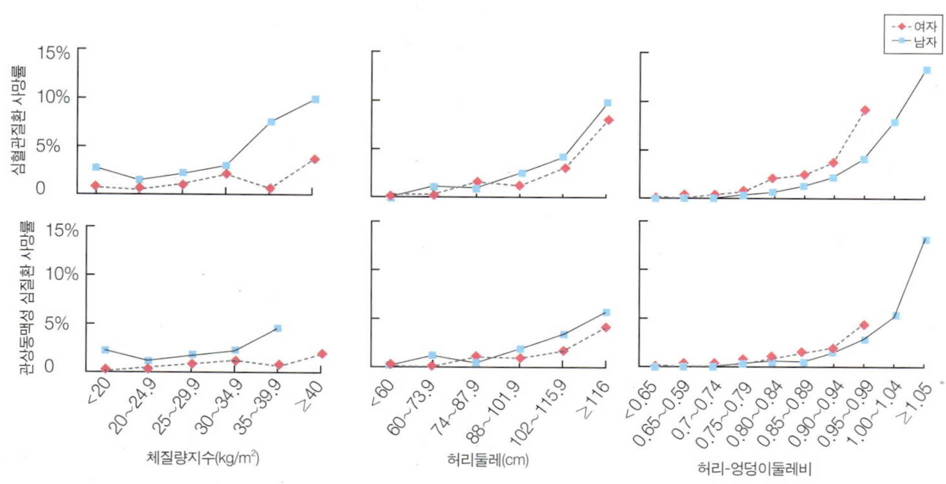

● 그림 4-8 체질량지수, 허리둘레, 허리-엉덩이둘레비와 만성질환과의 관계

출처 : Timothy AW et al.(2003). Waist-hip ratio is the dominant risk factor predicting cardiovascular death in Australia. Med J Aust, 179(11) : 580-585.

제지방량 측정

제지방조직은 수분, 단백질, 무기질의 복합체이고, 단백질을 저장하는 주된 장소는 근육조직이다. 그러므로 근육량을 측정하면 신체의 단백질 저장상태를 알 수 있다. 상완둘레, 상완근육둘레, 상완근육면적이 전체 근육량과 상관관계가 있다.

상완둘레 팔은 근육, 피하지방, 골격 등으로 구성되며, 골격은 비교적 일정하게 유지되므로 상완둘레의 변화는 근육과 피하지방의 변화를 의미한다. 특히, 저개발국가의 아동에서 상완둘레는 단백질–에너지 영양불량을 진단하는 데 유용하게 쓰인다.

① 측정방법

삼두근 피부두겹두께 측정 시와 같이 똑바로 서서 팔을 90° 각도로 구부린 상태에서 어깨뼈와 팔꿈치와의 중간 지점을 찾아 측정한다BOX 4–12.

BOX 4–12 **상완둘레, 장딴지둘레, 허벅지둘레 측정방법**

① 상완둘레

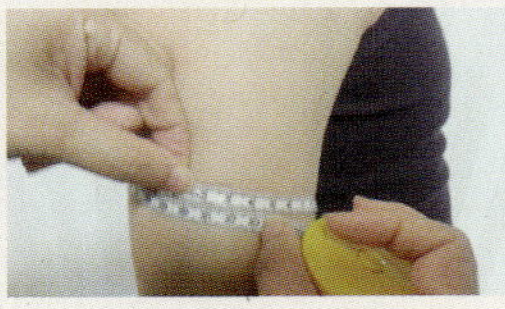

- 삼두근 피부두겹두께 측정부위와 동일하다.
  팔을 자연스럽게 늘어뜨린 상태에서 팔둘레를 줄자로 mm 단위까지 측정한다.

② 장딴지둘레

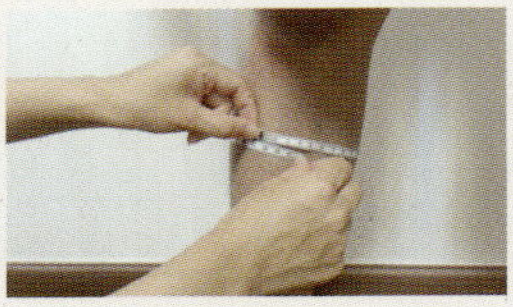

- 의자에 앉거나 체중을 양발에 고루 분산하여 벌리고 선다.
- 장딴지의 가장 큰 둘레를 줄자로 mm 단위까지 측정한다.

③ 허벅지둘레

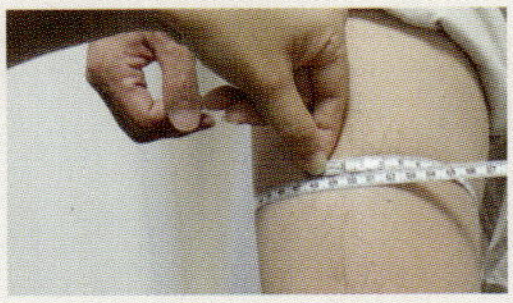

- 허벅지 피부두겹두께 측정 부위와 동일하다.
- 줄자로 mm 단위까지 측정한다.

② 영양판정

측정치는 연령별, 성별로 한국인 소아 · 청소년 상완둘레 백분위수, 체위참고치 등과 비교하여 판정한다. 1~5세 어린이에 대한 판정기준은 13.5cm 이상이면 정상, 12.5~13.5cm는 약간 저영양상태, 12.5cm 이하이면 영양결핍으로 분류한다. 성인의 상완둘레는 한국인 인체치수조사의 연령별 참고치와 비교한다표 4-25.

표 4-25 어린이(1~5세)의 상완둘레 판정치

상완둘레(cm)	영양판정
≥13.5	정상
12.5~13.5	약간 저영양상태
≤12.5	영양결핍

상완근육둘레와 면적　상완근육둘레와 상완근육면적은 체내 단백질 저장 정도를 비교적 예민하게 분석할 수 있는 방법으로, 개인의 단백질 영양상태 및 장기간에 걸친 영양상태의 변화를 판정하기에 적당하다. 상완근육둘레는 신체 총 근육량을 추정할 수 있고, 상완근육면적은 상완근육둘레보다 근육량의 변화를 더 잘 반영한다.

상완근육둘레와 상완근육면적은 삼두근 피부두겹두께 및 상완둘레의 측정치로부터 계산하거나 계산도표를 이용한다표 4-26, 그림 4-9. 한국인 인체치수조사의 연령

표 4-26 상완근육둘레와 상완근육면적 계산식

구분	계산방법
상완근육둘레(cm)	상완둘레(cm) − π ×삼두근 피부두겹두께(cm)
상완근육면적(cm^2)	[상완둘레(cm) − (π ×삼두근 피부두겹두께(cm))]^2 /4π 위 계산값이 실제보다 20~25% 정도 과다하게 산정되는 경향이 있어, 오차를 줄이기 위해 골격의 크기를 보정한 계산식은 다음과 같다. 보정) 남 [상완둘레 − (π ×삼두근 피부두겹두께)]^2 /4π −10 여 [상완둘레 − (π ×삼두근 피부두겹두께)]^2 /4π − 6.5

출처 : Gumey JM, Jelliffe DB(1973). Am J Clin Nutr ; Heymsfield SB et al.(1982). Am J Clin Nutr.

별 참고치, 한국인 상완근육면적의 참고치와 비교한다표 4-27, 표 4-28. 상완근육면적의 백분위수에 따라 5백분위수 이하는 쇠약, 5~15백분위수는 평균 이하, 15~85백분위수는 평균, 85~95백분위수는 평균 이상, 95백분위수 초과는 많음으로 분류한다표 4-29.

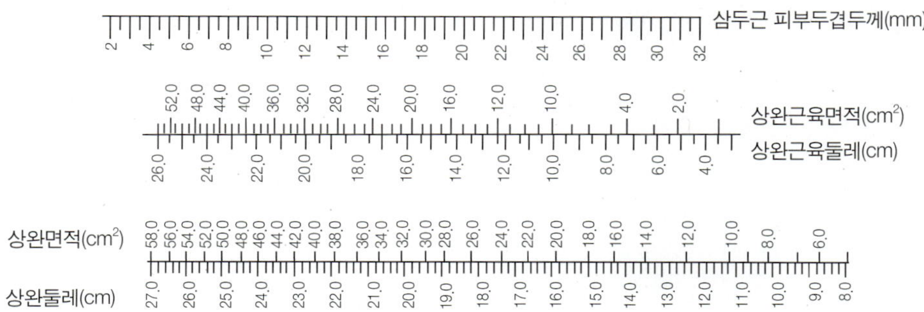

● 그림 4-9 상완둘레, 장딴지둘레, 허벅지둘레 측정법상완둘레와 피부두겹집기를 이용하여 계산도표

출처 : Gumey JM, Jelliffe DB(1973). Am J Clin Nutr.

● 표 4-27 한국인의 상완둘레, 장딴지둘레, 허벅지둘레 참고치

(단위 : mm)

측정부위	나이(세)	남자							여자						
		평균	표준편차	백분위수					평균	표준편차	백분위수				
				5	10	50	90	95			5	10	50	90	95
상완둘레	20~24	297	24.9	260	266	294	330	345	248	22.2	218	224	245	278	290
	25~29	306	27.5	263	273	304	340	355	253	22.0	222	227	252	280	290
	30~34	309	27.4	265	273	308	346	354	264	25.8	226	233	261	296	308
	35~39	311	26.6	273	280	309	347	358	269	23.5	232	240	266	301	311
	40~49	306	26.3	264	272	306	340	352	278	24.3	241	249	276	308	321
	50~59	302	23.6	265	273	302	333	342	288	25.0	251	260	285	322	331
	60~69	293	23.1	248	265	294	320	327	289	26.0	251	260	286	320	334
장딴지둘레	20~24	380	25.7	340	347	378	414	425	346	22.9	313	320	343	378	389
	25~29	384	28.7	340	349	382	422	434	345	24.4	310	315	342	378	387
	30~34	383	28.5	339	348	382	420	432	346	24.1	311	316	343	377	390
	35~39	383	26.8	342	350	381	417	426	346	24.4	305	315	345	380	387
	40~49	374	26.6	335	342	373	409	419	346	23.9	308	314	345	375	385
	50~59	365	24.7	328	337	365	395	408	344	21.7	307	316	345	371	380
	60~69	358	23.1	319	328	358	386	396	334	22.9	299	304	333	363	372

측정 부위	나이(세)	남자							여자						
		평균	표준 편차	백분위수					평균	표준 편차	백분위수				
				5	10	50	90	95			5	10	50	90	95
허벅지둘레	20~24	517	38.6	459	469	515	570	588	482	36.8	427	435	480	530	542
	25~29	529	44.4	466	476	524	587	604	485	39.0	424	435	481	532	552
	30~34	526	42.7	459	474	524	578	593	488	39.7	427	443	485	543	565
	35~39	524	40.2	467	476	523	573	588	485	37.8	428	437	483	536	546
	40~49	509	40.5	440	459	509	558	579	484	35.3	428	440	481	532	547
	50~59	491	34.9	435	447	494	535	550	481	36.8	425	437	478	528	545
	60~69	477	36.5	413	428	478	524	532	467	37.7	412	422	463	515	532

출처 : 지식경제부 기술표준원(2010). 제6차 한국인 인체치수 직접측정 조사사업 보고서.

● 표 4-28 한국인의 상완근육면적 참고치

(단위 : cm^2)

연령	백분위수															평균	표준편차
	5	10	15	20	25	30	40	50	60	70	75	80	85	90	95		
남자																	
전 연령	29.9	32.3	34.8	36.5	38.0	39.3	41.8	44.1	46.5	49.4	50.9	52.7	54.6	56.6	60.7	44.6	10.1
~24	32.4	35.5	37.3	39.1	41.0	42.7	43.9	45.4	47.1	49.7	51.3	53.0	54.4	56.0	61.2	46.0	9.1
25~34	31.1	35.6	37.5	39.3	41.6	43.2	45.2	46.9	50.0	52.5	54.7	56.4	57.6	61.9	66.0	47.8	11.4
35~44	30.7	35.1	37.7	39.4	40.5	42.0	43.7	46.5	49.1	52.2	53.2	54.9	56.4	57.6	61.4	46.5	10.1
45~54	29.9	32.3	34.2	35.9	37.3	38.6	41.1	43.0	45.6	47.8	48.8	51.0	53.2	55.2	57.5	43.7	9.0
55~64	25.6	30.0	31.7	33.8	35.2	35.9	38.9	40.1	42.3	45.3	47.3	49.2	50.9	53.2	55.9	41.0	9.2
65~	28.9	30.1	30.7	31.5	32.3	32.8	35.5	36.8	39.0	41.4	42.4	44.5	45.5	49.2	52.6	38.3	7.4
여자																	
전 연령	21.5	23.7	24.9	26.1	26.8	27.7	29.4	31.4	33.2	35.4	36.5	38.0	39.8	42.7	48.2	32.4	9.0
~24	20.2	20.8	23.4	25.5	26.0	26.5	27.2	28.7	30.1	32.1	32.8	33.9	36.0	45.1	51.4	31.0	9.8
25~34	22.2	23.7	24.2	24.9	25.8	26.9	27.7	29.0	30.5	32.8	34.0	35.4	37.2	38.2	43.9	31.0	8.5
35~44	22.2	24.9	27.3	28.8	29.7	30.8	32.6	34.0	36.3	38.3	39.4	40.2	41.7	43.5	48.7	34.6	8.9
45~54	23.8	25.6	27.7	29.6	30.6	32.4	34.1	35.3	36.0	38.3	39.1	40.7	42.7	44.0	45.0	35.6	8.0
55~64	18.0	24.2	25.4	27.8	28.8	29.9	32.3	34.0	36.0	37.5	38.9	40.1	40.9	42.8	45.2	33.8	9.3
65~	19.2	22.6	24.3	26.1	26.5	26.9	28.3	30.0	31.9	33.5	35.2	36.1	37.0	38.5	42.4	30.6	7.8

출처 : 채수인 외(1987). 대한내과학회잡지.

● 표 4-29 상완근육면적의 백분위수에 따른 분류

백분위수	근육분류
≤5번째	쇠약
5~15번째	평균 이하
15~85번째	평균
85~95번째	평균 이상
>95번째	많음

장딴지둘레 장딴지둘레와 장딴지 피부두겹두께의 측정치로부터 장딴지근육면적을 계산할 수 있다. 장딴지둘레 측정치는 한국인 인체치수조사의 연령별 참고치와 비교한다BOX 4-12, 그림 4-9, 표 4-27, 표 4-28.

허벅지둘레 허벅지둘레 측정치는 허벅지 근육면적이나 허리-허벅지둘레비를 계산할 때 사용한다. 허벅지둘레 측정치는 한국인 인체치수조사의 연령별 참고치와 비교한다BOX 4-12, 그림 4-9, 표 4-27, 표 4-28.

신체조성의 정밀분석방법

신체구성성분을 보다 정밀하고 정확하게 측정하기 위하여 여러 특수장치 및 정밀분석기기를 활용하여 분석할 수 있다. 신체를 구성하는 성분의 정밀분석방법에는 밀도측정법, 신체 총 수분량 및 총 칼륨양 측정법, 생체전기저항측정법 등이 있다. 조사 목적, 비용, 분석기술 등을 고려하여 적절한 분석방법을 선택하도록 한다.

수중체중법 수중체중법underwater weighing은 밀도법에서 가장 많이 이용되는 방법이다. 물속에서 체중을 측정한 후 신체의 밀도를 계산하여 체조성을 측정하는 방법으로 신체를 구성하고 있는 지방조직과 제지방조직의 밀도가 다르다는 가정하에 실시한다. 골격과 근육조직의 밀도1.10g/cm^3는 물의 밀도1.00g/cm^3보다 더 크고, 반면

● 표 4-30 수중체중법에 의한 신체밀도 및 체지방률 계산

측정지표	계산방법
수중체중	수중 체중
신체밀도	신체밀도 = $\dfrac{WA}{\dfrac{WA-WW}{DW}-(RV+VGI)}$ • WA : 공기 중 체중 • WW : 수중 체중 • DW : 측정 시 수온에서의 물의 밀도 • RV : 잔기량 RV(남) = 0.017×연령 + 0.06858×신장 - 3.477 RV(여) = 0.009×연령 + 0.08128×신장 - 3.900 • VGI : 위장관의 가스 부피(대략 50~300mL, 일반 성인 100mL)
체지방률	• 브로젝 계산식 : %체지방 = (457 ÷신체밀도) - 414 • 시리 계산식 : %체지방 = (495 ÷신체밀도) - 450

에 지방조직0.90g/cm³은 밀도가 물보다 더 작다. 따라서 체지방이 적고 근육이 많은 사람은 체지방이 많은 사람에 비해서 물속에서의 체중이 더 나가게 된다. 수중체중법을 이용한 신체밀도 계산식은 표 4-30과 같다.

이와 같은 수중체중법은 비교적 정확하여 체성분 분석에 널리 사용되어 왔다. 그러나 측정을 위해 숙련된 경험과 특수장비가 필요하고 비용도 많이 들며, 한 번에 여러 사람을 측정하기가 어려운 단점이 있다. 현재는 실험실에서 사용되고 있다그림 4-9.

생체전기저항측정법 생체전기저항측정법Bioelectrical Impedance Analysis : BIA은 미세한 전류를 대상자의 손과 발에 위치한 4개의 전극을 통해 흐르게 한 다음 되돌아오는 저항을 측정하는 것이다. 인체에 전류를 통과시키면 제지방조직처럼 물에 전해질이 용해되어 있는 조직에서는 전류가 전달되지만, 지방이나 세포막 같은 비전도성 조직에서는 저항이 발생하는 원리를 이용한 방법이다그림 4-10.

측정된 저항값으로부터 신장, 체중, 성별에 따른 신체의 총 수분량을 산출할 수 있으며 체수분이 제지방량의 약 73%를 차지한다고 가정하여 제지방량을 산출하며,

● 그림 4-10 수중체중법 및 생체전기저항 측정법

체중에서 제지방량을 빼면 체지방량을 계산할 수 있다표 4-31.

체성분 분석결과 활용방법으로는 신체구성성분, 비만지표, 골격 근육과 부종 여부, 신체 균형 정도를 확인하여 체성분을 종합적으로 판단한다.

생체전기저항측정법은 측정방법이 비교적 편리하며, 기기의 운반이 가능하고, 다른 고가의 기기에 비하면 비교적 저가의 장비로서 체지방 함량 분포의 범위가 넓은 대규모집단을 조사할 경우에 적당하다. 조사대상자가 정상적인 수분 함량을 가지고 있는 상태일 때 정확한 측정이 가능하며, 탈수, 심한 발한, 과도한 운동, 카페인과 알코올의 섭취 시에는 탈수로 인하여 체지방량이 과대평가된다. 그러므로 충분한 수분을 섭취하고 검사 전날 카페인과 알코올 섭취 및 심한 운동을 피하도록 한다.

● 표 4-31 생체전기저항측정 계산방법

구분	계산방법
총 수분량	회귀방정식(신장, 체중, 성별)
제지방량	제지방량=신체 총 수분량/0.73
체지방량	체지방량=체중−제지방량

총 체수분량 측정 체내 수분은 제지방조직에 존재하므로, 총 체수분량을 측정Total Body Water : TBW하면 제지방조직 및 체지방률을 계산할 수 있다. 이는 제지방조직의 평균 수분 함량이 약 73%라는 가정에 근거한다. 총 체수분량은 동위원소희석법을 사용하여 측정한다. 간단히 설명하면, 중수소^{2}H, 삼중수소^{3}H, 산소^{18}O와 같은 방사선 동위원소를 경구 또는 비경구적으로 투여하여 체내에 있는 수분과 평형이 될 때까지 약 2~6시간 정도 기다린다. 그 후 혈액, 요 또는 침 등을 분석하여 동위원소의 양이 체내 총 수분량에 의해 희석된 정도로부터 총 체수분량을 측정한다.

$$\text{제지방량} = \frac{\text{신체 총 수분량}}{0.73}$$

총 칼륨량 측정 칼륨은 세포내액의 주요 양이온으로서 신체 총 칼륨의 90% 이상이 제지방조직에 존재한다. 또한 체내 모든 칼륨의 0.012%는 자연적으로 칼륨 동위원소^{40}K로 존재하며 탐지가 가능한 극미량의 고에너지 감마선을 방출한다. 따라서 감마선탐지기를 이용하여 총 칼륨량을 측정Total Body Potassium : TBP하면 신체조성을 알 수 있다. 그러나 비용이 많이 들며 방법상 여러 제한점으로 널리 사용되지 않고 있다.

초음파진단법 초음파진단법ultrasound은 초음파를 이용하여 밀도가 다른 지방층과 근육층을 측정하는 방법이다. 방사능이 없고 안전하며 이동이 간편하나, 비용이 많이 들고 측정기술과 해석에 숙련된 기술이 필요하다. 고도비만으로 피부두겹두께 추정이 어려운 경우에 활용한다.

컴퓨터단층촬영법 컴퓨터단층촬영법Computed Tomography : CT은 밀도가 다른 체조직에 X-선이 통과하면서 나타나는 차이를 횡단 영상으로 만들어 내는 영상기법이다. 의학에서는 컴퓨터단층촬영법을 주로 질병진단의 목적으로 사용하지만, 신체조성과 영양상태의 판정에서도 유용하다. 컴퓨터단층촬영법은, 특히 피하지방과 내장지방의 면적을 비율로 제공함으로써 체지방 분포를 정확하게 측정한다. 그러나 장비가 비싸고 측정시간이 많이 걸리며, 방사선에 노출되는 위험이 있어서 임신부나 어린이는 측정대상에서 제외된다.

자기공명영상법 자기공명영상법Magnetic Resonance Imaging : MRI은 체내 수분을 구성하는 수소원자의 자기적 특성을 이용한 방법이다. 체내의 수소원자는 강력한 자기장에 의해 체조직 조성에 따라 각기 다른 고주파 에너지를 함유하게 되는데, 이를 분석하여 영상으로 나타낸다. 자기공명영상법은 방사선 노출 없이 체지방의 분포 및 양을 측정하는 데 효과적이고 안전한 방법이다. 그러나 고가의 장비이므로 실용화되기에는 여러 가지 제약이 있다그림 4-11.

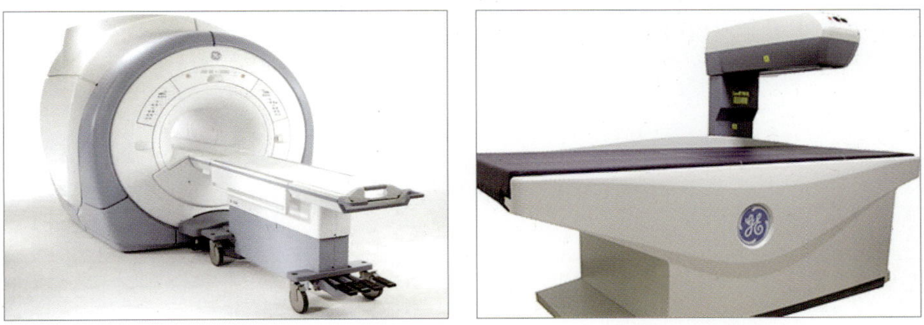

● 그림 4-11 자기공명영상장치와 이중에너지방사선측정법

이중에너지방사선흡수계측법 이중에너지방사선흡수계측법Dual Energy X-ray Absorptiometry : DEXA은 에너지 수준이 다른 두 개의 X-선을 인체에 조사함으로써 조직 내에서 두 X-선의 감쇠비율을 계산하여 골무기질량과 연부조직량을 측정하는 방법이다. DEXA는 원래 골밀도를 측정하는 도구인데, 최근에는 제지방량과 체지방량을 측정하는 데도 이용되고 있다. DEXA는 적은 양의 방사선을 사용하므로 안전하고 사용이 간편하며 정확도와 정밀도가 모두 높은 장점이 있지만 장비의 가격이 비싼 단점이 있다그림 4-11.

Exercise 01

체위측정 및 신체지수산출을 통한 영양상태판정

1. 목적 : 체위를 측정하고 관련된 체격지수를 산출하여 영양상태를 판정한다.
2. 기구 : 신장계, 체중계, 줄자, 캘리퍼, 30cm 플라스틱자
3. 방법

① 신장과 체중을 정확하게 측정한다.

② 무릎길이를 측정하고 계산식을 이용하여 신장을 추정하며, 측정한 신장과 비교한다.

③ 표준체중 및 상대체중, 비만도를 산출하여 영양상태를 판정한다.

④ 체질량지수를 산출하고 비만 정도를 평가한다.

⑤ 손목둘레와 팔꿈치넓이를 측정하고 체격 정도를 평가한다.

4. 결과

체위 측정			
이름		날짜	
연령		성별	
측정			
신장			
체중			
무릎길이			
손목둘레			
팔꿈치넓이			
계산(적절한 공식을 이용)			
추정신장			
표준체중			

상대체중	
비만도	
체질량지수	
손목지수(r) 값	
판정	

5. 결론 및 고찰

Exercise 02

피부두겹두께 측정 및 체지방량 산출을 통한 영양상태판정

1. 목적 : 부위별 피부두겹두께 측정방법을 익히고, 체밀도 및 체지방률, 제지방량을 산출하여 영양상태를 판정한다.
2. 기구 : 캘리퍼, 계산기
3. 방법
   ① 신체 부위별 피부두겹두께를 정확하게 측정한다.
   ② 신체밀도를 산출한다.
   ③ 체지방률을 산출한다.
   ④ 총 체지방량, 총 제지방량을 산출하여 영양상태를 판정한다.

4. 결과

피부두겹두께 측정							
이름						날짜	
연령		성별		신장		체중	
측정(mm)							
		가슴				장골 상부	
		삼두근				복부	
		견갑골 하부				허벅지	
		옆중심선				장딴지	
계산(적절한 공식을 이용)							
				피부두겹두께 합(mm)			
				신체밀도			
				체지방률			

	지방량(체중×체지방률)
	제지방량(체중−체지방량)
	목표체중 = 제지방량÷(1−바람직한 체지방률)
판정	

5. 결론 및 고찰

Exercise 03

생체전기저항, 상완둘레, 허리–엉덩이둘레 측정을 통한 신체조성평가

1. 목적 : 생체전기저항법을 이용하여 신체조성을 평가하고, 상완둘레를 측정하여 상완근육둘레 및 상완근육면적을 산출한 후 단백질 영양상태를 판정한다. 또한 허리–엉덩이둘레비를 산출하여 체지방의 분포를 파악한다.
2. 기구 : 생체전기저항측정기, 캘리퍼, 줄자
3. 방법
   ① 생체전기저항측정기를 이용하여 얻어진 신체조성결과를 피부두겹두께 측정치로 산출한 값과 비교한다.
   ② 삼두근 피부두겹두께 및 상완둘레를 측정하여, 상완근육둘레 및 상완근육면적을 산출한다.
   ③ 허리둘레와 엉덩이둘레를 측정하고, 허리–엉덩이둘레비를 산출하여 비만 정도를 판정한다.

4. 결과

<table>
<tr><th colspan="4">신체조성 평가</th></tr>
<tr><td>이름</td><td></td><td>날짜</td><td></td></tr>
<tr><td>연령</td><td></td><td>성별</td><td></td></tr>
<tr><th colspan="4">생체전기저항측정</th></tr>
<tr><td></td><td>생체전기저항 측정값</td><td colspan="2">피부두겹두께 산출값</td></tr>
<tr><td>체지방량</td><td></td><td colspan="2"></td></tr>
<tr><td>제지방량</td><td></td><td colspan="2"></td></tr>
<tr><td>체지방률</td><td></td><td colspan="2"></td></tr>
<tr><th colspan="4">단백질 영양상태</th></tr>
<tr><td>삼두근 피부두겹두께</td><td colspan="3"></td></tr>
</table>

상완둘레	
상완근육둘레	
상완근육면적	
비만도평가	
허리둘레	
엉덩이둘레	
허리–엉덩이둘레비	
판정	

5. 결론 및 고찰

참고문헌

김화영 · 강명희 · 양은주 · 이현숙(2013). 영양판정. 교문사.

보건복지부(2014). 2013년도 국민건강통계.

서정숙 · 이종현 · 윤진숙 · 조성희 · 최영선(2011). 영양판정 및 실습. 파워북.

지식경제부 기술표준원(2010). 제6차 한국인 인체치수 직접측정 조사사업 보고서.

질병관리본부 · 대한소아과학회(2017). 2017 소아청소년 성장도표.

채수인 · 최인태 · 송주홍 · 김혁제 · 박석 · 조원섭 · 나용호(1987). 한국 성인에서 인체계측치. 대한내과학회잡지, 32(3) : 401–408.

Ball S, Swan PD, Altena TS(2006). Skinfold assessment: accuracy and application. Measurement in physical education and exercise science. 10(4) : 255–264.

Blackbum GL, Bistrain BR, Maini BS, Schlamm HT, Smith MF(1977). Nutritional and metabolic assessment of the hospitalized patient. J Parent Ent Nutr, 1 : 11–22.

Cole TJ, Bellizzi MC, Flegal KM, Dietz WH(2000). Establishing a standard definition for child overweight and obesity worldwide; international study. Br Med J, 320 : 1240–1243.

Grant JP, Custer PB, Thurlow J(1981). Current techniques of nutritional assessment. J Surgical Clinics of North America, 61 : 437–463.

Gumey JM, Jelliffe DB(1973). Arm anthropometry in nutritional assessment: nomogram for rapid calculation of muscle circumference and cross–sectional muscle and fat areas. Am J Clin Nutr, 26 : 912–915.

Heymsfield SB, McManus CB, Smith J, Stevens V, Nixon D(1982). Anthropometric measurement of muscle mass: revised equations for calculating bone–free arm muscle area. Am J Clin Nutr. 36 : 680–690.

Heyward VH, Stolarcyzk LM(1996). Human Kinetics, 82.

Himes JH, Dietz HW(1994). Guidelines for overweight in adolescent preventive services: recommendations from an expert committee: the Expert committee on clinical Guidelines for Overweight in Adolescent Preventive Services, 59 : 307–316.

Jakson AS, Pollock MI(1978). Generalized equations for predicting body density of men. Br J

Nutr, 40 : 497–504.

Jackson AS, Pollock MI, Ward A(1980). Generalized equations for predicting body density of women. . Medicine and Science in Sports, 12 : 175–182.

Lee RD, Nieman DC(2013). Nutritional Assessment. 6th ed., McGraw–Hill.

Shetty PS, James WPT(1994). Body mass index. A measure of chronic energy deficiency in adults. FAO Food and Nutrition Paper No. 56, FAO. Rome.

Sloan AW, Weir J(1970). Nomograms for prediction of body density and total body fat from skinfold measurements. J Appl Physiol, 28(2) : 221–222.

The Metropolitan Life Insurance Company, Metropolitan height and weight tables. Statistical bulletin of the Metropolitan Life Insurance Company 64(January–June) : 2, 1983 Waterlow 1972.

Timothy AW(2003). Waist–hip ratio is the dominant risk factor predicting cardiovascular death in Australia. Med J Aust, 179(11) : 580–585.

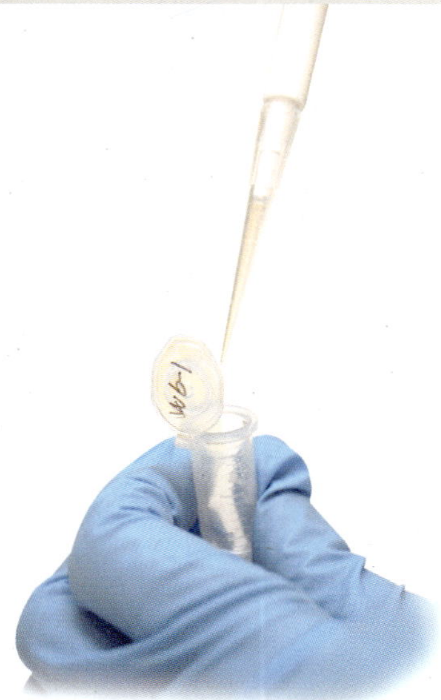

영양소의 결핍이나 과잉 등의 영양상태의 변화는 다양한 생화학적 지표의 변화를 초래한다. 생화학적 조사는 혈액을 포함한 조직들에서 특정 영양소의 농도 변화, 영양소 대사산물의 변화를 측정하거나 영양소가 관여하는 기능의 변화를 측정하여 영양상태를 평가하는 방법이다. 생화학적 조사는 특정 영양소의 영양상태 변화에 민감하게 반응하여 다른 조사방법과 병행하는 경우 정확한 영양상태판정에 유용하게 사용된다.

Chapter

05

생화학적 조사

1. 생화학적 검사의 개요 및 고려사항
2. 생화학적 검사 시료 및 유형
3. 영양소별 생화학적 영양판정법
4. 혈액에서의 생화학적 검사지표

Chapter

05 Nutritional Assessment
생화학적 조사

생화학적 검사의 개요 및 고려사항

생화학적 검사방법은 신체계측, 식사섭취조사, 임상조사와 같은 영양판정방법과 비교하여 상대적으로 높은 객관성을 가지고 정량적인 결과치를 통해 판정하는 방법이다. 생화학적 검사는 신체계측에 의한 변화, 임상적인 징후나 증상보다 먼저 영양 부족을 알 수 있는 방법이다. 특히, 몇몇 생화학적 검사들은 식품이나 영양소의 섭취를 측정할 수 있는 식사섭취조사와 함께 사용하는 경우 최근의 식이섭취에 대한 유용한 자료로 사용할 수도 있다.

영양상태판정을 위한 생화학적 검사는 성분검사static test와 기능검사functional test로 크게 두 가지로 나누어 볼 수 있다. 성분검사는 혈액, 소변, 체조직의 영양소나 영양소의 대사물을 측정하는 방법으로 개인의 전체적인 영양상태를 반영하거나 영양의 과잉이나 부족이 있는지를 반영하기에 부족함이 있다. 반면, 기능검사는 영양소가 관여하는 생리적인 기능에 기반하여 생리적 기능 저하 등을 통해 영양소부족을 판정할 수 있다.

생화학적 검사는 식사섭취조사 등의 타당도 검증에 활용할 수 있으며 영양상태 측정과 관리에 중요한 역할을 하지만 함께 발생할 수 있는 문제를 간과할 수 없다. 특히, 측정치에 영향을 미칠 수 있는 비영양학적 요소들을 간과할 수 없으며, 검사

결과 중 일부는 특정 영양소 결핍을 알 수 있는 특이성이 부족하여 식사섭취조사, 신체계측, 임상조사와 함께 조사하는 것이 정확도를 높일 수 있다. 하지만 다른 조사방법에 비해 다양한 설비와 기술이 필요하며 비용과 시간이 많이 소요되므로 많은 인원을 대상으로 진행하기에 어려움을 동반한다.

생화학적 검사 시료 및 유형

생화학적 검사 시료

영양상태판정을 위해 가장 많이 사용하는 시료는 혈액, 소변이며 이외에도 대변, 머리카락, 손톱, 땀, 골수 등이 사용된다.

혈액 생화학적 분석을 위해 사용되는 시료 중 가장 많이 사용된다. 혈액은 혈액세포들로 이루어진 혈구와 액상 부분으로 이루어진 혈장으로 이루어진다. 혈구부분에는 적혈구, 백혈구, 혈소판이 포함되며 전체 혈액의 45%를 구성한다. 액상부분은 단백질과 효소, 포도당, 지질, 비타민, 무기질, 이온 등을 포함하고 있으며 전체 혈액의 55%를 차지하고 있다. 혈액 중 목적에 따라 전혈whole blood, 혈청serum, 혈장plasma, 적혈구, 백혈구 등을 사용할 수 있다. 혈청은 혈액 채취 후 20~30분 정도 상온에 방치한 다음 10분 동안 원심분리하여 얻은 상층액이다. 이에 반해 혈장은 EDTA, 헤파린, 시트르산 등과 같은 항응고제를 첨가하여 원심분리한 후 얻은 상층액이다. 영양상태판정을 위한 채혈은 공복상태식후 12시간에서 실시하며 헤모글로빈이나 헤마토크리트와 같은 소량의 혈액이 필요한 경우는 손가락 끝이나 귓불에서 채혈침을 이용하여 채취할 수 있다.

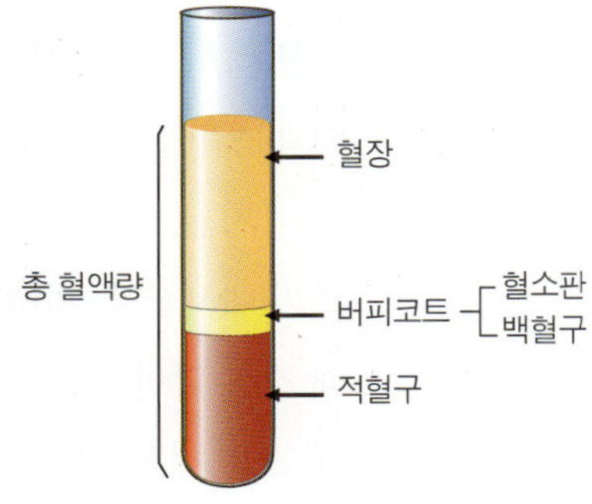

● 그림 5-1 혈액조성

혈액 시료는 채취 후 빨리 분리하여 냉장 또는 냉동 보관하고 가능한 빨리 분석하는 것이 결과의 정확도를 높이는 방법이다.

소변 소변은 주로 최근 섭취한 식사에 포함되어 있는 수용성 비타민과 무기질의 영양상태 및 신장의 기능 등을 알아보기 위해 사용된다. 주로 영양상태판정을 위해서는 24시간 소변을 분석하는 것이 가장 적합한데, 아침 기상 후 배뇨한 후 8시부터 시작한다면 다음날 8시 전까지 모은 소변을 24시간 소변이라 한다. 이렇듯 24시간 소변을 수집하는 것은 매우 번거로우므로 기상 직후 소변을 받아 사용하는 경우도 있다. 또한, 소변 중 크레아티닌 함량을 분석하여 영양소 함량을 보정하여 사용하기도 한다.

대변 대변은 단백질 영양상태판정을 위해 질소 배설량을 측정하거나, 무기질 및 섬유소의 영양상태를 분석할 때 사용한다.

생화학적 검사 유형

생화학적 검사는 성분검사static test와 기능검사functional test로 크게 두 가지로 나누어 볼 수 있다.

성분검사 성분검사직접검사는 시료에 있는 영양소나 영양소 대사산물의 양을 측정하는 방법으로 직접검사라고도 한다. 성분검사는 혈액이나 조직에 포함된 단백질이나 지질, 비타민 A, 비타민 E 등의 양을 측정하거나 소변으로 배설되는 비타민 B군의 대사산물, 비타민 C 등을 측정하는 것을 포함한다. 실제로 영양상태판정을 위해 가장 많이 사용되는 시료는 혈액으로, 비교적 최근의 영양상태를 반영한다. 혈액세포 중 적혈구는 장기간의 영양상태를 반영하는 좋은 시료이긴 하나 분석이 까다로운 단점이 있다. 소변을 통해 영양상태를 판정할 경우는 신장의 기능이 정상이어야 한다. 소변을 통한 검사는 최근의 영양상태에 따라 소변으로 배설되는 영양소나 대사산물의 배설량이 달라진다.

기능검사 기능검사간접검사는 특정 영양소의 결핍이 해당 영양소의 생리적 기능을 저하시키는지를 확인하여 영양상태를 간접적으로 평가하는 방법이다. 가장 흔하게 사용하는 것이 비타민 A의 영양상태를 확인하는 검사로 어두운 곳에서 사물을 시각적으로 인지하는 암적응검사이다. 비타민 B_6의 경우는 일정량의 트립토판을 섭취시킨 후 소변으로 배설되는 대사산물인 크산튜레닌산xanthurenic acid을 측정하는 방법이다. 또한, 단백질 열량불량의 지표로 사용하는 면역기능시험과 특정 비타민이나 영양상태판정을 위해 관련 효소활성을 측정하는 방법도 이에 해당한다. 예를 들면, 티아민의 경우 트랜스케톨레이스transketolase나 리보플라빈의 경우 글루타티온 환원효소glutathione reductase의 활성도를 측정하여 기능검사를 통해 영양상태를 평가한다.

영양소별 생화학적 영양판정법

단백질 영양상태판정

체내에 다양한 기능을 하는 단백질의 생화학적 검사는 크게 근육somatic과 장기내visceral 단백질상태를 판정하는 것이다. 체내 근육단백질은 보통 골격근에서 발견되고 장기 내 단백질은 주로 간, 신장, 췌장, 심장 등의 단백질과 혈액 내 단백질인 적혈구나 백혈구, 혈청 단백질을 포함한다. 체내 단백질의 저장소pooi는 대사적으로 유용한 단백질을 포함하는 것으로 근육단백질과 내장단백질이 각각 75, 25%를 차지한다. 근육단백질이 대체적으로 균일하다면 장기 내 단백질은 수백 개의 다른 구조와 기능을 가진 단백질로 이루어져 있다. 단백질의 영양상태가 일반적으로 선진국에서는 중요한 건강문제로 받아들여지지 않지만 암이나 후천성 면역결핍인 경우나 일부 빈곤층에서는 문제가 될 수 있으며, 개발도상국에서는 아직까지 상대적으로 더 크게 문제시되고 있다. 최근 들어 단백질 영양불량의 발생률이 암이나 후천성면역결핍환자, 입원 중인 중환자들뿐만 아니라 엉덩이 골절환자, 폐암수술을 한 환자, 응급 복막투석환자, 소아 류마티스성 관절염 juvenile rheumatoid arthritis을 가진 어린 아이들이나 청소년에게서도 문제가 되고 있다.

혈청 총 단백질 혈액 내 단백질 농도는 일반적인 단백질의 영양상태를 반영하며, 환자들에게 질병에 의한 합병증의 위험이 있는지를 판단하거나 영양 지원을 받을 경우 영양 지원의 효과를 판단할 수 있는 유용한 지표로 사용된다. 혈중 총 단백질serum protein의 농도를 측정하는 것은 간단하면서도 비교적 정확한 방법이라 할 수 있지만, 단백질섭취가 장기간 부족할 때만 수준이 감소하므로 예민하지 않은 방법이다.

① 혈청 알부민

혈청 알부민serum albumin은 임상적으로 가장 많이 이용되고 측정되는 혈액 단백질로 단백질상태의 감소나, 식이 단백질 섭취 감소의 지표라 할 수 있다. 낮은 알부민 농도는 입원환자들의 유병률, 사망률과도 상관관계가 높은 것으로 알려져 있다. 하지만 알부민이 상대적으로 반감기18~20일가 길고 체내 보유량이 큰 편3.5~5g/kg 체중이라 영양상태의 변화가 느리게 나타나 초기 단백질 고갈이나 보충의 효과를 판단하기가 쉽지 않다.

알부민의 농도는 체내 알부민의 합성 속도, 체내 분포, 분해 속도, 체액량의 변화, 비정상적인 손실 등 여러 가지 요인에 의해 결정된다. 초기 단백질 영양불량의 경우, 단백질 결핍임에도 불구하고 알부민 농도가 감소하기 시작하면 혈관 밖에 존재하는 알부민이 혈관으로 이동되어 일정기간 동안 혈중 농도를 유지하게 되므로 단백질불량을 알기 어렵다. 혈청 알부민 농도는 식사 이외의 다른 요인에 의해서도 영향을 받는다. 감염이나 수술 등과 같은 급성 이화상태에서는 급성단백질acute phase proteins이 증가하게 되는데, 급성단백질의 증가로 인해 알부민이나 트랜스페린의 합성이 감소될 수 있다.

② 트랜스페린

혈중 트랜스페린transferrin은 간에서 합성된 베타 글로불린으로 혈중의 철분과 결합하여 이동시키는 데 관여한다. 트랜스페린은 적은 체내 보유량과 짧은 반감기를 가지고 있어 알부민보다 단백질 상태를 잘 반영하는 지표로 이용된다. 혈중 트랜스페린은 콰시오커나 마라스무스를 가진 환자들의 임상적인 결과와 관련이 있는 것으로 알려져 있다. 트랜스페린 농도는 비단 단백질 영양상태뿐 아니라 만성적인 감염증, 신장질환, 수술환자들에게서 낮게 나타나고 임신이나 급성간염의 경우에 높아지는 것으로 알려져 있어 트랜스페린을 이용한 단백질 영양상태판정에 유의해야 한다.

③ 프리알부민

프리알부민prealbumin은 트랜스티레틴transthyretin 또는 티록신 결합 프리알부민thyroxine binding prealbumin으로도 알려져 있으며 간에서 만들어져 티록신을 운반하고 레티놀 결합 단백질의 운반체로 작용한다. 짧은 반감기와 적은 체내 보유량을 가지고 있어 알부민이나 트랜스페린보다 단백질 영양상태를 반영하는 민감한 지표로 단백질 영양상태 변화에 빠르게 반응한다.

프리알부민은 단백질이나 열량 부족에 의해 빠르게 감소하며 초기 영양불량상태에 민감하게 반응한다. 따라서 프리알부민은 영양상태판정보다 최근 식이섭취에 대한 지표로 사용하는 것에 적합하다. 하지만 간질환이나 갑상선기능항진과 같은 질환에서도 프리알부민 양이 감소할 수 있어 주의하여야 한다.

④ 레티놀 결합 단백질

레티놀 결합 단백질retinol binding protein은 프리알부민과 결합하여 레티놀을 운반하는 단백질로 작용한다. 레티놀 결합단백질은 프리알부민과 유사한 특징을 가지고 있는데, 단백질 열량 결핍과 적절한 영양치료에 빠르게 반응한다. 따라서 프리알부민처럼 전반적인 영양상태보다 최근 식이섭취에 적합한 지표이다. 프리알부민보다 더 짧은 반감기를 가지고 있지만 체내 보유량이 매우 적어 정확하게 측정하는 것이 간단하지 않다.

● 표 5-1 단백질 영양판정에 사용되는 혈청 단백질의 종류와 특성

혈청 단백질 종류	기준치	반감기	기능
총 단백질	>6.5 g/dL		
알부민	3.5~5.0 g/dL	18~20일	혈장 삼투압 유지 및 운반체
트랜스페린	260~430 mg/dL	8~9일	철 이동
프리알부민	20~40 mg/dL	2~3일	티록신 결합
티록신 결합 프리알부민	20~40 mg/dL	2~3일	
레티놀 결합 단백질	2.6~7.6 mg/dL	12시간	비타민 A 운반
인슐린유사성장인자	0.55~1.4 IU/mL	2~6시간	지방과 근육, 연골에서 물질 합성에 필요
피브로넥틴	• 혈장 : 292±20 mg/dL • 혈청 : 182±16 mg/dL	4~24시간	• 주로 조직에서 작용 • 백혈구 활동 증가와 상처회복

출처 : Adapted from Heymsfield SB, Tighe A, Wang ZM(1994). Nutritional assessment by anthropometric and biochemical methods. In Shils ME, Olson JA, Shike M. eds. Modern nutrition in health and disease, 8thed.Philadelphia: Lea & Febiger

근육단백질

① 크레아티닌 배설량

체근육량의 측정은 24시간 소변 중 크레아티닌 배설량urinary creatinine excretion을 이용하여 측정한다. 근육단백질인 크레아틴creatine의 산물인 크레아티닌은 체내 근육량과 비례하여 일정량이 배설되는데, 신장과도 비례한다. 하지만 생화학적 검사를 위해 필요한 소변은 24시간 수집된 소변을 사용하여야 하므로 번거로움이 있다. 또한, 소변 중 크레아티닌 양을 가지고 단백질영양상태를 조사하는 경우 식이가 미치는 영향도 고려하여야 한다.

② 크레아티닌 신장지표

크레아티닌 신장지표Creatinine Height Index : CHI 또한 근육단백질에 비례하여 사용하는 지표 중 하나로 성별과 신장을 고려하여 계산된 값이다.

$$\text{CHI} = \frac{\text{24시간 소변 중 크레아티닌(mg)}}{\text{예상되는 24시간 소변 중 크레아틴(mg)}} \times 100$$

예상되는 24시간 요 중 크레아티닌 배설량은표 5-2 성별과 신장에 따라 적용하여 사용한다. CHI가 60~80%는 경증 단백질 결핍, 40~60%는 중증 단백질 결핍, 40% 미만은 심각한 결핍이라 할 수 있다.

③ 3-메틸히스티딘 배설량

3-메틸히스티딘3-methylhistidine은 근육의 수축 시 액틴actin과 미오신myosine에 존재하는 아미노산인 히스티딘에 메틸 그룹이 추가되어 만들어진다. 이후 액틴과 미오신이 분해되면서 3-메틸히스티딘이 분리되어 요로 배설된다. 일반적으로 단백질의 합성과 분해가 일정한 경우 3-메틸히스티딘의 양은 근육량에 비례하므로, 소변 중 3-메틸히스티딘의 배설량은 근육량을 측정할 수 있는 또 다른 방법으로 사용된다. 소변 중 3-메틸히스티딘의 배설량은 크레아티닌 배설량 측정처럼 결과값은 나이, 성별, 성숙도, 호르몬, 신체활동량, 최근 운동량, 부상상태나 질병 유무 등에 영향을 받는다.

④ 질소 평형

일반적으로 건강한 사람의 경우는 보통 단백질의 합성과 분해가 같은 경우로 식이로 섭취한 질소량과 배설되는 질소량이 같아 질소 평형nitrogen balance이 이루어진 상태라 할 수 있다. 양의 평형상태는 단백질 합성량이 배설량보다 높은 경우로 성장기의 영유아, 청소년, 임산부들과 회복기의 환자들에게 주로 나타난다. 반면, 음의 평형상태는 단백질의 분해량이 합성량보다 높은 경우로 불충분한 단백질이나 열량을 섭취한 경우나 수술이나 질병으로 인한 단백질 손실이 큰 경우 나타난다. 질소 평형은 24시간 식이 단백질 섭취량과 소변으로의 요소 손실량을 이용하여 계산할 수 있다. 질소 평형을 계산할 경우 대변이나 다른 경로로 손실되는 질소량이 계산되지 않는 제한점이 있다.

$$\text{질소평형}(N_2\ \text{balance}) = \frac{\text{단백질섭취량}}{6.25} - \text{소변요소질소량} - 4$$

● 표 5-2 표준체중인 성인 남녀의 신장에 따른 24시간 요의 크레아티닌 배설기준치

남자		여자	
신장(cm)	크레아티닌(mg)	신장(cm)	크레아티닌(mg)
157.5	1,288	147.3	830
160.0	1,325	149.9	851
162.6	1,359	152.4	875
165.1	1,386	154.9	900
167.6	1,426	157.5	925
170.2	1,467	160.0	949
172.7	1,513	162.6	977
175.3	1,555	165.1	1,006
177.8	1,596	167.6	1,044
180.3	1,642	170.2	1,076
182.9	1,691	172.7	1,109
185.4	1,739	175.3	1,141
188.0	1,785	177.8	1,174
190.5	1,831	180.3	1,206
193.0	1,891	182.9	1,240

출처 : Lee RD, Nieman DC(2006). Nutritional Assessment.

면역기능검사 영양이 면역기능에 미치는 효과는 매우 복잡하다. 영양 결핍은 영양과 영양대사에 영향을 미치는 다양한 면역기능을 저하시키고, 감염이나 염증 반응을 유도한다. 면역기능검사는 영양상태를 판정하는 유용한 기능적 지표로 사용된다. 특히, 면역반응의 변화는 영양 결핍 초기에 나타나므로 영양상태의 초기 지표로 활용할 수 있고 영양 지원에 대한 효과를 확인하는 지표로도 활용할 수 있다. 면역반응은 입원환자들의 합병증 발생의 예측인자로 사용될 수 있다. 따라서 면역반응은 영양소섭취의 안전한 상한섭취량과 하한섭취량을 결정하는 중요한 지표이다. 면역반응이 영양상태불량에 예민한 지표이긴 하나 결정적으로 특정한 영양소에 의한 결핍임을 나타내는 특이성이 부족하다.

① 선천성 면역과 후천성 면역

면역능력은 크게 선천성비특이적 면역과 후천성특이적 면역으로 나눌 수 있다. 선천성 면역으로는 피부, 점막, 대식세포, 보체complement, 리소좀lysosome, 인터페론interferon, 단핵구, 호중성구 등이 포함되는데, 병원균의 침입으로부터 1차적으로 방어하는 역할을 한다. 후천성 면역은 특정 물질이나 항원에 대한 반응으로 T 림프구가 관여하는 세포 매개성 면역이나 B 림프구가 관여하는 체액성 면역이 이에 해당된다. 영양불량으로 인한 면역능력의 변화는 세포 매개성 면역이 좀 더 빠르고 자주 나타난다. 영양 결핍에 대한 다양한 면역반응의 변화가 영양상태평가지표로 사용된다.

② 총 림프구 수

총 림프구 수Total Lymphocyte Count : TLC는 일반적으로 실시하는 혈구세포 분리를 통해 계산할 수 있다. 전체 혈구세포 중 백혈구 수의 비율을 일반적으로 계산하는데, 전체 백혈구에 전체 혈구세포 중 림프구가 차지하는 비율을 가지고 계산이 가능하다.

$$\text{TLC} = \frac{\%\ \text{림프구} \times \text{백혈구 수}}{100}$$

약간의 단백질불량일 경우 림프구 수는 1,200~1,800/mm^3, 중등 정도의 불량일 경우는 800~1,199/mm^3, 심각할 경우는 800 미만인 경우이다. 총 림프구 수는 종양, 염증, 감염, 스트레스 등에서도 증가할 수 있으며 스테로이드 같은 특정 약물이나 면역 억제제 등에 의해서 감소할 수 있다.

③ 지연된 피부 과민반응

지연된 피부 과민반응Delayed Cutaneous Hypersensitivity reaction : DCH은 소량의 항원을 피부에 주입하여 반응이 나타나는 것으로 확인할 수 있다. 항원에 대한 반응 정도는 대상자의 면역능력, 특히 세포 매개성 면역에 영향을 받을 수 있다. 정상적으로는 항원이 주입된 후 24~72시간 사이에 주입 부위가 붉게 부풀어 오르고 단단해진다. 세포 매개성 면역이 저하된 대상자의 경우 이러한 반응이 정상인보다 약하게 나타나거나 반응이 나타나지 않는 경우들이 발생한다. 이러한 DCH는 단백질 열량 불량이나 아연이나 철분 결핍 등에서 저하되는 것으로 알려져 있다.

지질 영양상태판정

혈액 중 높은 수준의 중성 지질이나 콜레스테롤은 혈액의 점도를 높이고 혈관벽의 노폐물을 쌓이게 하여 혈류를 느리게 하며, 동맥 내벽에 콜레스테롤이 축적되면 동맥경화증을 유도한다. 동물성 식품 위주의 포화지방산 섭취의 증가와 단순당 위주의 식사는 혈중 중성지질이나 콜레스테롤을 증가시켜 심혈관계 질환의 발생을 증가시킨다. 지질의 영양상태를 판정하기 위해서는 혈청 중성지질과 혈청 콜레스테롤 측정이 이용된다.

혈청 중성지질 혈청 중성지질은 식사로부터 섭취하거나 간에서 합성되는 지질을 반영하며, 공복의 중성지질농도는 최저밀도 지단백Very Low Density Lipoprotein : VLDL 수준의 지표가 된다. 또한 중성지질은 정맥영양을 이용하는 환자의 지질지표가 되며, 비만, 간질환, 갑상선 기능저하증, 당뇨병, 십이지장염 환자에서 상승한다. 식이요인으로는 알코올 과다섭취, 고지방식 섭취, 고탄수화물 섭취가 영향을 미치며, 영양불량 시 감소한다. 혈청 중성지질 측정 시 12시간 공복 후 측정하여야 하며, 150mg/dL 이하이면 정상, 150~199mg/dL이면 경계수준, 200mg/dL 이상이면 위험수준으로 판정한다.

혈청 콜레스테롤 혈청 콜레스테롤은 동맥경화증의 위험요인이며, 콜레스테롤은 체내에서도 합성되므로 반드시 콜레스테롤을 많이 섭취한다고 해서 혈청 콜레스테롤의 농도가 올라간다고 할 수 없다. 혈청 콜레스테롤은 총 콜레스테롤, 저밀도 지단백Low Density Lipoprotein : LDL콜레스테롤, 고밀도 지단백High Density Lipoprotein : HDL 콜레스테롤로 나뉘는데, 정상범위는 총 콜레스테롤은 200mg/dL 이하이고, LDL-콜레스테롤은 130mg/dL 이하, HDL-콜레스테롤은 40mg/dL 이상이다. 총 콜레스테롤이 200~239mg/dL이면 경계수준, 240mg/dL 이상이면 고콜레스테롤혈증이며, LDL-콜레스테롤은 130~149mg/dL이면 경계수준, 150mg/dL 이상이면 고LDL-콜레스테롤 혈증이다. 또한 HDL-콜레스테롤이 35mg/dL 미만이면 위험수준이다.

무기질 영양상태판정

철 철은 전 세계적으로 단일 영양소로 결핍이 흔히 나타나는 영양소이다. 최근 들어 결핍 인구가 줄어들고 있지만, 가임기 여성이나 성장기의 아이들은 아직까지도 결핍에 노출될 수 있는 위험군이다. 철 결핍은 섭취량이 감소하거나, 손실량이 증가하는 경우, 임신이나 성장으로 인한 필요량이 증가하는 경우에 흔히 발생한다. 철 결핍으로 나타나는 주요 증상은 철 결핍성 빈혈로 여러 가지 수행능력이 저하되고 체온 조절에 문제가 있으며 행동장애, 지적 능력 저하를 동반하고 납 중독과 감염에 대한 위험이 증가한다.

철 결핍의 위험은 체내 철분 저장량이 감소함에 따라 증가한다. 일반적으로 철 결핍상태를 경미한 것에서 심한 경우까지 그림 5-2와 같이 3단계로 세분화한다. 첫 번째 단계는 철의 저장량이 고갈되는 단계로 혈중 페리틴의 농도가 감소한다. 이 상태에서는 생리적으로 좋지 않은 증상은 나타나지 않으나 자칫 생리적 기능장애를 초래하는 좀 더 심한 결핍상태로 진전될 수도 있는 단계로 장기간 최저 한계의 철 평형marginal iron balances 상태가 될 가능성이 높다. 한편, 철 저장량이 낮으므로 철 흡수율이 증가되는 보상작용이 생겨 더 심한 결핍상태가 되는 것을 예방하기도 한다. 두 번째 단계는 빈혈이 나타나지 않는 철 결핍단계로 트랜스페린의 포화도가 감소하고 적혈구 프로토포피린과 혈청 트랜스페린 수용체의 농도가 증가하는 단계이다. 이 단계의 철 고갈상태에서는 헤모글로빈 이외의 다른 철 화합물의 생성에 필요한 철이 부족하게 되어 여러 가지 생화학적 변화가 일어나지만 아직 빈혈상태는 아니다. 헤모글로빈 농도는 빈혈 기준치 이하로 떨어지지는 않기 때문에 이 단계는 빈혈은 아닌 철 결핍상태로 간주된다. 마지막 단계는 철 결핍성 빈혈이 나타나는 단계로 혈중 페리틴, 트랜스페린, 헤모글로빈 농도와 평균 적혈구 용적Mean Corpuscular

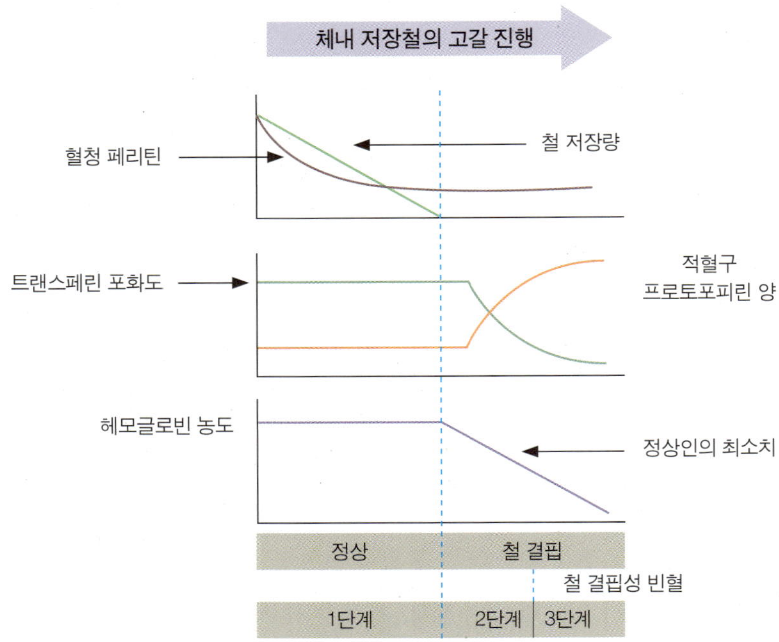

● 그림 5-2 철 결핍 진행단계에 따른 철 영양상태판정지표의 변화

Volume : MCV이 감소하고 적혈구 프로토포피린 농도가 증가한다. 철의 영양상태를 판정하는 지표들은 결핍 및 과잉 정도에 따라 다르다표 5-3. 그러므로 철의 결핍 정도를 측정할 때는 몇 가지 혈액학적, 생화학적 방법을 같이 사용하여 판정하는 것이 좋다. 철의 영양상태를 판정하는 지표로는 혈청 페리틴, 트랜스페린, 혈청 철, 총 철 결합능력, 적혈구 프로토포피린, 헤모글로빈, 헤마토크리트, 평균 헤모글로빈 용적, 평균 적혈구 용적 등이 있다.

① 혈청 페리틴

아포페리틴이 철과 결합하면 페리틴이 되는데, 페리틴은 체내 철의 저장 형태로 간, 비장, 골수에서 볼 수 있다. 건강한 사람의 경우 체내 철의 30% 정도가 저장형의 페리틴 형태로 존재한다. 철 저장량이 감소하게 되면 저장되어 있던 조직의 페리틴 양이 감소하고 이와 함께 혈중 페리틴의 양이 같이 감소한다. 혈청 페리틴 농도는 철 결핍을 감지할 수 있는 가장 예민한 지표로 빈혈이 발생하기 전에 적혈구의 모양이나 다른 지표들이 변하기 전에 감소한다. 철분 저장량이 고갈되면 페리틴은 더 이상 철 결핍에 적합한 지표로 사용될 수 없다. 혈청 페리틴 농도는 감염, 염증상태나 트라우마, 만성질환이나 바이러스성 간염 등에서도 증가하는 것으로 알려져 있다.

② 트랜스페린, 혈청 철, 총 철 결합능력

혈중 철은 트랜스페린transferrin과 결합하여 운반되는데, 트랜스페린은 간에서 합성되는 글로불린으로 헤모글로빈이 파괴되는 곳이나 저장되는 곳, 소장 등에서 흡수된 철을 받아 철을 운반하여 헤모글로빈 합성이나 저장되는 곳, 또는 태아에게 공급되는 태반 등에 전달한다. 트랜스페린은 철분과 결합하여 혈액으로 운반되므로 혈청 철의 대부분은 트랜스페린에 결합된 형태이다. 철의 저장량은 고갈되었으나 빈혈이 발생하기 전 상태에서 트랜스페린 농도는 정상으로 나타난다.

총 철 결합능력Total Iron Binding Capacity : TIBC은 혈청 단백질과 결합하는 철의 양을 측정하는 방법으로 혈청 트랜스페린 추정량을 알 수 있다. 총 철 결합능력은 과량의 철을 혈액에 공급하고 단백질과 결합하지 않은 철을 제거한 후 혈중 철의 양을 측정하는 방법이다. 즉, 총 철 결합능력은 트랜스페린과 결합한 철의 양을 측정하는 방법으로 결과적으로 트랜스페린 양을 측정하는 간접적인 방법이라 할 수 있다. 하지만 철이 과잉일 경우에는 트랜스페린 이외의 단백질과도 결합이 가능하므로 총 철 결합능력은 철의 영양상태를 반영하는 정확한 측정법이라 하기 어렵다. 또한, 철 결핍환자의 30~40% 정도는 총 철 결합능력이 증가하지 않는 것으로 알려져 있다.

트랜스페린 포화도Transferrin Saturation : TS는 총 철 결합능력에 대한 혈청 철의 비율로 나타낸다.

$$TS(\%) = \frac{\text{혈청 철}(\mu\text{mol/L})}{\text{TIBC}(\mu\text{mol/L})} \times 100$$

트랜스페린 포화도는 철과 결합하여 포화된 트랜스페린의 백분율을 나타내는 것으로 비교적 단순하게 나타나는 철 결핍의 경우, 혈청 철이 감소하고 총 철 결합능력은 증가하여 트랜스페린 포화도가 감소한다표 5-3.

● 표 5-3 체내 철의 결핍 및 과잉 정도에 따른 철 영양상태지표의 변화

체내 철 저장상태	철 과잉	정상	철 고갈	철 결핍성 조혈	철 결핍성 빈혈
저장철 → 혈중순환철 → 적혈구 내 철 →	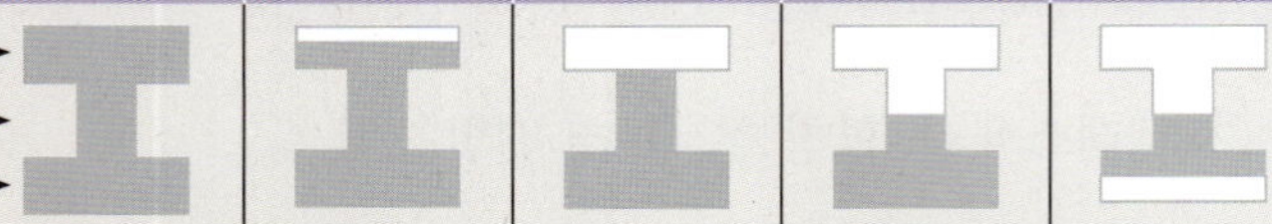				
골수 내 철	4+	2~3+	0~1+	0	0
총 철 결합능력 (TIBC)(μg/L)	<300	300±30	360	390	410
혈청 페리틴(μg/L)	>300	100±60	20	10	<10
철 흡수율(%)	<5	5~10	10~15	10~20	10~20
혈청 철(μg/dL)	>175	115±50	115	<60	<40
트랜스페린 포화도(%)	>60	35±15	30	<15	<15
적혈구 프로토포피린 (μg/dL)	30	30	40~60	100	200
적혈구	정상	정상	정상	정상	소혈구성 저색소성 빈혈

출처 : Lee RD, Nieman DC(2006). Nutritional Assessment.

혈청 철, 총 철 결합능력, 트랜스페린 포화도, 혈청 페리틴 농도는 소적혈구성 빈혈microcytic anemia, 철 결핍성 빈혈iron deficiency anemia을 구별할 수 있는 주요 지표로 사용할 수 있다표 5-4. 특히, 총 철 결합능력은 이들 지표 중 가장 예민한 지표로 사용할 수 있다. 이들 지표들을 측정하는 경우 여러 가지 변수들이 작용할 수 있는데, 혈청 철 농도를 측정할 경우는 하루 중에도 측정시간에 따라 변화가 나타나, 오전에 측정하는 경우가 오후에 측정하는 경우보다 높게 나타날 수 있다. 총 철 결합능력의 경우는 혈청 철과는 달리 하루 중 측정시간에 따른 변화는 없지만 저장 철이 고갈될 경우에 증가하고 과잉이나 염증에 의해 감소한다.

● **표 5-4** 철 결핍판정에 사용되는 생화학적 지표의 기준치(미국 2차 NHANES)

연령(세)	혈청 철 (μg/dL)	트랜스페린 포화도(%)	혈청 페리틴 (μg/L)	적혈구 프로토포피린 (μmol/L, RBC)	평균 적혈구 용적(MCV) (fL)
1~2	<30	<12		>1.42	<73
3~4	<40	<14	<10	>1.33	<75
5~10	<50	<15	<10	>1.24	<76
11~14	<60(남), <40(여)	<16	<10	>1.24	<78
15~74	<40	<16	<10	>1.24	<80

출처 : Lee RD, Nieman DC(2006). Nutritional Assessment.

③ 적혈구 프로토포피린

프로토포피린은 헴의 전구체로 철 부족으로 인해 헴이 만들어지지 못할 경우 적혈구에 축적된다. 일반적으로 적혈구의 프로토포피린의 양은 0.677 ±0.27μmol/L로 보고되고 있다. 철 결핍의 경우 정상 농도의 두 배 이상으로 증가하며 철의 고갈이 심해질수록 점점 더 심각해진다. 납 중독일 경우에는 적혈구 프로토포피린 양이 증가하는 것으로 알려져 있다.

④ 헤모글로빈

헤모글로빈은 적혈구 내에 존재하는 철을 함유하는 단백질로 산소와 결합하여 운반하는 기능을 한다. 리터당 존재하는 헤모글로빈의 양은 산소 운반능력의 지표로 사용되어 철 결핍성 빈혈을 스크리닝하는 대표적인 지표로 사용된다. 헤모글로빈과 헤마토크리트는 빈혈과 철 결핍성 빈혈을 진단하는 중요한 지표로 사용된다 표 5-5. 임신 말기에 낮아진 헤모글로빈 농도는 낮은 정상 범위로 간주하여 정상으로 판단한다. 앞서 언급한 바와 같이 헤모글로빈과 헤마토크리트는 빈혈을 판단하는 중요한 지표이지만 철 결핍의 마지막 단계에서 낮아지므로 철 결핍성 빈혈의 초기 진단지표로 사용하기에 적합하지 않다.

● 표 5-5 철 결핍성 빈혈을 판정할 수 있는 헤모글로빈과 헤마토크리트 기준치

연령/성		헤모글로빈(g/dL)	헤마토크리트(%)
10~11세		<11.5	<34
12~14세		<12.0	<36
15세 이상	비임신여성	<12.0	<36
	임신여성	<11.0	<33
	남성	<13.0	<39

출처 : WHO/UNICEF/UNU. Iron deficiency anemia assessment, prevention and control: A guide for program managers. 2001

⑤ 헤마토크리트

헤마토크리트는 전체 혈액 중 적혈구가 차지하는 비율을 백분율로 표시한 것으로 모세관 튜브capillary tube에 전혈을 담아 원심분리한 후, 튜브 안에 분리된 적혈구의 높이를 전체 혈액의 높이와 비교하여 계산한다. 전혈을 이용하여 자동 혈액 분리기를 사용할 경우는 혈액 리터당 적혈구 수를 계산한 것과 평균 적혈구 용적Mean Corpuscular Volume : MCV을 가지고 계산한다. 헤마토크리트는 적혈구 사이즈보다 적혈구 수에 좀 더 의존적인 방법이다. 일반적으로 남성이 40~54%, 여성이 37~47%의 범위에 해당한다.

⑥ 평균 헤모글로빈 용적

평균 헤모글로빈 용적Mean Corpuscular Hemoglobin : MCH은 적혈구에서 헤모글로빈이 차지하는 양을 나타내는 것으로 헤모글로빈 농도를 적혈구 수로 나누어 계산한다. 일반적인 기준치는 26~34pg이다. MCH는 세포의 크기와 관계된 헤모글로빈의 양과 적혈구의 크기에 의해 영향을 받는다. MCH와 유사한 평균 헤모글로빈 용적 농도Mean Corpuscular Hemoglobin Concentration : MCHC는 평균 적혈구 안에 존재하는 평균 헤모글로빈 농도로 계산한다. 헤모글로빈 값을 헤마토크리트로 나누어 계산한다.

$$\text{MCH} = \frac{\text{헤모글로빈 농도(g/L)}}{\text{적혈구 수}}$$

$$\text{MCHC} = \frac{\text{헤모글로빈 농도(g/L)}}{\text{헤마토크리트}}$$

⑦ 평균 적혈구 용적

평균 적혈구 용적MCV은 평균 적혈구 부피를 나타내는 값으로 헤마토크리트를 적혈구 수로 나누어 계산한다. MCV의 정상치는 성인 남녀 모두에게 80~100fL의 범위로 알려져 있다. MCV는 엽산이나 비타민 B_{12}결핍이나, 만성간질환, 알코올 중독, 화학요법에 의해 증가하는 것으로 알려져 있다. 한편, MCV는 만성적인 철 결핍이나 만성질환, 납 중독 등에 의해 감소한다표 5-6.

$$\text{MCV} = \frac{\text{헤마토크리트}}{\text{적혈구 수}}$$

● 표 5-6 성인을 위한 혈구 세포 수치

구분	남성	여성
헤모글로빈(g/dL)	14~18	12~16
헤마토크리트(%)	40~54	37~47
적혈구 개수(×/L Blood)	4.5~6.0	4.0~5.5
평균 헤모글로빈 용적(pg)	26~34	26~34
평균 헤모글로빈 용적 농도(g/L blood)	320~360	320~360
평균 적혈구 용적(fL)	80~100	80~100

출처 : From Ravel R.(1994). Clinical laboratory medicine: Clinical application of laboratory data, 6thed. St. Louis: Mosby.

앞서 언급한 여러 가지 지표 중 한 가지 생화학적 방법만으로는 철의 영양상태를 판정하기에 신뢰도가 낮기 때문에 몇 가지 지표들을 같이 이용하여 개발된 모델들을 사용한다표 5-7. 한 인구집단의 철 영양상태를 판정하는 방법 중의 하나는 미국의 NHANES 연구에서 실시된 페리틴 모델로 혈청 페리틴과 트랜스페린 포화도

● 표 5-7 철 결핍 빈혈을 판정에 사용하는 주요 모델

모델	분석내용
페리틴 모델(ferritin model)	혈청 페리틴 트랜스페린 포화도 프로토포피린
평균 적혈구 부피 모델(MCV model)	MCV 트랜스페린 포화도 프로토포피린
사변수 모델(four-variable model)	MCV 혹은 혈청 페리틴 트랜스페린 포화도 프로토포피린
헤모글로빈 백분위수 전이 모델 (hemoglobin-percentile shift model)	헤모글로빈 트랜스페린 포화도 프로토프피린

출처 : From Life Sciences Research Office, Federation of American Societies for Experimental Biology(1989). Nutrition monitoring in the United States: An update report on nutrition monitoring. Washington, DC: U.S. Department of Health and Human Services, Public Health Service; Johnson MA.(1990). Iron: Nutrition monitoring and nutrition status assessment. Journal of Nutrition 120 : 1486−1491.

및 적혈구의 프로토포피린 함량 등의 세 가지 검사를 실시하여 2개 이상의 검사결과가 비정상으로 나왔을 때 철 결핍으로 간주한다. 또 다른 검사방법인 MCV 모델은 평균 적혈구용적MCV과 트랜스페린 포화도 및 적혈구의 프로토포피린 등 3가지 검사가 복합된 것이다. 복합적인 검사법은 2개 이상의 검사결과를 참고하면 철 결핍 판정이 훨씬 정확하다는 장점이 있지만 검사 비용이 높고 여러 개 검사의 질을 계속 좋게 유지하기 어려운 단점이 있다. 빈혈이 철 결핍 시에만 일어나는 것은 아니지만 영양불량이 많이 존재하는 개발도상국에서는 철 결핍을 빈혈의 지표로 사용한다.

칼슘 칼슘은 체내에 존재하는 무기질 중 가장 많은 양1,200g 정도을 차지하고 있으며, 99% 정도가 뼈와 치아에 존재한다. 나머지 1% 정도의 칼슘은 세포 외액, 세포 내액, 세포막에 존재하며 근 수축과 혈액 응고 등의 생리적 기능에도 중요한 역할을 한다.

골다공증은 폐경기 여성에게 많이 나타나는 심각한 건강문제로 칼슘의 영양상태가 중요한 관련 지표라 할 수 있다. 현재까지는 칼슘의 영양상태를 알 수 있는 적

절한 생화학적 지표가 개발되어 있지 않은 상태이다. 이는 식이 칼슘 섭취량이 다양하게 분포되어 있는 반면 생화학적으로 칼슘의 농도가 예민하게 조절되고 있기 때문이다. 지금까지 알려진 방법 중 가장 정확하게 칼슘의 영양상태를 알 수 있는 최적의 지표는 골밀도를 측정하는 방법이다. 골밀도를 측정하는 방법은 SX법Single X-ray Absorptiometry, DXA법Dual X-ray Absorptiometry, CTComputed Tomography, DEXADual Energy X-ray Absorptiometry법이 있다.

혈중 칼슘 농도는 10mg/dL2.5mmol/L 정도에서 타이트하게 조절되어 세포 외액의 칼슘 농도가 유지되므로 정상적인 혈액 응고, 근육의 수축이완, 신경세포 기능과 호르몬 기능 등 모든 칼슘대사에 관여한다.

칼슘의 항상성은 세포 외액Extracellular Fluid : ECF의 칼슘과 위장관액gastrointestinal fluids, 신장 세뇨관액renal tubular fluids과 골세포외액bone extracellular fluids 사이 칼슘 교환을 조절함으로써 이루어진다. 이 과정은 칼슘 조절호르몬인 부갑상선 호르몬 Parathyroid Hormone : PTH, 칼시토닌calcitonin, 칼시트리올calcitriol, 1,25-$(OH)_2D_3$등이 혈중 칼슘 농도에 빠르게 반응하여 혈액의 칼슘 농도의 항상성을 유지한다.

혈중 칼슘 농도가 저하되면 부갑상선에서 분비되는 호르몬인 PTH의 분비가 촉진되어, 골재흡수bone resorption를 통한 칼슘의 용출과 신장 세뇨관의 칼슘 재흡수를 직접적으로 유도한다. 또한, PTH는 신장에서 25-$(OH)D_3$로부터 1,25-$(OH)_2D_3$ calcitriol합성을 촉진하여 칼슘 결합 단백질Ca-binding protein의 합성을 유도함으로써 소장에서 칼슘 흡수를 증가시켜 간접적으로 혈액의 칼슘 농도를 증가시킨다.

반대로, 혈중 칼슘 농도가 증가하면 갑상선에서는 칼시토닌을 분비해 골격에서 칼슘이 더 이상 유출되지 않도록 신장의 칼시트리올 합성을 억제하여 PTH의 상승작용을 막아 골 재흡수를 억제한다. 이와 같은 기전에 의해 혈중 칼슘이 골격으로 더욱 축적되고 신장에서 칼슘 재흡수를 감소시켜 고칼슘혈증hypercalcemia이 되는 것을 예방한다. 칼슘의 영양상태판정을 위한 지표로는 소변 칼슘 농도를 사용하기도 한다.

① 소변 칼슘 농도

소변의 칼슘 농도는 혈중 농도, 식이 칼슘 섭취량 변화에 비해 좀 더 예민하게 반응한다표 5-8. 하지만 소변 칼슘 농도는 고칼슘혈증을 유도하는 여러 가지 요인에 의

● 표 5-8 혈장과 소변의 칼슘 정상치

구분			정상범위
혈장	총량(mg/100mL)		9~11(2.3~2.75mmol/L)
	이온화형		4.4~5.1(1.1~1.28mmol/L)
	복합체형		0.6~1.2(0.15~0.30mmol/L)
	단백질결합형		3.7~4.3(0.93~1.08mmol/L)
소변	24시간 소변(mmol/L)	남	4.55(1.25~10)
		여	6.22(1.25~12.5)
	공복 시 칼슘/크레아티닌(molar)	남	0.169±0.183*
		여(폐경 후)	0.341±0.183*

*Mear ± SD

출처 : Lee RD, Niemar DC(2006). Nutritional Assessment.

해 영향을 받을 수 있다. 혈중 칼슘 농도가 높아지면 소변으로 배설되는 칼슘량이 증가한다. 또한, 식이 단백질 섭취량이 증가한 경우에도 칼슘 배설량이 증가한다. 소변 칼슘량이 증가한 경우는 혈중 칼슘 농도가 낮아지는 저칼슘혈증이나 신장질환으로 인해 발생할 수 있다. 2시간 절식한 후 채취한 소변을 이용하여 칼슘과 크레아티닌의 비율을 계산하여 칼슘의 영양상태를 측정하기도 한다. 또한, 공복 시 소변에서 측정한 칼슘 농도는 칼슘 보충제에 대한 순응도compliance를 확인하는 지표로 사용할 수 있다.

아연 아연은 체내에서 가장 많은 효소들의 구성요소로 작용하는 중요한 무기질이다. 이러한 이유로 단백질대사, 상처 치유, 면역 기능, 조직의 성장과 유지 등 다양한 대사에 관여한다. 아연의 심각한 결핍으로 단신증dwarfism, 생식선 기능감퇴증hypogonadism이 발생하고, 중등 정도의 결핍으로는 성장 지연이 발생할 수 있다. 아연의 영양상태판정을 위한 지표로는 혈중 아연 농도, 적혈구 메탈로티오닌metallothionein 농도, 머리카락 아연 농도, 소변 아연 농도를 측정하거나 상처 치유 속도, 지연된 과민 피부반응 등의 기능성 지표들이 있다.

① 혈중 아연 농도

현재까지 아연의 영양상태에 특이적으로 예민한 생화학적 지표가 부족한 상태이다. 혈중 아연의 농도는 체내 항상성이 잘 유지되고 체내 아연의 영양상태에 영향을 많이 받지 않는 것으로 보고되고 있어 약간의 결핍 시에도 잘 유지되는 것으로 알려져 있다. 하지만 혈중 아연 농도는 비교적 늦게 나타나긴 하지만, 조직 간의 교환 가능한 아연의 체내 보유량에 대한 지표로 사용 가능하다. 혈중 아연 농도는 골격이나 간에서 아연의 손실을 감지하거나 아연 결핍으로 인한 임상적인 위험 또는 대사적인 위험이 증가하는 신호가 될 수 있다.

② 적혈구 메탈로티오닌

메탈로티오닌은 아연이나 구리와 결합하는 단백질로 간, 췌장, 신장, 소장 점막 등 가장 많은 조직에 존재하는 단백질이다. 메탈로티오닌 농도는 아연 농도와 비례적으로 존재하여, 혈중 아연 농도와 함께 사용될 경우 잠재적인 아연의 영양상태를 반영하는 지표로 사용할 수 있다. 혈중 아연 농도가 스트레스나 염증, 감염상태에서 감소하는 반면 간이나 혈중 메탈로티오닌의 농도는 증가하는 것으로 알려져 있다. 이는 스트레스나 염증, 감염상태에서 아연의 혈액과 조직 간의 재분배가 일어나기 때문이다. 아연 결핍 시에는 메탈로티오닌이 감지되지 않으므로 혈중 아연 농도와 혈중 메탈로티오닌이 동시에 감소하는 경우는 아연 결핍이라 판정할 수 있다. 스트레스에 반응하지 않는 적혈구 메탈로티오닌을 지표로 사용할 수도 있다.

③ 머리카락 아연 농도

머리카락의 아연 농도는 체내 아연상태의 지표로 사용할 수 있다. 머리카락은 천천히 자라기 때문에 단기간 식이의 영향보다는 장기간의 영양상태에 영향을 받는다. 따라서 머리카락의 아연 농도는 비교적 단기간의 영양상태를 반영하는 혈액이나 적혈구의 아연 농도와 상관관계가 적게 나타날 수 있다. 머리카락은 다른 조직보다 비침습적non-invasive으로 샘플을 얻을 수 있으며 상대적으로 다른 방법에 비해 분석이 용이하다.

머리카락을 사용할 경우 외부에서 오염이 될 수 있는 가능성이 있으므로 분석 전에 잘 세척을 해야 하며 세척으로 인해 제거되지 않는 오염의 경우도 고려해야 한다. 이 외에도 특정 질환이나 머리카락의 성장속도, 머리카락의 색이나 성별 등도 아연의 농도에 영향을 미칠 수 있다.

④ 소변 아연 농도

아연 결핍 시 소변의 아연 농도가 감소할 수 있으나 간경변이나 바이러스성 간염, 악성 빈혈, 수술, 정맥 영양 등도 소변의 아연 농도에 영향을 미칠 수 있다. 또한, 소변의 아연 농도를 측정하기 위해 24시간 소변을 이용해야 하므로 손쉬운 방법은 아니다.

⑤ 아연의 기능성 지표

상처 치유 정도, 아연 보충에 따른 성장반응, 지연된 피부과민반응, 적혈구의 아연 유입 정도, 미각 예민도 등이 아연이 부족한 경우 영향을 받는 기능성 지표로 사용될 수 있다.

지용성 비타민 영양상태판정

비타민 A 비타민 A는 필수 지용성 비타민으로 개발도상국을 비롯하여 전 세계적으로 섭취가 부족한 비타민이지만, 체내에 축적이 가능하여 최근에는 과잉증이 문제가 되기도 한다. 비타민 A의 영양상태는 결핍deficient, 경계수준의 결핍marginal, 적절adequate, 과다excessive, 중독toxic의 다섯 단계로 나눌 수 있다. 이중 결핍과 중독상태는 임상적 증상으로 판단이 가능하지만, 경계수준의 결핍, 적절, 과다상태는 생화학적인 검사가 필요하다. 비타민 A의 생화학적 검사로는 혈청, 유즙, 간의 비타민 A 함량을 측정하는 방법이 있으며, 기능성 검사로는 암적응dark adaptation검사, 결막 상피세포 조사conjunctiva impression cytology, 투여반응시험Relative Dose Response : RDR 등이 있다.

① 혈청 비타민 A

혈청 비타민 A 분석은 비타민 A의 영양상태판정에 가장 많이 사용하는 방법이다. 일반적으로 정상인 경우, 비타민 A는 혈청에서 95%가 레티놀 결합단백질Retinol Binding Protein : RBP과 결합되어 있는 레티놀의 형태이며 나머지 5%만이 결합되어 있지 않은 레티닐 에스터 형태로 존재한다. 혈청 비타민 A는 체내에서 항상성 조절이 잘 되고 체내에서 완전히 고갈되었거나 초과하였을 때 변화가 있으며, 간 저장량이 낮은 경우에도 어느 정도 항상성을 유지한다. 그러나 단백질, 열량, 아연 등 다른 영양소 섭취나 감염 등의 상태에 영향을 받으므로 혈청 비타민 A 수준은 임상적 증상, 식사섭취조사, 여러 사회경제적 지표와 함께 사용해야 한다.

평균적인 혈청 비타민 A의 범위는 성인의 경우 45~65μg/dL이다. 혈청 비타민 A의 수준이 30μg/dL 이하일 때, 적절하지 않은 수준이며, 비타민의 저장이 거의 고갈된 상태라고 할 수 있다. 혈청 비타민 A의 범위는 10μg/dL 0.35μmol/L 이하이면 결핍이라 할 수 있으며, 100μg/dL 이상일 때 과잉증으로 판정한다. 정상적인 아이의 성장을 위해서는 유즙의 비타민 A 함량이 20μg/dL 이상이 되어야 하며, 10μg/dL인 경우 결핍 위험이 있다.

② 투여반응시험

투여반응시험Relative Dose Response : RDR은 체내 레티놀 저장량이 높은 경우에는 경구로 비타민 A를 투여해도 혈장의 비타민 A 수준이 영향을 받지 않지만 체내 저장량이 낮은 경우에는 경구 투여 5시간 후의 혈장 비타민 A 수준이 최고치에 달하기 때문에 이용될 수 있다. 간의 비타민 저장량이 고갈될수록 비타민 A가 결합되지 않은 apo-RBP상태로 쌓이고, 이러한 상태에서 비타민 A를 공급하게 되면 흡수된 비타민 A가 간에서 RBP와 결합되어 holo-RBP상태가 된다. 따라서 공복 시의 holo-RBP와 비타민 A 투여 후 5시간 후의 holo-RBP를 측정하여 그 차이로 apo-RBP의 축적상태를 알아보는 것인데, 이는 비타민 A의 결핍을 직접적으로 반영한다. 비타민 A 결핍상태에서는 비타민 A 보충 전후의 holo-RBP 농도의 차이가 커서 RDR이 증가하나, 비타민 A가 충분할 때는 보충 전후의 holo-RBP 농도 차이가 크지 않아 RDR이 감소한다. RDR이 50% 이상이면 심한 결핍, 20~50%면 경계수준의 결핍, 20% 이하이면 적절한 상태로 판정할 수 있다. RDR 판정을 구하는 식은 다음과 같다.

$$\mathrm{RDR}(\%) = \frac{\text{비타민 A 경구투여 5시간 후의 혈청 레티놀} - \text{공복 시 혈청 레티놀}}{\text{비타민 A 경구투여 5시간 후의 혈청 레티놀}} \times 100$$

이 방법은 비타민 A 투여 후 5시간을 기다려야 한다는 점과 두 번의 혈액을 채취해야 한다는 점 등의 한계점이 있다.

③ 결막 상피세포조사

비타민 A 부족은 상피세포의 형태학적 변화를 가져오며, 특히 눈의 결막 상피세포에서 점액을 분비하는 세포 수와 핵의 수가 감소하고 비늘 모양으로 바뀌게 된다. 결막 상피세포조사conjunctiva impression cytology는 이러한 눈의 결막 상피세포의 형태학적 변형을 현미경으로 관찰하여 판정하는 방법이며 비타민 A의 결핍으로 인한 초기의 생리적인 변화를 감지할 수 있다. 셀룰로스 에스터 여과지를 눈의 결막 상피에 3~5초 동안 대고 있다가 떼어 여과지에 붙은 상피세포를 염색하여 현미경으로 관찰한다. 이 방법은 집단의 결핍을 판정하는 데 사용될 수 있으며, 조사한 집단대상자의 50% 이상이 정상 범위에서 벗어났다면 이 집단은 비타민 A 결핍의 위험이 있다고 할 수 있다. 이 방법은 수행하기에 고통이 없지만 3세 이하의 어린이에게서 상피세포 샘플을 얻기가 어렵고, 전문세포학자cytologist가 판독을 해야 한다는 점, 각막이나 전신감염 또는 심한 영양 결핍에 의해 영향을 받는다는 점 등의 여러 가지 한계점이 있다.

④ 암적응검사

비타민 A의 가장 잘 알려진 기능은 암적응dark adaptation 기능이다. 비타민 A 결핍증인 야맹증의 발생 전에 암적응능력이 떨어진다. 로돕신rhodopsin, 시자홍은 옵신opsin과 시스-레티날이 결합된 것으로 눈에 빛이 들어오면 로돕신은 옵신과 트랜스-레티날로 분리되어 시각반응을 일으킨다. 트랜스-레티날이 로돕신을 만들기 위해 시스-레티날로 돌아올 때 비타민 A가 공급되어야 하는데, 이때 비타민 A가 결핍되면 로돕신의 합성이 감소된다. 이러한 상태에서 밝은 불빛을 비춘 후, 어두워지면 빛에 대한 적응이 어려워진다. 이 검사는 기능적 검사로 5~15분 정도의 시간에 적은 비용으로 비교적 간단히 수행이 가능하여, 대규모 집단검사에 유용한 방법이다.

⑤ 간저장량 검사

비타민 A의 간저장량은 방사성동위원소희석법이 유일하게 사용되는 방법으로 비타민 A의 식이섭취량과 상관관계가 있다. 이 방법은 간조직에서의 비타민 A 저장량을 측정하는 방법으로 어린이와 성인의 경우, 정상범위는 1g 간조직당 20μg 이상이며, 5μg 이하는 결핍으로 판정된다. 하지만 간의 생검은 시행하기 어려우므로 다른 진단 목적이나 수술 시의 생검이나 사망 후 부검 시 채취된 조직을 사용해야 하는 점 등의 한계점이 있다.

비타민 D 비타민 D의 주요한 생리적 기능은 혈청 칼슘과 인의 농도를 일정하게 유지하여 뼈의 무기질화, 신경근 기능, 여러 세포작용을 돕는 것이다. 비타민 D는 전구체인 7-디하이드로콜레스테롤7-dehydrocholesterol은 식품을 통해서 섭취되거나 햇빛이나 자외선 조사를 통해 피부에서 합성된다. 비타민 D의 급원식품은 제한적이며, 생선간유, 지방이 많은 생선, 버섯, 달걀노른자, 간 등이다. 일조량이 충분한 사람들은 식이섭취로부터의 비타민 D는 필요하지 않으나, 북구권 거주자나 노인, 검은 피부를 가진 사람, 일조량 부족인 사람인 경우나 과다한 자외선 차단제의 사용은 피부로부터의 비타민 D 합성을 적게 한다. 비타민 D의 결핍증으로는 성인에게는 골연화증osteomalasia이 있으며 어린이에게는 구루병rickets이 있다. 특히, 산모가 임신 시 비타민 D 결핍이었던 경우, 모유를 섭취하는 신생아가 비타민 D 결핍이 되기 쉽다.

비타민 D의 판정지표로는 혈청 25-하이드록시 비타민 $D_3$25-OH-D_3, 혈청 부갑상선호르몬, 혈청 알칼리 포스파테이스 등이 있다.

① 혈청 25-하이드록시 비타민 D

혈청 25-하이드록시 비타민 D_3serum 25-hydroxyvitamin D_3, 25-OH-D_3는 혈액에서 가장 많은 형태이며 반감기가 비교적 길다. 혈청 25-OH-D_3 농도는 비타민 D의 영양상태를 판정하기에 가장 좋은 지표이며, 이는 피부와 식이섭취로부터의 비타민 D를 모두 반영한다. 혈중 비타민 D 농도의 기준치 비교는 표 5-9와 같다.

표 5-9 혈중 비타민 D 농도의 기준치 비교

25-하이드록시 비타민 D(ng/mL)	세계보건기구 (WHO)	미국의학협회 (NAM, 2011)	미국 내분비학회 (Endocrine Society)
결핍(deficiency)	≤10	<12	<20
불충분(insufficiency)	11~19	12~19	20~29
충분(sufficiency)	≥20	≥20	≥30

출처 : 보건복지부 · (사)한국영양학회(2020). 2020 한국인 영양소 섭취기준.

과잉의 혈청 25-OH-D_3 수준은 식이섭취나 보충제를 통해서만 도달하며, 혈청 25-OH-D_3에 영향을 미치는 요인으로는 계절이나 직업 등에 의한 일조량의 차이, 나이, 피부색깔, 흡연, 비만 정도, 경구피임약 사용 여부 등이 있다.

② 혈청 부갑상선호르몬

혈청이나 혈장 부갑상선호르몬Serum Parathyroid Hormone : PTH은 비타민 D의 기능과 관련이 있으며, 혈청 PTH는 나이가 듦에 따라 증가한다. 혈청 PTH는 혈청 25-OH-D_3와 역의 상관관계가 있다. 비타민 D 결핍 시에 칼슘 흡수가 감소되고, 혈청 PTH가 증가하여 뼈로부터 칼슘이 용출되며, 신장에서 뼈의 재흡수가 일어나 칼슘의 농도가 생리적으로 적절한 상태를 유지하게 된다. 따라서 혈청 PTH와 혈청 25-OH-D_3 농도를 함께 측정하는 것은 비타민 D의 상태를 판정하는 데 유용하다.

③ 혈청 알칼리 포스파테이스

혈청 알칼리 포스파테이스Serum Alkaline Phosphatase : ALP 활성은 비타민 D의 상태를 측정하는 간접적인 방법으로 골연화증이나 구루병인 경우, 그리고 비타민 D의 결핍 정도에 따라 비례적으로 효소활성이 증가하며, 20units 이상이면 결핍상태로 판정된다. 비타민 D의 결핍이 심한 경우에 사용하기 좋으나 경계 정도의 비타민 D의 결핍에서는 유용하지 않다.

비타민 E 비타민 E에는 4가지 토코페롤과 4가지 토코트리에놀이 있으며 그중

α–토코페롤은 가장 생물활성이 높아 영양권장량 설정에 고려되고 있다. 다양한 비타민 E의 이성질체는 몸속에서 서로 전환되지 않으며 대사도 다르다. 비타민 E는 항산화 영양소로 세포막을 프리라디칼free radical로부터 보호하고 동맥경화증 예방, 항암 등의 기능이 있음이 밝혀졌다. 비타민 E 결핍은 일반적으로 드물지만 간의 비타민 E 운반단백질α-tocopherol transfer protein이 유전적으로 결함이 있는 경우, 단백질 열량 결핍, 미숙아, 만성간질환 등의 경우에 나타날 수 있다. 비타민 E의 영양상태를 판정하는 지표로는 혈청 토코페롤, 적혈구, 혈소판, 조직의 토코페롤, 적혈구 용혈 검사RBC hemolysis test 등이 있다.

① 혈청 토코페롤

비타민 E는 영양판정을 하는 데 가장 보편적으로 이용되는 생화학적 지표이다. 대부분 비타민 E는 혈청에서 저밀도 지단백질LDL에 의해서 이동되므로, 혈청 총 지질이나 혈청 콜레스테롤이 높은 사람의 경우, 혈청 토코페롤의 농도가 높다. 또한 혈중 지질은 나이가 들어감에 따라 증가하므로 혈청 토코페롤 수준도 함께 증가하게 된다. 그러나 일상식을 통해 섭취한 비타민 E는 혈청의 토코페롤과 연관성이 없으나, 보충제로 섭취할 경우는 연관성을 보인다. 일반적으로 일반 성인의 혈청 토코페롤의 농도는 0.8~1.5mg/dL이며, 성인의 혈청 토코페롤 함량이 0.5mg/dL 이하일 경우 결핍으로 판정하며, 우리나라 성인의 경우 0.68~1.20mg/dL일 때 정상 범위에 속한다.

② 적혈구, 혈소판, 조직의 토코페롤

적혈구 토코페롤은 2~3μg/g으로 농도가 매우 낮아 측정하기가 어려워 비타민 E 영양상태판정지표로 사용되기에 활용도가 높지 않다. 혈소판 토코페롤은 식사의 비타민 E 섭취량을 혈청이나 적혈구 내의 토코페롤보다 더 잘 반영하며, 혈청 지질의 농도에도 영향을 받지 않으므로 비타민 E의 영양판정에 매우 좋은 지표이다. 정상인의 경우 혈소판 토코페롤의 함량은 30μg/g 정도이다. 비타민 E는 주로 지방이나 간에 저장되므로 이들 조직에서의 토코페롤 함량은 장기간의 비타민 E 상태를 판정하는 데 유용하다. 그러나 조직 채취가 쉽지 않아 대규모 집단의 영양상태판정에 이용되기 어렵다. 정상인의 지방조직 내 토코페롤 함량은 150 $\mu g/g$ 정도이다.

③ 적혈구 용혈검사

비타민 E의 영양판정에 쓰이는 가장 대표적인 기능적 지표로서, 비타민 E의 항산화 기능을 반영한다. 비타민 E가 결핍된 아이들에게 혈장 토코페롤의 농도는 과산화수소 처리에 의해 발생된 용혈반응과 반비례한다고 보고되었다. 적혈구의 비타민 E 부족 시 용혈이 쉽게 일어난다는 원리를 이용하여 적혈구를 분리하여 세척한 후, 3시간 동안 2%로 희석된 과산화수소 또는 증류수에 넣어 배양한 적혈구가 파괴되어 생성된 헤모글로빈을 측정하여 비교한 후 판정한다. 정상인의 경우 보통 5% 미만의 용혈을 보이며, 10% 미만이면 양호하다고 판정하고, 20%가 넘으면 결핍으로 판정한다.

$$\text{용혈 정도(\%)} = \frac{\text{2\% 과산화수소 용액에서 배양한 적혈구에서 용혈된 헤모글로빈 양}}{\text{증류수에 배양한 적혈구에서 용혈된 헤모글로빈 양}} \times 100$$

④ 기타

세포막 지질은 비타민 E가 결핍될 때 과산화가 촉진되는데, 혈장이나 소변에서 지질 관련 산화에 의해 발생하는 여러 대사산물인 TBARSThiobarbituric Acid Reactive Substances이나 말론디알데하이드malondialdehyde를 측정하여 비타민 E의 결핍을 판정할 수 있으나, 비타민 E뿐만 아니라, 다른 항산화 영양소 섭취, 질병상태 등과 연관이 있어 널리 이용되지 않는다.

수용성 비타민 영양상태판정

비타민 B_1 비타민 B_1티아민은 다양한 열량대사과정에서 조효소 역할을 하며, 리보플라빈, 니아신처럼 체내에 소량만이 저장되어 요로 배설되는 속도가 빠르다. 우리나라 국민건강통계에 따르면 만 1세 이상 전체대상자의 비타민 B_1 섭취량이

1.33μg으로 적절한 섭취를 하고 있는 것으로 보인다. 비타민 B_1의 영양상태판정은 생화학적으로 혈액과 소변에 함유되어 있는 양을 측정하는 방법과 조효소로 작용하는 적혈구 트랜스케톨레이스erythrocyte transketolase 활성측정방법이 있다.

① 소변의 비타민 B_1

소변의 비타민 B_1 배설량은 필요량 설정을 위한 대사연구에서 가장 널리 사용된 방법이다. 최근 비타민 B_1의 섭취를 반영하나 조직에서의 비타민 B_1 저장상태는 정확히 알기 어렵기 때문에 비타민 B_1의 영양상태를 판정하는 데 좋은 지표는 아니며, 24시간 동안 소변을 모아야 한다는 어려움이 있다.

● 표 5-10 비타민 B_1 영양상태판정을 위한 소변의 비타민 B_1 배설 기준치 (단위 : μg/g 크레아티닌)

대상		결핍(고위험)	부족(중등위험)	적정(저위험)
어린이, 청소년	1~3세 4~6세 7~9세 10~12세 13~15세	<120 <85 <70 <60 <50	120~175 85~120 70~180 60~180 50~150	>176 >121 ≥181 ≥181 ≥151
성인 임신(중기) 임신(후기)		<27 <23 <21	27~65 23~54 21~49	≥66 ≥55 ≥50
성인 (티아민 투여 후)	μg/24시간 μg/6시간 μg/4시간	<40 <10 <20	40~99 10~24 20~79	≥100 ≥25 ≥80

출처 : Gibson RS(2005). Principles of Nutrition Assessment.

② 적혈구 트랜스케톨레이스 활성

트랜스케톨레이스transketolase는 TPPthiamin pyrophosphate를 조효소로 필요로 하기 때문에 트랜스케톨레이스 활성법은 적혈구에서의 트랜스케톨레이스 활성도를 측정하여 비타민 B_1의 영양상태를 판정하는 기능적인 방법이다. 적혈구에서 TPP를 넣지 않은 상태에서 트랜스케톨레이스 활성을 측정하고, 또 다른 시료에서는 과량의 TPP를 첨가하여 효소활성을 측정하여 효소활성 증가 정도를 비교한다. 비타민 B_1 결핍 정도가 심할수록 활성증가율이 높아진다. 비타민 B_1 초기 결핍상태를 판정하는 가장 정확한 방법으로, 증가된 비율이 0~15%이면 적정, 15~24%이면 경계 결핍, 25% 이상이면 결핍으로 최근 2013~2017년 국민건강영양조사 자료 분석에 의하면 식품과 보충제로부터 섭취한 총 티아민 섭취량은 19~29세가 약 2.5mg/일, 30세 이상은 약 4~5mg/일로 19~29세가 좀 적었다.

비타민 B_2 비타민 B_2**리보플라빈**는 두 가지 중요한 조효소인 FMN**Flavin Mononucleotide**과 FAD**Flavin Adenine Dinucleotide**의 구성물질로서 체내에서 필수적인 산화환원반응에 중요한 영양소이다. 비타민 B_2은 비타민 B_{12}, 엽산, 비타민 B_6, 니아신의 대사에도 관여한다. 리보플라빈의 결핍증은 주로 영양 결핍이 많은 저소득층에서 많으며, 임신부, 청소년, 노인층과 알코올중독, 당뇨병, 간질환, 소화기질환 환자 등에서도 볼 수 있다. 결핍 시에는 구각염, 구순염, 설염 등의 구강염증이 발생하며, 코·입 주위, 외음부나 음낭에서의 지루성 피부염, 빈혈, 조로성 백내장 등이 나타날 수 있다. 우리나라의 1세 이상 대상자 전체의 비타민 B_2 평균섭취량은 1.26mg이며, 평균필요량 미만의 섭취자가 44.8%나 되어 주의가 요구되는 영양소이다.

2015~2017 국민건강영양조사 자료 분석 결과, 19~29세 성인의 경우 대체적으로 40% 이상이 평균필요량 미만으로 식품과 보충제로부터 리보플라빈을 섭취하였다.

비타민 B_2의 영양상태를 판정하는 방법으로는 소변의 비타민 B_2 배설을 측정하는 방법과 적혈구 글루타티온 환원효소**Erythrocyte Glutathione Reductase : EGR** 활성방법이 있다.

① 소변의 비타민 B_2 배설

소변에서 비타민 B_2을 24시간 수집해서 분석하는 방법이며, 결핍일 때 배설량이 감소한다표 5-11. 최근의 식사를 통한 비타민 B_2 섭취량을 알아보는 좋은 방법이나 장기간의 체내 저장량은 잘 반영하지 못하는 점, 24시간 동안 소변을 모아야 하는 점, 배설량이 영양섭취 외 다른 요인, 즉 항생제, 신경안정제, 경구피임약 복용 등 약물복용의 영향을 받는다는 점 등의 한계점이 있다.

● 표 5-11 비타민 B_2 영양상태판정을 위한 소변의 비타민 B_2 배설 기준치 (단위 : μg/g 크레아티닌)

대상		결핍(고위험)	부족(중등위험)	적정(저위험)
어린이, 청소년	1~3세	<150	150~499	≥500
	4~6세	<100	100~299	≥300
	7~9세	<85	85~269	≥270
	10~15세	<70	70~199	≥200
성인		<27	27~29	≥80
임신(초기)		<27	27~65	66~129
임신(중기)		<23	23~54	55~109
임신(후기)		<21	21~49	50~99
성인 (리보플라빈 투여 후)	μg/24시간	<40	40~119	≥120
	μg/6시간	<10	10~29	≥30
	μg/4시간	<1,000	1,000~1,399	≥1,400

출처 : Gibson RS(2005). Principles of Nutrition Assessment.

② 적혈구 글루타티온 환원효소EGR 활성

체내의 비타민 B_2 영양상태를 가장 정확히 판정할 수 있는 방법으로, FAD를 첨가하기 전후를 측정하여 EGR의 활성화를 측정하는 방법과, 적혈구의 EGR 활성도를 FAD 첨가에 따른 자극비율로 나타내어 EGR 활성계수를 측정하는 방법이 있다. 이 중 EGR 활성계수 측정법이 더 적합하여 임상에서 많이 이용된다. 활성계수가 높을수록 비타민 B_2의 영양상태가 좋지 않음을 뜻하는데, 활성계수가 1.2 이하면 양호, 1.2~1.4이면 부족, 1.4 이상이면 결핍으로 판정한다.

$$\text{EGR 활성계수} = \frac{\text{FAD 첨가 후 효소 활성}}{\text{FAD 첨가 전 효소 활성}}$$

니아신 니아신은 NADNicotinamide Adenine Dinucelotide 또는 NADPNicotinamide Adenine Dinucleotide Phosphate의 구성성분으로 여러 에너지 대사, 산화·환원반응에 관여한다. 니아신은 식품섭취에서 공급되거나 간에서 아미노산인 트립토판으로부터 생성되기도 한다. 트립토판이 체내에서 니아신으로의 전환은 평균 60 : 1의 전환율을 보인다. 펠라그라는 니아신의 대표적인 결핍증이며, 니아신결핍은 경제수준이 낮은 저소득층이나 저개발국, 결핵약 복용환자, 만성알코올중독자 등에서 문제가 될 수 있다. 과잉증으로 홍조, 구토 등이 나타날 수 있고, 간독성, 포도당 내성, 소화관장애 등이 발생할 수 있다. 니아신의 영양상태판정으로는 혈액이나 적혈구의 니아신 농도, 소변의 니아신 대사산물 배설의 측정이 있다. 혈액이나 적혈구의 니아신 농도는 최근 식이섭취는 반영하나 영양상태는 반영하지 못하여 좋은 지표는 아니다.

① 소변의 니아신 대사산물 배설

소변에서 니아신 대사의 최종산물은 N′-메틸-2-피리돈-5-카르복사미드와 N′-메틸 니코틴 아미드이며 건강한 성인은 20~30%의 니아신을 N′-메틸 니코틴 아미드 형태로, 40~60%의 니아신을 N′-메틸-2-피리돈-5-카르복사미드의 형태로 배설한다. 이들의 비를 측정하여 니아신의 영양상태를 판정하는데, 이 비율은 식이섭취에 영향을 거의 받지 않는다. 실제 N′-메틸-2-피리돈-5-카르복사미드의 측정방법이 어려워 N′-메틸 니코틴아미드만을 측정하기도 한다. 50mg의 니코틴아미드를 투여한 후, 4~5시간 후 소변으로 배설되는 대사물질의 함량을 측정하며 결핍의 경우 배설량이 줄어든다.

② 적혈구 NAD

니아신이 고갈상태인 경우 민감하게 감소하며 니아신 대사물의 소변 배설량과 함께 민감도와 신뢰도가 높은 지표로 알려져 있다.

비타민 B_6 비타민 B_6는 식품 중에 피리독신Pyridoxine : PN, 일차알코올형, 피리독살Pyridoxal : PL, 알데하이드형, 피리독사민Pyridoxamine : PM, 아민형의 세 가지 형태로 존재한다. 이들의 각각 인산화 형태인 피리독신 5-인산Pyridoxine 5-phosphate : PNP, 피리독살 5-인산Pyridoxal 5-phosphate : PLP, 피리독사민 5-인산Pyridoxamine 5-phosphate : PMP 등으로 구성되어 있다. 간, 적혈구, 다른 조직에서 아미노기 전이반응transamination reaction에서의 조효소로 작용하는데, 이때 PLP와 PMP 형태가 주를 이루며, 이중 PLP가 체내에서 가장 중요한 조효소의 형태이다.

표 5-12 성인의 비타민 B_6 영양상태를 판정하는 생화학적 기준치

생화학적 지표		성인의 충분수준
직접 측정법	• 혈액 : 혈장 PLP	>30nM
	혈장 총 비타민 B_6	>40nM
	• 소변 : 4-pyridoxic acid	>3.0 μmol/일
	총 비타민 B_6	>0.5 μmol/일
간접 기능법	• 혈액 : 적혈구 알라닌 전이효소 지표	<1.25
	적혈구 아스파트산 전이효소 지표	<1.80
	• 소변 : 2g 트립토판 부하시험	<65 μmol 크산튜렌산/일
	3g 메티오닌 부하시험	<350 μmol 시스타티온/일
식이섭취	• 비타민 B_6 섭취(주 평균)	>1.2~1.5mg/일
	• 비타민 B_6 : 단백질 비율	>0.020

출처 : Leklem JE(1990). Vitamin B6: A status report, J Nutr, 120 : 1503-1507.

비타민 B_6 섭취는 직접적으로 단백질섭취와 관련이 있으며, 단백질섭취가 증가하면 혈장 PLP는 감소한다. 대부분 건강한 사람들에게는 비타민 B_6 결핍증은 드물지만 고령자, 청소년, 임산부, 알코올중독자 등에서 결핍이 나타날 수 있다. 또한, 비타민 B_6 섭취가 과다할 경우, 신경계에 문제가 생길 수 있다. 비타민 B_6의 영양상태는 직접적으로 혈액, 소변에서의 비타민 B_6를 측정하는 방법과 간접적인 기능적 방법으로 트립토판 부하검사, 메티오닌 부하검사, 아미노기전이효소 활성 측정 등이 있다표 5-12. 미국에서는 생체이용률이 높은 동물성 식품이 비타민 B_6 주요 급원임에 반해, 우리나라에서는 생체이용률이 낮은 식물성 식품이 주요 급원이므로 혈장 PLP 수준을 30nM 이상으로 한다.

① 혈장과 적혈구 PLP

혈장 PLP는 비타민 B_6의 영양상태를 판정하는 데 가장 흔히 사용되는 방법으로 총 비타민 B_6 중 70~90%가 혈장 PLP로 존재하며, 그 다음이 PL이 8~30%이다. 공복 시의 혈장 PLP는 건강한 사람의 비타민 B_6 영양상태를 판단하는 데 가장 좋은 지표이며, 근육의 PLP는 체내의 비타민 B_6의 저장상태의 80%를 반영한다. 식이로 섭취된 B_6와 단백질은 혈장 PLP 농도에 영향을 주는데, 비타민 B_6의 섭취가 증가하면

혈장 PLP는 증가하고, 단백질 섭취가 증가할수록 혈장 PLP는 감소한다. 혈장 PLP에 영향을 미치는 다른 요인들은 표 5-13에 제시되어 있다.

● 표 5-13 혈장 PLP 농도에 영향을 미치는 요인들

요인	영향
↑ 비타민 B_6 섭취량	↑
↑ 단백질 섭취량	↓
↑ 포도당 섭취량	↓
↑ 혈장량	↓
↑ 신체활동	↑
↓ 간 이외의 조직으로의 흡수	↑
↑ 나이	↓

출처 : Leklem JE(1990). Vitamin B_6: A status report. J Nutr, 120 : 1503-1507.

CHAPTER 05

적혈구의 PLP는 헤모글로빈과 강하게 결합되어 있고 적혈구의 수명이 비교적 긴 120일이므로 비타민 B_6의 장기적인 영양상태와 저장상태를 잘 반영하나 다른 조직을 대표하지는 못한다.

② 혈장과 소변의 총 비타민 B_6

PLP와 PL은 혈장에서의 총 비타민 B_6의 90%를 차지하고 있으며, 총 비타민 B_6는 혈장 PLP×1.25로 계산될 수 있다.

소변의 비타민 B_6는 성인에서는 식이섭취와 밀접하게 관련이 있어 최근 섭취상태를 반영하나, 소변을 1~3주 동안 모아야 한다는 한계점이 있다. 소변을 통해 비타민 B_6가 하루 0.5 μmol 이하로 배출되면 비타민 B_6 결핍으로 판단된다표 5-12.

③ 소변의 4-피리독신산

소변의 4-피리독신산4-PA은 주요한 비타민 B_6의 대사산물이며, 비타민 B_6 섭취에 의해 예민하게 영향을 받으므로 단기간의 비타민 B_6 영양섭취상태를 잘 반영한다고 할 수 있다. 남녀 평균적으로 하루에 소변으로 배설되는 4-PA가 3.0 μmol 이상이며, 남성의 경우 하루에 3.5 μmol, 여성의 경우 3.2 μmol 이상인 경우 정상으

로 판단된다. 결핍의 경우 4-PA는 소변으로 배설되지 않는다.

④ 트립토판 부하검사

트립토판 부하검사tryptophan load test는 비타민 B_6의 영양섭취상태판정 시 가장 많이 사용되는 방법이며, 예민한 기능적 지표이다. 트립토판이 니코틴산으로 전환되는 대사과정에서 피리독신을 의존효소로 한다. 이때 비타민 B_6가 부족한 경우, 니코틴산으로 전환되지 못하고 중간 대사산물인 크산튜렌산xanthurenic acid으로 축적되어 요로 배설된다.

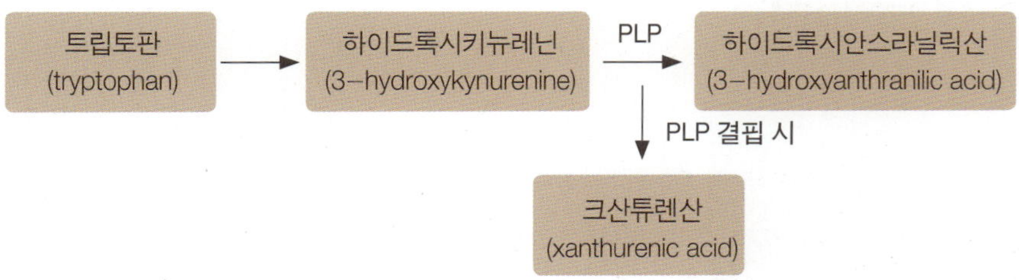

● 그림 5-3 비타민 B_6가 필요한 트립토판 대사경로

2g의 트립토판을 경구투여한 후, 요에서 하루에 30~40μmol의 크산튜렌산이 배설되면 정상으로 판정하며, 65μmol/일 이상이면 결핍으로 판정한다표 5-12 참조. 요 크산튜렌산 배설은 여러 가지 요인에 의해 영향을 받으며, 특히 단백질섭취량, 운동, 체근육, 투여된 트립토판의 양, 경구피임약 복용, 종양 등의 요인들에 의해 배설량이 달라진다.

⑤ 메티오닌 부하검사

메티오닌 부하검사methionine load test 또한 PLP가 메티오닌의 대사에 활용되는 원리를 이용한 것으로 비타민 B_6의 간 저장상태를 반영한다. 3g의 메티오닌을 경구투여하고 24시간 수집한 요에서 시스타티오닌cystathionine 등의 메티오닌 대사산물의 배설량을 측정한다. 하루에 350μmol 이상 시스타티오닌이 배설되면 결핍으로 판단한다표 5-12 참조. 이 방법은 단백질섭취량에 영향을 받는다는 한계점이 있다.

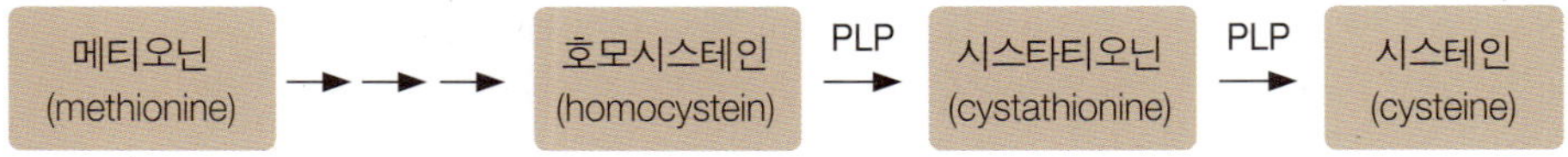

● 그림 5-4 비타민 B_6가 필요한 메티오닌 대사경로

⑥ 적혈구 아미노기 전이효소 활성

비타민 B_6의 영양상태를 측정하는 기능적 지표로 적혈구의 알라닌 전이효소erythrocyte Alanine Transaminase : ALT 또는 GPT와 아스파트산 전이효소erythrocyte Aspartic acid Transaminse : AST 또는 GOT의 두 가지 효소 활성이 있다. 이 두 가지 효소 활성의 반응은 그림 5-5와 같다.

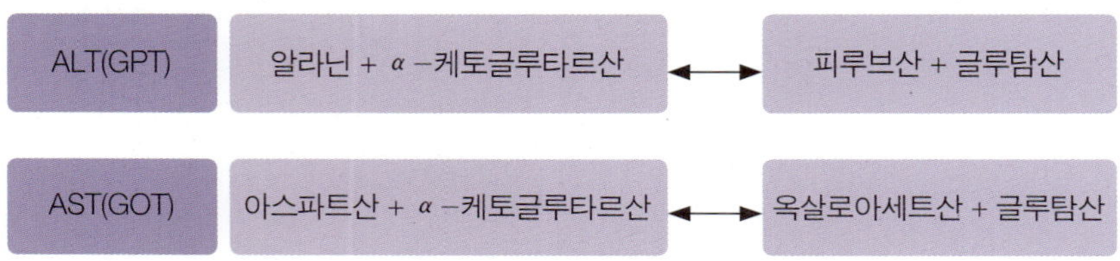

$$\text{자극지수} = \frac{(\text{PLP 자극 후 활성} - \text{PLP 자극 전 활성})}{\text{PLP 자극 전 활성}} \times 100(\%)$$

● 그림 5-5 전이효소 대사

이 효소들은 PLP를 조효소로 사용하므로 체내 비타민 B_6가 부족하면 두 효소의 활성이 감소되고, PLP를 보충해 주면 증가한다. 조사대상자의 혈액에서 적혈구를 분리한 후, PLP를 처리하기 전과 후의 효소활성을 측정하여 위의 식을 이용하여 효소활성 증가지수를 산정한다. 두 가지 중 적혈구의 ALT가 AST보다 좋은 지표라고 알려져 있으며, 적혈구 ALT 활성계수가 1.25 이하, 적혈구 AST 활성계수가 1.8 이하이면 정상수준으로 판단한다표 5-12 참조. 이 방법은 검사가 간단하여 대규모 집단을 판정하는 데 이용될 수 있다.

엽산 엽산은 단일탄소전이반응에서 조효소로 작용하는데, 가장 중요한 역할은 퓨린, 피리미딘 생성에 관여하는 것이다. 따라서 엽산이 결핍되면 세포분열에 문제가 발생하게 되어 DNA 생성이 억제되고 단백질 생성에 문제가 되며, 거대아구성 빈혈이 발생할 수 있다. 또한, 혈액에서도 정상적혈구보다 큰 대적혈구macrocytic cell가 생성된다. 임신 초기의 엽산 결핍은 뇌신경장애neural tube defect 아기의 출생이 제일 큰 위험이며, 임신부의 적혈구 엽산 농도가 907nM이고, 혈청 엽산이 15.8nM보다 높으면 뇌신경장애 발생이 감소한다. 한국에서는 대부분의 연구에서 평균 적혈구 엽산 농도가 600nM 이상으로 결핍상태라고 판정되는 305nM 미만인 대상자가 5% 미만이나, 소도시 임산부의 1/3, 고령자, 미숙아에서 엽산 결핍이 발생하는 것으로 보고되고 있다. 엽산의 영양상태판정방법으로는 혈청과 적혈구 엽산수준, 히스티딘 부하검사, 데옥시유리딘 억제시험 등이 있다.

① 혈청, 적혈구 엽산

단기간의 식사섭취량을 반영하며, 예민한 지표여서 초기의 결핍을 반영하지만 조직의 저장량을 반영하지 않는다는 한계점이 있다. 혈청 엽산은 급성신부전, 간질환, 적혈구용혈 등의 경우에 증가하고, 알코올 섭취, 흡연, 경구피임약 복용 시 감소한다. 2~3주 동안의 엽산섭취가 부족하면 혈청엽산이 감소하고, 3ng/mL 이하일 때 결핍으로 판정되며, 한 달 이상 엽산 섭취가 부족하여 적혈구 엽산이 150ng/mL 이하인 경우 엽산 결핍성 빈혈이 발생할 수 있다.

적혈구 엽산은 적혈구의 수명이 120일이므로 장기간의 엽산 영양상태와 체내 저장상태를 나타내는 가장 좋은 임상지표이다. 식이섭취에 따른 영향을 덜 받고 골수에서 적혈구가 합성될 때의 엽산 영양상태를 반영하며, 조직의 엽산 저장고가 고갈된 후에야 감소한다. 간에서의 엽산 저장과 체내의 총 저장량과 밀접한 상관관계가 있다.

비타민 B_{12}는 엽산이 세포에 유지되도록 돕는 일을 하며, 비타민 B_{12}가 부족할 때, 적혈구 엽산의 농도가 낮아진다. 따라서 엽산 결핍에 의한 빈혈을 판정할 때는 혈청 엽산이 3ng/mL 이하, 적혈구 엽산이 150ng/mL 이하임을 확인하여야 한다표 5-14.

● 표 5-14 혈청 비타민 B_{12}, 혈청 엽산, 적혈구 엽산의 결핍기준치

구분	결핍	정상
혈청 비타민 B_{12}	<100pg/mL	>100pg/mL
혈청 엽산	<3ng/mL	>6ng/mL
적혈구 엽산	<150ng/mL	>200ng/mL

출처 : Simko MD, Cowell CC, Gilbride JA.(1995). Nutrition Assessment.

② 히스티딘 부하검사

엽산은 히스티딘이 포르미미노글루탐산Formiminoglutamate : FIGLU을 거쳐 글루탐산으로 전환될 때 관여하는데, 엽산 부족 시 글루탐산으로 전환되지 못하고 FIGLU로 배설되며, FIGLU 배설량을 측정하여 엽산의 영양상태를 판정하는 방법이다그림 5-6. 히스티딘 부하검사histidine load test는 2~15g의 히스티딘을 섭취한 후, 8시간 후에 FIGLU의 양을 측정하는데, 측정방법이 복잡하고 비타민 B_{12}의 결핍인 경우에도 FIGLU가 증가하며, 대규모조사에는 부적합하다는 한계점이 있다. 2~5g의 히스티딘 섭취 후 6시간 소변량에서 FIGLU 배설량이 5~20mg이면 정상, 정상치의 5~10배가 배설되면 결핍으로 판정한다.

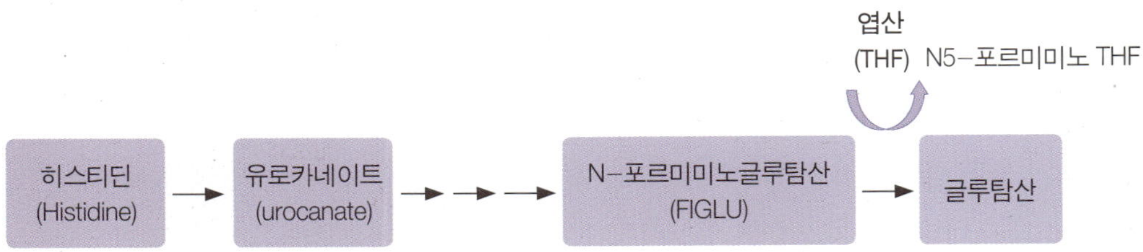

● 그림 5-6 히스티딘 대사

③ 데옥시유리딘 억제검사

데옥시유리딘 억제검사deoxyuridine suppression test는 엽산 결핍인지 비타민 B_{12} 결핍인지 구별을 가능하게 해주는 방법으로 골수세포나 DNA 합성이 잘 일어나는 세포를 사용하여 시행한다. 다량의 데옥시유리딘 존재하에서 방사성 동위원소를 가진 티미딘3H-thymidine이 DNA 합성에 이용된 것을 측정하는데, 이 경우 티미딘 합성효

소thymidine synthase가 엽산의존효소로서 엽산이 부족하게 되면 활성이 떨어져 데옥시유리딘이 티미딘으로 전환하는 것이 감소하게 된다. 정상인 경우, 3H-티미딘 유입량이 데옥시유리딘을 첨가하지 않았을 때에 비하여 억제되며, 데옥시유리딘을 첨가하여 유입량이 20% 이상이 되면 엽산 결핍으로 판정한다.

표 5-15 데옥시유리딘 억제검사

구분	엽산 결핍	비타민 B_{12} 결핍	엽산과 비타민 B_{12} 결핍
엽산 첨가	정상화	비정상	비정상
비타민 B_{12} 첨가	비정상	정상화	비정상
엽산과 비타민 B_{12} 첨가	정상화	정상화	정상화

출처 : Simko MD, Cowell CC, Gilbride JA(1995). Nutrition Assessment.

비타민 B_{12} 코발라민이라고도 불리는 비타민 B_{12}는 박테리아에 의해 합성되며 먹이사슬에 의해 수용성 중 유일하게 동물의 근육이나 내장에 축적되어, 동물성식품이 비타민 B_{12}의 주요 급원이다. 선진국에서는 결핍증이 드물며 대부분 섭취부족보다는 흡수문제로 인해 결핍이 발생한다. 동물성식품이 급원식품이므로, 채식주의자, 노인, 환자, 영양불량인 사람인 경우 부족의 가능성이 높아진다. 특히, 위를 절제한 사람의 경우 비타민 B_{12} 흡수에 필요한 내적 인자Intrinsic Factor : IF 분비가 부족하여 흡수가 잘 되지 않으며, 고령자는 위의 기능이 감퇴하여 IF 분비가 감소하므로 흡수가 잘 일어나지 않는다. 결핍 초기에는 거대적아구성 빈혈이 발생하며 헤모글로빈 수치가 감소하고, 결핍이 심해진 경우에는 말초신경, 척수 및 뇌의 탈수초화demyelination가 일어난다. 또 심한 신경계 이상, 노화 관련 인지기능의 저하가 발생된다. 비타민 B_{12} 결핍증과 엽산 결핍은 함께 일어날 수 있으므로 비타민 B_{12}와 엽산의 영양상태를 모두 판정한다. 비타민 B_{12}의 영양상태판정을 위해서는 혈청 및 혈장 비타민 B_{12} 수준과 실링검사Schilling test가 있다.

① 혈청 및 혈장 비타민 B_{12}

혈청이나 혈장의 비타민 B_{12}의 농도는 섭취량과 신체 내의 저장량을 반영하며,

영양상태를 판정하기 위한 가장 정확한 지표이다. 미생물학적인 방법이나 방사성 동위원소 희석법 등을 사용하여 분석한다. 일반적으로 성인에서 혈중 비타민 B_{12} 농도는 100pg/mL 이하인 경우 결핍으로 판단하며 100pg/mL 이상이면 정상으로 판단된다표 5-14 참조.

② 실링검사

실링검사Schilling test는 최근에 많이 사용되지 않는 방법이나 이전에는 비타민 B_{12}의 흡수 결핍에 의한 악성빈혈을 진단하는 방법으로 사용되었다. 코발트의 방사성 동위원소Co_{57} 또는 Co_{58}를 함유하는 비타민 B_{12}를 0.5~2.0μg 정도 소량 투여하고, 1시간 후에 1mg 정도의 다량 비타민 B_{12}를 근육주사나 피하주사로 투여한다. 정상인은 2시간 이내에 많은 양의 방사성 물질이 소변으로 배설되나, 악성빈혈인 경우 24시간 모은 요에서의 방사성 물질 배설량이 5% 이하로 소량 배설된다.

비타민 C 비타민 C는 항산화작용과 여러 화학반응에 보조역할을 하는 수용성 비타민이다. 비타민 C는 산화형인 디하이드로아스코르브산dehydroascorbic acid과 환원형인 아스코르브산ascorbic acid 두 가지 활성을 가지는 형태를 총칭한다. 비타민 C의 기타 기능으로는 콜라겐 합성과 철의 흡수를 돕는 작용이며, 가장 대표적인 결핍증은 괴혈병이다. 한국에서는 대부분의 사람들이 권장량 이상을 섭취하여 결핍이 많지 않으나 노인, 흡연자들은 부족하기 쉽다. 비타민 C의 영양상태를 판정하는 방법으로 혈청 또는 혈청 비타민 C나 백혈구 비타민 C 농도를 측정하며, 기능조사방법은 신뢰도와 실용성이 적어 많이 사용하지 않는다.

① 혈청과 백혈구 내의 비타민 C

비타민 C 상태를 판정하는 데 가장 보편적으로 사용하는 생화학적 방법이다. 혈청 비타민 C는 백혈구 비타민 C보다 최근 섭취한 양을 더 잘 반영하지만, 백혈구 비타민 C는 세포저장량과 체내 비타민 상태를 잘 반영한다.

섭취가 하루에 20mg 미만이면 대부분의 비타민 C는 조직으로 이동하고 혈중에 존재하는 비타민 C는 매우 적다. 섭취가 하루에 83mg 정도이면 이를 섭취한 사

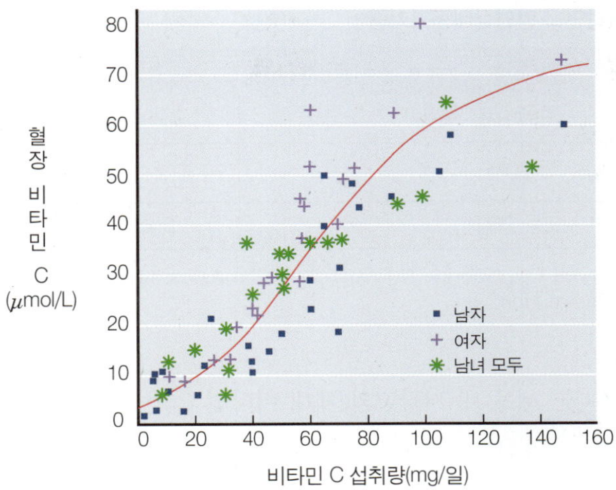

● **그림 5-7** 비타민 C 섭취량과 혈장 비타민 C 농도와의 상관관계

출처 : Bates CJ, Thurnham DI, Bingham SA, Margetts BM, Nelson M(1997). Biochemical markers of nutrient status. In: Margetts BM, Nelson M (eds) Design Concepts in Nutritional Epidemiology. 2nd ed Oxford University Press, Oxford, pp. 170–240.

람의 50%에서 혈청이나 혈장의 비타민 C의 농도가 50μM 정도로 안정한 상태를 이루며, 섭취가 하루에 30~200mg 정도 섭취하면 약 79~90% 정도가 흡수되지만 200mg을 넘으면 장에서의 비타민 C 흡수는 제한되고 배설량이 증가한다. 흡연 여부와 성별은 조직이나 혈청 내 비타민 C 농도에 영향을 미칠 수 있는 요인이며, 흡연은 비타민 C의 대사회전을 40% 이상 높이므로 흡연자는 하루에 100mg 이상의 비타민 C를 섭취해야 한다. 여성의 경우는 조직이나 혈액에서 비타민 C의 농도가 남성보다 높다. 우리나라의 경우 2015~2017년 국민건강영양조사 자료를 이용하여 식사와 보충제로부터 비타민 C 섭취량을 분석한 결과, 19~29세의 평균섭취량은 남성이 101.4mg/일, 여성이 118.9mg/일이었고, 30~60세 성인의 경우는 이보다 높았으나, 50~64세 여성을 제외하고는 성인 연령 그룹에서 평균필요량인 75mg/일 미만 섭취가 50%를 넘는 것으로 나타나 성인에게서 비타민 부족이 심각함을 알 수 있다.

● 표 5-16 혈청 비타민 C 영양상태평가기준

비타민 C 농도	나이	결핍	경계	충분
혈청(mg/dL)	0~19세	<0.2	0.2~0.6	> 0.6
	>20세	<0.2	0.2~0.4	>0.4
백혈구(mg/dL)	모든 연령	0~7	7~15	>15

출처 : Simko MD, Cowell CC, Gilbride JA(1995). Nutrition Assessment: A comprehensive guide for planning intervention.

백혈구 비타민 C는 세포 내 저장고와 체내 비타민 C의 상태를 잘 반영하지만 단기간의 식사섭취를 잘 반영하지 못하는 제한점이 있으며 기술적 측정방법에 어려움이 있다.

② 기타 비타민 C 판정방법

기타의 방법으로 모세혈관 취약성검사capillary fragility test와 비타민 C 포화도검사ascorbic acid saturation test가 있다. 모세혈관 취약성검사는 비타민 C의 기능조사방법으로 모세혈관의 취약성에 영향을 주는 요인이 많아 특이성이 부족하다. 비타민 C 포화도검사는 비타민 C를 100mg 정도 적절하게 섭취하면 소변으로 비타민 C가 옥살산의 형태로 배설되나, 과량으로 섭취하게 되면 비타민 C의 형태로 배설되는 것을 이용한 방법으로, 비타민 C 고갈 정도를 판정하는 데 유용하지만 24시간 동안 소변을 수집해야 하는 어려움이 있다.

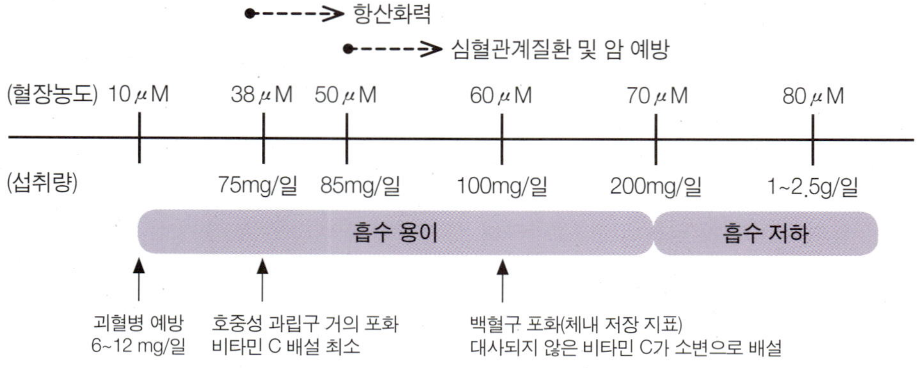

● 그림 5-8 비타민 C 필요량 추정에 사용 가능한 지표

출처 : 보건복지부 · (사)한국영양학회(2020). 2020 한국인 영양소 섭취기준.

또한 다양한 항산화력, 심혈관계질환 및 암 예방 등의 비타민 C 기능도 비타민 C 섭취기준 설정 시 이용되는데 비타민 C 필요량 추정에 사용 가능한 지표는 그림 5-8에 제시하였다. 이러한 다양한 지표는 비타민 섭취기준 설정 및 판정에 참고할 수 있다.

혈액에서의 생화학적 검사지표

혈액의 생화학적 검사는 질병의 진단 및 관리를 위해서 혈장과 혈청을 표본으로 하여 전해질, 효소 활성도, 대사산물 등의 여러 가지 성분을 생화학적으로 분석하는 것을 의미한다. 최근에는 임상실험실에서 자동생화학분석기automated clinical chemistry analyzer를 이용하여 수천 개의 시료를 한꺼번에 분석한다. 표 5-17은 주요 혈청의 생화학적 성분검사의 종류와 특징, 정상 성인의 혈청에서의 범위 등이 제시되어 있다.

표 5-17 혈액의 생화학적 검사지표의 특징과 정상 범위

생화학적 검사지표	특징	정상 범위
아미노기 전이효소 활성도 ALT(SGPT) AST(SGOT)	• 간기능의 정상 여부 진단에 이용 • 간염, 간경화, 담관폐쇄, 기타 간손상, 독성물질 노출 시 상승 • 만성신장투석 시 감소	4~36U/L 0~35U/L
알부민, 총 단백질	• 알부민은 간에서 생산되는 혈청 단백질 • 총 단백질은 대체로 알부민과 글로불린으로 구성	알부민 3.5~5.0g/dL 글로불린 2.3~3.5g/dL
ALP	• 간, 뼈, 태반, 장의 질환상태 진단 • 부갑상선 호르몬 과다분비, 골수암, 간질환 시 상승	0.5~2.0μkat/L
빌리루빈	• 담즙색소로 혈색소 헴의 분해로부터 비장, 간, 골수에서 생성 • 황달 진단에 사용 • 총 빌리루빈의 상승은 분비장애, 담관 이상 • 유리 빌리루빈의 상승은 용혈성 빈혈, 신생아 간기능장애에 의한 종합문제	• 총 빌리루빈 : 0.3~1.0mg/dL (총 빌리루빈) • 결합 빌리루빈 : 0.1~0.3mg/dL • 유리 빌리루빈 : 0.2~0.8mg/dL • 황달 : >2mg/dL
혈액요소질소(BUN)	• 요소는 간에서 생성되어 신장에서 배설되는 아미노산 분해의 최종산물 • 신부전, 탈수, 소화기출혈, 심부전, 요도폐쇄증 시 상승 • 간질환, 영양부족, 수분과잉, 스테로이드 복용 시 감소	10~20mg/dL

생화학적 검사지표	특징	정상 범위
칼슘	• 항상성 유지에 필요한 혈청 내 주요 양이온 • 뼈, 부갑상선, 신장 이상, 암 발생 시 변화	• 총 칼슘 : 9.0~10.5 mg/dL • 이온화 칼슘 : 4.5~5.6mg/dL
이산화탄소	• 체내 산염기 균형판정에 이용 • 알칼리혈증에서 증가, 산성혈증에서 감소	23~30mEq/L
염소	• 세포외액의 주요 음이온 • 산염기균형, 삼투압, 수분균형조절에 중요 • 신장질환, 갑상선 기능항진증, 빈혈, 심장질환 시 증가 • 저칼륨혈증, 알칼리혈증 시 감소	100~106mEq/L
콜레스테롤	• 고지혈증, 동맥경화증 위험요인	<200mg/dL
크레아티닌	• BUN과 함께 신장기능 조사 • 신장 네프론의 50% 이상 파괴 시 상승	0.6~1.2mg/dL
혈당	• 당뇨병 진단	60~115mg/dL
젖산 탈수소효소(LDH)	• 골격근육, 심장, 간, 십이지장, 비장, 뇌 등에 존재하며 이들 기관 손상 시 혈중 농도 상승 • 심근경색, 간염, 암, 신장질환, 화상 시 상승 • 이소 형태 효소분포가 진단에 필수	45~90U/L
인	• 칼슘 농도와 밀접한 관계 • 신부전, 부갑상선 저하증, 갑상선 항진증, 하제 복용 시 증가 • 부갑상선 기능항진증, 구루병, 골연화증, 제산제 장기복용 시 감소	3.0~4.5mg/dL
칼륨	• 세포내액에서 주요 양이온으로 산염기 균형, 수분균형, 신경전달과정에 중요 • 신부전증, 애디슨병, 부신질환, 화상, 외상 시 상승 • 이뇨제 복용, 수액 주입, 구토, 설사, 섭식장애 시 감소	3.5~5.0mEq/L
나트륨	• 세포 외액의 주요 양이온으로 산염기균형, 수분균형에 중요 • 설사, 구토, 발한, 항이뇨 호르몬 조절 이상에 의한 탈수 시 증가 • 울혈성 심부전, 신장질환 시 감소	135~145mEq/L
중성지질	• 정맥영양 환자의 지질 지표 • 간질환, 당뇨, 췌장염, 십이지장염, 갑상선 기능 저하 시 상승 • 영양불량 시 감소	<150mg/dL

출처 : Lee RD, Nieman DC(2006). Nutritional Assessment.

헤마토크리트 측정

1. 측정원리

혈액 내의 영양소는 비교적 최근의 영양상태를 반영하는 민감한 지표이다. 헤마토크리트치hematocrit란 적혈구 용적으로, 전혈 중 적혈구의 비율을 나타낸다. 모세관을 이용한 원침법은 모세관에 전혈을 넣어 봉입하고 원심기로 5분 동안 원심분리하여 구한 헤마토크리트치를 통해 영양상태를 확인하는 방법으로, 성인남자에서는 40~50%, 성인여자에서는 38~47%가 정상치에 해당한다.

헤마토크리트

2. 시약 및 기자재

① 모세관

② 점토

③ 헤마토크리트용 원심기

④ 헤마토크리트 리더기

3. 측정방법

① 모세관에 전혈을 1/2~3/4 정도 채운다.

② 반대쪽 끝을 손으로 막고 뒤집은 후 조심스럽게 점토에 찍어 밀봉한다.

③ 헤마토크리트용 원심기에 균형을 맞춰 모세관을 배열하고 12,000rpm에서 5분 동안 원심분리한다.

④ 헤마토크리트 리더기를 통해 헤마토크리트치를 확인하여 %를 산출한다.

Exercise 02

혈액 분리

1. 혈액 조성

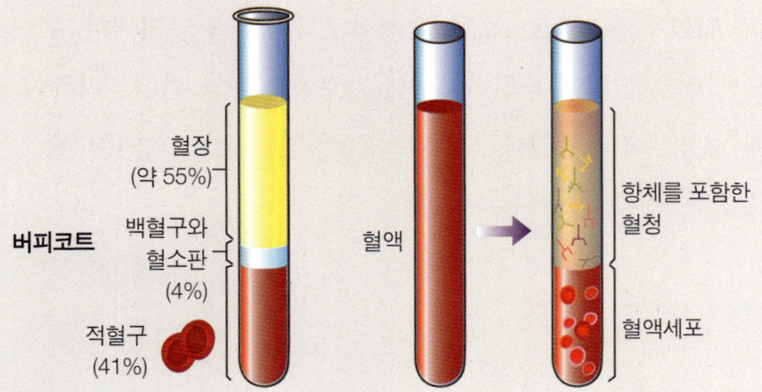

2. 혈액

(1) 혈장 분리

① 전혈을 채취하여 EDTA나 헤파린 같은 항응고제로 처리된 진공 튜브에 넣는다.

② 4℃, 3,000rpm에서 10분 동안 원심분리한다(상층액이 뿌옇게 보이는 경우는 한 번 더 원심분리한다).

③ 피펫을 이용하여 상층액을 깨끗한 튜브에 옮긴 다음 분석기간을 고려하여 분석 전까지 -20℃나 -80℃에 저장한다. 여러 가지 분석에 사용할 경우 여러 개의 튜브에 나누어 보관한다.

(2) 혈청 분리

① 전혈을 채취하여 항응고제를 처리하지 않은 깨끗한 튜브에 넣어 상온에서 30분 정도 방치한다.

② 4℃, 3,000rpm에서 10분 동안 원심분리한다(상층액이 뿌옇게 보이는 경우는 한 번 더 원심분리한다).

③ 피펫을 이용하여 상층액을 깨끗한 튜브에 옮긴 다음 분석기간을 고려하여 분석 전까지 −20℃나 −80℃에 저장한다. 여러 가지 분석에 사용할 경우 여러 개의 튜브에 나누어 보관한다.

3. 참고문헌

「Plasma and Serum Preparation」 www.thermofisher. com

Exercise 03

혈장 단백질 측정

1. 실험원리

펩티드 결합peptide bond이 두 개 이상 존재하는 구조를 뷰렛biuret이라 하며, 알칼리 용액에서 뷰렛 구조가 2가의 구리이온과 반응하며 적자색의 착화합물을 형성하는 반응을 뷰렛반응biuret reaction이라고 한다. 이 뷰렛반응은 단백질뿐 아니라 단 몇 개의 펩티드 결합을 갖는 펩티드도 검출할 수 있어 단백질 검출방법으로 많이 이용된다.

2. 시약 및 기자재

① 황산구리(II)($CuSO_4 \cdot 5H_2O$)

② 타르타르산나트륨칼륨($NaKC_4O_4H_4 \cdot 4H_2O$)

③ 소혈청알부민(Bovine Serum Albumin : BSA)

④ 항온기

⑤ 분광광도계

3. 실험방법

① 증류수 250mL에 황산구리(II) 0.75g, 타르타르산나트륨칼륨 3g을 넣고 물질을 용해시킨다. 이 후 10% 수산화나트륨 150mL, 100mL 증류수를 넣어 뷰렛용액을 만든다.

② 소혈청알부민(BSA)을 증류수 1mL당 10mg의 비율로 넣어 준비한다.

③ 표준곡선용액과 혈장 시료를 15mL의 시험관에 다음의 표와 같이 준비한다.

표준곡선(standard curve)용액 만들기

시험관 구분	1번	2번	3번	4번	5번	시료(혈청 또는 혈장)
단백질 (BSA)	0mL	0.3mL	0.5mL	0.7mL	1mL	serum 0.1mL
증류수	1mL	0.7mL	0.5mL	0.3mL	0mL	0.9mL
총량	1mL	1mL	1mL	1mL	1mL	1mL

④ 각 시험관에 4mL의 뷰렛용액을 넣고 잘 섞은 후, 시험관을 37℃에서 20분간 반응시킨다. 이 후 표준곡선용액과 혈장 시료 1mL를 각각 큐벳에 넣고, 540nm에서 흡광도를 측정하여 혈장 단백질의 양을 계산한다.

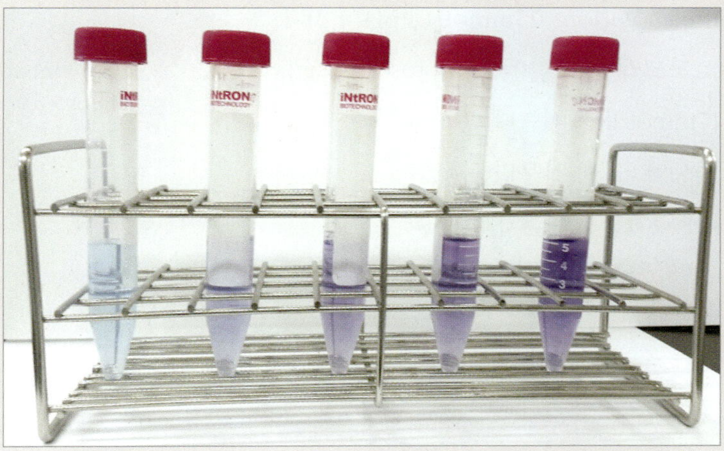

단백질 농도에 따른 색깔변화

4. 참고문헌

Torrence G. Cooper(1977). “The tool of biochemistry”. John Willey&sons, p. 51.

Exercise 04

BCG를 이용한 혈청 알부민 정량

1. 원리

알부민albumin은 pH 4.2에서 BCGBromocresol Green와 결합하여 형성된 BCG-알부민 복합체를 628nm에서 발색된 정도를 측정한다.

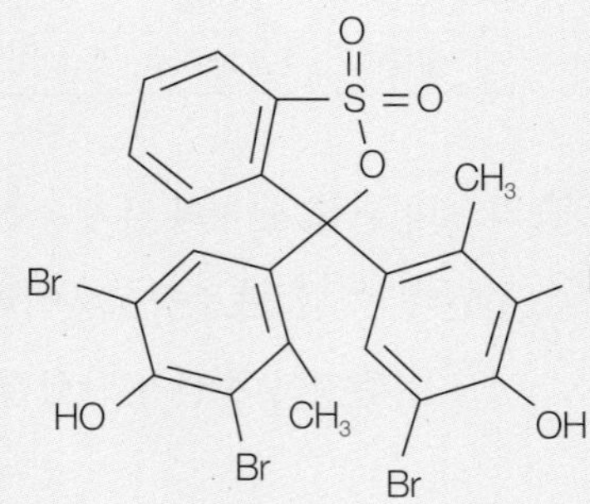

BCG

3,3´,5,5´-tetrabromo-m-cresolsulphonaphthalein

2. 시약

① BCG 용액 : 석신산 완충용액(succinate buffer solution, 75mmol/L, pH 4.2)과 브로모크레졸 그린(bromocresol green, 0.17mmol/L)을 섞는다.

② 표준용액 : 표준 알부민(6.0g/dL)

※ 모든 시약은 증류수에 용해시켜 사용한다.

3. 방법

구분	맹검	표준용액	시료
BCG 용액	5mL	5mL	5mL
증류수	0.02mL	-	-
표준 알부민	-	0.02mL	-
혈청	-		0.02mL

→ 각 시험관의 내용물이 잘 섞이도록 Vortex한다.

→ 파장 628nm에서 흡광도를 측정한다.

4. 계산법

$$\text{알부민(g/dL)} = \frac{\text{시료 흡광도}}{\text{표준용액 흡광도}} \times \text{표준용액 농도(6.0g/dL)}$$

크레아티닌 측정 Jaffe법

1. 원리

피크르산picric acid의 제단백 및 정색작용이 있는 것을 이용하는 방법이다.

피크르산으로 혈청 중의 단백질을 제거한 후, 상층액을 채취하여 수산화나트륨 용액을 가하면 크레아티닌creatinine은 피크르산과 반응Jaffe반응하여 등적색의 크레아티닌 피크르산염creatinine picrate salt을 생성하며, 이를 515nm에서 발색된 정도를 측정하여 크레아티닌의 양을 구한다.

2. 시약

① 제단백 정색 시약 : 피크르산(0.367g/dL)

② 수산화나트륨 용액 : 수산화나트륨(2.4g/dL)

③ 맹검 시약 : 피크르산(0.18g/dL)

④ 표준용액 : 크레아티닌(10mg/dL)

※ 제단백 정색 시약, 수산화나트륨 용액, 맹검 시약은 증류수에 용해시켜 사용한다.
표준용액은 0.1N HCl에 용해시켜 사용한다.

3. 실험방법

구분	맹검	표준용액	시료
혈청(mL)	-	-	0.05
제단백 정색 시약(mL)	-	-	0.5
Vortex 후, 원심분리(3,000rpm, 10분)			
시료(mL)	맹검 시약 0.5	표준액 0.5	상층액 전량 *
수산화나트륨용액(mL)	0.25	0.25	0.25
Vortex 후, 25℃에서 20분간 방치 → 맹검과 대조하여 515nm에서 흡광도 측정			

* 침전물이 혼합되지 않도록 새로운 시험관에 상층액을 옮긴다.

4. 계산

$$\text{크레아티닌(mg/dL)} = \frac{\text{시료 흡광도}}{\text{표준용액 흡광도}} \times \text{표준용액 농도(10mg/dL)}$$

5. 참고문헌

H. Husdan, A. Rapoport(1968). Estimation of creatinine by the Jaffe reaction; A comparison of three methods. Clinical Chemistry, 14(3) : 222–238.

혈장 콜레스테롤의 측정(Zak-Henly법)

1. 측정원리

콜레스테롤은 유리형과 에스터형으로 나뉘며, 이 둘을 합하여 총 콜레스테롤이라고 한다. 콜레스테롤 측정법은 크게 비색법과 효소법으로 나눌 수 있으며, Zak-Henly법2단계법은 비색법에 해당한다. 염화 제2철과 초산용액을 혼합하면 혈장 속의 콜레스테롤이 단백질로부터 분리되며, 이후 황산을 가하여 산화작용과 탈수작용을 통해 축합된 용액의 흡광도를 측정하여 혈장 속의 콜레스테롤의 양을 측정한다.

2. 시약 및 기자재

① 콜레스테롤

② 빙초산(CH_3COOH)

③ 염화 제2철($FeCl_3$)

④ 진한 황산(H_2SO_4)

⑤ 분광광도계

3. 실험방법

① A~D에 해당하는 용액을 만든다.

- A 콜레스테롤 표준액 : 콜레스테롤 50mg을 빙초산 50mL에 용해한다.
- B 염화 제2철 침전액 : 염화 제2철 85mg을 빙초산 100mL에 용해한다.
- C 염화 제2철 희석액 : 염화 제2철 침전액(B용액) 34mL + 빙초산 6mL
- D 측정 표준액 : A용액 1mL + C용액 8.5mL + 빙초산 0.5mL

② 표준곡선용액을 15mL의 시험관에 다음 표와 같이 준비한다.

표준곡선용액 만들기

시험관	1번	2번	3번	4번	5번
C용액	4mL	3.5mL	3mL	2.5mL	2mL
D용액	0mL	0.5mL	1mL	1.5mL	2mL
총	4mL	4mL	4mL	4mL	4mL

③ 1~5번까지의 시험관을 잘 흔들어 준 후 각 시험관에서 용액을 3mL씩 취해 새 튜브에 옮겨 담은 후, 진한 황산 2mL를 넣어 총 5mL가 되게 한다. 이 후 20분 동안 반응시킨다.

④ 혈장 시료는 혈장 0.1mL에 B용액 4mL를 넣고, 잘 섞어준 후 원심분리(3,000rpm, 15분, 4℃)하여 3mL를 취해 새 튜브에 옮겨 담는다. 여기에 진한 황산 2mL을 넣어 총 5mL를 만든 후 20분 동안 반응시킨다.

⑤ 표준곡선용액과 혈장 시료 1mL를 각각 큐벳에 넣고, 560nm에서 흡광도를 측정한다. 이 후 표준곡선용액의 농도에 기준하여 혈장 콜레스테롤 양을 계산한다.

콜레스테롤 농도에 따른 색깔 차이

HDL-콜레스테롤 측정(효소법*)

1. 원리

포스포텅스텐산 나트륨sodium phosphotungstate과 염화 마그네슘magnesium chloride이 침전제로 작용하여 혈청 내 지단백lipoprotein 중 아포-지단백 Bapo-lipoprotein B를 가지고 있는 저밀도지단백Low Density Lipoprotein : LDL, 콜레스테롤과 초저밀도지단백Very Low Density Lipoprotein : VLDL, 콜레스테롤을 침전시킨 후 상층액에 남아 있는 고밀도지단백High Density Lipoprotein : HDL, 콜레스테롤 중의 콜레스테롤의 발색된 정도를 측정하여 HDL-콜레스테롤의 양을 구한다.

2. 시약

① 분리 시액 : 포스포텅스텐산 나트륨(0.5mg/dL), 염화 마그네슘(1mg/dL)

② 효소 시약 : 콜레스테롤 에스터레이스(cholesterol esterase, 2.05U/dL), 콜레스테롤 산화효소(cholesterol oxidase, 1.07U/dL)

③ 완충액 : 페놀(phenol, 1.88mg/dL), 인산칼륨(monopotassium phosphate, 13.6g/dL)

④ 표준용액 : 콜레스테롤(50mg/dL)

※ 모든 시약은 증류수에 용해시켜 사용한다.

3. 실험방법

효소 시액 제조 : 효소 시약 1병과 완충액 1병을 잘 혼합한다.

시료	맹검	표준용액	시료
혈청(uL)			50
분리 시액(uL)			50
충분히 혼합한 후, 10분간 실온 방치 → 원심분리(3,000rpm, 10분)			
시료(uL)	25	25	상층액 25
효소 시액(uL)	750	750	750
충분히 혼합한 후, 항온수조에서 37℃, 5분간 가온 → 60분 이내에 맹검과 대조하여 파장 500nm에서 흡광도 측정			

* 키트 제조회사에 따라 방법에 차이가 있을 수 있으므로 키트에 포함된 실험방법을 참고할 것

4. 계산

$$\text{HDL-콜레스테롤(mg/dL)} = \frac{\text{시료 흡광도} - \text{맹검 흡광도}}{\text{표준용액 흡광도} - \text{맹검 흡광도}} \times \text{표준용액 농도(50mg/dL)} \times 2$$

※ 표준용액은 검체가 분리시액에 의해 2배 희석되었기 때문에 표준용액 농도에 2를 곱한다.

총 중성지방 측정(효소법)*

1. 원리

혈청 내 중성지방은 지단백 지방분해효소Lipoprotein Lipase : LPL에 의한 가수분해의 결과로 형성된 글리세롤glycerol이 글리세롤키네이스Glycerol Kinase : GK와 아데노신삼인산Adenosine Triphosphate : ATP의 작용에 의해 글리세롤인산L-α-glycerol phosphate으로 전환된다. 글리세롤인산은 글리세롤인산 산화효소L-α-glycerol phosphate oxidase에 의해 산화되어 과산화수소H_2O_2를 발생시킨다. 생성된 과산화수소는 과산화효소peroxidase의 작용으로 ESPTN-ethyl-N-sulfopropyl-m-toluidine와 아미노안티피린4-aminoantipyrine과 산화 · 축합되어 적색을 띠는 퀴논이민quinoneimine을 생성하고, 이를 550nm에서 발색된 정도를 측정한다.

2. 시약

① 효소 시약 : 지단백지방분해효소(10,800U/vial), 글리세롤키네이스(5.4U/vial)

② 효소 시약 용해액 : N,N-bis(2-hydroxyethyl)-2-aminoethanesulfonic acid (0.427g/dL)

③ 표준용액 : 글리세린(300mg/dL)

※ 모든 시약은 증류수에 용해시켜 사용한다.

3. 실험방법

효소용액 제조 : 효소 시약 1병과 효소 시약 용해액 1병을 혼합한다.

구분	맹검	표준용액	시료
검체(mL)	증류수 0.01(=10uL)	표준용액 0.01(=10uL)	혈청 0.01(=10uL)
효소용액(mL)	1.5	1.5	1.5

충분히 혼합한 후, 항온수조에서 37℃, 10분간 가온
→ 60분 이내에 맹검과 대조하여 파장 550nm에서 흡광도 측정

* 키트 제조회사에 따라 방법에 차이가 있을 수 있으므로 키트에 포함된 실험방법을 참고할 것

4. 계산

$$중성지방(mg/dL) = \frac{시료\ 흡광도 - 맹검\ 흡광도}{표준용액\ 흡광도 - 맹검\ 흡광도} \times 표준용액\ 농도(300mg/dL)$$

5. 참고문헌

한국식품영양과학회(2000). 식품영양실험핸드북 영양 편. 도서출판 효일, pp. 248–249

혈액요소질소 측정 (Urease-Indophenol법)*

1. 원리

혈액 내에 존재하는 요소는 요소가수분해효소urease에 의해 암모니아를 생성한다. 생성된 암모니아를 차아염소산나트륨sodium hypochlorite : NaOCl에 의해 클로라민chloramine화한 후, 펜타사이아노나이트로실철(Ⅲ)산나트륨sodium nitroprusside의 촉매작용으로 살리실산나트륨sodium salicylate으로 반응시켜서 청색의 인도페놀indophenol을 형성한다. 인도페놀의 발색된 정도를 580nm에서 측정하여 혈액요소질소Blood Urea Nitrogen : BUN의 양을 구한다.

2. 시약

① 효소 : 요소가수분해효소(0.68U/mL)

② 효소 시약 용해액 : 펜타사이아노나이트로실철(Ⅲ)산나트륨(0.12%)

③ 정색 시약 : 차아염소산나트륨(0.06%)

④ 표준용액 : 요소(요소질소로서 30mg/mL)

3. 실험방법

효소 시약 제조 : 효소 1병과 효소 시약 용해액 1병을 잘 혼합한다.

구분	맹검	표준용액	시료
검체(mL)	증류수 0.01(=10㎕)	표준용액 0.01(=10㎕)	혈청 0.01(=10㎕)
효소시약(mL)	1	1	1
Vortex 후, 항온수조에서 37℃에서 5분간 가온			
정색시약(mL)	1	1	1
Vortex 후, 항온수조에서 37℃에서 10분간 가온 → 60분 이내에 580nm에서 흡광도 측정			

* 키트 제조회사에 따라 방법에 차이가 있을 수 있으므로 키트에 포함된 실험방법을 참고할 것

4. 계산

$$\text{요소 질소(mg/dL)} = \frac{\text{시료 흡광도} - \text{맹검 흡광도}}{\text{표준용액 흡광도} - \text{맹검 흡광도}} \times \text{표준용액 농도(30mg/dL)}$$

혈청 GOT(AST), GPT(ALT) 측정*

1. 원리

혈청에 기질들L-아스파르트산(L-aspartate), L-알라닌(L-alanine)을 가하여 반응시키면 효소들Glutamic Oxaloacetic Transaminase : GOT, Glutamic Pyruvic Transaminase : GPT에 의해 각각 옥살로아세트산oxaloacetate과 피루브산pyruvate을 생성하며, 이에 2,4-디니트로페닐하이드라진2,4-dinitrophenylhydrazine; DNPH 발색시약을 반응시키면 하이드라존hydrazone을 생성한다. 여기에 수산화나트륨NaOH 용액을 가해 등갈색으로 발색시켜 발색된 정도를 파장 505nm에서 측정하여 효소GOT, GPT의 활성을 구한다.

2. 시약

① GOT 측정용 기질액 : L-아스파르트산, α-케토글루타르산(α-ketoglutarate)

② GPT 측정용 기질액 : L-알라닌, α-케토글루타르산

③ 정색(발색) 시약 : 2,4-디니트로페닐하이드라진

④ 표준용액 : 리튬피루브산염(Lithium pyruvate)

⑤ 0.4N 수산화나트륨 용액

3. 실험방법

① 0.4N 수산화나트륨 용액 제조

극수산화나트륨용액(4N NaOH) 50mL와 3차 증류수 450mL를 혼합한다.

(직접 제조할 경우, 3차 증류수 500mL에 수산화나트륨 20g을 녹인다)

* 키트 제조회사에 따라 방법에 차이가 있을 수 있으므로 키트에 포함된 실험방법을 참고할 것

② 시료

	GOT	GPT
기질액(μL)	50	50
37℃ 수조에서 5분간 방치		
혈청(μL)	10	10
가온	혼합 후, 수조(37℃)에서 60분	혼합 후, 수조(37℃)에서 30분
정색시약(μL)	50	50
혼합 후, 실온에서 정확히 20분간 방치		
0.4N NaOH(μL)	500	500
혼합 후, 실온에서 정확히 10분간 방치		
60분 이내에 흡광도 505nm에서 측정		

③ 표준 시약

	1	2	3	4	5
표준용액(μL)	0	5	10	15	20
기질액(μL)	50	45	40	35	30
3차 증류수(μL)	10				
정색시약(μL)	50				
혼합 후 실온에서 20분 방치					
0.4N NaOH(μL)	500				
실온에서 10분 방치 후, 60분 이내에 505nm에서 측정					
GOT단위(Karmen/mL)	0	25	60	116	197
GPT단위(Karmen/mL)	0	27	58	98	150

4. 효소활성도 계산

표준용액곡선을 그려 수식에 대입한다. 표준용액곡선을 작성할 때, X축은 흡광도, Y축은 GOT 또는 GPT 농도, 추세선은 2차 다항식으로 설정한다.

참고문헌

김화영 · 강명희 · 양은주 · 이현숙(2013). 영양판정. 교문사.

보건복지부 · (사)한국영양학회(2020). 2020 한국인 영양소 섭취기준.

심재은 · 백희영 · 이순영 · 김영옥 · 문현경 · 권혁희 · 김지혜(2001). 식사섭취조사와 혈청 수준을 이용한 경기도 구리시 거주 성인의 비타민 A와 E 영양상태평가. 한국영양학회, 34(2) : 213–221.

오현미 · 윤지영 · 조성희 · 윤진숙(2009). 제2형 당뇨병환자와 정상 성인의 비타민 A와 비타민 E 영양상태. 한국영양학회지, 42(4) : 318–326.

질병관리본부(2013). 2012 국민건강통계–국민건강영양조사 제5기 3차년도.

A comprehensive guide for planning intervention. 2nd edition. An Aspen publication.

Cho Y, Kim B(2004). Evaluation of vitamin B_6 status and RDA in young Koreans. Ann Nutr Met, 48 : 235–240.

Chang SJ, Hsiao LJ, Lee YC, Hsuen SY(2007). Vitamin B6 status assessment in relation to dietary intake in high school student aged 16–18 years. Brit J Nutr, 97 : 764–769.

Lee RD and Nieman DC(2007). Nutritional Assessment, 4th edition. Oxford.

Leklem JE(1990). Vitamin B6: A status report. J Nutr, 120 : 1503–15087.

McCormick DB, Greene HL(1994). Vitamins. In:Burtis CA, Ashwood ER. Tietz Textbook of Clinical Chemistry. Philadelphia: Saundrs.

Simko M. Cowell C. Gilbride Ja(1995). Nutrition Assessment, 2nd edition. An Aspen publication.

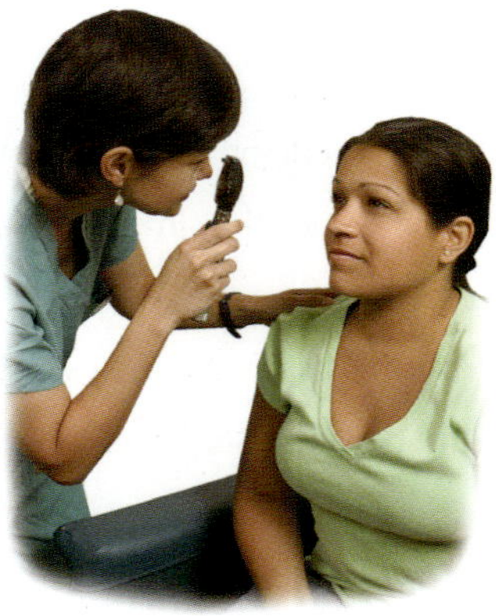

임상조사를 통한 영양상태판정은 영양불량과 관련해 나타나는 신체의 외적 변화로 진단하는 방법이다. 많은 임상조사결과들은 특이성과 예민도가 낮고 주관적이라는 제한점이 있으나 임상조사는 개인이나 지역사회의 영양상태판정에 광범위하게 사용될 수 있다. 특히, 영양 결핍이 많이 진행된 개발도상국과 입원환자의 영양상태판정에 유용하게 사용된다.

Chapter

06

임상조사

1. 임상조사의 개요
2. 임상조사에 필요한 자료
3. 신체진단
4. 임상징후진단을 통한 영양판정
5. 영양상태 임상평가

Chapter

06 Nutritional Assessment 임상조사

임상조사의 개요

임상조사의 의의

영양상태에 대한 임상조사는 영양상태에 따라 외적으로 나타나는 신체의 변화를 조사하여 진단하는 영양판정방법이다. 임상조사에서는 판정대상자의 병력medical history, 식사력dietary history과 같은 과거력 조사와 신체진단physical examination을 통해 영양불량과 관련해 나타나는 증상symptoms 및 신체징후signs를 알아내고 해석해서 영양상태를 판정한다. 증상은 판정대상자가 보고하는 신체에 나타나는 현상들이고, 징후는 잘 훈련된 조사자에 의해 관찰되는 신체현상들이다.

영양상태가 부적절해지면 체내 저장량에 변화가 생기고 영양소의 혈중 농도나 조직에 변화를 초래하여 피부, 입, 눈, 머리카락, 근육 등 신체의 외적 징후가 나타나게 된다. 영양불량의 결과가 이러한 신체의 외적 징후로 나타나기까지는 복잡한 단계를 거치며 서서히 진행되기 때문에 많은 임상조사결과들은 특정 영양소 결핍에 특이적이지 않고 예민도가 낮다. 따라서 임상조사로 특정 영양소 결핍을 진단하기 전에 식사조사, 신체계측, 생화학적 평가자료와 함께 해석해야 한다.

임상조사는 개인이나 지역사회의 영양상태를 판정하기 위해 광범위하게 사용될 수 있는 방법이다. 영양 결핍의 임상징후나 증상들은 많은 경우 결핍이 많이 진행된 이후 나타나기 때문에 선진국에서는 흔히 볼 수 없으나 개발도상국에서는 쉽게 볼 수 있다. 임상조사는 영양불량상태가 심각한 지역사회의 연구에서 유용하게 사용될 수 있다. 또한 임상조사는 입원환자의 영양상태판정에도 이용되며 확실한 질환이 있을 때 영양 결핍이 많이 진행된 단계에서 유용하게 사용된다. 단백질-에너지 영양불량 등은 일부 암이나 에이즈AIDS, 심한 위장관질환자에서 흔히 나타난다.

임상조사의 장 · 단점

장점 임상조사를 통한 영양상태판정은 다음과 같은 장점을 가지고 있다.

① 비용

임상조사는 분석을 위해 특별한 분석 장비나 실험실이 필요하지 않으므로 다른 방법에 비해 상대적으로 저렴한 비용으로 조사할 수 있다.

② 효율적

영양불량이 심각한 지역에서는 임상조사만으로도 가치 있는 유용한 정보를 얻을 수 있다. 이럴 경우 임상조사는 단시간에 많은 사람을 조사할 수 있으므로 효율적이다.

③ 영양불량 또는 질병에 대한 단서 제공

식사조사나 생화학적 평가로 나타나지 않는 영양 결핍 증세가 나타날 수 있으며 이럴 경우 임상조사는 다른 영양불량에 대한 단서를 제공한다. 또한 임상조사로 다른 질병의 징후를 찾아낼 수도 있으므로 질병의 진단과 치료에 도움을 줄 수 있다.

단점 임상조사를 통한 영양상태판정은 다음과 같은 한계를 가지고 있다.

① 낮은 예민도

많은 임상징후들은 영양불량이 심각하게 진행된 상태에서 나타나고 초기에는 임상징후가 나타나지 않는다. 따라서 임상조사로는 영양문제의 조기 발견에 어려움이 있으며 영양상태가 양호한 지역에서는 임상조사의 가치가 크지 않다.

② 낮은 특이성

신체에 나타나는 외적 징후들은 특이성이 낮다는 것이 주된 제한점이다. 특히, 경증 또는 중등도 결핍인 상태에서는 특이성이 더욱 감소한다. 많은 경우 신체징후들은 어떤 특정 영양소의 결핍이나 과잉으로 발생한 것으로 해석하기 어렵다. 이런 징후들은 특정 영양소가 하나 이상 결핍되어 나타날 수 있고, 환경적 요인이나 유전적 요인, 신체 기능 등 영양이 아닌 다른 요인들에 의해서도 나타날 수 있기 때문이다. 예를 들어, 구순구각염은 리보플라빈 또는 니아신 결핍 시 나타나고, 설염은 리보플라빈 또는 니아신, 엽산, 비타민 B_{12} 결핍에 의해 나타난다. 또한 비타민 A 결핍증인 모낭각화증은 습진이나 알레르기 반응의 영향을 받고, 비토반점은 기후의 영향을 받는다.

③ 양방향성

영양불량의 신체징후는 결핍뿐만 아니라 회복기에도 나타나기 때문에 해석상의 어려움이 있다. 예를 들어, 간 비대는 단백질-에너지 영양불량 시뿐 아니라 치료기간 중에도 나타난다.

④ 신체징후의 복합성

영양소 결핍이 공존하는 경우**예를 들어, 단백질과 아연 결핍 또는 리보플라빈, 니아신, 비타민 C의 결핍 등** 여러 신체징후가 동시에 복합적으로 나타나서 진단이 혼란스럽다.

⑤ 신체징후의 차이

모든 연령과 모든 나라에 적합한 보편적인 징후와 증상은 없다. 특정 영양소 결핍과 관련된 신체 손상의 양상은 유전적 요인, 활동수준, 환경, 식사 형태, 연령, 영양불량의 정도와 기간, 영양불량 발생 속도 등에 따라 다르게 나타난다.

⑥ 주관적

조사자의 자질과 경험에 따른 주관적인 평가의 한계점이 있다. 따라서 같은 임상징후에 대한 판정이라도 조사자 간에 일치하지 않을 수 있다. 예를 들어, 조사자가 경험이 별로 없으면 경증 또는 경계수준의 영양불량으로, 경험이 많은 조사자는 심한 영양불량으로 판정할 수 있다. 또한 조사자의 부정확한 조사방법과 관찰의 편견으로 인해 실수가 생길 수 있다. 이러한 조사자에 의한 바이어스bias는 신체징후를 규정하는 기준criteria을 표준화하고 조사자를 훈련하여 줄일 수 있다.

임상조사에 필요한 자료

조사대상자의 과거력병력과 식사력을 수집하는 것이 영양상태의 임상조사에서 첫 단계가 된다. 앞서 언급한 바와 같이 영양불량의 임상적인 증상과 징후들은 특이성이 낮은점 등 한계점을 가지고 있으므로 명확한 판정을 위해서는 다음과 같은 병력 및 식사력과 관련된 자료들을 통합하여 분석해야 한다.

병력조사

병원에서는 병력medical history자료를 환자와의 인터뷰와 의무기록medical records을 검토하여 얻을 수 있고, 지역사회조사에서는 질문지를 제공하고 인터뷰를 통해 병력자료를 얻는다. 병력은 일반적으로 조사대상자와 가족의 특정 질병력자료와 함께, 이와 관련된 환경적 · 사회적 · 가족적인 요인에 대해 조사한다. 체중 감소 또는 증가, 부종, 식욕부진, 구토, 설사, 비정상적인 식사섭취 또는 식사섭취 감소에 대한 정보를 얻을 수 있으며, 또한 빈혈, 수술, 만성질환, 이식증pica, 선천적 대사 이상, 복용하는 약물과 건강식품 또는 보충제, 식품 알레르기와 식품 불내증에 대한 자세한 내용도 수집한다. 복용하는 약물과 보충제는 가능하면 용기의 표시에 있는 내용을 보고 그 종류와 용량에 대한 정확한 정보를 얻는다. 영양평가에서 고려해야 할 병력요인은 BOX 6-1과 같다.

BOX 6-1

영양평가에서 고려해야 할 병력요인

- 영양상태에 관련된 현재와 과거의 진단명과 진단과정, 진단적 처치
- 수술 경력
- 영양 결핍의 여부
- 항암치료(화학 및 방사선요법)
- 영양과 관련된 문제들의 경력
- 영양소 결핍 존재 유무
- 복용하는 약과 영양소의 상호관계
- 음주 및 흡연상태
- 경제적 상태
- 비타민 결핍 가능성을 보여 주는 징후나 증상
- 무기질 결핍 가능성을 보여 주는 징후나 증상

출처 : Lee RD, Nieman DC(2010). Nutritional assessment.

① 질환

여러 질환들이 영양상태에 영향을 줄 수 있으므로 조사대상자의 질환에 대해 조사한다. 당뇨병, 신장질환, 암, 관상심장질환, 뇌졸중, 간질환간염, 간경변, 담낭질환, AIDS, 궤양, 장염, 수술 여부 등을 조사한다.

② 영양상태에 영향을 주는 상태

씹고 삼키는 능력, 식욕, 구토, 설사, 변비, 복부팽만, 트림, 소화불량 등을 조사한다. 평소 체중과 최근 체중변화도 조사한다.

③ 약물과 건강기능식품

복용하는 약물에 대한 정보는 조사대상자의 상태에 대한 단서를 제공한다. 병원에서 처방받은 약물뿐 아니라 건강기능식품, 비타민과 무기질, 보충제도 조사한다. 이 정보는 또한 약물과 영양소의 상호작용으로 환자의 영양상태에 부작용을 나타낼 수 있는 가능성을 알아내는 데도 도움이 된다.

④ 사회심리적 요인

조사대상자의 나이, 직업, 교육수준, 결혼상태, 수입, 가구 형태, 가족 수, 음주, 흡연, 사회적 · 심리적 지원 정도, 건강관리에 대한 접근도와 비용 지불능력 등을 조사한다. 이러한 요인들은 BOX 6-2에 요약하였다.

식사력조사

조사대상자의 식사 패턴에 관한 정보를 식사력diet history이라고 하는데, 식사시

BOX 6-2 **식사력 파악을 위해 고려해야 할 요인**

- 체중변화
- 평상시 식사패턴
- 식욕
- 포만감
- 식후 불편감
- 저작능력/삼키는 능력
- 좋아하는 식품과 싫어하는 식품
- 입맛 변화/혐오식품
- 알레르기
- 메스꺼움/구토
- 배변습관(설사, 변비, 지방변)
- 생활환경
- 간식 섭취
- 비타민/무기질 보충제 복용
- 음주/약물 사용
- 식사 제한 경험
- 수술/만성질환
- 식품의 구매 및 조리능력
- 건강관리능력

출처 : Lee RD, Nieman DC(2010). Nutritional assessment.

간 및 장소, 좋아하는 식품 및 싫어하는 식품, 식품에 대한 불내증과 알레르기, 식품 구매력, 식품의 구매 및 조리할 수 있는 능력, 비타민과 무기질, 기타 보충제섭취 등에 대해 조사한다.

식욕, 포만감, 식사 시 불편함 등을 조사할 때 대상자에게 식품에 대한 욕구에 변화가 있는지, 평소보다 포만감을 더 빨리 또는 늦게 느끼지는 않는지, 식사와 관련된 통증이나 불편함은 없는지를 묻는 것이 중요하다. 씹고 삼키는 능력에 대한 질문도 중요하다. 정상체중 유지를 위한 충분한 에너지섭취나 특정 식품을 씹는 데 어려움을 주는 치아나 구강에 문제가 없는지도 조사한다.

배변습관에 관한 질문으로 위장관질환 진단에 대한 정보를 얻을 수 있다. 배변습관의 변화변비, 설사, 너무 많은 가스, 변의 농도와 색를 조사한다. 변에 선홍색 피가 있는 것은 중요한 정보이다. 위궤양 출혈로 소화된 피를 포함하는 변은 검은색 또는 타르색을 띠게 된다. 거품이 있고, 물기가 많으며, 악취가 나는 변은 지방 흡수불량의 가능성을 나타낸다.

병력과 식사력 조사를 통해 찾아야 할 영양적 위험을 일으킬 수 있는 원인과 이로 인해 유발될 수 있는 영양 결핍을 표 6-1에 제시하였다.

표 6-1 영양 결핍을 일으킬 수 있는 요인과 상태

결핍 원인	조사대상자의 과거력 (병력 또는 식사력)	결핍이 의심되는 영양소
섭취부족	알코올중독	에너지, 단백질, 비타민 B_1, 니아신, 엽산, 비타민 B_6, B_{12}
	과일, 채소, 곡류의 섭취 기피	비타민 C, 니아신, 엽산, 비타민 B_{12}
	육류, 유제품, 난류의 섭취 기피	단백질, 비타민 B_{12}
	변비, 치질, 게실증	식이섬유
	치아질환, 식품에 대한 특이체질, 외로움, 가난, 격리	여러 영양소들
	체중감소	에너지, 기타 영양소

결핍 원인	조사대상자의 과거력 (병력 또는 식사력)	결핍이 의심되는 영양소
흡수부족	약(특히, 제산제, 항경련제, 완화제(설사제), 콜레스틸아민(cholestylamine), 네오마이신(neomycin) 등)	여러 영양소들, 약물과 영양소의 상호작용에 따라
	흡수불량(설사, 체중감소, 지방변)	비타민 A, D, K, 에너지, 단백질, 칼슘, 마그네슘, 아연
	기생충 감염	철, 비타민 B_{12}
	악성빈혈	비타민 B_{12}
	위 절제	철, 비타민 B_{12}
	소장 절제	비타민 B_{12}, 흡수불량에서 제시한 영양소들
이용률 감소	약물(특히, 항경련제, 경구피임약, 대사길항제, 항결핵제(isoniazid) 등)	약과 여러 영양소와의 상호작용과 관련된 여러 영양소들
	선천성 대사 이상	여러 영양소들
손실 증가	알코올 남용	마그네슘, 아연
	혈액 손실	철
	천자(복수, 흉막), 복수천자, 늑막천자	단백질
	(조절되지 않는)당뇨병	에너지
	설사	단백질, 아연, 전해질
	배농 시, 상처	단백질, 아연
	신증후군	단백질, 아연
	투석	단백질, 수용성 비타민, 아연
요구량 증가	발열	에너지
	갑상선 기능항진	에너지
	생리적 요구량 증가(유아, 청소년, 임신, 수유기)	여러 영양소들
	수술, 화상, 감염, 외상, 패혈증	에너지, 단백질, 비타민 C, 아연
	조직 저산소증	에너지(비효율적 이용)
	흡연	비타민 C, 엽산

출처 : Weinsier RL, Morgan SL, Perrin VG(1993). Fundamentals of clinical nutrition.

신체진단

임상조사로 영양상태를 판정하기 위해서 신체에 나타나는 임상징후와 증상을 관찰한다. 즉, 부적절한 영양과 관련된 신체의 변화, 특히 피부, 눈, 머리카락, 구강 점막 등의 상피조직이나 귀밑샘, 갑상샘 등의 신체 표면 근처 기관에서 볼 수 있거나 느껴지는 변화들을 검사한다. 지역사회조사에서는 아킬레스건 반사와 같은 특정 신체검사도 사용할 수 있다. 영양불량과 관련된 신체징후들을 표 6-2에 나타내었다.

표 6-2 신체징후를 통해 조사할 수 있는 영양상태

신체 기관	정상상태	영양불량일 때의 신체징후	결핍이 의심되는 영양소	과잉이 의심되는 영양소	발생 빈도
머리카락	윤기가 흐르고 단단하여 잘 부스러지지 않으며 쉽게 빠지지 않는다. 머리 밑의 피부가 건강하다.	깃발징후(flag sign, 머리카락이 가로무늬 띠 모양으로 탈색됨)	단백질		드묾
		머리카락이 쉽게 빠진다.	단백질		흔함
		머리카락 숱이 적어진다.	단백질, 비오틴, 아연	비타민 A	가끔
		머리카락이 나사처럼 꼬인다.	비타민 C		흔함
손톱	단단하고 분홍색을 띠며 윤이 난다.	손톱의 가로지르는 융기	단백질		가끔
얼굴	피부색이 균일하고 건강해 보이며 붓지 않는다.	피부색이 창백하며 눈 아래와 볼 주위가 검다. 코와 입 주위가 부풀고 각질이 많으며 전체적으로 부어 있다. 귀밑선이 부어 있다.	철, 니아신		
피부	발진, 반점이나 흠집이 없고 혈색이 좋다. 부드럽고 촉촉하며 붓기 없다.	창백	철, 엽산	비타민 A	가끔
		비늘 모양	비타민 A, 아연, 필수지방산	비타민 A	가끔
		셀로판처럼 반질한 피부	단백질		가끔
		갈라짐	단백질		드묾
		모낭각화증	비타민 A, C		가끔
		점상출혈	비타민 C		가끔

신체 기관		정상상태	영양불량일 때의 신체징후	결핍이 의심되는 영양소	과잉이 의심되는 영양소	발생 빈도
피부			자반증	비타민 C, K		흔함
			색소침착, 태양에 노출된 부위의 박리(피부가 벗겨짐)	니아신		드묾
			황색색소침착		카로틴	흔함
눈		점액은 물기가 있고 건강한 분홍색이다. 눈가에 무른 곳이 없고 붓지 않는다. 핏발이 없고 눈동자가 맑다. 정맥이나 조직이 튀어나온 곳이 없고 피곤한 기가 없다.	시신경원판의 울혈유두		비타민 A	드묾
			야맹증	비타민 A		드묾
			비토반점	비타민 A		
			안구건조증	비타민 A		
입	점막		구내염	비타민 B_2, B_6, 니아신		가끔
	입술	부드럽고 색깔이 좋다. 터지거나 붓지 않았으며 촉촉하다.	구순구각염(입술이 건조하고, 갈라지며 궤양이 나타난다)	비타민 B_2, B_6, 니아신		드묾
	혀	분홍색이며 붓거나 너무 반반하지 않다. 상처난 부위가 없고 표면이 오돌도돌하다.	위축성 설유두(혀유두의 위축으로 매끈한 혀)	비타민 B_2, 니아신, 엽산, 비타민 B_{12}, 단백질, 철분		흔함
			설염(혀가 붉어지며 아프다. 겉 피부가 벗겨진다)	비타민 B_2, 니아신, 비타민 B_6 엽산, 비타민 B_{12}		가끔
	잇몸	붉은색이며 붓거나 피가 나지 않는다.	잇몸이 붓고, 잇몸 출혈, 출혈성 점액질 분비	비타민 C		가끔
	입맛		미각감퇴증, 후각감퇴증	아연		가끔
뼈, 관절		근육강도가 유지되며 피하지방이 약간 있다.	늑골주상형상, 골단팽윤, 휘어진 다리	비타민 D		드묾
		통증 없이 뛰거나 걸을 수 있다.	연화(어린이의 골막하 출혈)	비타민 C		드묾

신체 기관	정상상태	영양불량일 때의 신체징후	결핍이 의심되는 영양소	과잉이 의심되는 영양소	발생 빈도
신경	정신적으로 안정되어 있다. 정상적인 반사를 보인다.	두통		비타민 A	드뭄
		졸음, 기면, 구토		비타민 A, D	드뭄
		치매현상	니아신, 비타민 B_{12}		드뭄
		작화감, 부위감각상실	비타민 B_1		가끔
		안면근육마비	비타민 B_1, 인		가끔
		말초신경증(허약, 지각이상, 운동실조, 힘줄의 반사 감소)	비타민 B_1, B_6, B_{12}	비타민 B_6	가끔
		테타니	칼슘, 마그네슘		가끔
기타		이하선(귀밑샘) 비대	단백질		가끔
		심부전	비타민 B_1(습성 각기), 인		가끔
		급성심부전	비타민 C		드뭄
		간비대	단백질	비타민 A	드뭄
		부종	단백질, 비타민 B_1		흔함
		상처회복 지연, 궤양	단백질, 비타민 C, 아연		흔함

출처 : Weinsier RL, Morgan SL, Perrin VG(1993). Fundamentals of clinical nutrition.

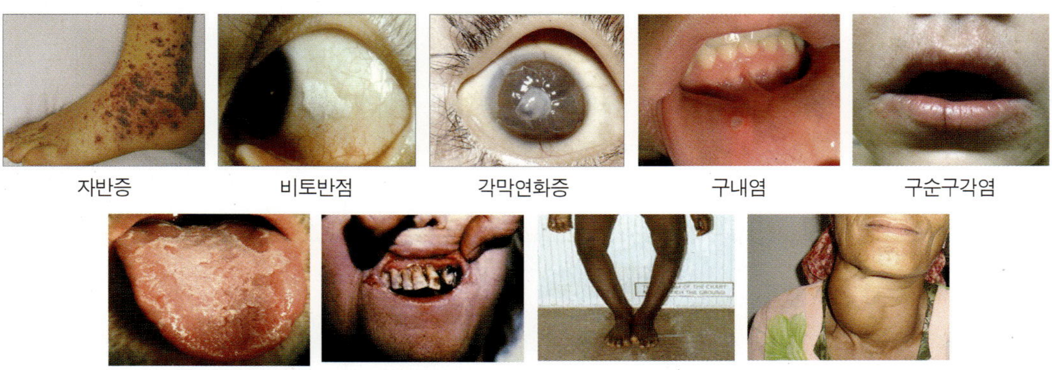

자반증 비토반점 각막연화증 구내염 구순구각염

설염 괴혈병 구루병 갑상선종

● 그림 6-1 영양불량과 관련된 신체징후

임상징후진단을 통한 영양판정

단백질-에너지 영양불량

단백질과 에너지 영양불량Protein-Energy Malnutrition : PEM이 심해지면 콰시오커kwashiorkor와 마라스무스marasmus의 형태로 나타난다. 콰시오커는 주로 단백질이 결핍된 상태이고 마라스무스는 주로 에너지가 결핍된 상태이다. 콰시오커와 마라스무스는 선진국에서는 잘 볼 수 없지만 저개발국가 어린이들에서 주로 발견되며, 또한 에이즈나 일부 암, 위장관질환, 알코올중독 등에서 심한 단백질-에너지 영양불량과 소모wasting가 나타난다. 이러한 소모성질환에서 단백질-에너지 영양불량이 나타나는 많은 환자들이 흔히 콰시오커 또는 마라스무스로 진단된다.

콰시오커 콰시오커는 상대적으로 정상체중이며 일반적으로 골격근육은 유지하고 있으나 혈청 단백질 농도가 감소한다. 일반적 증상은 부종이 있으나 고통이 없으며 눌렀을 때 푹 들어가서 나오지 않는 함몰부종의 형태로 나타난다. 주로 발과 다리에, 확대되면 복부와 상체, 심한 경우 얼굴에까지 부종이 나타난다. 모발은 건조해지고 잘 부서지며, 윤기가 없고 통증 없이 쉽게 빠진다. 콰시오커의 또 다른 징후는 '깃발징후flag sign'라 부르는 머리카락의 탈색과 성장부진이다그림 6-2. 단백질섭취가 불충분하여 탈색 또는 정상 색깔의 모발의 가로무늬 띠가 번갈아 나타난다. 단백질섭취가 부족했던 기간 동안 자란 머리카락은 탈색되고 윤기가 없으며, 반면 단백질섭취가 좀 더 충분해진 시기에 자란 머리카락은 정상적인 색깔로 돌아간다.

● 그림 6-2 모발의 깃발징후

출처 : Lee RD, Nieman DC(2010). Nutritional assessment.

마라스무스 마라스무스는 심한 체중 감소가 나타나고 골격근육의 소모와 지방조직 손실이 나타나는데, 반면 혈청 단백질 농도는 비교적 정상으로 유지된다. 마라스무스 어린이는 성장이 매우 부진하고 체조직이 소모되므로 피골이 상접한 상태가 된다.

심한 PEM 심한 PEM은 콰시오커와 마라스무스 증상이 복합적으로 나타나며 감염률이 증가한다. 이것은 에이즈AIDS, 일부 암, 위장관질환, 알코올중독, 약물 과용 또는 마라스무스 상태에서의 외상, 수술, 급성질환 등의 스트레스에 노출되었을 때 나타날 수 있다.

콰시오커와 마라스무스 그리고 심한 PEM의 특징은 표 6-3과 같다.

표 6-3 단백질-에너지 영양불량의 특징 비교

구분	콰시오커	마라스무스	심한 PEM
체중	큰 감소 없음(표준체중의 >90%)	감소(표준체중의 <80% 또는 지난 6개월간 10% 이상 근육 소모가 동반된 체중 감소)	표준체중의 <60%
혈청 단백질	심각한 감소(혈청 알부민 <3.0g/dL, 트랜스페린 <180mg/dL)	비교적 정상(혈청 알부민>3.0g/dL)	혈청 알부민<3.0g/dL
골격근육	뚜렷한 감소 없음	감소	감소
지방조직	유지됨	감소	감소
부종	피부와 모발의 탈색과 함께 영양성 부종	없음	피부와 모발의 탈색이 동반되지 않은 부종
면역기능	감소	감소	감소
가능 원인	에너지는 충분하나 단백질 결핍	기아상태 단백질과 총 에너지 섭취의 부족	마라스무스 환자가 스트레스(외상, 수술 등)에 노출

출처 : International Classification of Disease(1975), 9th Revision, Clinical Modification.

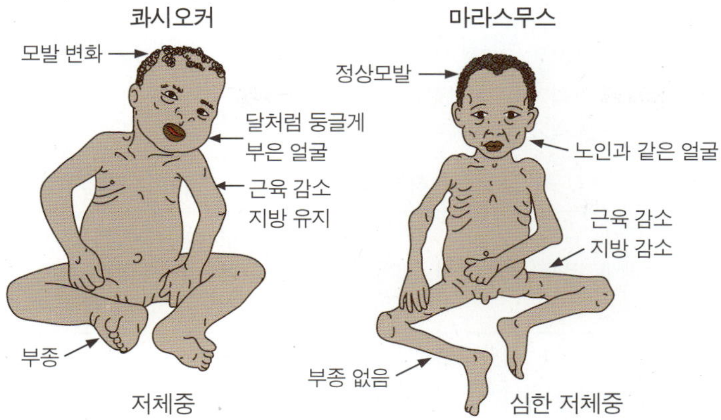

● 그림 6-3 콰시오커와 마라스무스의 임상징후

출처 : Jellife DB(1968). Clinical nutrition in developing countries.

비타민 영양불량

비타민의 종류별 결핍 또는 과잉 시 나타나는 증상과 징후는 표 6-4와 같다.

● 표 6-4 비타민의 결핍 및 과잉 시 나타나는 신체 증상과 징후

비타민	결핍 증세	과잉 증세
비타민 A	야맹증, 결막 · 각막 건조증, 각막연화증(keratomalacia), 상피조직 퇴화, 비토반점	구토, 오심, 두통, 설사, 건조한 피부, 식욕상실, 체중감소, 탈모, 자연유산, 기형아 출산, 신경과민
비타민 D	구루병(rickets), 골연화증(osteomalacia), 골다공증	구토, 체중감소, 고칼슘혈증, 고칼슘뇨증, 연조직(신장과 심장 등)이 석회화로 손상됨
비타민 E	용혈성빈혈, 저체중아, 미숙아, 낭포성 섬유증	비타민 K의 혈액응고작용 방해, 위장장애, 설사, 혈중 중성지방 증가, 지방간, 두통, 피로감, 근육 약화
비타민 K	혈액응고장애, 신생아 출혈	과잉수준이 알려져 있지 않다.
비타민 C	괴혈병, 점상 출혈, 권태감	메스꺼움, 복통, 설사, 통풍, 두통

비타민	결핍 증세	과잉 증세
비타민 B_1	• 건성 각기병 : 신경장애 • 습성 각기병 : 식욕부진, 소화불량	과잉수준이 알려져 있지 않다.
비타민 B_2	구순염, 구각염, 설염, 지루성 피부염	과잉수준이 알려져 있지 않다.
니아신	펠라그라(피부염, 설사, 치매)	모세혈관 확장, 피부 충혈, 불규칙한 심장박동, 저지방혈증, 고혈당증, 두통, 시력혼란, 소화기장애, 간 손상
비타민 B_6	빈혈, 체중감소, 우울증, 피부염, 구각염, 근육경련, 신경과민, 설염	무력감, 불면증, 불안정, 손발무감각증, 운동실조
엽산	거대적아구성빈혈(악성빈혈), 뇌신경관 손상 신생아 출산	악성빈혈 증세, 신장 비대
비타민 B_{12}	거대적아구성빈혈(악성빈혈), 신경계 손상	다혈구혈증, 여드름성 발진

무기질 영양불량

무기질의 종류별 결핍 또는 과잉 시 나타나는 증상과 징후는 표 6–5와 같다.

표 6–5 무기질의 결핍 및 과잉 시 나타나는 신체 증상과 징후

무기질	결핍 증세	과잉 증세
철	철결핍성 빈혈(피부창백, 피로, 허약, 호흡곤란, 식욕부진)	혈색소증(심장, 췌장 등에 철이 축적되며 심부전, 당뇨병 등 유발 가능)
칼슘	골다공증, 골연화증	신장결석
요오드	갑상선종, 크레틴병	갑상선 기능항진증
셀레늄	근육통, 심장근병(cardiomyopathy), 성장 지연	복통, 오심, 구토, 혼수, 간세포 손상, 윌슨병
아연	상처회복 지연, 미각·후각 저하, 식욕부진, 성장 지연, 탈모증, 피부염, 면역 기능 저하, 소아구성 빈혈	경련, 구토, 복통, 현기증, 혼수, 면역 기능 억제, 간세포 손상
구리	면역 기능 저하, 적혈구 감소, 성장장애, 당내성(glucose tolerance) 저하	윌슨병
불소	충치	치아 반점

신체징후 조합을 이용한 영양 결핍증 판정

영양소 결핍과 관련된 신체징후와 증상은 대상자의 유전적 · 환경적 요인 등에 따라 다르게 나타나기 때문에 모든 조사대상자에게 일괄적으로 적용할 수 없다. 일반적으로 특정 영양소 결핍과 관련된 징후가 많이 나타날수록 그 영양소가 결핍되어 있을 가능성은 커진다. 따라서 임상조사결과의 해석을 용이하게 하기 위해 특정 영양소 결핍과 관련된 신체징후와 증상들을 그룹으로 묶어서 평가할 수 있다. 예를 들어, 표 6-6과 같이 연령에 따라 단백질-에너지 영양불량이나 비타민 C가 결핍될 위험도를 신체징후의 조합을 이용하여 분류할 수 있다.

표 6-6 신체징후 조합을 이용한 임상적 영양판정의 예

신체징후		연령	결핍 위험도		
			고	중	저
단백질-에너지	① 경골전방의 요입, 비대칭형 부종 ② 심한 체중 부족 ③ 가벼운 체중 부족 ④ 머리카락 빠짐	0~5세	징후 ① 또는 ②	징후 ③ 또는 ③+④	징후 ④ 또는 징후 없음
비타민 C	① 괴혈병성 염주 ② 잇몸출혈 ③ 자반증, 점상출혈 또는 팔과 등의 모낭각화증	0~5세	징후 ① 또는 ②+③	징후 ①+②	징후 없음
		6세 이상	징후 ②+③	징후 ② 또는 ③	징후 없음
구루병	① 구루병 염주 ② 두개골 연화증 ③ O형으로 휜 다리 ④ 걷기 지연(18개월 이상까지 못 걸음)	0~1세	징후 ①, ②를 포함하는 조합	징후 ①+④를 포함하는 다른 조합	그 외의 조합
		2~5세	징후 ①+③	징후 ①+④	그 외의 조합

출처 : Gibson RS(1990). Principles of Nutritional Assessment ; Health and Welfare Canada(1973).

영양상태 임상평가

영양관리과정

영양관리과정Nutrition Care Process : NCP이란 보다 전문적인 영양치료를 제공하기 위하여 영양관리의 과정을 표준화한 것으로 환자에게 안전하고 효과적이며 양질의 영양관리를 제공하는 체계적인 과정이다. 영양관리과정은 영양판정, 영양진단, 영양중재, 영양모니터링 및 평가의 4단계로 구성되어 있다그림 6-4.

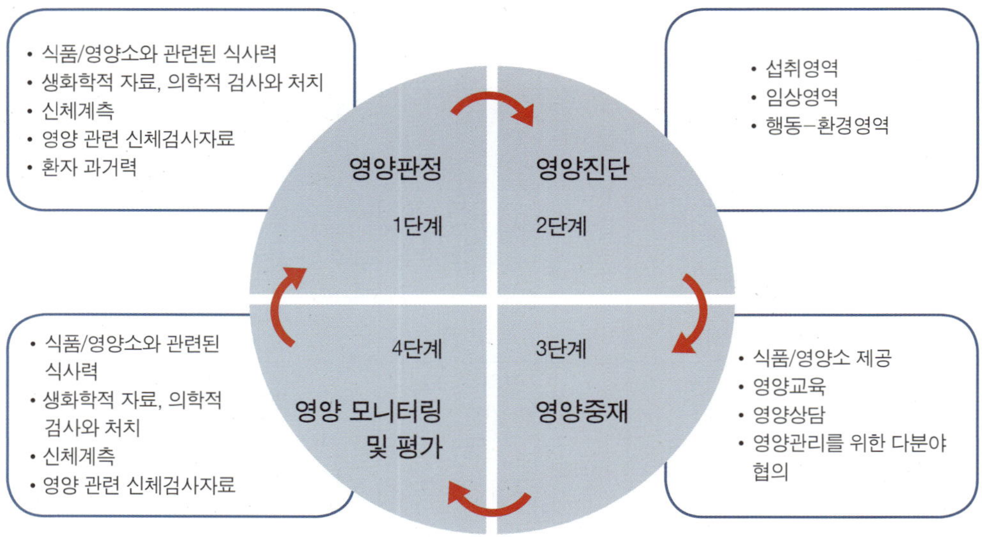

그림 6-4 영양관리과정의 단계

출처 : 국제임상영양표준용어 지침서. International Dietetics & Nutrition Terminology(IDNT) Reference manual :Standard Language for the Nutrition Care Process 2nd ADA. 대한영양사협회(2011).

영양판정 첫 단계인 영양판정nutritional assessment단계에서는 영양 관련 문제와 그 원인 파악을 위한 자료를 수집하고 해석하여 환자의 상태를 평가한다. 영양판정 과정에서 수집하는 자료는 식품 · 영양소와 관련된 식사력, 생화학적 자료 및 의학적 검사와 처치, 신체계측, 영양 관련 신체검사자료, 환자의 과거력 등 5개 영역으로 나뉜다. 수집된 자료는 표준치와 비교한 후 영양진단과 영양중재과정의 목표설정에 사용된다. 각 영역별 수집자료의 예는 다음과 같다.

- 식품·영양소와 관련된 식사력 : 식품이나 영양소 섭취, 약/약용식물제품 섭취, 지식, 신념, 식품과 영양 관련 자원이용도, 신체활동, 영양적 측면에서의 삶의 질
- 생화학적 자료, 의학적 검사와 처치 : 생화학적 자료전해질, 혈당, 의학적 검사위 배출 속도, 안정 시 대사율
- 신체계측 : 키, 체중, 체질량지수, 성장률/백분위수, 체중력
- 영양 관련 신체검사자료 : 신체 관찰 시의 소견, 근육과 지방 소모, 삼키기 기능, 식욕과 그 영향
- 환자의 과거력 : 개인의 과거력, 의료/건강/가족력, 처치와 대체의학 활용, 사회력

영양진단 영양진단nutrition diagnosis은 영양판정단계에서 파악된 문제와 증상을 토대로 하여 영양문제를 규명하고 기술하는 과정이다. 영양진단은 영양과 관련된 섭취, 임상, 행동·환경 등 3개 영역으로 나뉘며, 3개 영역 아래 60여 가지 항목으로 세분화되어 있다. 영양진단은 문제problem와 그 원인etiology, 관련된 증상 및 징후symptom/sign를 기술하는 영양진단문PES 형식으로 기술한다.

- 섭취 : 식품이나 영양소의 실제 또는 추정된 필요량에 비해 너무 많거나 너무 적게 섭취
- 임상 : 의학적 혹은 신체적 상태와 관련된 영양문제
- 행동·환경 : 지식, 태도, 신념, 물리적인 환경, 식품의 접근성, 식품안전

영양중재 영양중재nutrition intervention단계에서는 영양 관련 행동이나 주위환경, 건강상태 등의 긍정적인 변화를 유도할 수 있는 방법을 계획한다. 영양진단결과에

따라 대상에게 적합한 영양중재를 계획하고 시행함으로써 환자의 영양문제를 해결하거나 개선하도록 한다.

영양중재는 식품 · 영양소 제공, 영양교육, 영양상담, 영양관리를 위한 다분야 협의 등 4개의 영역으로 나뉜다.

- 식품 · 영양소 제공 : 식품 · 영양소를 제공하는 개별화된 방법으로 식사와 간식, 장관이나 정맥영양 지원 및 보충제 등이 포함된다.
- 영양교육 : 환자고객의 건강증진 또는 유지를 위해 스스로 식품을 선택하고 식습관을 교정 또는 관리하는 데 도움이 되는 지식을 가르치거나 기술을 교육/훈련시키는 정형화된 과정이다.
- 영양상담 : 상담자와 환자 간의 상호협동적인 관계를 통해 우선순위와 목표, 그리고 개별적인 실천계획을 설정하도록 도와 환자가 자기관리에 대한 책임감을 갖도록 하고, 환자 개인의 건강상태를 치유하거나 개선하도록 도와주는 과정이다.
- 영양관리를 위한 다분야 협의 : 영양 관련 문제의 치유나 관리를 도울 수 있는 다른 분야의 전문가나 기관, 대행기관에 영양관리를 위해 의뢰하거나 협의하는 과정이다.

영양모니터링 및 평가 영양모니터링 및 평가nutrition monitoring and evaluation단계에서는 영양 관련 지표들의 변화를 측정하고 평가하여 수행 중인 영양중재가 영양문제를 해결하는 방향으로 진행되고 있는지, 영양관리목표가 달성되었는지 파악한다. 영양중재로 어떠한 변화가 일어났는지 결과를 측정한 후, 영양중재 이전과 이후의 신체증상 및 징후를 비교하고 영양중재의 목표 또는 표준치와 비교하여 영양중재가 환자의 건강상태에 미친 전반적인 효과를 평가한다. 영양모니터링 및 평가를 위하여 영양판정의 5개 영역 중 환자 과거력을 제외한 4개 영역의 자료를 이용한다.

입원환자의 영양판정단계

입원환자 모두에게 구체적인 영양판정을 실시하는 것은 경제적 · 시간적 어려움이 있기 때문에 의료기관에서는 단계적으로 영양상태를 평가한다. 얼마나 구체적으로 자세하게 평가하느냐에 따라 영양판정을 3단계로 구분한다. 환자가 병원에 입원하면 우선 영양문제가 있는 환자를 선별해내는 ① 영양 스크리닝을 실시한다. 그 다음 단계로 영양문제의 위험이 있는 환자를 대상으로 ② 초기 영양판정을 실시하여 이후 환자에게 적절한 영양관리를 제공한다. 영양 스크리닝 또는 초기 영양판정결과 위험도가 높은 환자는 보다 포괄적이고 심도 있는 ③ 심층 영양판정을 실시한다 그림 6-5.

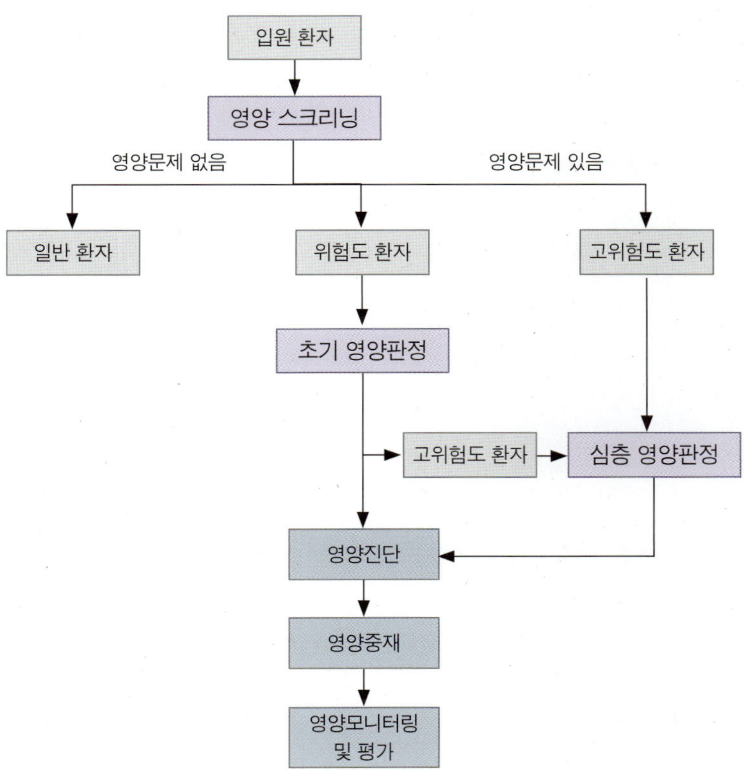

● 그림 6-5 입원환자의 영양판정단계

영양 스크리닝 영양 스크리닝nutrition screening은 영양문제 위험이 있는 환자를 가려내는 과정으로 일반적으로 모든 환자를 대상으로 입원 후 24~48시간 내에 실시한다. 구체적인 영양판정이 필요한지 여부를 판단하기 위하여 환자의 자료를 미리 정해진 위험요인들과 비교한다. 영양 스크리닝의 위험요인평가에 주로 사용되는 항목은 다음과 같다.

- 병력, 식사력 : 진단명, 섭식 형태
- 식사조사 : 섭식 형태, 식사 시 문제점연하곤란, 저작곤란, 식욕 저하나 섭취량 감소
- 생화학적 조사 : 혈중 알부민, 총 임파구 수, 헤모글로빈
- 신체계측조사 : %표준체중, 체질량지수, 의도하지 않은 체중감소율, 근육 소모, 체지방 소모
- 임상조사 : 부종, 복수

효과적인 영양 스크리닝을 위해서는 입원 시 기본적으로 조사되는 검사와 자료만으로도 충분해야 하고, 간단하게 평가가 이루어질 수 있으면서도 정확하게 영양위험 환자를 선별할 수 있어야 한다. 의료기관에서 사용하고 있는 영양검색도구는

표 6-7 영양 스크리닝 시 위험요인 평가항목 및 기준의 예

평가항목	기준	
	위험도	고위험도
섭식 형태	• 치료식, 경관급식 • 금식/유동식 > 5일	중심정맥영양(TPN)
진단명	신장, 췌장, 간, 소화기, 신경계 질환, 종양	영양불량증
생화학적 검사	• 알부민 < 3.3g/dL • 총 임파구 수(TLC) < 1,500mm^3	• 알부민 < 2.8g/dL • 총 임파구 수(TLC) < 1,200mm^3
체중	이상체중의 75~90%	이상체중의 75% 미만
평가	• 위험인자 두 가지 이상 : 위험도 환자 • 고위험인자 두 가지 이상 : 고위험도 환자	

주관적 종합평가Subjective Global Assessment : SGA, 영양위험지표Nutrition Risk Index : NRI, 영양위험검색Nutrition Risk Screening : NRS 등이 있다.

초기 영양판정 영양 스크리닝에서 위험도 환자로 평가된 경우 초기 영양판정을 실시한다. 환자의 영양문제의 심각성과 원인을 알아내기 위하여 보다 구체적인 평가항목들을 조사하여 평가한다. 환자의 영양상태를 판정하여 영양불량 여부를 판단하고 부족한 영양소 및 그 필요량과 보충방법을 계획한다. 또한 초기 영양판정에는 환자의 에너지 및 영양소 필요량 산출과 이에 따른 영양 지원, 영양상담 및 교육 등도 포함된다. 초기 영양판정에 사용되는 평가항목의 예는 다음과 같다.

- 병력, 식사력 : 의료기록, 진단명, 치료계획, 영양교육의 경험, 식욕, 영양공급 형태, 식사섭취상태밥 · 죽 · 미음, 식사 시 문제점메스꺼움, 변비, 구토, 설사, 연하곤란, 저작곤란, 식습관의 기초적인 평가
- 식사조사 : 병원식 섭취상태양호 · 보통 · 불량, 현재 영양섭취량
- 생화학적 조사 : 혈중 알부민, 총 임파구 수, 헤모글로빈, 헤마토크리트, 전해질, 크레아티닌, 혈중요소질소, 혈당, 콜레스테롤, 중성지방 등
- 신체계측조사 : 현재와 과거의 체중, 신장, 근육 소모, 피하지방 소모
- 임상조사 : 부종, 복수

심층 영양판정 영양 스크리닝 또는 초기 영양판정결과 고위험도 환자로 평가된 경우 가장 구체적이고 심도 높은 심층 영양판정대사영양 프로필, metabolic nutritional profile을 실시한다. 식욕부진환자, 대사 스트레스가 높은 환자화상, 외상, 패혈증, 대수술을 받은 중환자, 중심정맥영양을 공급받는 환자 등이 영양 위험도가 높다. 심층 영양판정에서는 초기 영양판정을 위한 평가항목 외에 더 상세한 신체계측 및 생화학적 조사 항목이 추가되며, 대사 스트레스 여부, 영양문제와 영양목표, 영양 지원 필요 여부 등이 포함된다. 심층 영양판정 후 영양중재를 실시한 뒤 환자의 영양상태를 재평가한다. 심층 영양판정에 사용되는 평가항목은 체지방 축적 정도, 체단백 감소, 내장

단백 감소, 면역 기능 저하 등이 있다.

- 체지방 축적 : 삼두근 피부두겹두께, %표준체중, %체중감소
- 체단백 : 상완근육면적, 크레아티닌-신장지표Creatinine-Height Index : CHI
- 내장단백 : 알부민, 트랜스페린, 프리알부민
- 면역 기능 : 총 임파구 수, 지연형 피부반응

주관적 종합판정

임상평가는 특이성이 낮고 판정 기준이 불분명하여 주관적인 평가에 의한 한계점 등으로 해석상의 어려움이 있기 때문에 임상평가를 통한 명확한 영양판정은 쉽지 않다. 따라서 이러한 한계를 줄이고 표준화된 영양판정을 위해 평가표를 이용할 수 있다.

많이 이용되는 임상평가표로 주관적 종합판정Subjective Global Assessment : SGA이 있다. 주관적 종합판정은 대상자의 과거 건강상태과거력와 임상징후 등의 신체진단 physical examination에 근거하여 영양상태를 평가하는 방법이다. 기존의 객관적 신체계측과 생화학적 조사에 주로 의존하는 방법과는 달리, 주관적 종합평가는 과거력에 대한 5가지 조사체중, 평소 식사의 변화, 위장관 증상, 신체 기능 문제, 질병에 따른 대사량 변화와 신체 관련 임상징후에 대한 4가지 조사피하지방 손실, 근육 소모, 부종, 복수에 근거하여 평가한다. 과거력과 임상징후로부터 얻은 정보를 그림 6-6에 있는 양식에 맞춰 입력하고 영양상태의 등급을 판정한다.

과거력(history)	
1. 체중 변화	
최대 체중	____________kg
6개월 전의 체중	____________kg
현재 체중	____________kg
체중감소율(%) = (6개월 전의 체중 − 현재 체중) / 6개월 전의 체중 × 100	
지난 6개월간의 체중감소량	____________kg

지난 6개월간의 체중감소율 ______ %

지난 2주간의 변화 ______ 증가 ______ 없음 ______ 감소

2. 식사섭취

변화 없음 ______

변화 있음 ______ 기간 ______ 주

변화내용
- 섭취량 증가 ______
- 반고형식 ______
- 일반유동식 ______
- IV 또는 저칼로리 유동식 ______
- 굶음 ______

3. 위장관 증상(2주 이상 지속된 경우만)

없음 ______

있음 ______ 구토 ______ 메스꺼움 ______ 설사 ______ 식욕부진 ______

4. 신체기능문제

없음 ______

있음 ______ 기간 ______ 주

형태
- 일을 잘 못했음 ______
- 걸을 수 있었음 ______
- 누워 있었음 ______

5. 질병에 따른 대사량 변화

스트레스 없음 ______ 낮은 스트레스 ______ 중등도 스트레스 ______ 심한 스트레스 ______

신체진단(physical examination)

각 항목에 대해 정상이면 0점, 경미하면 1점, 중정도면 2점, 심하면 3점을 준다.

1. 피하지방 손실(삼두근, 어깨, 가슴, 손) ______
2. 근육 소모(삼각근, 대퇴사각근) ______
3. 발목의 부종 ______
4. 복수 ______

영양상태 등급판정(Subjective Global Assessment Rating)

A등급 영양상태 양호 ______

B등급 중등도 영양불량 ______

C등급 심한 영양불량 ______

● 그림 6-6 주관적 종합평가(SGA)에 기초한 영양상태 임상평가표

출처 : Detsky As, McLaughin JR, Baker JP, Johnson N, Whittaker S, Mendelson RA, Jeejeebhoy KN(1987). What is subjective global assessment of nutrition status? Journal of Parental and Enteral Nutrition, 11 : 8.

과거 건강상태(과거력) 조사

① 체중 변화

조사 6개월 이내의 체중 감소율과 감소패턴을 조사한다.

- 체중감소율 : 체중감소율이 5% 미만이라면 괜찮으나, 5~10%는 위험 가능성이 있는 것으로 평가하고, 10%를 초과하면 확실히 위험이 있는 것으로 평가한다.
- 체중손실패턴 : 체중 감소의 패턴 또한 중요하다. 예를 들어, 지난 6개월간 체중이 12% 감소하다가 최근 6% 회복되었다면, 지난 6개월간 체중이 6% 감소했는데, 체중이 계속 감소하고 있는 것보다 영양상태가 더 좋다고 평가할 수 있다.
- 지난 2주간 체중 변화에 대한 정보증가, 변화 없음, 감소도 조사한다.

② 식사섭취

대상자가 평상시 식습관을 유지하는지 조사한다. 아침 · 점심 · 저녁식사의 형태를 조사하고 6개월 또는 12개월 전과 비교해 본다.

- 정상평소 식사와 같음 또는 비정상평소 식사와 달라짐으로 구분한다.
- 식사섭취 상황이 비정상이라면 그 기간과 변화내용, 즉 섭취량 증가, 반고형식, 일반유동식, 정맥영양Intravenous : IV 또는 저칼로리 유동식hypocaloric liquids, 굶고 있는지 등을 조사한다.
- 식사량이 변했다면 어떻게 얼마만큼, 그리고 왜 그런지 조사한다. 조사대상자가 적게 먹는다면 더 많이 먹으려고 노력할 때 어떻게 되었는지 아는 것이 중요하다.

③ 위장관 증상

2주 이상 지속되는 위장관 증상이 있을 경우 기록한다. 수일 정도 단기간의 설사 또는 구토가 나타나는 것은 의미 있는 것으로 간주하지 않는다.

④ 신체 기능문제

일상생활의 활동을 하는 데 기능장애가 있는지 조사한다. 기능장애가 있으면 그 기간과 유형을 기록한다.

⑤ 질병에 따른 대사량 변화

환자의 질병상태에 따른 대사량의 변화를 조사하여 기록한다.

임상징후조사(신체진단)

① 피하지방 손실

어깨, 삼두근, 가슴, 손의 4부위를 조사하여 피하지방 손실 정도를 정상0, 약간 손실+1, 중등도 손실+2, 심한 손실+3로 기록한다. 노인은 영양불량이 아니더라도 통통하지 않고 피부가 헐렁하게 나타날 수 있다.

② 근육 소모

근육 소모 정도를 평가하기 위해서는 어깨 옆에 있는 삼각근deltoid과 허벅지 앞부분에 있는 대퇴사두근quadroceps을 조사하는 것이 가장 좋다. 정상0, 약간 소모+1, 중등도 소모+2, 심한 소모+3로 기록한다.

③ 부종

발목 또는 천골sacrum의 부종을 없음, 경미, 중등, 심함으로 평가한다. 손가락으로 잠깐 누른 후 5초 이상 계속 눌린 자국이 남아 있는지 관찰한다.

④ 복수

없음, 경미, 중등, 심함으로 평가한다. 부종이나 복수가 있으면 체중 감소는 덜 중요한 변수가 된다.

영양상태 등급판정(주관적 종합판정) 마지막으로 영양상태의 등급을 매긴다. 위의 조사결과들로 종합적 영양상태를 평가할 수 있다.

- A등급 : 최근 식욕이나 기타 과거력에 개선이 있을 때 일반적으로 영양상태가 좋은 것A등급으로 분류한다. 예를 들어, 6개월간 체중이 5~10% 감소되었더라도 최근 체중이 증가하고 있을 때단, 체액 정체로 인한 것이 아닐 것 A등급으로 판정한다. 이러한 방법으로 영양상태가 양호한 환자가 영양불량으로 잘못 판정되는 경우는 거의 없으나, 경미한 영양불량환자는 일부 진단해내지 못할 수 있다.
- B등급 : 체중 감소가 5% 이상, 식사섭취 감소, 피하지방 손실과 근육소모가 경미하거나 중등 정도일 때 중등도 영양불량B등급으로 분류한다.
- C등급 : 체중 감소가 10% 이상으로 계속 나타나고, 식사섭취가 불량, 피하지방 손실과 근육 소모가 심한 경우에 심한 영양불량C등급으로 분류한다.

참고문헌

국제임상영양표준용어 지침서(번역서)(2011). International Dietetics & Nutrition Terminology(IDNT) Reference manual :Standard Language for the Nutrition Care Process 2nd ADA. 대한영양사협회.

김원경(2013). 임상영양사를 위한 질환별 FOCUS – 영양관리과정(Nutritional Care Process)의 이해 –. 국민영양, 36(8) : 14–20.

백희준(2011). 영양관리과정(NCP)의 이해. 국민영양, 34(8) : 6–13.

이금주(2012). 당뇨병환자의 Nutrition Care Process – 영양진단을 중심으로– The Journal of Korean Diabetes, 13(1) : 48–51.

이혜승 · 장지호 · 이현정 · 박소정 · 강은희(2015). 영양관리과정(NCP)을 적용한 건강증진센터 고객의 영양진단분석. 대한지역사회영양학회지, 20(1) : 61–72.

Detsky As, McLaughin JR, Baker JP, Johnson N, Whittaker S, Mendelson RA, Jeejeebhoy KN(1987). What is subjective global assessment of nutrition status? JPEN J parenter Entereral Nutr, 11(1) : 8–13.

Gibson RS(1990). Principles of Nutritional Assessment.

International Classification of Disease(1975). 9th Revision, Clinical Modification.

Jellife DB(1968). Clinical nutrition in developing countries.

Lacey K, Pritchett E(2003). Nutrition care process and model: ADA adopts road map to quality care and outcomes management. J Am Diet Assoc, 103(8) : 1061–1072.

Lee RD, Nieman DC(2010). Nutritional assessment.

Weinsier RL, Morgan SL, Perrin VG(1993). Fundamentals of clinical nutrition.

Writing Group of the Nutrition Care Process/Standardized Language Committee(2008). Nutrition care process and model part I: the 2008 update. J Am Diet Assoc, 108(7) : 1113–1117.

Writing Group of the Nutrition Care Process/Standardized Language Committee(2008). Nutrition Care Process Part II: Using the International Dietetics and Nutrition Terminology to Document the Nutrition Care Process. J Am Diet Assoc, 108(8) : 1287–1289.

영양판정은 지역사회에서 생애주기별로 영양문제를 파악하고 개선하는 데 활용된다. 어린이급식관리지원센터, 학교, 보건소 등에서 어린이, 성인, 노인 등의 영양문제 및 심혈관계 질환, 당뇨병, 골다공증 등의 만성질환의 위험요인들을 진단해냄으로써 만성질환을 예방하는 데 중요한 역할을 담당할 수 있다.

Chapter

07

영양판정의 활용

1. 어린이의 영양판정
2. 노인의 영양판정
3. 만성질환의 영양판정

Chapter

07 Nutritional Assessment

영양판정의 활용

어린이의 영양판정

소아비만의 영양판정 적용

6세 이후 비만인 아동은, 특히 부모 중 한 명이 비만인 경우 성인기에 비만이 될 가능성이 높다. 비만도 50% 이상의 고도 비만아에게서 지방간, 소아 2형 당뇨병, 고지혈증, 고혈압 및 동맥경화증 같은 비만 합병증을 동반하는 경우가 많으며, 성인이 된 후에도 고혈압, 이상지질혈증, 고인슐린혈증 등 여러 문제를 유발할 수 있다그림 7-1.

최근 소아비만의 유병률은 계속 증가하는 추세로, 지역사회에서 보건소, 어린이급식관리지원센터, 학교 등에서 소아비만을 진단하고 영양상태판정 및 관리의 필요성이 증대되고 있다표 7-1.

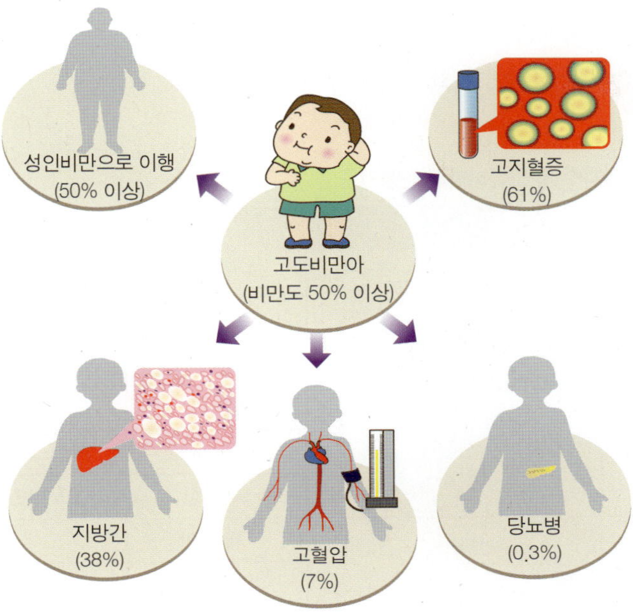

그림 7-1 소아비만의 심각성

출처 : 대한의학회, www.kams.or.kr

표 7-1 소아비만 유병률 (2016-2018년) (단위: %)

6~11세 소아	전체	남자	여자
비만 유병률[1)]	10.4	11.8	9.0

1) 소아 비만유병률 : 2017년 소아·청소년 성장도표 연령별 체질량지수 기준 95백분위수 이상인 분율

출처 : 2018 국민건강통계(2019).

소아비만의 판정기준

소아비만의 판정기준은 표 7-2와 같다.

표 7-2 신체지수 및 소아비만의 판정기준

종류	산출식	판정		
비만도	비만도(%)=(실측체중−신장별 표준체중)/신장별 표준체중×100	−10 미만	저체중	
		−10~10	정상 체중	
		10~20	과체중	
		20~30	경도비만	
		30~50	중등도비만	
		50 이상	고도비만	
카우프지수	카우프지수=[체중(g)/신장(cm)^2]×10	**1세 미만**		**1~2세**
		15 미만	영양불량	14 미만
		15~18	정상	14~17
		18~20	비만경향	17~18.5
		20 이상	비만	18.5 이상
뢰러지수	뢰러지수=체중(kg)/신장(cm)^3×10^7	92 미만	매우 마름	
		92~110	마름	
		110~140	정상	
		140~156	비만	
		156 이상	고도 비만	
연령별 체질량지수	체질량지수=체중(kg)/신장(m)^2	85백분위수 미만	정상	
		85~95백분위수	과체중	
		95백분위수 이상	비만	
삼두근 피부두겹 두께	−	5백분위수 미만	영양 결핍	
		5~90백분위수	정상	
		90~95백분위수	비만 경향	
		95백분위수 이상	비만	
허리 엉덩이 둘레비	WHR=허리/엉덩이	0.85 이하	정상	
		0.85~0.90	과체중	
		0.90 이상	비만	

소아비만 영양판정방법

① 신체계측조사

영유아의 신장, 체중, 피부두겹두께, 허리둘레, 엉덩이둘레 등 성장 및 신체조성을 조사하고, 비만판정기준에 따라 판정한다표 7-2.

② 식사섭취조사

영아의 식사섭취조사는 어머니의 자가기록이나 면접을 통해 모유나 인공영양, 이유보충식의 과거 섭취량에 대한 평가와 함께 앞으로 예상되는 섭취상태에 대한 평가가 필요하다. 식사평가를 위해서는 아동의 성장, 사회·경제적 환경, 식습관 및 식사 태도 등에 관한 정보와 부모 및 가족과의 관계에 대한 평가도 필요하다. 국민건강영양조사에서 실시하는 영유아 및 학동기 어린이의 영양조사내용은 표 7-3과 같다. 또한, 20개의 문항으로 구성된 어린이 영양지수Nutrition Quotient : NQ를 평가하여 식사의 균형성·다양성·절제성·규칙성·실천성 영역에서 어린이의 식생활과 영양상태를 진단할 수 있다BOX 7-1.

표 7-3 국민건강영양조사의 영유아 및 학동기 어린이의 영양조사 내용

종류	대상	내용
식생활조사	영아기(만 1~3세)	수유 상황 및 이유 실태(출생체중, 신장, 수유 형태, 모유 수유기간, 이유 시기), 영양제 복용 등
	만 1세 이상	식습관(결식, 간식, 외식 등), 영양 표시 활용, 식생활 실천지침, 식품 안전성 등
식품섭취량 조사	만 1세 이상	1일 동안 섭취한 음식 또는 식품섭취량 조사

BOX 7-1

어린이 영양지수 평가문항

1. 식사할 때 쌀밥보다 잡곡밥을 자주 먹나요?
2. 식사할 때 채소 반찬(김치 제외)은 몇 가지나 먹나요?
3. 김치는 얼마나 자주 먹나요?
4. 과일은 얼마나 자주 먹나요?
5. 흰 우유는 얼마나 자주 먹나요?
6. 콩이나, 콩제품(두부, 두유, 콩국수)은 얼마나 자주 먹나요?
7. 달걀은 얼마나 자주 먹나요?
8. 단 음식(초콜릿, 사탕, 탄산음료)은 얼마나 자주 먹나요?
9. 패스트푸드(피자, 햄버거 등)는 얼마나 자주 먹나요?
10. 라면은 얼마나 자주 먹나요?
11. 아침식사는 얼마나 자주 하나요?
12. 매끼 식사는 정해진 시간에 하나요?
13. 식사할 때 반찬을 골고루 먹나요?
14. 식사할 때 음식을 꼭꼭 씹어 먹나요?
15. 야식은 얼마나 자주 먹나요?
16. 길거리 음식은 얼마나 자주 사 먹나요?
17. 가공식품을 살 때 영양성분 등 식품 표시를 확인하나요?
18. 음식을 먹기 전에 손을 씻나요?
19. 하루에 TV시청과 컴퓨터 게임을 합쳐서 어느 정도 하나요?
20. 하루에 운동(등·하교 시 걷기 포함)은 어느 정도 하나요?

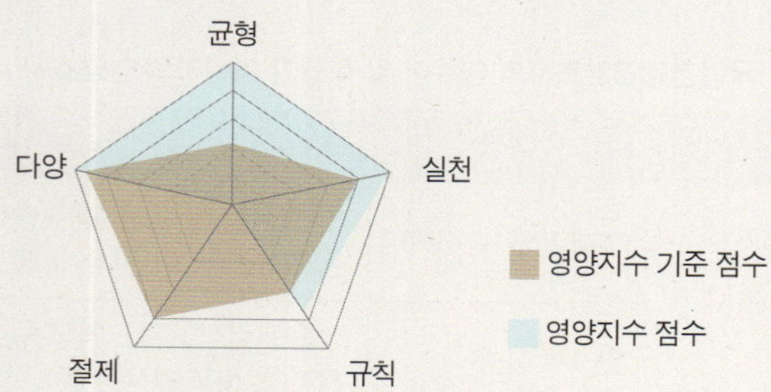

영양지수 점수

출처 : 1) The Korean Nutrition Society · Amway Korea LtD.. A Nutrition Quotient (NQ) equation modeling for children [Internet]. 2013. Available from: http://www.kns.or.kr/html/NQ.pdf ; 2) Kim HY · Kwon S · Lee JS · Choi YS · Chung HR · Kwak TK · Park J · Kang MH. Development of a Nutrition Quotient (NQ) equation modeling for children and the evaluation of its construct validity. Korean J Nutr 2012; 45(4): 390~399(http://dx.doi.org/10.4163/kjn.2012.45.4.390).

③ 생화학적 검사

소아비만으로 인해 나타날 수 있는 고지혈증, 고혈압, 당뇨병 등이 야기될 수 있으며, 관련 생화학적 지표로서 검사하는 혈중 중성지질, HDL-콜레스테롤, 혈당, 혈압 등을 통해 소아대사증후군이나 소아고혈압을 진단할 수 있다표 7-4, 표 7-5.

표 7-4 소아대사증후군의 진단기준

종류	진단기준
복부비만	연령 및 성별 허리둘레 ≥ 90백분위수
고중성지방혈증	≥ 110mg/dL
저 HDL-콜레스테롤	<40mg/dL
고혈압	연령, 성별, 신장에 따른 혈압 ≥ 90백분위수
높은 공복 혈당	≥ 110mg/dL

표 7-5 소아고혈압의 진단기준

나이	높은 정상 범위(mmHg)		현저한 고혈압(mmHg)	
	수축기	이완기	수축기	이완기
생후 7일경	–	–	90~105	–
생후 8~30일경	–	–	104~109	–
2세 미만	104~111	70~73	112~117	74~81
3~5세	108~115	70~75	116~123	76~83

출처 : 국민고혈압사업단, www.hypertension.or.kr

소아비만관리

① 영아

출생 시 체중이 2.5kg 미만이거나 4.0kg 이상인 신생아 또는 체중 증가율이 빠른 영아는 비만이 될 고위험군에 해당되며, 모유 수유가 이들의 비만 예방에 중요하다. 고형식 섭취를 일찍 시작하지 않도록 하며, 특히 단맛을 내는 이유식품은 피한다.

② 유아

TV 시청시간이 길고 수면시간이 짧은 유아들은 비만이 될 고위험군에 포함될 가능성이 높다. 경도비만의 경우는 성장을 고려해 체중감량보다는 체중유지를 목표로 한다. 중등도 및 고도비만의 경우에는 개별적인 식사 및 운동상담이 필요하며 합병증이 있는 경우 감량이 필요하다.

③ 학동기아동

경도비만의 경우 정상적인 성장을 위해 체중유지가 필요하며, 합병증이 있는 중등도비만의 경우 체중감량이 필요하다. 고도비만은 합병증 유무에 상관없이 체중감량 및 전문가관리가 필요하다.

④ 사춘기

사춘기에는 비만 관련 합병증이 있는지 확인하여 치료를 병행해야 한다.

BOX 7-2

비만의 위험이 있는 아이

18개월 된 남자아이가 체중 14.5kg, 신장 86cm로 평균보다 체중과 신장 모두 큰 편이며, 특히 체중이 많이 나간다. 3.4kg으로 정상분만하였고 가족은 대체로 뚱뚱한 편이다. 과거와 현재 특정 질병이 없었고, 현재는 특별히 복용하고 있는 약물 또는 건강보조약물은 없으나 과거 돌 전후에 보약을 복용한 적이 있다. 모유는 전혀 먹이지 못하였고 조제유로 수유를 하였다. 3개월경 과즙으로 이유식을 시작했고, 6개월경에는 죽을, 10개월경부터는 밥을 먹기 시작했다. 현재는 조제유와 생우유를 반반씩 섞어 400mL 정도를 먹이고 있고, 밥 세 끼와 고기류의 반찬을 정기적으로 먹이고 있었다. 채소는 거의 주지 않았고 주스, 음료, 과자 등의 간식은 규칙적으로 먹고 있었다. 생화학적 검사는 받지 않았다.

1. 영양평가

(1) 체위상태

- 현재의 체격 : 체중 14.5kg(적정체중 12.6kg), 신장 86cm

• 체형 : 뚱뚱함
• 성장곡선에 대한 평가 : 특히, 9개월 이후에 체중 및 신장의 증가가 나타남

(2) 출생 및 가족력
• 출생체중 3.4kg, 재태기간 38주
• 가족체형 : 뚱뚱한 편

(3) 질병력
• 과거병력 : 없음
• 현재병력 : 없음
• 약물복용 : 돌 전후에 한약복용

(4) 영양
• 영양내력 : 조제유
• 이유식 : 생우유, 밥, 주스, 과자류 등

영양섭취상태 분석

	식사량	에너지(kcal)	단백질(g)	기타
수유	생우유 200mL	125	6	
	조제유 200mL	136	5.5	
이유식	밥 70g씩 3회 생선100g 햄버거고기 60g	460	30	
	주스 1컵, 사과 반 개, 요플레 1개, 포카리스웨트 1캔, 감자깡 반 봉지, 가끔 치즈 반장	515	10.1	
섭취량		1,236	51.6	
요구량		1,130	26	

(5) 검사 : 없음

(6) 종합적인 문제점 파악 및 영양진단
• 열량섭취 과다로 인한 과체중 상태
• 식사의 식품구성의 재조정이 필요함

2. 영양처방
(1) 간식조정 : 청량음료와 튀김 또는 지방함량이 높은 과자류를 금한다.
(2) 매끼마다 채소를 공급하고 단백질 식품은 줄인다.

3. 추적관리 및 평가계획
2주에 한 번씩 체크

출처 : 이상일 외(2002). 영유아영양.

성조숙증의 영양판정 적용

성조숙증의 판정기준 성조숙증은 2차 성징이 나이에 비해 너무 빨리 나타날 때로 정의되며, 일반적으로 여아에서 8세 이전에 가슴이 나오는 경우와 남아에서 9세 이전에 고환발달이 시작되는 경우를 의미한다그림 7-2, 표 7-6.

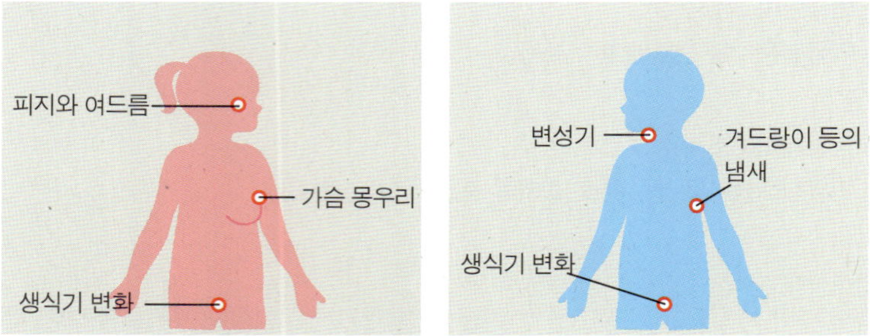

여아 성조숙증 남아 성조숙증

그림 7-2 성조숙증 특징

표 7-6 성조숙증의 판정기준

구분	내용
성성숙도	• 여아 : 가슴발달 2단계 이상 : 유방비대 • 남아 : 고환크기 4mL 이상
골연령	1~2년 이상 빠름
성호르몬	• 여아 : 에스트라디올(estradiol) > 10pg/mL • 남아 : 테스토스테론(testosterone) > 1ng/mL
생식샘자극호르몬	• 황체형성호르몬(Luteinizing Hormone : LH) > 0.6IU/L • 난포자극호르몬(Follicle Stimulation Hormone : FSH) > 2.0IU/L
생식샘자극호르몬 방출호르몬	사춘기 반응(자극 후 LH 농도가 2~3배 이상 상승, 최고치가 5IU/L 이상)
골반초음파검사	자궁의 장경, 난소용적, 자궁내막두께가 사춘기 형태

출처 : 김대현(2011). 약업신문.

성조숙증은 시상하부–뇌하수체–성선이 활성화되는 '진성 성조숙증'과, 활성화되어 있지 않은 '가성 성조숙증'으로 나뉜다. 여아의 경우 특별히 나쁜 원인질환 없이 성조숙증이 발생하는 특발성이 80%, 난소 종양이 15%, 대뇌 병소가 있는 경우가 5% 정도를 차지한다. 남아의 경우 특발성이 50%, 대뇌 자체에 병소가 있는 경우가 20%, 부신 피질 과형성 또는 종양이 25%, 고환 종양이 5% 등이다.

우리나라 어린이의 성조숙증 환자 발생 추이를 살펴보면, 매년 꾸준한 증가를 보였다그림 7–3. 성조숙증이 급증하는 이유 중 하나는 육류와 고칼로리, 고지방 음식의 과도한 섭취 및 낮은 섬유질 섭취 등의 서구화된 식습관으로 인한 소아비만 증가와 밀접한 관련이 있는 것으로 알려져 있다.

렙틴은 체내 지방세포에서 분비되는 식욕억제호르몬으로서, 뇌에 이르면 체지방률 저하, 식이섭취량의 저하, 혈당 저하 등을 야기한다. 뇌 이외에 여러 말초조직에도 작용하여 생식과 면역 기능 조절 등 다양한 호르몬작용을 한다. 비만아의 경우, 과도하게 축적된 지방은 피하지방에 렙틴이 높아져 뇌의 시상하부를 자극하고 성호르몬의 분비를 자극하여 사춘기를 빨리 오게 만든다.

비만으로 인한 성조숙증의 경우, 체중관리를 통해 성조숙증을 예방할 수 있으며, 무분별한 금식보다는 운동을 통한 체중관리가 효과적이다.

또한, 호르몬 분비에 영향을 미치는 요인으로 스트레스, 환경변화 등이 복합적으로 작용한다.

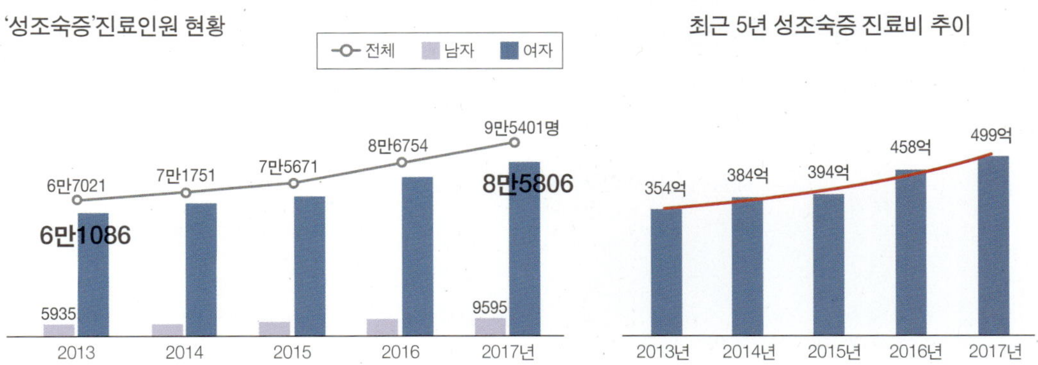

● 그림 7–3 성조숙증 진료인원 및 총 진료비 추이(2013~2017)

출처 : 국민건강보험공단

성조숙증의 영양판정방법

① 병력

발병 시기, 진행 속도, 출생 전후의 장애나 손상, 과거의 감염, 성선 스테로이드 노출 유무와 투여 여부, 가족력, 성장 속도 등을 파악한다. 성조숙증 여아의 신장 성장곡선을 분석해보면 만 8세경부터 신장 성장 속도가 증가하기 시작하여 만 12세 이후로 성장이 거의 멈추며 만 18세경에는 키가 150cm 정도로 평균 160cm에 비해 많이 작다. 성조숙증이 있으면 어린 나이에 성장 속도가 증가하여 또래보다 신장이 많이 큰 편이지만 점차 나이가 들면서 성장 속도가 감소하여 다른 아이에 비해 신장이 작게 된다BOX 7-3.

BOX 7-3 **성조숙증의 자가진단**

1. 외모가 또래 아이들에 비해 성숙한 편이다.
2. 최근 1년 새 갑자기 키가 부쩍 컸다.
3. 부모 형제 중에 초경이나 변성기 등 2차 성징이 빨리 나타난 사람이 있다.
4. 유아기 때부터 치아가 나고 걷고 말하는 등의 성장발육이 남보다 빨랐다.
5. 육류와 패스트푸드 등을 유난히 좋아한다.
6. 키에 비해 체중이 많이 나간다.
7. 체질적으로 열이 많고 땀을 자주 흘리는 편이다.
8. 움직이는 것을 싫어한다.
9. 아토피피부염, 비염, 천식 등의 알레르기 질환이 있다.
10. 정신적으로 조숙한 편이다.

* '그렇다' 대답이 5개 이상 시 성조숙증 의심

출처 : 최석순(2013). 성조숙증.

② 신체계측조사

신장과 체중을 측정하고 성적 성숙도 및 2차 성징의 출현 정도, 신체조성 및 근육발달 정도, 유즙분비 유무 등을 평가한다. 남아의 성조숙증을 평가하기 위해 고환의 크기를 측정한다. 여아의 성조숙증은 가슴발달 5단계로 평가하며, 가슴발달 초기인 2~3단계 때 비만이 성조숙증을 일으키는 주요 원인으로 작용하므로, 아동의 비만 여부가 성조숙증의 발견과 치료과정에 중요한 변수로 작용하게 된다.

성조숙증 진단을 위해 검사대상자의 골성숙 정도를 나타내는 골연령검사를 실시한다. 평가방법은 다양하나 X선 촬영을 이용한 골연령 평가가 가장 많이 사용된다. 미성숙한 뼈는 출생 후 성장판이 닫혀 골 성장이 완료될 때까지 정해진 순서에 따라 뼈 발생 중심의 모양과 크기가 변화하면서 성숙한다.

난소와 자궁의 상태 확인을 위한 초음파검사 및 두개 내 이상을 확인하기 위한 방사선검사나 자기공명영상검사를 실시하기도 한다.

③ 식사섭취조사

식습관 관련 조사, 식사기록법에 의한 식사섭취조사를 실시한다.

④ 생화학적 검사

생식샘자극호르몬LH, FSH과 성호르몬estradiol, testosterone 농도를 측정하고 갑상샘 기능 및 렙틴 농도를 측정한다. 진성 성조숙증의 확진을 위해서는 생식샘자극호르몬 방출호르몬Gonadotropin Releasing Hormone : GnRH을 주사한 후 생식샘자극호르몬의 반응을 보는 호르몬 자극검사를 실시한다.

⑤ 임상조사

조기 유방발육, 음모나 액모 발생, 초경발생 등을 조사한다. 신경학적 검사 및 피부병변 등도 자세히 조사한다.

성조숙증의 관리 약물치료의 대상은 진성 성조숙증을 가진 모든 남아와 진성 성조숙증 여아 가운데 급속하게 진행하는 경우이다. 생식샘자극호르몬 방출호르몬

효능약제로 치료하며, 서서히 진행하는 여아의 성조숙증에서는 치료효과가 별로 없다. 최근에는 비만으로 인한 가성 성조숙증이 많아지고 있어, 균형 잡힌 식단과 과도한 육류 섭취 제한 등의 식생활 개선, 신체활동량 증가 등으로 체중과 체지방을 줄임으로써 진행을 어느 정도 억제시킬 수 있다.

알레르기의 영양판정 적용

알레르기의 판정기준 알레르기란 꽃가루, 음식, 약물 등의 해롭지 않은 항원에 대해 나타나는 과도한 면역반응을 의미한다. 식품 알레르기란 식품 단백질에 의해 유도되는 부적절한 면역반응을 뜻한다. 식품 알레르기를 유발하는 단백질을 식품 알레르겐이라고 한다. 알레르기 진단 시 판정기준은 표 7-7과 같다.

표 7-7 알레르기 진단 시 판정기준

<table>
<tr><th>구분</th><th colspan="4">판단기준</th></tr>
<tr><td rowspan="2">피부단자시험</td><td rowspan="2">• IgE 매개 알레르기 검출방법
• 소량의 알레르겐을 피부에 주입하고 발적 정도로 판정</td><td colspan="2">음성</td><td>양성</td></tr>
<tr><td colspan="2">발적 없음</td><td>발적</td></tr>
<tr><td rowspan="10">혈액검사</td><td rowspan="10">• IgE 매개 알레르기 검출방법
• 특정식품의 혈청 중의 IgE 검출양을 예측치와 비교</td><td colspan="2">식품</td><td>혈청 IgE(kUA/L)</td></tr>
<tr><td>우유</td><td>12개월 미만
12개월 이상</td><td>≥5.0
≥15.0</td></tr>
<tr><td>달걀</td><td>12개월 미만
12개월 이상</td><td>≥2.0
≥7.0</td></tr>
<tr><td colspan="2">땅콩</td><td>≥14.0</td></tr>
<tr><td colspan="2">생선</td><td>≥20.0</td></tr>
<tr><td colspan="2">견과류</td><td>≥15.0</td></tr>
<tr><td colspan="2">대두</td><td>≥30.0</td></tr>
<tr><td colspan="2">밀</td><td>≥26.0</td></tr>
<tr><td colspan="2">메밀</td><td>≥1.26</td></tr>
</table>

<table>
<tr><th>구분</th><th colspan="4">판단기준</th></tr>
<tr><td rowspan="4">식품검사</td><td rowspan="4">• 식품을 직접 섭취 후 반응 관찰
• 알레르겐을 넣은 캡슐을 섭취 후 관찰</td><td></td><td>즉시형 반응
(1~2시간 이내)</td><td>단백 유발성
장염 증후군
(4시간 이내)</td></tr>
<tr><td>음성</td><td colspan="2">증상 없음</td></tr>
<tr><td rowspan="2">양성</td><td colspan="2">객관적 증상 시 즉시 중단</td></tr>
<tr><td colspan="2">주관적 증상이 있을 시 호전 후 식품 재섭취 시 주관적 증상 연속 3회 유발 시 양성</td></tr>
</table>

출처 : 대한소아알레르기호흡기학회 · 식품알레르기아토피피부염연구회(2012). 식품 경구유발시험 가이드라인.

알레르기의 판정방법

① 병력

알레르기 증상, 치료경험, 진단 시기, 의심되는 식품과 조리 및 가공 형태, 섭취량, 증상이나 징후가 나타나기까지의 시간, 횟수, 중증도, 제한하고 있는 식품, 유전 등을 조사한다. 운동이나 약물 복용 여부 등의 연관성이 있을 수 있는 유발인자도 조사한다.

② 신체계측조사

신장 및 체중 등을 평가하여 제한된 식품섭취로 인한 영양불량 및 성장장애가 없는지 평가한다.

③ 식사섭취조사

식품검사는 식품을 직접 섭취 후 알레르기 반응을 관찰하여 검출하는 것이 가장 바람직한 진단법이다. 2주 간격으로 의심되는 음식을 먹여보고 또 식단에서 제거해 보는 과정을 3차례나 반복해야 하는 어려움이 있지만, 이중맹검검사로 진행될 때 가장 확실하게 알레르기 진단이 가능하다. 그러나 검사 도중 아나필락시스[1]를 일으

1) 아나필락시스는 '알레르기 쇼크'라고도 하며, 원인 노출 후 급격하게 진행하는 전신적인 중증 알레르기반응으로 단시간 내에 여러 장기를 침범해 초기에 적절히 치료하지 않으면 생명을 잃을 수 있는 주요한 질환이다.

킬 위험이 있기 때문에 반드시 알레르기 전문의의 지시를 따라야 한다.

섭취한 모든 식품과 반응은 식사일기에 기록하여야 한다. 그러나 음식은 여러 가지 식품을 이용하여 만들기 때문에 식사일기만으로 정확한 알레르기의 원인식품을 찾아내기가 쉽지 않아 많은 기술이 필요하다. 식사일기를 통해 모든 식품을 감시하는 것이 불가능하므로 알레르기를 잘 일으키는 식품을 중심으로 식사일기를 검토해 나가도록 한다.

식품 알레르기의 증상은 일반적으로 음식을 먹은 뒤 수분 또는 1~2시간에 나타나는 것이 대부분이지만 경우에 따라 몇 시간 또는 1~2일까지 지속될 수 있고 아이의 상태 또는 하루 시간대에 따라 증상이 나타나지 않는 경우도 있어, 최소 2주간의 일지를 종합하여 판단해야 한다. 어린이의 연령별로 주의해야 할 주요 알레르기 식품은 표 7-8과 같다.

● 표 7-8 어린이의 연령별 주의해야 할 주요 알레르기 식품

영아기 만 0~24개월	유아기 만 25개월~5세	아동기 만 6세~11세	청소년기 만 12~17세
달걀	달걀	갑각류	갑각류
우유	우유	생선	생선
땅콩	땅콩	땅콩	땅콩
대두	대두	견과류	견과류
밀	견과류	달걀	달걀
	밀	우유	우유
		밀	밀

출처 : 서울특별시 식품안전추진단 식품안전과(2010). 식품 알레르기 교육 및 급식관리 매뉴얼.

음식일지의 종류

- 단순 음식일지 : 증상이 심하지 않거나 뚜렷하게 의심되는 식품이 없을 경우, 평소대로 식사하면서 증상의 발현을 관찰하는 방법이다. 음식에 포함된 식품의 공통분모를 찾아가면 원인식품의 단서를 발견할 수 있다.

CHAPTER 07

식품군별 섭취경향조사표

구분	먹는 것에 v표 하세요
육류, 생선류, 달걀, 치즈 또는 콩제품류(두부, 된장 등)	☐ 매일 먹는다 ☐ 매일 먹지 않는다
채소	☐ 매일 먹는다 ☐ 매일 먹지 않는다
우유 또는 칼슘강화두유 (mL)	☐ 매일 먹는다 ☐ 매일 먹지 않는다
과일	☐ 매일 먹는다 ☐ 가끔 먹는다 ☐ 먹지 않는다
스낵	☐ 매일 먹는다 ☐ 가끔 먹는다 ☐ 먹지 않는다
시판이유식 또는 시리얼	☐ 매일 먹는다 ☐ 가끔 먹는다 ☐ 먹지 않는다
선식 또는 생식	☐ 매일 먹는다 ☐ 가끔 먹는다 ☐ 먹지 않는다
비타민 또는 영양제	☐ 매일 먹는다 ☐ 가끔 먹는다 ☐ 먹지 않는다
보약 또는 건강보조식품 ( )	☐ 매일 먹는다 ☐ 가끔 먹는다 ☐ 먹지 않는다

제한하고 있는 식품조사표

제한하고 있는 식품에 v표시해 주세요.

곡류	밀가루		갑각류	새우, 게	
	메밀			오징어, 낙지, 문어	
육류	쇠고기			조개, 굴, 전복	
	돼지고기		견과류	땅콩	
	닭고기			호두	
생선	흰살 생선			기타 견과류	
	붉은살 생선		유제품	우유	
콩제품	된장			치즈	
	두부			발효유	
	두유		달걀		
오렌지			탄산음료		
토마토			식품첨가물, 과자, 빵, 사탕, 초콜릿		

그림 7-4 식품섭취조사표

출처 : 서울특별시 식품안전추진단 식품안전과(2010). 식품알레르기 교육 및 급식관리 매뉴얼.

- 식품교대제한일지 : 의심되는 식품 1~2가지를 2주 간격으로 교대로 제한하고 관찰하는 방법이다. 영유아에게 가장 적합한 방법이며, 일반식을 먹는 어린이에게도 적절한 방법이다. 광범위한 식품의 제한은 섭취하는 식품이 많지 않은 영유아에게 성장에 지장을 줄 수 있고, 현실적으로 실천하기 어렵다.
- 광범위식품제한일지 : 단백질이 없는 식단 또는 상품을 이용하여 식품제한을 시작하거나 동물성 및 식물성 식품으로 구분하여 식품을 제한하거나, 보다 세분화해서 동물성에서 육류, 가금류, 생선류로, 식물성은 채소류, 과일류, 견과류, 해조류로 구분하고, 패류와 갑각류는 별도로 분류하여 제한하기도 한다. 증상이 소실되면 의심되는 식품을 한 종류씩 추가해 가며 증상의 여부를 평가하여 원인식품을 찾아간다그림 7-4.

④ 생화학적 조사

IgE 매개 알레르기 검출방법으로서, 혈청 내 총 IgE와 특정식품의 혈청 중의 IgE 검출양을 예측치와 비교하여 평가한다. 또한 혈액 내 히스타민 농도 및 호산구 등을 조사한다. 알레르기 진단검사인 피부단자시험은 IgE 매개 알레르기 검출방법으로서, 소량의 알레르겐을 피부에 주입하고 발적 정도로 판정한다표 7-7 참조.

⑤ 임상증상

알레르기 증상은 두드러기 등 피부 발진을 포함한 BOX 7-4의 여러 증상을 동반한다.

BOX 7-4 **식품 알레르기 증상**

- 입 속의 얼얼한 감각
- 두드러기, 가려움, 습진
- 입술, 얼굴, 혀, 목 또는 신체 다른 부위의 부어오름
- 천식, 코 막힘 또는 호흡 곤란
- 복통, 설사, 메스꺼움, 구토
- 어지러움 또는 기절
- 아나필락시스

알레르기의 관리 성장기에 있는 영유아는 원인 식품의 제한도 중요하지만, 영양공급에 차질이 생기지 않도록 대책을 마련하여야 한다. 우유 알레르기가 있는 유아의 경우, 모유수유를 하지 않으면서 우유의 섭취를 금하게 되면, 영양적으로 많은 주의가 필요하다.

① 급성기 영양관리

급성기에는 원인식품을 일정 기간 제한하는 것이 매우 중요하다. 따라서 알레르기 증상이 나타났을 때 어떤 음식을 먹었는가를 정확히 파악하여 제한할 식품을 정해야 한다. 일반적으로 1~2주 정도 제한하지만, 알레르기 가족력 또는 병력이 있을 경우 좀 더 길게 제한하는 것이 좋다. 제한하는 식품에 상응하는 에너지와 영양소를 다른 식품으로 대체해야 한다.

② 장기적 영양관리

영유아의 증상이 만성화되면, 급성증상의 장기화로 보고, 식품 제한에 더욱 신경을 써야 한다. 식품을 장기간 제한해야 하므로 성장에 지장을 주지 않도록 영양공

BOX 7-5

어린이집에서 급식 이외에도 식품 알레르기가 발생 가능한 상황

- 자원의 재활용, 재활용품을 이용한 미술수업 등
- 우유팩이나 요구르트 병을 만들기 재료로 사용하는 경우 : 우유 알레르기
- 밀가루(점토나 반죽, 밀가루 풀)를 이용한 만들기 : 밀가루 알레르기
- 박 터뜨리기 등에 사용되는 놀이주머니(콩주머니, 모래주머니, 오재미의 주머니 안에 견과류 껍질이나 메밀을 채운 경우) : 견과류, 메밀 알레르기, 콩 알레르기
- 달걀판을 이용하는 경우 : 달걀 알레르기
- 씨앗(곡식과 견과류)을 이용한 악기 만들기 : 견과류 알레르기
- 각종 요리수업

급에 특히 신경을 써야 한다. 만성화된 성인 또는 아동에서는 식품제한만으로는 증상이 잘 호전되지 않아 약물을 복용해야 한다. 영유아 때 문제가 되던 식품들을 제한하며 잘 관리해 주면, 차츰 문제가 사라지는 자연탈피현상이 나타난다. 달걀은 1~2세경, 우유는 2~3세경이면 다시 먹을 수 있게 되지만, 땅콩은 거의 평생 지속된다. 이는 개인에 따라 차이를 보여, 식사일기를 작성하여 증상의 발현상태를 평가하며 결정하는 것이 바람직하다.

BOX 7-6 잦은 설사로 우유 알레르기가 의심되는 영아 1

11개월 된 남아가 잦은 설사와 체중이 잘 늘지 않아 영양상담을 받게 되었다. 전문의 진찰 소견상 우유알레르기가 의심되었다. 신장은 79cm, 체중은 10.3kg으로 정상 범위에 속하나, 성장속도는 점차 아래 단계로 내려가고 있었다. 39주 4.23kg으로 정상분만하였으며, 가족의 체형은 보통이었다. 생후 3개월 이후 설사를 자주 하기 시작하여 현재에도 변이 묽은 상태이다. 설사 때문에 특별히 복용한 약물은 없다. 모유와 조제유를 함께 먹여 키웠고, 2개월부터 직장관계로 조제유만 먹이다가 5개월부터는 조제유에 선식을 섞어 먹이기 시작하였고 이유식도 단계적으로 시작하였다. 변이 좋지 못하여 4~5개월 때부터 조제유를 9%로 묽게 먹이고 있었다. 우유 알레르기 검사를 시행하였으나 아직 결과가 나오지 않았다.

1. 영양평가
   (1) 체위상태
   - 현재의 체격 : 체중 10.3kg(적정체중 10.7kg), 신장 79cm
   - 체형 : 외견상으로 체격은 마르지 않고 동일 연령에 비해 큰 편임
   - 성장곡선에 대한 평가 : 체중은 6개월부터 신장은 8개월부터 성장곡선에서 하향 이탈하였음

   (2) 출생 및 가족력
   - 출생체중 4.23kg, 재태기간 39주
   - 가족 체형 : 보통

   (3) 질병력
   - 과거병력 : 잦은 설사

• 현재병력 : 우유 알레르기로 추정

• 약물복용 : 없음

(4) 영양

• 영양내력 : 모유 2개월, 조제유 2개월

• 이유식 : 5개월부터 선식을 시작

영양섭취상태 분석

구분	식사량		에너지(kcal)	단백질(g)	기타
수유	조제유(9%)	820mL	344	11	
	선식		148	5.7	
이유식	밥 작은 1/2공기, 불고기 국물, 스크램블에그(달걀 반개, 기름 1스푼), 짜장면 국수 1/3공기		245	6.8	
섭취량			737	23.5	
요구량			1,035	25.4	

(5) 검사 : 없음

(6) 종합적인 문제점 파악 및 영양진단

• 우유 알레르기 추정

• 잘못된 조유법(9%로 희석)과 이유식 섭취부족으로 인한 열량과 단백질의 섭취부족

• 알레르기 발생이 높은 달걀과 선식을 섭취하고 있음

2. 영양처방

(1) 대두조제유나 우유단백질을 가수분해시킨 저알레르기 조제유로 정상 농도로 조유하여 600~700mL 공급

(2) 이유식 : 600kcal 해당되는 이유식을 공급

– 알레르기 발생이 높은 식품 제한

(3) 협진 : 다른 원인의 감별을 위해 전문의와 계속 협의

3. 추적관리 및 평가계획

2주 후 평가

출처 : 이상일 외(2002). 영유아영양.

BOX 7-7

잦은 설사로 우유 알레르기가 의심되는 영아 2

대두조제유 교체 후 설사가 멈추고 체중도 많이 증가하였다. 2주간 300g 정도 체중이 증가하여 10.6kg이 되었다. 그간 다른 질환을 앓지는 않았다. 영양처방대로 대두조제유를 정상 농도로 조유하여 700mL 공급하였다. 식사량이 증가하여 열량과 단백질섭취가 증가하였고 알레르기 발생이 높은 달걀과 선식을 금하였다. 검사결과는 우유 특이 IgE 항체 농도가 5+로 높이 측정되었고, 총 IgE와 호산구 수도 높이 측정되어 우유 알레르기로 확인되었다.

1. 경과

대두조제유 교체 후 설사가 멈추고 체중이 증가하였다.

2. 영양평가

(1) 체위상태

- 현재의 체격 : 체중 10.6kg(적정체중 10.8kg), 신장 79cm
- 성장곡선에 대한 평가 : 체중과 신장의 감소가 없이 성장곡선을 따라가기 시작하였다.

(2) 건강상의 문제점 : 없음

(3) 영양

영양섭취상태 분석

구분	식사량		에너지(kcal)	단백질(g)	기타
수유	조제유(14%)	800mL	533	17.4	
이유식	밥 작은 1/2공기 2회, 생선 반 토막, 불고기 10g 정도, 호박전 1쪽, 시금치 소량, 국수 1/3공기, 사과 반 개, 바나나 반 개		395	10.2	
섭취량			930	27.6	
요구량			1,035	25.4	

(5) 검사 : 총 IgE(serum) : 325IU/mL

- 우유 특이 IgE 항체 : 5+

• 총 호산구 : 950/mL

(6) 종합평가

• 영양처방을 많이 실천하였다.
• 영양교정이 필요하다.
• 근거 : 조제유 교체 후 설사가 멈추고 체중증가도 관찰되고 있으나, 요구량에 아직 미흡하여 이유식으로 좀 더 많은 칼로리를 공급해야 한다.
• 협진 여부 : 지속적인 협진이 필요하다.

3. 영양처방

• 대두조제유 수유 횟수를 단계적으로 2~3회로 줄인다.
• 이유식의 횟수를 2~4회로(주식과 간식 포함) 증가시킨다.
• 우유 알레르기의 위험성과 경과에 대해 설명한다.
• 알레르기 발생 위험성이 높은 기타 식품을 제한한다.

4. 추적관리계획

• 성장곡선과 식품일지를 작성한다.
• 3개월간 매월 추적상담을 받도록 한다.

출처 : 이상일 외(2002). 영유아영양.

노인의 영양판정

전 세계적으로 고령인구가 증가하고 있는 가운데 우리나라는 OECD 국가 중 고령화가 가장 빨리 진행되는 나라로 꼽히고 있다. 우리나라 65세 이상 고령인구의 구성비는 2010년에 10.9%에서 2030년에는 24%가 넘어 초고령사회가 될 것으로 예상된다. 기대수명 증가와 더불어 건강한 노화에 대한 관심이 증가하고 있는 가운데 기대수명 대비 질병을 가지지 않은 건강수명과의 차이는 여전히 벌어져 있어 실질적인 노인들의 건강상태를 증진시키는 대책이 국가적인 차원에서 필요한 실정이다. 노인들은 건강문제, 경제적 어려움, 외로움, 소외감 등의 여러 사회적 · 정신적인 문제를 가지고 있다. 또한, 신체 구성의 변화로 인해 체지방 증가와 더불어 근육량의 감소로 신체 활동량이 감소하고, 감각기관을 포함한 다양한 기관의 신체기능이 쇠퇴되며, 질병에 노출될 수 있는 기회가 증가하게 된다. 이러한 질병은 장애를 유발시켜 수명을 단축시킬 수 있으므로 질병 예방과 치료를 위해 적절한 건강 및 영양관리가 요구된다. 노인들의 영양평가는 영양적 위험의 조기 발견을 통해 질병 발생

표 7-9 DETERMINE 체크리스트

구분	내용	항목	아니오	예
D	Dieases(질병)	질병 때문에 섭취하고 있고 식품의 종류와 양이 바뀌고 있다.	0	2
E	Eating Poorly (빈약한 식사)	매일 2끼 이하로 식사를 한다.	0	3
		과일, 채소, 유제품 등을 거의 먹지 않는다.	0	2
		거의 매일 세 잔 이상 맥주, 와인 등 알코올을 마신다.	0	2
T	Tooth loss/Mouth pain (치아손실/구강통증)	음식을 섭취하기 어렵게 만드는 치아 또는 구강문제가 있다.	0	2
E	Economic hardship (경제적 어려움)	음식을 살만한 돈이 충분하지 않다.	0	4
R	Reduced social contact (사회접촉 감소)	대부분 혼자서 식사를 한다.	0	1
M	Multiple medicines (복합적 약 복용)	하루에 3가지 이상 약물을 복용한다.	0	1
I	Involuntary weight loss/gain (무의식적인 체중감소/증가)	지난 6개월간 의도하지 않았는데, 체중이 5kg 이상 증가하거나 줄었다.	0	2
N	Needs assistance in self care (자기관리 보조 필요성)	혼자서는 장을 보거나 음식을 조리해서 먹기가 힘들다.	0	2
E	Elder years above age 80 (80세 이상 노인)	나이가 80세 이상이다.	0	-
총 점			0	21
* 평가 • 0~2점 : 영양상태 좋으며, 6개월 이내에 다시 점검이 필요하다. • 3~5점 : 중등 정도의 영양상태로 식습관이나 생활습관의 개선이 필요하고 3개월 이내에 다시 점검이 필요하다. • 6점 이상 : 고위험군. 영양문제에 대한 상담과 개선이 필요하다.				

출처 : Nutrition Screening Initiative, a project of the American Academy of Family Physicians, the American dietetic Association and the National Council on Aging.

률을 감소시키고, 노인들의 독립적인 생활기간을 연장시켜 줄 수 있으며, 사회적으로는 의료비 절감이라는 장점이 있어 그 중요성이 강조된다. 이러한 노인의 영양상태를 판정하기 위해 여러 가지 판정도구표 7-9, 7-10가 사용되는데, 특히 노인을 위한 영양상태 간이조사표Mini Nutrition Assessment : MNA, 그림 7-5, 제3장 식사섭취평가 표 3-20 참조 미국 노인들을 대상으로 미국의 영양학, 의학, 노인학 분야 전문가Nutrition Screening Initiative Consensus Conference, 1991에 의해 개발된 DETERMINE 표 7-9이 사용되고 있다.

● 표 7-10 노인의 영양위험지표 (Nutritional Risk Index : NRI)

번호	항목
1	의치를 끼고 있습니까?
2	지난달에 의사가 처방해준 약을 복용하였습니까?
3	복부 수술을 받은 적이 있습니까?
4	지난달에 의사의 처방을 받지 않은 약을 복용한 적이 있습니까?
5	변비나 설사와 같은 대장증상이 있습니까?
6	싫어하거나 맞지 않아서 먹지 않는 음식이 있습니까?
7	어떤 음식을 씹거나 먹는 데 어려움이 있습니까?
8	현재 식사를 어렵게 하는 질병이 있습니까?
9	현재 담배를 피우십니까?
10	현재 특별한 식사를 하십니까?
11	의사에게서 빈혈(철분부족)이라는 말을 들은 적이 있습니까?
12	지난달에 위나 복부의 통증이나 불편감이 3일 이상 계속된 적이 있습니까?
13	식욕을 저하시킬 만한 질병이 있습니까?
14	지난달, 최소한 3일 동안 음식을 삼키는 데 어려움이 있은 적이 있습니까?
15	지난달, 최소한 3일 동안 구토를 한 적이 있습니까?
16	지난 30일 동안 체중이 5kg 이상 늘거나 감소했습니까?
평가	7문항 이상 "예"의 경우 영양불량의 위험이 매우 크므로 정밀한 영양조사가 필요하다.

출처 : Wolinsky FD et al.(1990). J Nutr, 120 : 1549.

영양상태 간이조사표(MNA)

번호 : ______________

성 : ______________ 이름 : ______________ M.I ________ 성별 : ______ 날짜 : ______________

나이 : ______________ 몸무게(kg) : ______________ 키(cm) : ________ 무릎길이(cm) : __________

아래의 칸을 채워넣고 총 점수를 영양부족 평가점수와 비교하세요.

신체계측평가

점수

1. 체질량지수(BMI) 몸무게(kg)/키(cm)^2
   a. BMI < 19 = 0점 b. BMI 19~ < 21 = 1점
   c. BMI 21~ < 23 = 2점 d. BMI ≥ 23 = 3점

2. 상박둘레(cm)
   a. MAC < 21 = 0.0점
   b. MAC 21 ≤ 22 = 0.5점
   c. MAC > 22 = 1.0점

3. 장딴지 둘레(cm)
   a. CC < 31 = 0점 b. CC ≥ 31 = 1점

4. 지난 3개월간 몸무게 감소
   a. 3kg 이상 = 0점 b. 모름 = 1점
   c. 1~3kg = 2점 d. 없음 = 3점

일반사항 평가

5. 독립적 생활이 가능하다(양로원, 복지관 등 아님)
   a. 아니오 = 0점 b. 예 = 1점

6. 하루에 3가지 이상의 처방약을 복용한다.
   a. 예 = 0점 b. 아니오 = 1점

7. 최근 3개월간 정신적 스트레스나 급성질환으로 고생한 적이 있다.
   a. 예 = 0점 b. 아니오 = 1점

8. 운동능력
   a. 침대나 의자에서 생활한다 = 0점
   b. 침대나 의자에서 일어날 수 있으나 외출할 수 없다=1점
   c. 외출가능하다=2점

9. 신경정신문제
   a. 심한 치매나 우울증 = 0점
   b. 중증도 치매 = 1점
   c. 정신문제 없다 = 2점

10. 욕창이나 피부염이 있다.
    a. 예 = 0점 b. 아니오 = 1점

식사섭취평가

11. 하루에 식사를 몇 번 하십니까
    a. 한 번 = 0점 b. 2번 = 1점 c. 3번 = 2점

점수

12. 단백질 섭취를 위해 우유, 치즈, 요거트와 같은 유제품을 하루에 적어도 한 번은 드십니까?
    예 ☐ 아니오 ☐
    콩류나 달걀을 일주일에 두 번 이상 드십니까?
    예 ☐ 아니오 ☐
    고기, 생선, 가금류를 매일 드십니까?
    예 ☐ 아니오 ☐
    a. 0, 1개의 답이 예 = 0점
    b. 2개의 답이 예 = 0.5점
    c. 3개의 답이 예 = 1점

13. 과일, 채소를 하루에 두 번 이상 드십니까?
    a. 아니오 = 0점 b. 예 = 1점

14. 최근 3개월 동안 입맛이 없거나 소화가 안 되거나 씹고 삼키는 것이 어려워서 식사섭취가 줄어든 적이 있습니까?
    a. 심각한 입맛 감소 = 0점
    b. 중증도 입맛 감소 = 1점
    c. 입맛 감소 없다 = 2점

15. 물, 주스, 커피, 차, 우유 등의 음료수를 하루에 얼마나 마십니까?
    a. 3컵 이하 = 0.0점 b. 3~5컵 = 0.5점
    c. 5컵 이상 = 1.0점

16. 식사섭취 상태
    a. 도움 없이 불가능하다 = 0점
    b. 약간의 어려움이 있다 =1점
    c. 도움이 필요없다 = 2점

자가진단

17. 영양적으로 문제가 있다고 생각하십니까?
    a. 심각한 영양불량 = 0점
    b. 모르거나 중증도 영양불량 =1점
    c. 영양문제 없다 = 2점

18. 비슷한 나이의 다른 사람과 비교하여 건강문제가 없다고 생각하십니까?
    a. 좋지 않다 = 0.0점 b. 모름 = 0.5점
    c. 좋음 = 1.0점 c. 더 좋다고 생각 = 2.0점

영양불량 평가점수(총점 30점)

≥24점	영양상태 좋음 ☐
17~23.5점	영양상태 위험 ☐
<17점	영양 불량 ☐

● 그림 7-5 노인의 영양상태 간이조사표(MNA)

출처 : Guigoz Y(1996). Natrition Reviews 54 : S59–S65.

노인의 영양상태에 영향을 주는 요인들은 여러 가지가 있으며 표 7-11과 같다.

표 7-11 노인의 영양상태에 영향을 주는 요인

요인	영양상태에 미치는 영향
활동 저하	에너지 요구량 감소
사회적 격리, 소외감	식욕 저하
감각 기능저하(후각, 미각)	식욕 저하
여러 가지 약물 복용	식욕 저하, 영양소 흡수 및 이용 감소
경제적 어려움	음식선택불량
치아결손, 무위산증 등	섭취 감소, 영양소 흡수 감소

노인을 위한 마이플레이트MyPlate 지침이 미국 농무부에서 개발되어 이용하도록 권장되고 있다그림 7-6.

그림 7-6 노인을 위한 마이플레이트

출처 : Tufte university(2011).

노인의 식사섭취조사

식품군별 섭취 횟수 및 수분섭취조사 노인들의 경우 각 식품군별 식품 횟수를 조사하고 식품군별 제안되는 섭취 횟수를 충족하는지 확인한다제3장 식사섭취평가 표 3-17, 표 3-19 참조. 특히, 노인들의 경우 수분의 섭취가 부족한 경우가 많이 발생하므로 저하된 대사와 배변작용 등을 고려하여 수분을 충분히 섭취하도록 하여야 한다.

식사섭취량 조사 노인들의 경우는 식사기록법을 통한 식사조사가 바람직하다. 본인이 가능한 경우는 본인이 작성하도록 하고 본인이 어려울 경우는 식사 담당자가 대신 작성하도록 한다. 식사기록법이 어려울 경우는 24시간 회상법을 사용하기도 하는데, 이럴 경우는 기억력이 저하되는 노인들에게 기억을 회상하기 쉬운 식기들이나 식품 모형을 사용하는 것이 도움이 될 수 있다제2장 식사섭취조사방법 참조.

흡연 및 알코올섭취 노인들의 경우 흡연이나 알코올섭취가 만성화되어 암, 뇌혈관계 질환 등의 여러 가지 만성질환에 노출될 수 있는 위험요인이 있다. 흡연의 유무와 섭취하는 알코올의 종류 및 양, 섭취 빈도 등을 조사하도록 한다제3장 식사섭취평가 표 3-20 참조.

식습관 및 식행동조사 노인들의 식생활에 영향을 줄 수 있는 다양한 식습관과 식행동을 조사하도록 한다. 하루 식사 횟수, 결식하는 날의 횟수, 다양한 식품을 섭취하는지에 대한 조사, 남은 음식의 섭취 유무, 건강보조식품 등과 같은 특정 식품의 장기간의 섭취 등에 대한 조사를 실시한다.

식품의 구매 및 조리 노인들의 경우 신체적 변화로 인해 식품을 직접 구매하거나 조리하기에 어려움이 발생하고 이로 인해 식사섭취에 어려움이 발생할 수 있으므로 관련 내용을 조사하도록 한다.

식사에 영향을 미치는 요인조사

① 교육수준

교육수준이 낮은 경우 영양학적 지식이 낮아 식품에 표시되어 있는 영양표시에 대한 이해가 부족하여 식품의 선택이나 건강에 도움이 되는 식품을 구별하는 능력이 낮다. 특히, 여자보다 남자 노인들은 음식에 대한 관심이 낮아 영양학적 지식이 더 낮게 나타난다. 노인들의 교육 정도와 영양지식수준을 조사한다.

② 사회적 고립, 경제적 능력 · 신체적 건강 저하

노령화가 지속되면서 혼자 사는 독거 노인들이 증가하고 있다. 경제적인 어려움을 겪고 있는 노인들의 경우는 식품의 선택 및 구매에 경제적인 영향을 받아 다양한 식품의 구매가 용이하지 않으며 심한 경우는 비용을 절약하기 위해 식사를 거르기도 한다. 따라서 식품 구입을 위한 충분한 수입이 있는지, 식품비 절약을 위해 결식을 하는지 등의 여부를 조사한다. 경제적인 요인뿐 아니라 신체적인 어려움을 겪고 있는 경우에도 식품의 구매, 운반, 조리 등에 어려움을 겪게 된다. 따라서 노인의 경우 가족들과 함께 생활하는지의 여부, 누구와 식사를 하는지, 식품 구매 시 지출하는 비용, 구매하는 식품의 다양성 등에 대해 조사한다. 이 외에도 신체적 어려움을 가지는 경우는 외출이 용이하지 않아 비타민 D의 결핍이 발생하기 쉬우므로 신체활동 정도에 대하여도 조사한다.

③ 정신적 건강

노화가 진행됨에 따라 치매환자의 비율이 증가하고 이런 정신적인 문제들은 노인의 영양상태에도 영향을 미친다. 치매환자들의 식품섭취량 감소가 장기화될 경우는 단백질 결핍을 동반할 수 있으며, 뇌의 기능 저하와 함께 음식을 씹고 삼키는 데 문제가 발생할 수 있다.

또한, 노인들에게 발생하는 정신적인 문제 중 하나는 우울증인데, 배우자나 가족의 사망 후에 주로 발생한다. 우울증은 식품의 선택이나 식사의 질 등에 영향을 미쳐 영양불량을 초래한다. 이러한 정신적인 문제를 해결하기 위해 치매 조기진단

스크리닝이나 우울증검사지를 이용하여 평가한다.

④ 감각 기능 저하와 약물 복용

특히, 노인들의 경우 노화가 진행되면서 다양한 시각, 후각, 미각 등의 저하로 인해 음식의 섭취가 저하된다. 또한, 당뇨나 고혈압 등의 심혈관계 질환과 같은 다양한 만성질환으로 인한 약물 복용으로 인해 미각이 변화하고 섭취한 식품에 포함된 영양소와 복용하는 약물과의 상호작용으로 인해 영양소 대사가 저하된다. 따라서 식사에 영향을 줄 수 있는 후각, 미각 등의 예민도와 만성질환의 유무와 함께 장기간 섭취하고 있는 약물들에 대한 조사가 함께 이루어져야 정확한 노인들의 영양상태 평가가 이루어질 수 있다.

노인의 신체계측조사

신장 및 무릎길이 노인들의 신장은 척추 후만, 척추 만곡, 퇴행성 관절염 등으로 거동이 불편하기 때문에 서서 신장을 측정하기가 어렵다. 따라서 와상신장측정기를 사용하여 측정하거나 팔길이, 팔폭, 무릎길이를 이용하여 측정한다. 정확한 무릎길이를 재는 방법은 제4장의 신체계측BOX 4-2을 참고한다.

체중 및 신장 대비 체중 체중은 거동을 못하는 환자의 경우, 침대저울, 의자저울을 사용할 수 있으며**제4장 신체계측, 그림 4-5 참조**, 일주일에 1~2% 감소나 1개월에 5%, 6개월에 10%가 감소하면 심각한 영양불량을 의미하므로 주의를 요한다. 또한, 신장대비 체중을 성별, 연령별 기준치와 비교하여 15% 이하면 저체중, 15~84%면 정상, 85% 이상이면 과체중이나 비만으로 판정한다.

신체둘레 측정 신체둘레 측정을 위해서는 성인의 경우 삼두근 피부두겹두께를 많이 측정하지만 노인의 경우 피부의 탄력이 떨어지므로 체지방이 팔 주변에 골고루 분포되어 있지 않아 이러한 피부두겹두께보다 상박둘레, 장딴지둘레 등을 측정하여 열량, 단백질 부족 여부를 판정하고 말초에서 신체중앙부위로 지방이 축적되는 것을 측정하는 데 유용하다.

허리둘레, 허리/엉덩이둘레비는 복부비만 여부를 알 수 있는 좋은 지표인데, 허리/엉덩이 둘레비의 경우 남성은 1.0 이상, 여성은 0.8 이상이면 만성질병의 위험이 증가한다. 허리둘레/엉덩이둘레비는 몸 중심부의 체지방을 판정하기 위해 사용되기도 한다. 체지방 측정으로 생체전기저항분석법biochemical impedance analysis을 이용하여 체지방과 수분 등을 측정하는데, 노인의 경우, 체수분량, 특히 세포외액이 감소하게 되며, 일반 성인이 체지방의 70%가 수분임에 반해 노인은 60%가 수분이다. 생체전기저항분석법을 사용할 경우 노인의 경우 체지방률이 남자노인의 경우 성인보다 약간 낮고, 여자노인의 경우 약간 높아 실제 측정과 오차가 생길 수 있다. 탈수 시 체지방 비율이 높아질 수 있으므로 측정 전에 충분히 물을 마시고 측정하도록 한다.

체질량지수 체질량지수BMI는 노인의 비만판정에 유용하게 사용될 수 있으며, WHO 기준으로 BMI가 18.5 이하면 저체중, 30 이상이면 비만으로 판정되며 아시아비만학회 기준으로는 18.5 이하이면 저체중, 25 이상이면 비만으로 판정된다. 노인의 경우 노화에 의해 신장이 감소하기 때문에 신장에 대해 이상체중을 써서 구하는 비만지수obesity rate나 이상체중비PIBW가 실제보다 높게 나타나 실제보다 비만율이 높아지므로 비만지수는 노인의 비만판정에 사용하지 않는다.

생화학적 검사

노인에게는 단백질, 열량부족, 고지혈증, 빈혈 등이 많이 나타나므로 콜레스테롤, 혈청 알부민, 헤모글로빈, 페리틴, 트랜스페린포화도 등을 측정한다. 노인의 경우, 철분섭취 부족, 흡수불량, 과다한 아스피린 복용, 항염증성 약 복용, 위장질환으로 인한 혈액손실, 위산부족 등에 의한 철 결핍으로 인한 빈혈이 나타날 수 있다.

● 표 7-12 생화학적 검사에서 영양위험 기준

조사항목	영양위험
총 콜레스테롤	> 230mg/dL
LDL-콜레스테롤	≥150mg/dL
혈청 알부민	<3.0g/dL
혈청 트랜스페린	<200mg/dL
헤모글로빈	남 : <13g/dL 여 : <12g/dL
혈청 페리틴	<20μg/dL(고갈), <10μg/dL(빈혈)
혈청 엽산	<3.0ng/mL(고갈), <3ng/mL(빈혈)

임상조사

노인들에게 흔히 발생하는 영양불량으로 인한 임상증상은 구각염이나 상처 치유 지연, 근육량 손실 등이 있다. 또한, 치아 결손, 충치 등의 구강건강문제로 인해 씹거나 삼키는 데 어려움을 느껴 영양불량이 발생할 수 있으므로 구강건강상태 등을 같이 조사한다. 앞서 식사섭취조사에서 언급한 노인의 정신건강문제도 임상적인 문제에 해당하므로 노인의 우울증이나 인지 기능의 저하 등을 함께 조사하도록 한다.

만성질환의 영양판정

영양판정은 심혈관계질환, 당뇨병, 골다공증 등의 만성질환을 예방하는 데 중요한 역할을 담당할 수 있다. 이러한 질환의 위험요인을 사전에 교정하고, 조기에 진단해 냄으로써 만성질환을 보다 효과적으로 예방할 수 있다.

심혈관계 질환

심혈관계 질환의 위험요인 심혈관계 질환의 위험요인은 고콜레스테롤혈증, 고혈압, 흡연, 비만, 당뇨병, 운동 부족, 음주, 가족력, 연령 증가 등이다. 여성에 비해 남성의 위험도가 더 높으며 남성의 경우 45세 이상, 여성의 경우 55세 이상일 때 심혈관계 질환의 위험이 증가하는 것으로 알려져 있다. 표 7-13에 심혈관계 질환의 위험인자를 위험도와 중재 가능 여부에 따라 나타내었다.

표 7-13 심혈관계 질환의 위험인자

위험인자	심혈관계 질환과의 관계에 대한 증거		임상적인 척도	치료에 대한 반응	
	역학적인 증거	임상연구에 의한 증거	유용성	비약물요법	약물요법
1군 : 중재가 심혈관계 질환을 감소시키는 것이 증명된 위험인자					
흡연	+++	++	+++	+++	++
LDL-콜레스테롤	+++	+++	+++	++	+++
고지방식이	+++	++	++	++	−
고혈압	+++	+++ (뇌중풍)	+++	+	+++
좌심실비대	+++	+	++	−	++
혈전인자	+++ (섬유소원)	+++ (아스피린, 와파린)	+ (섬유소원)	+	+++ (아스피린, 와파린)
2군 : 중재가 심혈관계 질환을 감소시킬 가능성이 큰 위험인자					
당뇨병	+++	+	+++	++	+++
활동 부족	+++	++	++	++	−
HDL-콜레스테롤	+++	+	+++	++	+
중성지방	++	++	+++	++	+++
비만	+++	−	+++	++	+
폐경기	+++	−	+++	−	+++

위험인자	심혈관계 질환과의 관계에 대한 증거		임상적인 척도	치료에 대한 반응	
	역학적인 증거	임상연구에 의한 증거	유용성	비약물요법	약물요법
3군 : 심혈관계 질환과 관계가 있고, 중재 시 위험을 감소시킬 가능성은 있는 위험인자					
정신사회적 인자	++	+	+++	+	−
지단백질(a)	+	−	+	−	+
호모시스테인	++	−	+	++	++
산화스트레스	+	−	−	+	++
금주	+++	−	++	++	−
4군 : 심혈관계 질환과 관계가 있으나 중재를 할 수 없는 위험인자					
나이	+++	−	+++	−	−
남성	+++	−	+++	−	−
저소득	+++	−	+++	−	−
조기 심혈관계 질환 가족력	+++	−	+++	−	−

+ : 약한 관계, ++ : 중등도의 관계, +++ : 강한 관계, − : 관계가 없거나 거의 없음

출처 : Fuster V. Pearson TA(1996). 27th Bethesda Conference: Matching the intensity of risk factor management with the hazard for coronary heart disease events. J Am Coll Cardiol, 27 : 195.

이상지혈증의 기준치 이상지혈증은 혈중 총 콜레스테롤 및 LDL-콜레스테롤, 중성지방이 정상 범위 이상으로 상승되고 HDL-콜레스테롤이 저하되어 심혈관계 질환의 위험이 증가된 상태이다. 심혈관계 질환의 유병률과 사망률이 증가되는 추세이며, 그 원인의 하나인 이상지혈증의 유병률이 증가되는 점을 고려할 때, 이상지혈증의 적절한 예방과 치료가 필요하다.

① 총 콜레스테롤

혈청 총 콜레스테롤 수준이 증가함에 따라 심혈관계 질환 위험은 계속 증가한다. 혈청 콜레스테롤이 높은 사람은 낮은 사람보다 관상심장질환으로 인한 사망률

이 5배나 높다. 특히, 혈청 총 콜레스테롤이 200mg/dL 이상으로 증가하면 관상심장질환 위험이 급격히 증가하며, 230mg/dL 이상이면 이상지혈증 위험군으로 분류한다.

② LDL-콜레스테롤

혈청 콜레스테롤 중 특히 LDL-콜레스테롤 수준을 낮추면 심혈관계 질환 위험을 줄일 수 있다. 혈청 LDL-콜레스테롤 150mg/dL 이상을 위험군으로 진단하며, 100~129mg/dL를 정상 범위로 본다.

③ HDL-콜레스테롤

총 콜레스테롤이나 LDL-콜레스테롤과는 반대로 HDL-콜레스테롤 수준이 증가할수록 심혈관계 질환의 위험은 낮아진다. 혈청 HDL-콜레스테롤 수준이 높으면 총 콜레스테롤 또는 LDL-콜레스테롤이 높은 경우라도 심혈관계 질환 위험이 상대적으로 낮아진다. 반대로 HDL-콜레스테롤이 낮은 사람은 총 콜레스테롤과 LDL-콜레스테롤이 정상 범위에 있더라도 심혈관계 질환 위험이 증가한다. 즉, 총 콜레스테롤/HDL-콜레스테롤비가 높을수록 심혈관계 질환 위험이 증가하며, 이 비는 3.0 이하가 적당하다고 알려졌다. 이 비가 3.0 이상으로 증가하는 경우 심근경색 위험이 증가한다. 심혈관계 질환 예방을 위해 HDL-콜레스테롤 40mg/dL 이상을 권장하고 있다.

④ 중성지방

혈청 중성지방 농도와 심혈관계 질환 위험 간의 관계는 아직 명확하지 않다. 혈청 중성지방수준은 심혈관계 질환 위험 증가와 양의 상관관계를 보인다. 그러나 중성지방은 총 콜레스테롤, HDL-콜레스테롤, 고혈압, 비만 등 여러 심혈관계 질환의 위험요인들과 밀접하게 관련되어 있기 때문에, 혈청 중성지방이 심혈관계 질환의 위험에 독립적인 위험요인은 아닌 것으로 생각되었다. 그러나 최근 혈청 중성지방은 심혈관계 질환의 독립적인 위험요인이라고 제시되었는데, 이는 특히 HDL-콜레스테롤 수준이 낮은 사람에게서 그런 결과를 보였다. 고당질 식사가 혈청 중성지방을 증가시키므로 탄수화물섭취가 많은 한국인의 이상지혈증 판정에는 콜레스테롤

만큼이나 중성지방도 중요하다. 혈청 중성지방수준이 200mg/dL 이상이면 고중성지방혈증으로 진단하며, 150mg/dL 미만일 때를 바람직한 수준으로 본다.

표 7-14 이상지혈증의 기준치

분류	진단기준(mg/dL)			
	우리나라[1]		미국 NCEP-ATP Ⅲ 지침[2]	
총 콜레스테롤	높음	≥240	높음	≥240
	경계	220~239	경계치	200~239
	적정	<200	바람직	<200
LDL-콜레스테롤	매우 높음	≥190	매우 높음	≥190
	높음	160~189	높음	160~180
	경계	130~159	경계치	130~159
	정상	100~129	거의 적정	100~129
	적정	<100	적정	<100
HDL-콜레스테롤	낮음	<40	낮음	<40
	높음	≥60	높음	≥60
중성지방	매우 높음	≥500	매우 높음	≥500
	높음	200~499	높음	200~499
	경계	150~199	경계치	150~199
	정상	<150	정상	<150

출처 : 1) 한국지질 · 동맥경화학회 진료지침위원회(2018). 이상지질혈증 치료지침. ; 2) National Cholesterol Education Program(2001). Third report of the expert panel on detection, evaluation, and treatment of high blood cholesterol adults.

관상심장질환의 발병 위험도 평가 미국의 국가 콜레스테롤 교육 프로그램 National Cholesterol Education Program's Adult Treatment Panel Ⅲ : NCEP-ATP Ⅲ, 2001에서는 관상심장질환의 위험도에 따라 3개군으로 분류하여 혈중 콜레스테롤 치료목표를 달리 제시하고 있다표 7-15.

관상심장질환의 위험도는 NCEP에서 개발한 도표를 사용하여 평가할 수 있다. 즉, 관상심장질환의 주요 위험요인인 연령, 혈청 총 콜레스테롤, 혈청 HDL-콜레스테롤, 수축기 혈압, 고혈압 치료 여부, 흡연 등을 바탕으로 10년 이내 관상심장질환의 발병 위험도를 계산하여 예측해 볼 수 있다표 7-16.

표 7-15 관상심장질환 발병 위험도 분류에 따른 치료목표

위험도 분류	LDL-콜레스테롤 치료목표	생활요법을 개시해야 할 LDL-콜레스테롤 수치	약물치료를 고려해야 할 LDL-콜레스테롤 수치
관상심장질환 또는 관상심장질환 위험에 상응 (10년 이내 발병위험도 > 20%)	< 100mg/dL	≥100mg/dL	≥130mg/dL
위험요인 2개 이상 (10년 이내 발병위험도 ≤ 20%)	< 130mg/dL	≥130mg/dL	≥160mg/dL
위험요인 0~1개[1]	< 160mg/dL	≥160mg/dL	≥190mg/dL

1) 위험요인은 표 7-13 참고

출처 : National Cholesterol Education Program(2001). Third report of the expert panel on detection, evaluation, and treatment of high blood cholesterol adults.

표 7-16 10년 내 관상심장질환 발병 위험도 예측 도표

평가항목	기준	점수(남성)					점수(여성)				
	연령(세)	20~39	40~49	50~59	60~69	70~79	20~39	40~49	50~59	60~69	70~79
총 콜레스테롤 (mg/dL)	< 160	0	0	0	0	0	0	0	0	0	0
	160~199	4	3	2	1	0	4	3	2	1	1
	200~239	7	5	3	1	0	8	6	4	2	1
	240~279	9	6	4	2	1	11	8	5	3	2
	≥280	11	8	5	3	1	13	10	7	4	2
흡연 여부	비흡연	0	0	0	0	0	0	0	0	0	0
	흡연	8	5	3	1	1	9	7	4	2	
HDL 콜레스테롤 (mg/dL)	≥60	−1					−1				
	50~59	0					0				
	40~49	1					1				
	< 40	2					2				

<table>
<tr><th>평가항목</th><th>기준</th><th colspan="2">점수(남성)</th><th colspan="2">점수(여성)</th></tr>
<tr><td rowspan="10">연령(세)</td><td>20~34</td><td colspan="2">−9</td><td colspan="2">−7</td></tr>
<tr><td>35~39</td><td colspan="2">−4</td><td colspan="2">−3</td></tr>
<tr><td>40~44</td><td colspan="2">0</td><td colspan="2">0</td></tr>
<tr><td>45~49</td><td colspan="2">3</td><td colspan="2">3</td></tr>
<tr><td>50~54</td><td colspan="2">6</td><td colspan="2">6</td></tr>
<tr><td>55~59</td><td colspan="2">8</td><td colspan="2">8</td></tr>
<tr><td>60~64</td><td colspan="2">10</td><td colspan="2">10</td></tr>
<tr><td>65~69</td><td colspan="2">11</td><td colspan="2">12</td></tr>
<tr><td>70~74</td><td colspan="2">12</td><td colspan="2">14</td></tr>
<tr><td>75~79</td><td colspan="2">13</td><td colspan="2">16</td></tr>
<tr><td rowspan="6">수축기 혈압</td><td></td><td>비치료 중
조절 안 함</td><td>치료 중
조절함</td><td>비치료 중
조절 안 함</td><td>치료 중
조절함</td></tr>
<tr><td><120</td><td>0</td><td>0</td><td>0</td><td>0</td></tr>
<tr><td>120~129</td><td>0</td><td>1</td><td>0</td><td>1</td></tr>
<tr><td>130~139</td><td>1</td><td>2</td><td>1</td><td>2</td></tr>
<tr><td>140~159</td><td>1</td><td>2</td><td>1</td><td>2</td></tr>
<tr><td>≥160</td><td>2</td><td>3</td><td>2</td><td>3</td></tr>
<tr><td>평가방법</td><td colspan="5">1. 위의 5개 평가항목의 각각의 점수를 합산하여 총점을 구한다.
총 콜레스테롤 __점 + 흡연 __점 + HDL 콜레스테롤 __점 + 수축기 혈압 __점 + 나이 __점
= 총점 __점
2. 아래의 발병 위험도 표와 비교하여 심장병 발병 위험도를 예측해 본다.</td></tr>
</table>

<table>
<tr><td rowspan="9">관상
심장질환
발병 위험도</td><td colspan="4">남성</td><td colspan="4">여성</td></tr>
<tr><td>총 점수</td><td>10년 내 발병
위험률(%)</td><td>총 점수</td><td>10년 내 발병
위험률(%)</td><td>총 점수</td><td>10년 내 발병
위험률(%)</td><td>총 점수</td><td>10년 내 발병
위험률(%)</td></tr>
<tr><td><0</td><td><1</td><td>11</td><td>8</td><td><9</td><td><1</td><td>19</td><td>8</td></tr>
<tr><td>0~4</td><td>1</td><td>12</td><td>10</td><td>9~12</td><td>1</td><td>20</td><td>11</td></tr>
<tr><td>5~6</td><td>2</td><td>13</td><td>12</td><td>13~14</td><td>2</td><td>21</td><td>14</td></tr>
<tr><td>7</td><td>3</td><td>14</td><td>16</td><td>15</td><td>3</td><td>22</td><td>17</td></tr>
<tr><td>8</td><td>4</td><td>15</td><td>20</td><td>16</td><td>4</td><td>23</td><td>22</td></tr>
<tr><td>9</td><td>5</td><td>16</td><td>25</td><td>17</td><td>5</td><td>24</td><td>27</td></tr>
<tr><td>10</td><td>6</td><td>≥17</td><td>≥30</td><td>18</td><td>6</td><td>≥25</td><td>≥30</td></tr>
</table>

출처 : National Cholesterol Education Program(2001). Third report of the expert panel on detection, evaluation, and treatment of high blood cholesterol adults.

① 생활습관 개선의 목표와 지침

심혈관계 질환의 예방을 위해서는 건강한 생활습관을 가지는 것이 필요하다. 에너지섭취와 소비의 균형으로 건강체중을 유지하며 과체중이나 비만이 되지 않도록 한다. 규칙적으로 운동을 하고, 총 지방과 포화지방산, 콜레스테롤의 섭취를 제한하도록 한다. 나트륨섭취가 과다하지 않게 식사를 조절한다. 그리고 위험인자를 찾아내어 이를 적극적이고 효과적으로 개선해야 한다. 흡연은 완전 금연을 목표로 하며, 혈압은 일반적으로 140/90mmHg 미만을 유지하도록 한다. 운동을 제한해야 하는 질환이 없는 경우에는 중등도의 운동최대 운동 능력의 40~60%을 권장하며 가능한 매일 30분 이상 규칙적으로 하는 것이 좋다.

미국심장학회American Heart Association의 심혈관계 질환 위험을 낮추는 식사와 생활습관 목표 및 지침은 BOX 7-8과 같다.

BOX 7-8

심혈관계 질환 위험을 낮추는 식사와 생활습관의 목표 및 지침

1. 심혈관계 질환 위험을 낮추는 식사와 생활습관의 목표
   - 전반적으로 건강한 식사하기
   - 건강 체중 유지하기
   - LDL, HDL, 중성지방수준을 권고수준으로 유지하기
   - 정상 혈압 유지하기
   - 정상 혈당 유지하기
   - 신체활동량 늘리기
   - 금연 및 간접흡연에 노출되는 것 피하기
2. 심혈관계 질환 위험을 낮추는 식사와 생활습관의 지침
   - 열량섭취와 신체활동의 균형으로 건강체중 유지하기
   - 채소와 과일이 풍부한 식사하기

- 전곡류와 고섬유소 식품 선택하기
- 생선, 특히 기름기 많은 생선을 주 2회 이상 섭취하기
- 포화지방섭취를 열량의 7% 미만, 트랜스지방을 열량의 1% 미만, 콜레스테롤을 1일 300mg 미만으로 제한하기
  - 육류는 살코기를 선택하기
  - 저지방 우유 또는 저지방 유제품 선택하기
  - 경화유 섭취를 최소화하기
- 가당 음료수 또는 당이 많은 식품섭취를 최소화하기
- 저염식품 선택 또는 저염식단 실천하기
- 알코올섭취 절제하기
- 외식 시 위의 지침에 맞는 식품 선택하기

출처 : Lichtenstein AH, Appel LJ, Brands M, Carnethon M, Daniels S, French HA(2006). Diet and lifestyle recommendations : Revision. Circulation, 114 : 82−96.

② 식사지침

- 포화지방산 : 포화지방산은 총 콜레스테롤과 LDL-콜레스테롤을 높이는 가장 중요한 식사요인이다. 그러나 포화지방산 중 스테아르산18 : 0은 예외로 혈청 콜레스테롤을 높이지 않는다. 포화지방산은 동물성 식품에 많이 함유되어 있으며, 총 에너지섭취량 중 포화지방산이 1% 증가하면 혈청 LDL-콜레스테롤 농도가 2% 상승한다고 알려져 있다. 혈청 콜레스테롤과 LDL-콜레스테롤 농도를 낮추기 위해서는 포화지방산이 많이 함유되어 있는 유제품, 육류뿐 아니라 팜유, 코코넛유 등의 사용도 자제하는 것이 좋으며, 포화지방산섭취는 에너지섭취량의 7% 이하로 제한하기를 권장한다.
- 트랜스지방산 : 트랜스 불포화지방산섭취는 LDL-콜레스테롤을 증가시키고 HDL-콜레스테롤을 낮추므로 트랜스지방산 함량이 높은 식품섭취를 제한하기를 권장하며, 트랜스지방산섭취는 에너지의 1% 미만으로 제한한다.
- 콜레스테롤 : 콜레스테롤 섭취 또한 혈청 총 콜레스테롤, 특히 LDL-콜레스테롤을 증가시키나 그 증가 정도는 포화지방산 섭취에 의한 영향보다 크지 않

다. 콜레스테롤 섭취가 증가하면 콜레스테롤 체내 합성은 감소하게 된다. 이는 소장에서 콜레스테롤 흡수가 억제되고, 변으로 더 많은 양이 배설되며, 간에서 콜레스테롤이 더 많이 분해되어 담즙산을 생성하므로 혈청 콜레스테롤 농도를 낮추려는 작용이 일어나기 때문이다. 따라서 콜레스테롤 섭취량과 혈청 콜레스테롤 농도는 비례하지 않는다. 그러나 지속적으로 콜레스테롤 섭취량이 많으면 혈청 콜레스테롤 농도에 영향을 줄 수는 있다. 콜레스테롤 섭취가 혈청 총 콜레스테롤과 LDL-콜레스테롤에 미치는 영향은 개인차가 있으나, 심혈관계 질환의 위험이 높은 경우 콜레스테롤 섭취는 제한하기를 권장한다. 고콜레스테롤혈증인 경우에만 300mg/일 이내로 제한하기를 권장한다. 2015년 미국 식사지침자문위원회가 발표한 식사지침에서는 식이 콜레스테롤과 혈중 콜레스테롤 간의 상관성이 낮기 때문에 건강한 일반인들의 경우에는 콜레스테롤섭취를 제한할 필요가 없다고 제안되었다.

- 총 열량 : 에너지섭취량은 비만과 관련되기 때문에 총 열량도 중요한 요인이 된다. 비만은 혈청 LDL-콜레스테롤 증가, 고혈압과 제2형 당뇨병의 위험 증가와 관련이 있고 관상심장질환의 독립적인 위험요인이기 때문에, 에너지섭취와 소비의 균형으로 체중 증가를 예방하고 건강체중을 유지할 것을 권장한다. 또한 체내 잉여 에너지는 간에서 중성지방과 콜레스테롤의 합성을 촉진하게 되어, 결과적으로 혈액 내 콜레스테롤과 중성지방의 농도를 증가시킨다. 비만한 사람이 체중을 줄이면 혈청 중성지질 및 콜레스테롤의 농도가 감소된다고 알려져 있다. 따라서 환자의 체중이 표준체중보다 무겁다면 먼저 정상체중으로 감량하는 것이 식이요법의 제1원칙이 되어야 한다.
- 총 지방 : 지방섭취량이 많으면 체중을 증가시킴으로써 혈청 중성지방 및 콜레스테롤 농도가 증가할 수 있으므로 에너지의 20%로 제한한다. 또한 총 지방섭취량보다는 지방의 종류가 혈청 콜레스테롤 및 중성지방 농도에 미치는 영향이 크므로 건강을 위해서 섭취하는 지방의 선택에 주의할 필요가 있다.
- 단일불포화지방산 : 올레산oleic acid은 대표적인 단일불포화지방산으로 심혈관계 질환의 위험을 낮추는 식이요인의 하나로 거론된다. 포화지방산을 단일

불포화지방산으로 대체하면 LDL-콜레스테롤의 농도를 낮추는 효과가 있다고 하나 이에 대한 임상자료는 많지 않다.

- 다가불포화지방산 : 오메가-6 지방산은 혈청 LDL-콜레스테롤, HDL-콜레스테롤, 중성지방 농도를 모두 낮추는 것으로 알려져 있다. 그러나 오메가-6 지방산의 섭취를 증가시키면 총 지방섭취량이 함께 증가하므로 총 에너지섭취량의 10% 이하가 되도록 하는 게 바람직하다. 반면에 생선과 들기름에 많이 함유되어 있는 오메가-3 지방산은 콜레스테롤에 미치는 영향은 미미하나, 혈청 중성지방 농도를 낮춘다. 오메가-3 지방산은 지단백질 대사 외에도 염증 억제, 혈액 응고 방지, 혈압 강하, 부정맥 방지 등의 작용으로 심혈관계 질환의 예방에 도움이 된다고 알려져 있다. 우리나라처럼 당질을 많이 섭취하여 혈청 중성지방 농도가 높은 경우 생선을 통해 오메가-3 지방산을 충분히 섭취하는 게 좋다. 미국심장학회는 혈청 중성지방 농도를 낮추기 위해서는 2~4g/일, 심혈관계 질환의 예방을 위해서는 1g/일의 오메가-3 지방산섭취를 권장하고 있다.
- 단백질 : 미국 NCEP-ATP Ⅲ 지침에서는 단백질섭취를 에너지의 15% 정도로 하고, 식물성 식품을 통한 단백질섭취를 권장한다. 일부 연구에서 대두 단백이, 특히 LDL-콜레스테롤과 심혈관계 질환의 위험요인에 유익한 영향을 가지는 것으로 제안되었으나, 최근 연구에서는 이러한 결과들이 증명되지 못하고 있다.
- 탄수화물 : 지방섭취를 줄이고 탄수화물섭취를 늘리면 혈청 콜레스테롤 농도가 감소하나 대사증후군이나 제2형 당뇨병환자의 경우, 중성지방이 증가하고 HDL-콜레스테롤이 감소하는 문제가 발생할 수 있다. 그러나 식이섬유소와 함께 탄수화물을 섭취하면 혈청 중성지방 증가나 HDL-콜레스테롤 감소작용이 약화된다. 따라서 잡곡류, 해조류 및 채소, 과일 등과 같이 수용성 식이섬유소를 많이 함유한 탄수화물을 위주로 섭취하고, 섭취량은 총열량의 60% 이하로 제한하기를 권장한다. 충분한 비타민, 무기질, 섬유소를 섭취하기 위하여 복합탄수화물 위주로 섭취하고 단당류 섭취는 상대적으로 적게 하기를 권장한다.
- 식이섬유소 : 식이섬유소는 수용성과 불용성 섬유소로 나뉜다. 이 중 수용성

섬유소**검, 펙틴, 일부 헤미셀룰로스 등**가 혈청 총 콜레스테롤과 LDL-콜레스테롤을 낮추는 효과가 있다. 수용성 섬유소를 5~10g/일 섭취하면 혈청 LDL-콜레스테롤 농도가 5% 낮아진다고 한다. 수용성 섬유소를 1일 10~25g/일 섭취하기를 권장한다.

- 알코올 : 적당한 알코올섭취는 심혈관계 질환의 위험을 낮추는 것으로 알려져 있으며, 중성지방이나 콜레스테롤 대사와 음주의 관계는 아직 명확하지 않다. 그러나 과음을 하면 간에서 중성지방 합성을 증진시킬 수 있으므로 하루 2잔 이하로 제한하는 것이 바람직하다.

표 7-17에 우리나라의 이상지혈증 식사지침과 미국의 고콜레스테롤혈증에 대한 식사요법 원칙을 비교하여 나타내었다.

표 7-17 이상지혈증의 식사지침

식사성분(영양소)	우리나라[1]	미국 NCEP-ATP III 지침[2]
총 열량	정상체중을 유지하는 수준	건강체중 유지 또는 체중 증가 예방을 위한 열량
총 지방량	총 열량의 30% 이하	총 열량의 25~35%
포화지방산	총 열량의 7% 이하	총 열량의 7% 미만
다가불포화지방산	총 열량의 10% 이하(ω-6 지방산)	총 열량의 10%까지
단일불포화지방산	–	총 열량의 20%까지
당질	총 열량의 65% 이하 (당류는 10~20% 이내)	총 열량의 50~60%
섬유소	1일 25g 이상	1일 20~30g 수용성 섬유소 1일 5~10g
단백질	–	총 열량의 15% 정도
콜레스테롤	1일 300mg 이하	1일 200mg 이하
알코올	하루 1~2잔 이내	–

출처 : 1) 한국지질·동맥경화학회 진료지침위원회(2018). 이상지질혈증 치료지침 ; 2) National Cholesterol Education Program, 2001. Third report of the expert panel on detection, evaluation, and treatment of high blood cholesterol adults.

고혈압

고혈압은 심혈관계 질환과 신장질환의 주요 위험요인이 되며 고혈압환자를 조기 발견하여 적절한 관리를 하면 이와 관련된 질병 이환율과 사망률을 감소시킬 수 있다. 그러나 고혈압환자가 자신이 고혈압인 것을 인지하지 못하는 경우가 많다는 것이 문제이다. 국내 고혈압 유병률은 30세 이상 성인에서는 남자 34%, 여자 27% 정도이며, 나이가 많아질수록 증가하여 우리나라 65세 이상 노인의 경우 약 60% 정도가 고혈압인 것으로 나타나고 있다. 국내 고혈압 관리 현황은 고혈압 유병자에서 남자 2명 중 1명, 여자 4명 중 1명은 고혈압에 대하여 미인지 또는 미치료상태인 것으로 나타났다.

고혈압의 분류 및 진단 고혈압은 일차성과 이차성 고혈압으로 분류한다. 일차성 고혈압은 원인이 명확하지 않은 경우로서 본태성 고혈압이라고도 하며 고혈압의 90%를 차지한다. 이차성 고혈압은 신장질환, 심혈관계 질환, 부신 및 내분비질환 등 질환에 의해 혈압이 상승한 경우이다.

정상혈압과 고혈압을 나누는 이상적인 기준은 없고, 기관에 따라 진단기준은 약간씩 다르다. 세계보건기구WHO에 의하면 수축기혈압이 140mmHg, 확장기혈압이 90mmHg 이상을 고혈압으로 진단한다. 미국 고혈압 합동위원회에서는 정상혈압을 120/80mmHg 미만, 120~139/80~89mmHg를 전 단계 고혈압prehypertension으로 분류하고 생활습관개선을 통한 혈압관리를 강조하고 있다. 실제 임상에서는 고혈압의 확장기 혈압기준을 90mmHg보다 엄격하게 85mmHg로 사용하기도 하는데, 그 이유는 확장기 혈압이 85mmHg와 90mmHg 사이인 경우에도 종종 합병증 발생의 위험이 나타나기 때문이다. 대한고혈압학회의 정상혈압과 고혈압의 기준은 표 7-18에 나타내었다.

● **표 7-18** 정상혈압과 고혈압의 기준

분류	수축기 혈압(mmHg)	확장기 혈압(mmHg)
정상혈압	<120	<80
전 단계 고혈압	120~139	80~89
고혈압 1기	140~159	90~99
고혈압 2기	≥160	≥100

출처 : 대한고혈압학회(2004).

혈압 측정방법 고혈압의 관리를 위해서는 정기적인 건강검진이나 자가 측정으로 지속적인 혈압 측정을 통한 조절이 필요하다. 1회 측정으로 고혈압이라고 진단해서는 안 되며 그 정도에 따라 추적 관찰하여 1주~수주에 걸쳐 측정한 후에 진단한다.

수은 혈압계를 사용하여 측정한 혈압을 기준으로 하며, 전자혈압계를 사용할 수 있다. 혈압 측정은 혈압기의 종류 및 혈압을 측정하는 부위에 따라 다르나 대부분 팔의 윗부분에서 측정한다. 혈압 측정 시에는 안정된 마음으로 등을 기대고 의자에 편안히 앉아서 최소 5분 이상 발을 바닥에 놓고 팔을 심장 높이로 놓은 후 측정한다. 최소 2분 간격으로 2회 이상 측정하여 평균값을 사용한다.

활동기 혈압 측정Ambulatory Blood Pressure Monitoring : ABPM에서는 혈압을 주기적으로 측정하여 기록하는 장치를 착용하고 24시간 혈압을 측정한다. 의료기관에서 혈압을 측정하면 일시적으로 혈압이 올라가는 백의고혈압white coat hypertension을 경험하는 환자는 이러한 24시간 측정기를 이용하여 측정하는 혈압이 평균 혈압의 좋은 지표가 된다. 일반적으로 활동기혈압측정으로 측정된 혈압은 의료기관에서 측정된 값보다 낮게 나타난다.

혈압측정계가 정확하고 환자가 측정방법에 대해 잘 교육받았을 경우, 자가측정을 통한 혈압 모니터링 또한 권장되는 방법이다. 최근에는 가정에서도 간단히 혈압을 잴 수 있는 간이 혈압계들이 많이 나와 있다.

혈압 측정 전에는 운동을 하거나 흡연 또는 커피 마시는 것을 피한다. 또한 혈압은 하루 중 주기에 따라 변하는데, 보통 아침에 가장 낮고 오후 2~3시에 가장 높으며, 야간에는 혈압이 내려간다.

고혈압의 예방 및 치료 고혈압의 치료목표는 일차적으로 140/90mmHg당뇨병이나 만성신장질환자인 경우 130/80mmHg 미만로 설정하나, 이상적으로는 심혈관계 질환의 예방을 위해서 정상수준의 혈압120/80mmHg을 유지하는 것을 목표로 한다.

일반적으로 생활습관 개선으로 고혈압환자의 혈압을 정상으로 낮출 수 있다. 그러나 당뇨병이나 신장질환을 가진 고혈압환자는 생활습관 개선으로 혈압을 정상으로 낮추는 데 실패할 경우 약물치료를 고려해야 한다. 또한 약물치료와 함께 생활습관 개선을 병행하면 강압효과를 추가로 얻을 수 있어 약물 사용량을 줄일 수도 있다. 생활습관 개선의 중요한 목표는 체중감량, 대시 스타일 식이DASH style diet, 나트륨섭취 제한, 운동, 알코올섭취 제한 등이다표 7-19. 생활습관 개선은 고혈압의 예방 및 치료에 모두 효과가 있으며 심혈관계질환의 위험을 낮추어 준다.

표 7-19 고혈압 예방과 관리를 위한 생활습관 개선

개선항목	권장내용	수축기 혈압 강하 정도
체중 감량	• 정상체중 유지(BMI 18.5~24.9kg/m^2)	5~20mmHg/체중 감량 10kg
식사[1] (DASH style diet)	• 과일, 채소가 풍부한 식사 • 저지방 유제품 섭취 • 포화지방과 총 지방이 적은 식사	8~14mmHg
나트륨 섭취 제한	• 식염섭취 1일 6g으로 제한 • 나트륨 2.4g, 100mmol	2~8mmHg
운동	• 속보 같은 규칙적인 유산소운동 (하루 30분 이상, 거의 매일)	4~9mmHg
알코올섭취 제한	• 남성 < 2단위/일 • 여성 < 1단위/일로 제한 *1단위는 에탄올 14mL (맥주 340mL, 포도주 110mL에 해당)	2~4mmHg

1) DASH : Dietary Approach to Stop Hypertension

출처 : National High Blood Pressure Education Program(2004). The Seventh Report of the Joint National Committee on prevention, detection, evaluation, and treatment of high blood pressure. U. S. department of Health and Human Services, National Institutes of Health, National Heart, Lung, and Blood Institute.

① 체중 감량

체중과 혈압, 그리고 과체중과 고혈압은 강한 상관관계가 있다. 특히, 체질량지수BMI가 27kg/m^2 이상일 경우 혈압 상승과 밀접한 상관성이 있다. 복부에 축적된 내장지방은 고혈압 및 이상지혈증, 제2형 당뇨병, 관상심장질환의 위험 증가와 관련이 있다. 과체중이나 비만인 고혈압환자의 경우 체중을 줄이면 수축기 혈압과 확장기 혈압이 모두 감소한다.

② 나트륨섭취 제한, 칼륨섭취 권장

나트륨섭취와 고혈압의 위험성 간에는 명백한 인과관계가 있는 것으로 나타나며, 특히 우리나라의 경우 다른 나라와 비교하여 나트륨섭취가 많은 것으로 보고되고 있다. 적정 수준 이상의 나트륨섭취는 고혈압 발생 위험을 높이는 것으로 알려져 있으며, 반대로 나트륨섭취를 제한하면 약물치료 없이도 유의한 수준으로 혈압이 감소하는 것으로 알려져 있다. 역학연구에서 30년 이상 하루 6g 이상 염분섭취를 할 때, 수축기 혈압이 9mmHg 정도 증가하였고, 또한 고혈압환자에서 염분섭취를 하루 6g으로 유지하였을 때 7/4mmHg의 혈압 감소를 보였다. 한국인 영양소 섭취기준(2020)에서 나트륨의 만성질환위험감소섭취량은 2,300mg/일이다.

반면에 칼륨은 과다하게 섭취된 나트륨을 소변을 통해 배설시키므로 충분한 칼륨섭취를 병행하는 것은 고혈압 예방에 효과가 있는 것으로 알려져 있다.

③ 운동

운동과 신체활동은 혈압과 역의 상관관계가 있으며 적절한 운동을 하는 경우 혈압이 낮은 경향을 보인다. 규칙적인 유산소운동은 동맥의 탄력을 증가시키고, 교감신경 활성을 감소시켜 혈압을 낮춘다. 고혈압환자는 고강도의 운동보다는 저강도 또는 중등강도 정도의 운동최대산소섭취량의 40~60%이 혈압을 낮추는 데 효과적이며, 매일 30~45분 정도 빠르게 걷기 정도가 적당하다. WHO에서는 일상생활에서의 신체활동도 늘리도록 제안하고 있다.

④ 알코올섭취 제한

알코올섭취량과 혈압은 강한 양의 상관관계가 있다. 알코올섭취량이 감소하면 혈압도 따라서 감소한다. 알코올은 열량도 높기 때문에 체중 감량에도 방해가 되며, 금주에 의해 약물치료에 대한 순응도도 좋아진다. 알코올섭취 감소는 고혈압뿐 아니라 정상혈압을 가진 사람에서도 효과적인 것으로 나타났다. 알코올을 매일 35~40mL 마시는 사람이 알코올섭취를 80% 줄이면 1~2주 사이에 수축기 혈압이 5mmHg 낮아진다. 고혈압환자는 알코올섭취를 하루에 2단위 이상이 되지 않도록 제한해야 한다. 여성은 남성보다 알코올을 더 잘 흡수하고, 체중이 적은 사람이 알코올에 대한 감수성이 크기 때문에 여성은 알코올섭취를 하루 1단위로 제한한다. 알코올 1단위에탄올 14g는 맥주 340mL, 와인 110mL, 소주 70mL 정도이다.

당뇨병

당뇨병의 분류 당뇨병은 인슐린 결핍이나 세포에서의 인슐린에 대한 저항에 의해 혈당이 증가하고 탄수화물과 지질 대사 이상을 초래하게 되는 질환이다. 당뇨병 또는 당대사장애는 제1형 당뇨병, 제2형 당뇨병, 임신성 당뇨병Gestational Diabetes Mellitus : GDM, 공복혈당장애Impaired Fasting Glucose : IFG, 내당능장애Impaired Glucose Tolerance : IGT의 5가지로 분류한다. 가장 흔한 당뇨병은 크게 제1형과 제2형 당뇨병으로 나뉜다.

① 제1형 당뇨병

제1형 당뇨병은 인슐린을 분비하는 췌장 베타세포의 파괴로 발생한다. 베타세포는 보통 환자의 면역계에서 생성된 항체가 인슐린 분비세포를 파괴하는 자가면역과정에 의해 파괴된다. 제1형 당뇨병은 어느 연령에서도 나타날 수 있으나, 일반적으로 아동과 어린 청소년기에 진단되며 당뇨병의 5~10%를 차지한다.

② 제2형 당뇨병

제2형 당뇨병은 인슐린 저항성과 인슐린 분비장애에 의한 '상대적'인 인슐린 결핍의 결과로 온다. 인슐린 저항성은 인슐린이 세포막에 있는 인슐린 수용체에 결합하는 것이 비정상적인 것을 말하며, 그 결과 인슐린에 의해 촉진되는 글리코겐 합성 등 세포 내 포도당 대사와 관련된 과정에 장애가 초래된다. 제2형 당뇨병 환자의 혈중 인슐린 농도가 정상 또는 증가되어 있더라도 이는 인슐린 저항성을 보상하기에 불충분하기 때문에, 상대적인 인슐린 결핍이 나타나게 된다. 제2형 당뇨병은 일반적으로 30세 이상의 성인에서 나타나며 전체 당뇨병 환자의 90~95%가 이에 속한다. 제2형 당뇨병환자의 상당수는 비만이며 복부에 지방조직을 많이 가지고 있다. 그러나 한국인의 경우 비만형보다 비비만형 제2형 당뇨병이 더 많아서 인슐린 저항성보다는 인슐린 분비 기능 결함이 주된 병인으로 간주되고 있다.

제2형 당뇨병은 점진적으로 진행되기 때문에 수년간 진단되지 않은 상태로 지낼 수도 있다. 따라서 내당능장애가 나타날 때 인슐린 저항성이나 인슐린 분비장애를 개선할 수 있다면 당뇨병으로의 전환을 늦출 수 있을 것이다. 제2형 당뇨병의 위험요인은 BOX 7-9와 같다.

BOX 7-9 **제2형 당뇨병의 위험요인**

- 연령 45세 이상
- 과체중(BMI 25kg/m^2 이상)
- 신체활동이 적은 경우
- 당뇨병 가족력이 있는 경우
- 공복혈당장애 또는 내당능장애로 진단받은 경우
- 임신성당뇨병이 있었던 경우
- 고혈압(140/90mmHg 이상)
- HDL-콜레스테롤 35mg/dL 이하, 중성지방 250mg/dL 이상
- 다낭성 난소증후군
- 혈관질환 병력이 있는 경우

출처 : Lee RD, Nieman DC(2010). Nutritional assessment.

③ 임신성 당뇨병

임신 전에는 내당능장애의 가능성이 없었으나 임신기간 중에 포도당 불내성 glucose intolerance이 나타난 경우 임신성 당뇨병으로 분류한다. 임신성 당뇨병을 조기

에 진단하고 효과적으로 관리하는 것은 분만 이환율과 사망률의 위험을 감소시키고 제왕절개분만의 위험을 낮추는 데 중요하다.

④ 공복혈당장애, 내당능장애

공복혈당장애와 내당능장애는 정상혈당과 당뇨병의 중간 단계를 말한다. 공복혈당장애는 공복혈당수준이 정상의 상한치보다 높지만 당뇨병으로 진단하기에 충분하지 않은 경우이다. 내당능장애는 흔히 정상혈당수준을 나타내기도 하다가 당뇨병검사를 위해 경구 당부하검사를 했을 때에만 고혈당을 나타낼 수도 있다. 제2형 당뇨병으로 진단받기 전에 대부분 공복혈당장애 또는 내당능장애를 거치기 때문에 이들을 당뇨병 전 단계prediabetes라고도 한다.

당뇨병의 진단

① 당뇨병의 진단기준

- 당뇨병 : 당뇨병의 전형적인 징후와 증상이 나타나고 혈당이 현저하게 높은 경우에는 당뇨병 진단이 어렵지 않다. 전형적인 당뇨병의 증상이란 다음심한 갈증, 다뇨, 다식과식, 이유 없는 체중 감소, 침침한 시력, 잦은 감염 등이다. 또한 환자가 당뇨병 증상이 없더라도 공복혈당이 지속적으로 높게 유지되면 비교적 진단이 쉽다. 그렇지 않을 경우에는 경구당부하검사에 근거하여 당뇨병을 진단한다. 공복혈당은 100mg/dL 미만을 정상으로 본다. 2011년 대한당뇨병학회가 제시한 당뇨병의 진단기준은 표 7-20과 같다.

  다음 3가지 검사 기준 중 한 가지가 서로 다른 날에 반복하여 확인될 때 당뇨병으로 진단한다.

  - 전형적인 당뇨병 증상과 함께 무작위 혈당이 200mg/dL 이상
  - 공복혈당Fasting plasma Glucose : FPG이 126mg/dL 이상
  - 경구당부하검사Oral Glucose Tolerance Test : OGTT 후 2시간 혈당이 200mg/dL 이상

- 공복혈당장애, 내당능장애 : 공복혈당장애와 내당능장애는 제2형 당뇨병 발생의 위험이 크므로 일정 간격으로 당뇨병으로의 이행 여부를 관찰하는 것이 필요하며, 예방 차원에서 당뇨병 전 단계에서의 적극적인 조기치료가 중요하다. 45세 이상의 모든 성인은 매 3년마다 선별검사를 실시해야 하며, 제2형 당뇨병의 위험인자를 가지는 경우 더 일찍부터 선별검사가 필요하다.
  - 공복혈당장애 : 공복혈당이 100mg/dL 이상, 126mg/dL 미만
  - 내당능장애 : 경구당부하검사 후 2시간 혈당이 140mg/dL 이상, 200mg/dL 미만

표 7-20 당뇨병 진단기준

구분	진단기준
정상혈당	공복혈당 < 100mg/dL, 경구당부하검사 후 2시간 혈당 < 140mg/dL
당뇨병	• 공복혈당 ≥126mg/dL • 당뇨 증상(다음, 다뇨, 체중감소) + 보통(무작위) 혈당 ≥200mg/dL • 경구당부하검사 후 2시간 혈당 ≥ 200mg/dL • 당화혈색소 ≥ 6.5%
당뇨병 전 단계	• 공복혈당장애 : 공복혈당 100~125mg/dL • 내당능장애 : 경구당부하검사 후 2시간 혈당 140~199mg/dL

출처 : 대한당뇨병학회(2019). 당뇨병 진료지침.

② 경구당부하검사

경구당부하검사OGTT는 공복에 포도당**보통 75g, 소아의 경우에는 1.75g/kg은 초과할 수 없음**을 함유한 음료를 마신 후 혈당의 변화를 관찰하는 방법이다. 즉, 포도당 용액을 마시기 전에 공복혈당을 측정하고, 포도당 용액섭취 후 시간 간격을 두고 혈당을 모니터한다. 포도당 음료는 5~10분 안에 마시게 하며, 혈당은 보통 1시간 간격으로 2~3시간 동안 측정한다. 2시간 후 혈당이 200mg/dL 이상이면 당뇨병으로 진단한다. 경구당부하검사 후 당뇨병, 내당능장애, 당뇨병이 없는 사람의 혈당이 어떻게 반응하는지의 예를 그림 7-7에 나타내었다.

• 포도당섭취 2시간 후 혈당 140mg/dL 미만 : 정상
• 포도당섭취 2시간 후 혈당 140mg/dL 이상, 200mg/dL 미만 : 내당능장애로 진단
• 포도당섭취 2시간 후 혈당 200mg/dL 이상 : 당뇨병으로 진단

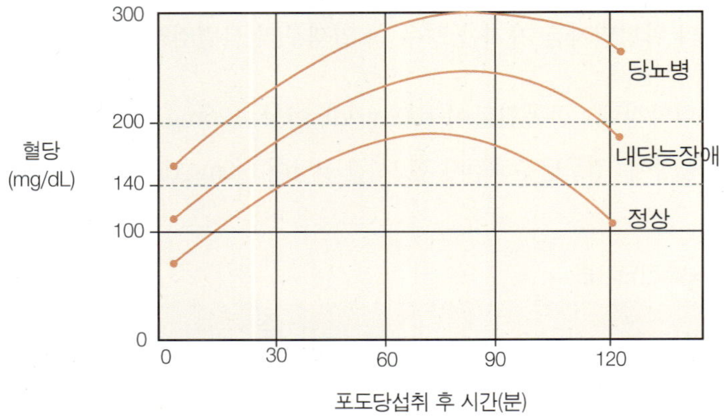

● 그림 7-7 경구당부하검사를 사용한 당뇨병 진단

출처 : Lee RD, Nieman DC(2010). Nutritional assessment.

③ 자가 혈당 측정

당뇨병환자는 소량의 혈액으로 혈당을 주기적으로 자가 측정할 수 있다. 이 과정은 혈당을 적절한 범위 내에서 조절하고 관리하는 데 중요하다. 자가 혈당 측정Self Monitoring of Blood Glucose : SMBG은 당뇨병환자가 식사, 운동, 약물의 조합이 혈당에 어떻게 영향을 미치는지 평가함으로써, 최적 혈당 조절을 위한 가장 좋은 방법을 스스로 결정하고 관리할 수 있게 해준다.

자가 혈당 측정을 하는 빈도는 주로 당뇨병의 종류와 환자의 전반적인 치료에 달려 있다. 제1형 당뇨병환자는 매 식사 전과 취침 전에 하기를 권장하며, 환자에 따라 추가로 식후 1~2시간, 또는 한밤중에 측정해야 하는 경우도 있다. 제2형 당뇨병 환자의 경우 치료 유형에 따라 측정 빈도가 달라진다. 식사요법과 운동요법만으로 조절하는 제2형 당뇨병환자는 주 1~2회 측정을 권장하며, 식사요법 및 운동요법과 함께 경구혈당강하제를 사용하는 환자는 매일 다른 시간에 측정한다. 혈당 조절이

잘되는 경우라면 혈당 측정 빈도를 주 1~2회로 줄일 수 있다. 인슐린을 투여받는 제2형 당뇨병환자의 경우, 적어도 하루 2번, 서로 다른 시간에 하기를 권장한다. 환자의 운동습관, 복용 약, 식사, 체중, 증상 등이 달라질 때는 자가 혈당 측정을 더 자주 실시한다.

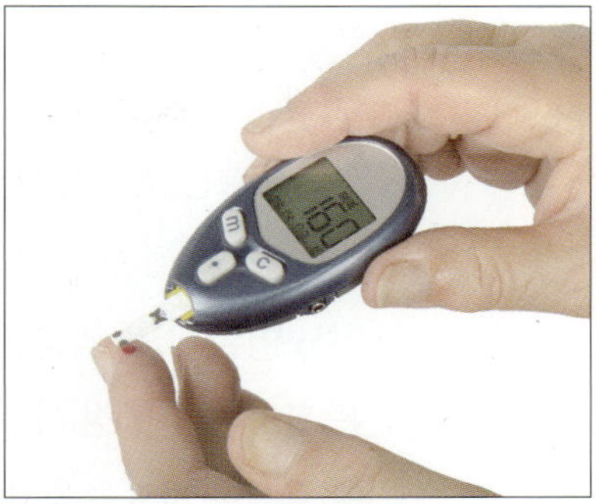

● 그림 7-8 자가혈당측정기

출처 : http://www.totalhealth.co.uk/clinical-experts/dr-steve-hyer/diabetes-and-diagnostics

④ 당화혈색소

혈당 측정의 문제점은 검사를 하는 그 시점의 혈당 수준만을 보여 준다는 것이다. 예를 들어, 평소에 혈당이 계속 높았던 환자가 병원에 검사하러 가기 직전에 혈당 조절을 위해 특별히 주의할 수 있다. 따라서 지난 2~3달 동안의 평균 혈당을 평가하기 위해, 당화혈색소Glycated hemoglobin : HbA1c, 즉 포도당이 결합된 헤모글로빈의 비율을 측정한다. 혈중 포도당이 증가하면 포도당은 적혈구에 있는 헤모글로빈과 결합하는데, 이 결합은 적혈구의 수명120일 동안 지속되고 포도당이 헤모글로빈에 결합하며 거의 비가역적이다. 결과적으로, 당화혈색소는 2~3달 동안의 평균 혈당수준을 반영하며, 당화혈색소의 비율은 혈당이 일시적으로 떨어져도 감소하지 않는다. 혈당이 몇 주간 변함없이 지속적으로 잘 조절되어서, 당화혈색소 비율이 높은 오래된 적혈구가 점차 죽고, 당화혈색소 비율이 낮은 새로운 적혈구로 대치되어야 비로소 당화혈색소 비율이 감소한다. 당뇨병이 없는 사람은 당화혈색소가 전체 헤모글로빈의 4~8% 정도이며, 당뇨병환자는 혈당이 증가함에 따라 헤모글로빈이 더 많이 포도당과 결합하고 당화혈색소의 비율이 증가한다. 당화혈색소 수준은 7% 미만으로 유지할 것을 권하며, 13% 이상이면 혈당 조절이 잘 안 되고 있는 것이다.

⑤ 요 당

당뇨병 진단의 첫걸음이 되는 검사로 정상은 음성(−)을 보이나, 혈당이 신장에서의 포도당 재흡수 역치180mg/dL 이상으로 증가하면 소변으로 포도당이 배설된다.

요 당urine glucose은 작은 검사 시약 띠에 소변을 소량 묻혀 색의 변화로 간단히 검사를 할 수 있다. 그러나 혈당이 180mg/dL 이상일 때만 소변으로 배설되므로 요 당검사만으로는 초기 당뇨병환자를 선별하기 어려우며 혈당검사에 비해 부정확하다.

당뇨병환자의 영양판정 당뇨병환자의 영양상태를 판정하는 데 필요한 요소들은 환자의 임상적 자료, 식사력diet history, 환자의 현재 영양성취상태평가 등이다. 이에 필요한 자료들을 BOX 7-10에 나타내었다.

BOX 7-10

당뇨병환자의 영양판정요소

1. 임상적 자료
   - 신장, 체중, BMI
   - 허리둘레
   - 혈압
   - 생화학적 검사수치
     - 혈당수치
     - 혈청 지질농도
     - 당화혈색소
     - 요 단백질
     - 요 케톤
   - 당뇨병 약물치료
     - 인슐린
     - 경구혈당강하제

2. 식사력
   - 평상시 식사섭취량
   - 영양 및 건강에 관한 태도평가
   - 과거의 식사교육경험과 교육효과 평가

3. 영양섭취
   - 영양소섭취의 적정성 평가
   - 에너지섭취량 평가
   - 영양소 배분평가
   - 탄수화물, 단백질, 지방의 종류평가
   - 적절한 영양중재 방안 결정

출처 : Lee RD, Nieman DC(2010). Nutritional assessment.

대사증후군

대사증후군Metabolic syndrome은 복부비만, 고혈압, 당뇨병, 고지혈증 등이 동시다발적으로 나타나는 것을 말하며, 대사증후군이 있는 경우 심근경색, 뇌졸중 등 심혈관계 질환의 발병 위험이 증가한다. 국민건강영양조사 자료2007~2010년를 분석한 결과 우리나라 30세 이상 성인의 대사증후군 유병률은 약 29%로 비만인구가 늘어나면서 대사증후군 인구도 늘어나는 추세이다. 우리나라에서 대사증후군은 40~50대 남성과 폐경 후 여성에서 많이 나타나고 있다.

대사증후군의 진단

① WHO

WHO의 대사증후군 판정기준은 제2형 당뇨병 또는 공복혈당장애나 내당능장애가 있거나 인슐린 저항성이 있는 경우를 기본으로 하고, 비만, 이상지혈증, 고혈압, 미세알부민뇨의 4가지 항목 중 2가지 이상을 동반하는 경우로 한다표 7-21. WHO의 기준은 모호하고 인슐린 저항성 측정에 어려움이 있어 주로 연구 목적으로 사용한다.

● 표 7-21 WHO의 대사증후군 진단기준(1998)

당뇨병 또는 공복혈당장애 또는 내당능장애 또는 인슐린 저항성
다음 4가지 대사 이상 중 2가지 이상이 있을 때 1. 비만 : BMI > 30kg/m^2 또는 WHR(허리-엉덩이 둘레비) 남성 > 0.9, 여성 > 0.85 2. 이상지혈증 : 중성지방 > 150mg/dL 그리고/또는 HDL-콜레스테롤 남성 $<$ 35mg/dL, 여성 $<$ 39mg/dL 3. 고혈압 : 혈압 > 140/90mmHg 또는 약물 복용 중 4. 미세알부민뇨증 : 소변 알부민 배설량 > 20μg/min(30mg/dL)

출처 : Alberti K, Zimmet P. Definition(1998). diagnosis and classification of diabetes mellitus and its complications. Diabetes Med, 15 : 539-553.

② 국제당뇨재단

국제당뇨재단International Diabetes Federation : IDF의 기준에 의하면 복부비만이 가장 중요한 요소로 각 나라와 인종별로 서로 다른 허리둘레기준에 의한 복부비만기준을 제시했다. 복부비만이 있는 경우를 기본으로 하고, 고중성지방혈증, 저 HDL-콜레스테롤혈증, 고혈압, 고혈당의 4가지 항목 중 2가지 이상을 동반한 경우 대사증후군으로 진단한다표 7-22.

● 표 7-22 국제당뇨재단의 대사증후군 진단기준(2004)

복부비만(필수항목) : 민족별 독자적 기준 적용
다음 4가지 대사 이상 중 2가지 이상이 있을 때
1. 고중성지방혈증 : ≥150mg/dL 또는 약물 복용 중
2. 저 HDL-콜레스테롤혈증 또는 약물 복용 중 : 남성 < 40mg/dL, 여성 < 50mg/dL
3. 고혈압 : ≥130/85mmHg 또는 약물 복용 중
4. 고혈당 : 공복혈당 ≥100mg/dL 또는 당뇨병의 과거력 또는 약물 복용 중

출처 : International Diabetes Federation(2005). The IDF consensus worldwide definition of the metabolic syndrome.

③ 미국 콜레스테롤 교육 프로그램

미국의 콜레스테롤 교육 프로그램NCEP의 ATP III2001년에서는 5가지 위험요인**복부비만, 고중성지방혈증, 저 HDL-콜레스테롤혈증, 고혈압, 고혈당** 중 3가지 이상 만족할 경우 대사증후군으로 진단하는 기준을 제시하였다. 이 진단기준은 임상에서 간편하게 적용할 수 있어 대규모 역학조사에 적용하기 쉬운 장점이 있다표 7-23.

④ 우리나라

우리나라의 경우 대부분 NCEP-ATP III 기준을 적용하고 있으며, 다만 복부비만의 판정기준을 지난 WHO의 아시아·태평양 지역 기준인 남성 90cm, 여성 80cm 이상을 적용하여 진단하였다. 대한비만학회2005년에서는 한국인에 맞는 대사증후군의 허리둘레 진단기준을 남성 90cm, 여성 85cm 이상으로 여성의 허리둘레기준을 상향조정하여 제시하였고, 2011년도 대한가정의학회에서도 복부비만 진단을 위한 허리둘레기준을 대한비만학회의 기준으로 남성 90cm, 여성 85cm 이상으로 정의하였다. 우리나라의 국민건강영양조사의 검진조사2011년에서도 복부비만진단을 위한 허리둘레기준을 남성 90cm, 여성 85cm 이상으로 적용하여 대사증후군을 진단하였다표 7-23.

● 표 7-23 미국과 우리나라의 대사증후군 진단기준

구분	미국 NCEP-ATP Ⅲ[1]	국민건강영양조사 (2011년)[2]	대한가정의학회 (2011년)[3]
복부비만 (허리둘레)	남성>102cm 여성>88cm	남성>90cm 여성>85cm	남성>90cm 여성>85cm
혈중 중성지방	≥150mg/dL	≥150mg/dL	≥150mg/dL 또는 고중성지방혈증 치료약물 투여 중인 상태
혈중 HDL-콜레스테롤	남성<40mg/dL 여성<50mg/dL	남성<40mg/dL 여성<50mg/dL	남성<40mg/dL 여성<50mg/dL
혈압	≥130/85mmHg 또는 치료 중인 경우	≥130/85mmHg 또는 혈압약 복용	수축기≥130 및 또는 이완기≥85mmHg 또는 혈압약 복용 중인 상태
혈당	공복혈당 ≥100mg/dL 또는 치료 중인 경우	공복혈당≥100mg/dL 또는 인슐린 주사나 당뇨병 약 복용	공복혈당≥100mg/dL 또는 혈당 조절 약물 복용 중인 상태
위의 진단기준 중 3개 이상에 해당될 때 대사증후군으로 진단한다.			

출처 : 1) National Cholesterol Education Program(2001). Third report of the expert panel on detection, evaluation, and treatment of high blood cholesterol adults.
2) 보건복지부 · 질병관리본부(2011). 국민건강영양조사 제5기 검진조사.
3) 대한가정의학회(2011).

골다공증

골다공증의 분류 골다공증은 다른 질환과 관련이 없는 일차성 골다공증과 다른 원인질환에 의해 이차적으로 발생하는 이차성 골다공증으로 분류될 수 있다.

① 일차성 골다공증

대부분의 골다공증은 특별한 원인이 없는 일차성 골다공증으로 여성의 경우 중년과 노년기에, 남성의 경우 노년기에 많이 나타난다.

- 1형 : 1형폐경 후 골다공증은 51~75세 폐경 후 여성에서 나타나고 주로 해면골 trabecular bone 손실이 나타난다. 폐경으로 에스트로겐 수준이 낮아지면서 골 재형성bone remodeling이 증가되고 골 손실이 촉진된다. 폐경 후 여성은 흔히 비타민 D 생성과 소장에서의 칼슘 흡수도 감소하여 골 손실이 더욱 촉진되며 그 결과 해면골이 많은 부위척추, 요골의 골절이 자주 발생한다.
- 2형 : 2형노인성 골다공증 골다공증은 70세 이후 남녀 노인들 모두에게서 볼 수 있다. 2형 골다공증은 연령 증가에 따른 변화와 관련이 있는데, 조골세포의 기능 감소, 칼슘 흡수 감소, 비타민 D_3 합성 감소, 칼시토닌 농도 감소 등이 원인이 된다. 특히, 다른 질환으로 외부 활동이 자유롭지 못한 노인의 경우, 자외선에 의한 비타민 D 합성량이 더욱 적어 골다공증이 쉽게 발생한다. 해면골과 치밀골 모두의 손실이 일어나나 주로 해면골의 손실이 크다. 가장 골절이 자주 발생하는 부위는 엉덩이뼈와 척추이고, 그 외에 상완골윗팔 뼈, 골반, 근위 경골아래다리 큰 뼈 등의 골절이 나타난다. 66~74세의 여성 노인에서는 1형과 2형이 병행하여 나타나기도 한다.

② 이차성 골다공증

이차성 골다공증은 폐경이나 나이 외에 다른 원인, 즉 쿠싱증후군, 뼈의 악성종양, 갑상선 기능항진증, 부갑상선기능 항진증, 남성의 성선기능저하증hypogonadism, 여성의 무월경amenorrhea 등과 같은 원인에 의해 발생한다. 원인질환 자체가 골격대사에 직접적인 영향을 미치기도 하고, 치료 약물이 골질량 감소를 유발하기도 한다.

골다공증의 위험요인 골다공증은 확실한 치료법이 없기 때문에 예방이 중요하며, 최선의 예방법은 성장기 동안의 최대골질량을 극대화하고 골 손실을 최소화하여 가능한 골밀도를 높게 유지하는 것이다.

최대골질량peak bone mass은 골다공증의 위험을 결정하는 주요 요인이다. 뼈가 발달하는 기간 동안에 최대골질량을 높게 확보한 사람이 최대골질량이 낮은 사람보다 골절 위험이 낮다. 20~25세에 뼈는 최대골질량의 90~95%에 이른다. 이후 10년간 뼈 무기질의 나머지 5~10%가 추가되어 30~35세가 되면 최대골질량에 다다르게 된다. 성, 유전적 요인, 인종, 환경적 요인 등의 영향으로 개인의 최대골질량에 상당한 차이가 나타나며, 평균적으로 남성이 여성보다 최대골질량이 10~15% 높다.

최대골질량에 이른 후, 뼈의 무기질 함량은 매년 0.3~0.5%씩 감소하기 시작한다. 노령화에 따른 골 손실은 골절의 위험을 증가시키며 남성보다 여성의 경우가 더욱 심각하다. 남성은 일정한 속도로 점차 감소하여 일생 동안 20~30% 감소한다. 그러나 여성은 폐경 이후 뼈 무기질이 급격히 연 4~8% 정도 감소하게 되어 일생 동안 최대골질량의 40~50% 정도 혹은 그 이상으로 감소한다.

조기 폐경 또는 난소절제술을 한 경우에는 에스트로겐의 보호효과시간이 짧아지기 때문에 골다공증의 위험이 높아진다. 또한 체지방률이 지나치게 낮아도 생리불순 월경 횟수 감소 또는 무월경에 의해 골다공증 위험이 증가한다. 과도한 운동을 하면서 지나친 칼로리섭취 제한을 하는 경우 장거리 운동선수, 체조선수, 발레 무용수 등 또는 식이장애 거식증, 폭식증 등 등의 경우에 이러한 결과를 초래할 수 있다. 반면, 비만인 사람은 그 체중을 지지하기 위해 뼈 밀도가 커지므로 골다공증 위험이 적은 편이다. 골다공증의 여러 위험요인을 표 7-24에 나타내었다.

표 7-24 골다공증과 관련된 위험요인

주요 위험요인	기타 위험요인
• 낮은 골밀도 • 성인 이후 골절경험 • 부모나 형제자매의 골절경험 • 여성 • 65세 이상 • 45세 이전에 폐경한 경우 • 폐경 전 1년 이상 무월경 • 3개월 이상 글루코코티코이드 요법 • 반복되는 낙상	• 시각 손상 • 치매 • 알코올중독 • 칼슘과 비타민 D 섭취 부족 • 신체활동 부족 • 건강상태 불량/노쇠 • 현재 흡연자 • 저체중

출처 : Lee RD, Nieman DC(2010). Nutritional assessment.

골다공증의 진단 골다공증진단에 가장 널리 사용되는 방법은 뼈의 밀도, 즉 뼈의 무기질 함량을 말해주는 골밀도Bone Mineral Density : BMD를 측정하는 것이다. 전반적인 뼈의 강도를 정밀하게 측정하는 방법은 없으나 골밀도가 뼈 강도의 약 60~80%를 설명할 수 있기 때문에 일반적으로 뼈 강도 측정 대신 사용된다. 골밀도가 높은 경우 골절이 일어날 가능성이 적고 골밀도가 낮은 경우 골절의 가능성이 크다. 따라서 골밀도 측정은 골절 발생의 위험을 예측하는 데 중요한 지표로 사용할 수 있다.

골밀도는 골다공증을 초기에 발견하여 치료하는 것뿐만 아니라 얼마나 진전이 되었는가를 알아보는 데 중요한 지표가 된다. 한 사람의 각 부위의 골밀도 간에는 상당한 정도의 상관관계가 있으므로 어떤 한 부위를 측정하여도 다른 부위의 골절 위험도를 어느 정도는 정확히 예측할 수 있는 것으로 알려져 있다.

그러나 골밀도 측정은 뼈의 양적인 측면만을 보여 주는 지표로, 뼈의 강도에 영향을 주는 뼈의 질적 · 기하학적 측면은 반영하지 못하므로 뼈의 강도를 반영하는 데 한계가 있다는 점을 인식할 필요가 있다.

① 골밀도 측정법

지난 수십 년간, 골밀도를 정량하는 골밀도 측정기가 개발되어 골다공증의 진단이 용이해졌다. 골밀도 측정법에는 방사선흡수법radiographic absorptiometry, 단일에너지 광자흡수 계측기Single-Photon Absorptiometry : SPA, 이중에너지 광자흡수계측기Dual-Photon Absorptiometry : DPA, 이중에너지 X선 흡수계측법Dual Energy X-ray Absorptiometry, DEXA, 정량적 전산화 단층촬영법Quantitative Computed Tomography : QCT, 정량적 자기공명영상법Quantitative Magnetic Resonance Imaging : QMRI, 정량적 초음파측정법Quantitative Ultrasound : QUS 등이 있다. 이 중 임상에서 가장 많이 사용되는 방법은 DEXA와 골밀도가 낮을 위험이 높은 사람을 스크리닝하는 데 사용되는 QUS이다그림 7-9. 측정 부위는 전완부팔의 앞부분, 종골발뒤꿈치 뼈, 척추, 대퇴골넓적다리 뼈, 또는 몸 전체가 될 수

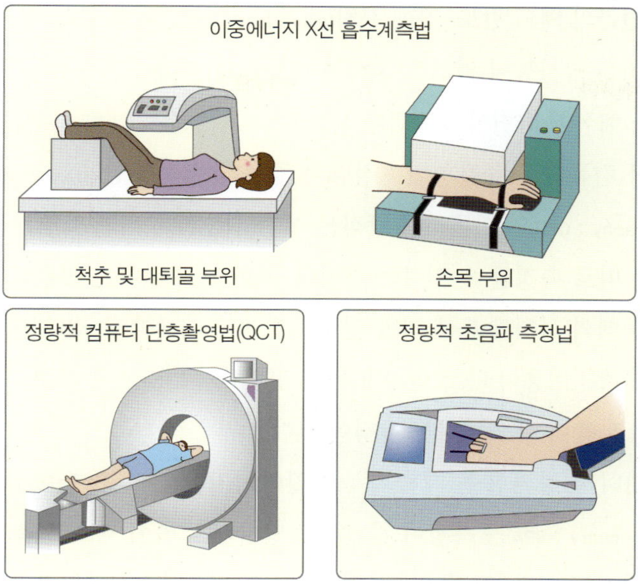

● **그림 7-9 다양한 골밀도 측정법**

출처 : 보건복지부. 건강정보. 골다공증, http://health.mw.go.kr/mobile/content/group_view.jsp?CID=20011C00D9

있다.

- 이중에너지 X선 흡수계측법 : 이중에너지 X선 흡수계측법DEXA : Dual X-Ray Absorptiometry을 사용하면 연조직이 많은 허리부분의 척추인 요추허리등뼈나 엉치관절인 고관절 부위의 골밀도를 정확하게 측정할 수 있다. 정밀도와 해상도가 높고 검사의 재현성이 우수하여 골다공증치료에 따른 골밀도 변화 추이를 모니터링할 수 있으며, 측정시간이 짧고 방사선에의 노출도 적어 조사가 용이하다는 장점으로 현재 골밀도 측정에 가장 선호되고 있는 방법이다.
- 정량적 초음파 측정법 : 최근 초음파 측정법은 골다공증의 골절 위험을 평가하는 데 효과적으로 사용되고 있다. 정량적 초음파측정법Quantitative Ultrasound : QUS은 초음파를 사용하여 뼈의 역학적mechanical 성질을 측정함으로써 치밀골

과 해면골의 뼈의 강도, 장애 부하failure load, 골절 위험 등을 평가할 수 있다. 이 방법은 방사능이 없고 안전하며 이동이 편리하나 비용이 많이 들고 측정 기술과 해석에 숙련이 필요하다.

- 정량적 컴퓨터 단층촬영법 : 정량적 컴퓨터 단층촬영법Quantitative Computed Tomography : QCT의 이론적인 장점은 척추의 중심 부위인 해면골 부분의 골밀도만을 따로 측정할 수 있다는 것이다. 또한 노화에 따른 척추의 퇴행성 변화나 대동맥의 석회화 등에 의한 영향을 완전히 배제할 수 있다는 장점이 있다. 반면에 측정비용이 다소 비싸고 측정 정밀도가 DEXA에 비해 다소 떨어지며 방사선 노출이 다소 많다는 단점이 있다.
- 단일에너지 광자흡수 계측기 : 단일에너지 광자흡수계측기Single-Photon absorptiometry : SPA는 측정이 간편하고 방사선 노출이 적으며 측정 비용이 싸다는 장점이 있다. 그러나 손목이나 발뒤꿈치 등 말단 부위만 측정이 가능하므로 임상적으로 관심이 있는 부위인 척추와 고관절부를 측정하지 못한다는 단점이 있다.

② 골다공증 진단기준

골다공증은 일반적으로 환자의 골밀도를 정상 골밀도, 즉 같은 성별의 건강한 젊은 성인의 평균 골밀도와 비교하여 진단한다. T-스코어를 계산하여 진단하는데, 일반적으로 WHO의 진단기준이 통용된다. 측정한 골밀도가 정상 골밀도와 비교하여 −2.5 표준편차, 즉 T-스코어 −2.5 미만이면 골다공증으로 진단한다표 7-25. T-스

표 7-25 골다공증 진단을 위한 T-스코어 기준(WHO)

분류	T-스코어
정상 골밀도	−1.0 이상 표준편차
골감소증	−1.0~−2.5 미만 표준편차
골다공증	−2.5 이하 표준편차
심한 골다공증	−2.5 이하 표준편차 및 비외상성 골절경험

코어가 −1.0~−2.5 표준편차이면 골감소증, 정상 골밀도는 T-스코어 −1.0 이상이다. 골밀도에서 표준편차가 1 감소할수록 골절의 위험은 1.5~3배 증가하는 것으로 보고되었다.

참고문헌

건강보험심사평가원. www.hira.or.kr

국민고혈압사업단. www.hypertension.or.kr

김대현(2011. 4). 성조숙증의 진단과 치료. 약업신문.

김재희 · 최윤진 · 임현숙 · 천종희(2015). 성조숙증 및 소아비만 아동에서 영양상담 모니터링에 따른 식습관 개선 효과. 한국식생활문화학회지, 30(1) : 129-136.

김지현(2014). 안전한 영유아 급식을 위한 식품알레르기에 대한 이해. 대한지역사회영양학회 2014년도 추계심포지엄, 287-311.

김호성(2008). 성조숙증의 진단과 최신 치료 경향. 대한내분비학회지, 23(3) : 165-173.

김화영 · 강명희 · 양은주 · 이현숙(2013). 영양판정. 교문사.

대한 소아알레르기 호흡기학회 식품알레르기 아토피 피부염 연구회(2012). 식품 경구유발시험 가이드라인.

대한의학회. www.kams.or.kr

보건복지부(2014). 2013년도 국민건강통계.

보건복지부. 건강정보. 골다공증. 2010http://health.mw.go.kr/mobile/content/group_view.jsp?CID=20011C00D9

보건복지부 · 질병관리본부. 국민건강영양조사 제5기(2011) 검진조사.

서울특별시 식품안전추진단 식품안전과(2010). 식품알레르기 교육 및 급식관리 매뉴얼.

서정숙 · 이종현 · 윤진숙 · 조성희 · 최영선(2011). 영양판정 및 실습. 파워북.

손숙미 · 임현숙 · 김정희 · 이종호 · 서정숙 · 손정민(2011). 임상영양학. 교문사.

이상일 · 최혜미(2002). 영유아영양. 교문사.

조여원 · 정구명 역(2003). 임상영양치료 사례연구집. 3rd ed. 라이프사이언스.

최석순(2013). 성조숙증. 현문미디어.

한국지질 · 동맥경화학회 진료지침위원회(2018). 이상지질혈증 치료지침.

Alberti K, Zimmet P(1998). Definition, diagnosis and classification of diabetes mellitus and its complications. Diabetes Med, 15 : 539-553.

Brown JE, Isaacs J, Krinke B, Lechtenberg E(2010). Nutrition Through the Life Cycle, 4th

CHAPTER 07

ed, Wadsworth.

Fuster V. Pearson TA(1996). 27th Bethesda Conference: Matching the intensity of risk factor management with the hazard for coronary heart disease events. J Am Coll Cardiol, 27 : 195.

Guigoz5. Vellas B. Gary P(1996). Assessing the nutritional status of the elderly : The mini nutritional assessment as part of the geriaric evaluation. Nutr Rev 54 : s 59–s 65.

International Diabetes Federation(2005). The IDF consensus worldwide definition of the metabolic syndrome.

Lee RD, Nieman DC(2010). Nutritional assessment.

National Cholesterol Education Program(2001). Third report of the expert panel on detection, evaluation, and treatment of high blood cholesterol adults.

National High Blood Pressure Education Program(2004). The Seventh Report of the Joint National Committee on prevention, detection, evaluation, and treatment of high blood pressure. U. S. department of Health and Human Services, National Institutes of Health, National Heart, Lung, and Blood Institute.

Simko MD, Cowell C, Gilgride JA(1995). Nutrition Assessment: A comprehensive guide for planning intervention pp. 301–331, An Aspen Publication.

USDA(2015). 2015 Dietary Guidelines Advisory Committee Report.

Wolinsky FD, Coe RM, McIntosh WA, Kubena KS, Prendergast JM, Chavez MN, Miller DK, Romeis JC(1990). Landmann WA J Nutr 120: Suppl, 11 : 1549–53.

통계학적 방법은 영양판정을 위해 자주 활용되는 도구이다. 본 장에서는 영양판정을 할 모집단을 정의하고 조사대상인 표본의 선정, 측정한 신체계측, 생화학적 임상자료, 식사섭취자료 등을 데이터베이스화하고 평가하기 위한 기본적인 통계학적 방법론에 대해 살펴보도록 한다.

Chapter

08

통계

1. 조사대상의 선정 | 2. 기초통계

Chapter

08 Nutritional Assessment

통계

조사대상의 선정

영양판정 계획에는 목적과 대상자에게 부합하는 적절한 조사대상을 선정하고, 표본크기를 결정하여야 한다.

표본추출

집단의 크기가 클 때 집단 전체를 모두 조사하기는 쉽지 않기 때문에 집단구성원의 일부를 선정하여 조사대상자로 삼는 것을 표본추출sampling protocol이라 한다. 이때 연구대상 전체는 모집단source population이라고 하며, 모집단을 대표하여 추출된 대상을 표본sample이라고 한다. 예를 들면, 우리나라 전체 어린이의 영양섭취 실태를 조사하기 위해 단순무작위추출simple random sampling로 1만 명을 선정하였다고 하면 이 선정된 1만 명이 표본이 된다.

추출방법

표본추출방법에는 여러 가지가 있는데, 비확률표출nonprobability sampling protocol

과 확률표출probability-based sampling protocol이 있다.

비확률표출 모집단의 구성원이 추출될 확률을 모르며, 확률적인 통계가 불가능하고, 결과를 일반화하기 어렵다. 그러나 모집단의 근거가 부족하고, 크기가 너무 크며, 의도적인 표본선정이 의미 있는 특징적인 모집단일 때 사용할 수 있다. 비확률표출에는 순차표본추출consecutive sampling, 편의표본추출convenient sampling, 할당표출quota sampling 등이 있다.

BOX 8-1

비확률표출방법

- 순차표본추출 : 비확률표출의 대표적 방법이며, 임상연구에서 충분한 기간 동안 선정 목적에 맞는 모든 가능한 환자를 만나는 대로 조사하는 경우이다. 이 경우 충분한 기간 동안의 조사기간을 가지므로 여러 계절적 차이나 다른 변화에 대한 차이를 고려하지 않아도 좋다.
- 편의표본추출 : 자료를 모으는 시점에서 연구에 동의하는 개인을 가능한 모두 대상자로 한다.
- 할당표출 : 모집단을 몇 개의 부분집단으로 나누어 각 부분집단을 대표하는 사례의 수(quota)를 정하여 작위적으로 추출하는데, 대상자를 무작위가 아니라 작위적으로 선정하므로, 무작위추출의 층화추출(stratified random sampling)과 차이가 있다.

확률표출 표본오차에 근거하여 통계적 추론이 가능하며 모집단의 모든 구성원이 표본으로 추출될 가능성이 0이 아닌 확률을 갖는다는 전제로 대상자를 선정한다. 확률표출에는 단순무작위표출simple random sampling, 층화표출stratified random sampling, 집락표출cluster sampling 다단계표출multistage random sampling 등이 있다.

BOX 8-2 **확률표출방법**

- 단순무작위표출 : 표본단위 수만큼 무작위로 추출하는 방법인데, 집단구성원 중 누구나 똑같은 확률로 표본으로 선정되며, 확률표출의 기본적인 방법이다. 주로 난수표를 이용하거나 제비뽑기, 컴퓨터 난수 발생 등을 이용한다.
- 층화표출 : 모집단의 특성을 고려하여 몇 개의 부분집단(strata)으로 나눈 후에 각 부분집단의 표본을 선택하는 것이다. 예를 들면, 대학생의 우유섭취에 관한 연구를 할 때, 각 학년에서 각 50명씩을 뽑는 경우에 해당한다.
- 집락표출 : 집단구성원을 개개인으로 뽑는 것이 아니라 집락(cluster) 단위로 묶어 추출하여 집락 전체를 조사하는 경우이다. 예를 들면, 대학생의 우유섭취에 관한 연구를 할 때, 각 학년별 집락단위를 추출하여 연구하는 경우이다.
- 다단계표출 : 집락표출을 변형한 것으로 집단의 크기가 클 때, 2개 이상의 단계를 정해, 주요 표출단위를 뽑은 후, 거기에서 다시 하위표출단위를 뽑는 방법인데, 선출 시 무작위표출을 시행한다.

표본크기 결정

표본의 크기는 전체 모집단을 신뢰성 있게 추론할 수 있을 만큼 충분해야 하며, 적절한 검정력을 갖는 것이 중요하다.

기초통계

영양판정에서 관련 요인을 측정하며 데이터베이스화한 후 적당한 통계방법을 이용하여 자료 분석을 하게 된다. 특히, 집단의 특징을 알고자 할 때, 영양판정요인의 분포를 분석, 관찰하게 된다. 이때 기술연구자료 분석방법descriptive analysis인 평균, 중앙값, 최빈값, 백분위수, 분산, 표준편차 등을 사용한다. 예를 들어, 에너지섭취량을 측정한 후 집단의 에너지섭취량의 특징을 나타낼 수 있는 대표 값이나 분포의 경향성 등을 살펴보게 된다.

분석통계analytic statistics는 집단의 특성을 파악하는 단계에서 더 나아가 영양상태나 그 외 건강상태예 : 질병에 영향을 주는 결정요인determinant을 파악하는 것을 목적으로 한다. 즉, 가설을 세우고, 그 가설에 맞는 설계방법으로 수집한 자료를 분석통계법을 이용하여 연관성을 살펴보게 된다.

기술통계

중심경향의 측정 집단의 특징을 살펴볼 때, 첫 단계는 관찰값들의 대표 값, 즉 중심경향central tendency을 보는 것이다.

① 평균

평균mean은 관찰치의 총합을 관찰치 개수로 나눈 값이고 이는 산술평균arithmetic mean을 의미한다. 평균값은 대표적인 중심경향 측정치이나, 이상치outliers의 영향을 크게 받는다.

② 중앙값

자료를 크기에 따라 배치할 때 가운데 놓이는 값이 중앙값median이다. 중앙값은 이상치의 영향을 받지 않는다. 홀수개의 값이 있을 경우, 중앙값은 가장 중앙에 있는 값이고, 짝수개의 값이 있을 경우 중앙값은 두 개의 중앙에 있는 값의 평균이다. 식을 이용하여 표현하면, 표본의 크기 n이 홀수이면 [(n+1)/2]th이고, n이 짝수이면 (n/2)th, [(n/2)+1]th의 평균이 된다. 예로 3, 8, 10, 15, 18, 100 값을 보면, 10과 15의 평균인 12.5가 중앙값이다. 이 중 100이 이상치이므로, 평균값은 100의 영향을 많이 받아 25.67이라는 값이 나오게 된다. 하지만 100을 제외하고 평균값을 구하면, 중앙값에서 그리 멀지 않은 값 10.8이 나오게 된다. 100을 제외한 후 중앙값을 구하면 3, 8, 10, 15, 18의 중앙값이므로 10이 된다.

③ 최빈값

관찰치 중 가장 많이 관찰되는 값이 최빈값mode이다. 최빈값을 산출할 때 연속변수의 경우, 유효숫자에 따라 인위적으로 뽑힐 수 있으므로, 집단의 분포의 특징이 잘 나타나지 않는다. 예를 들어, 수축기혈압이 130~140mmHg에 몰려 있는 집단에서 소수점 이하 다양한 값을 가지고 있고, 가장 많이 관찰되는 값이 155.3mmHg라면 최빈값은 155.3mmHg이고, 이 값은 집단의 값 중 자주 관찰되는 값 범위 밖의 값일 수 있다.

분산의 측정 평균, 중앙값을 이용해서 데이터의 대표 값을 알 수 있으나, 데이터가 얼마나 흩어져 있는지 알 수 없다. 분산과 표준편차는 데이터의 흩어진 정도를 알 수 있는 통계치이다.

① 표본분산

표본분산variance은 관찰치의 평균으로부터 관찰치를 뺀 편차를 제공한 후 관찰치의 개수에서 1을 뺀 값으로 나누어 구한다. 측정치들이 평균으로부터 떨어진 정도를 나타낸다. 관찰치가 평균에서 얼마나 떨어져 있는지 보는 데 있어서 모든 편차의 총합이 0이 되므로 편차를 제곱하여 그 합을 이용해 측정치들이 흩어진 정도를 보게 된다.

② 표준편차

표준편차standard deviation는 제곱된 표준편차의 평균이며, 분산의 제곱근으로 분포의 퍼진 정도를 알려준다. 분산값은 값이 크고 단위가 제곱이 되므로, 표준편차를 이용하면 이 문제를 해결할 수 있다.

③ 백분위수와 사분위 간 범위

백분위수percentile는 관찰값을 올림차순으로 배열했을 때, 특정 관찰값 아래에 분포되는 관찰값들의 비율이다. 25백분위수는 이 값 아래 관찰값들의 25%가 존재하고, 75백분위수는 이 값 아래 관찰값들의 75%가 존재한다. 사분위 간 범위Interquartile Range : IQR는 75백분위수와 25백분위수의 차이이다.

BOX 8-3

표본평균, 표본분산, 표본표준편차

n개의 수로 이루어진 데이터 $X_1, X_2, X_3, \cdots, X_n$에서

- 표본평균

$$\bar{x} = \frac{x_1 + x_2 + \cdots + x_n}{n}$$

- 표본분산

$$s^2 = \frac{\sum(x_i - \bar{x})^2}{N-1} = \frac{\sum x_i^2 - \left[\frac{(\Sigma x_i)^2}{N}\right]}{N-1}$$

- 표본표준편차

$$s = \sqrt{\frac{\Sigma(x_i - \bar{x})^2}{N-1}}$$

분포 및 검정통계량

정규분포와 z 통계량

① 정규분포

정규분포normal distribution를 가우스분포Gaussian distribution라고도 하고, 대칭성을 가진 종모양을 가지고 있다그림 8-1. 통계학에서 가장 기본이 되는 분포라고 할 수 있다. 정규곡선의 위치와 모양은 분포의 평균과 표준편차에 의하여 결정된다. 계산을 쉽게 하기 위해, 평균이 0이고 표준편차가 1인 표준정규분포standard normal distribution를 사용할 수 있다.

확률변수 X가 평균 μ이고, 분산 σ 인 정규분포를 따른다면, 다음과 같이 표기한다.

$$X \sim N(\mu, \sigma)$$

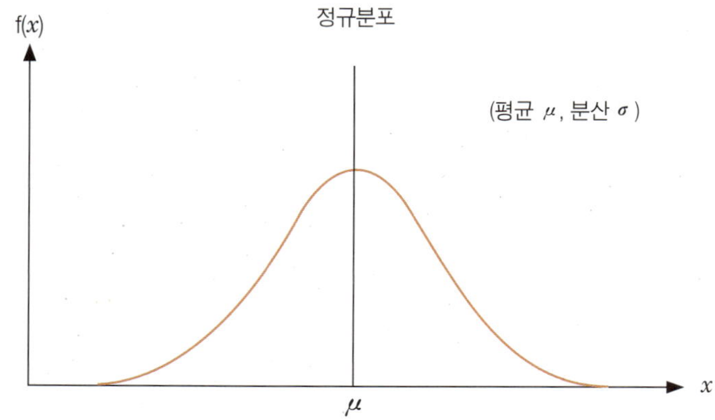

● 그림 8-1 정규분포곡선

② z 통계량

z 통계량z statistics은 정규분포의 표본통계량으로 통계량에서 기대값을 뺀 후 통계량의 표준오차표준오차에 대해서는 뒤에 설명로 나눈 값이다. 예를 들어, 평균 수축기 혈압이 120mmHg이고, 표준편차가 10mmHg인 관찰치를 가지고 있는 집단에서 수축기 혈압이 135mmHg인 값의 z 통계량은 (135−120)/10 = 1.5이다. 관찰된 값이 평균에서 얼마나 떨어져 있는지 z 통계량으로 알 수 있다.

t 분포 및 t 통계량

① t 분포

t 분포t distribution는 정규분포와 형태가 비슷하나 표본크기에 따라 분포 형태가 정해지고, 표본크기가 커지면 t 분포와 정규분포가 동일하게 된다. 모집단의 분산을 모르는 상황에서 분산에 대한 추정값을 이용해야 하기 때문에 추정값의 오차를 고려한 분포이다.

② t 통계량

t−통계량t statistics은 t−검정에서 사용하는 통계량으로 모집단의 분산을 알지 못하여 표본으로부터 추정한 분산을 이용할 때 산출한다. 모집단의 평균이 특정 값과

다른지 검정할 때, 모집단의 분산을 모르는 경우가 많고, 이때 표본의 표준편차를 표본 크기로 나누어 표준오차를 계산한다. 자유도는 표본 크기에서 1을 뺀 값을 가지게 된다.

BOX 8-4

z 통계량 및 t 통계량

• z 통계량

$$z = \frac{\bar{x} - \mu}{\sigma}$$

• t 통계량

$$t = \frac{\bar{x} - \mu}{\frac{s}{\sqrt{n}}}$$

$df = n - 1$

$\bar{x}$: 관찰치의 표본평균

μ : 모집단의 평균

σ : 표준편차

n: 집단의 관찰치 개수

s : 표본 표준편차

df : 자유도

분석통계

가설검정

① 가설검정

가설검정은 모집단의 특성에 대하여 가정해 놓고, 표본에서 얻은 통계량으로 가정한 모수와 일치하는지를 검토하는 통계적 과정이다. 검정하는 가설을 귀무가설이라고 하고, 영가설이라고도 한다. 모집단의 모수와 표본 사이에 발생한 통계량 차이는 표본추출오차로서 우연히 생긴 것으로 보고, 표본의 특성과 모집단의 특성이 다르다고 판단되면 귀무가설을 채택할 수 없다. 대립가설은 귀무가설과 대립되는 가설로, 새로이 입증하고자 하는 가설이다.

BOX 8-5

귀무가설 및 대립가설

• 귀무가설

$H_0 : \mu = M$

• 대립가설

$H_1 : \mu \neq M$ 또는 $H_1 : \mu < M$ 또는 $H_1 : \mu > M$

μ : 모집단 평균

M : 검정하고자 하는 특정값

② 1종 오류 및 2종 오류

1종 오류type I error, α는 유의수준으로 귀무가설이 옳은데도 불구하고 귀무가설을 기각하는 경우이다. 말하자면, 귀무가설이 옳음에도 불구하고 귀무가설이 오류에 의해 기각당할 위험을 허용하는 정도라고 할 수 있다. 예를 들어, 1종 오류 0.05, 즉 유의수준 0.05는 100번에 다섯 번은 귀무가설이 옳음에도 불구하고 귀무가설이 오류에 의해 기각당할 위험을 허용하겠다는 것이다. 2종 오류type II error, β는 귀무가설이 옳지 않음에도 불구하고 귀무가설을 채택하는 경우로 1에서 2종 오류를 뺀 값 $(1-\beta)$는 검정력statistical power을 의미한다.

표 8-1 1종 오류와 2종 오류

구분	귀무가설(H_0)이 진실	귀무가설(H_0)이 진실이 아님
귀무가설 채택	옳음	2종 오류 β
귀무가설 기각	1종 오류 α	옳음

③ 유의수준과 유의확률

유의수준significance level, α은 1종 오류를 범할 확률의 최대 허용한계로 귀무가설이 옳은 데도 기각되는 확률이다. 유의확률significance probability, p-value은 귀무가설이

맞다고 가정했을 때, 얻은 검정통계량보다 극단적인 결과가 관찰될 확률이다. 계산된 p 값과 미리 설정된 유의수준인 α를 비교하여 관측된 p 값이 미리 설정한 기준인 α보다 작으면 귀무가설을 기각하고, α보다 크거나 같으면 귀무가설을 기각하지 못한다.

④ 표준오차와 신뢰구간

표준오차standard error는 표본통계량인 평균의 변이로 같은 모집단에서 여러 표본을 추출하는 경우 얻게 되는 표본평균 간의 변동성을 나타낸다. 표준오차를 이용하여 모집단의 평균을 일정한 구간으로 추정할 수 있고, 이를 신뢰구간confidence interval이라고 한다. 예를 들어, 95% 신뢰구간은 표본으로부터 얻은 신뢰구간에 모집단의 평균값이 포함될 확률이 95% 임을 말해준다.

95% 신뢰구간 : $95\%\ CI = \overline{x} \pm 1.96se$

se : 표준오차

$\overline{x}$ = 표본평균

피어슨 상관계수 또는 스피어만 상관계수 피어슨 상관계수Pearson correlation coefficient는 두 개의 연속변수에 대한 관찰치의 선형관계의 정도를 나타내는 상관계수(r)로 $-1 \leq r \leq 1$ 값을 가진다. 이상치의 영향을 많이 받고, 두 개의 연속변수가 정규분포를 따를 때 사용할 수 있다.

$$\text{피어슨 상관계수}(r) = \frac{\Sigma(x_i - \overline{x})(y_i - \overline{y})}{\sqrt{\Sigma(x_i - \overline{x})^2 \Sigma(y_i - \overline{y})^2}}$$

모집단의 분포에 대한 정보가 부족할 경우 비모수방법nonparametric method을 이용하여 가설검정을 하게 된다. 두 개의 연속변수 관찰치가 정규분포를 따르지 않아, 피어슨 상관계수를 쓰기 어려울 때, 비모수방법인 스피어만 상관계수 Spearman corrrelation coefficient를 사용할 수 있다.

T-검정 또는 맨-휘트니 검정 T 검정T-test은 두 그룹의 평균을 비교하는 통계 검정방법이다. 같은 집단에서 조사한 두 종류의 표본이 있는 등, 두 자료가 짝을 지을 수 있다면, 대응표본 T 검정paired T-test을 이용하고, 독립적인 두 그룹을 비교하면 독립표본 T 검정independent sample T-test을 이용한다. 독립표본 T 검정의 경우 같은 분산을 가지는지, 다른 분산을 가지는지에 따라 분산에 대한 합동추정량 산출방법이 다르다. 분산 추정식은 통계분야 참고서적을 참고하도록 한다.

관찰값이 정규분포를 따르면 모수법인 T-검정을 이용하고, 정규분포를 따르지 않으면 비모수법인 맨-휘트니 검정Mann-Whitney test을 이용한다. 맨-휘트니 검정을 윌콕슨 순위합 검정Wilcoxon rank-sum test이라고도 한다. 대응표본 T 검정을 사용하기 어려울 때 비모수법으로 윌콕슨 대응 부호-순위 검정Wilcoxon signed-ranks test을 사용한다.

귀무가설 : $H_0 : \mu_1 = \mu_2$

대립가설 : $H_1 : \mu_1 \neq \mu_2$

카이제곱검정 이분형 자료를 가지고 있는 집단을 비교할 때, 카이제곱검정Chi-square test을 사용한다. 관찰치가 기대치와 비교하여 얼마나 차이가 나는지를 제시하며, X^2 통계량이 크면 관찰치가 기대치와 다르다고 판단하여 귀무가설을 기각하게 된다.

귀무가설 : H_0 : 두 변수는 관련이 없다.

대립가설 : H_1 : 두 변수는 관련이 있다.

X^2 통계량은 관찰값(O)에서 기대값(E)을 빼고 제곱한 값을 기대값으로 나눈 통계치이다.

$$X^2 = \Sigma \frac{(O_i - E_i)^2}{E_i}$$

자유도 $df = K-1$

O_i : i번째 범주가 실제로 관찰된 빈도

E_i : i번째 범주가 발생할 것으로 기대되는 빈도

K : 범주의 수

● 표 8-2 모수 및 비모수통계에 따른 가설검정방법

구분	모수법	비모수법
두 개의 연속변수 비교	T-검정(T-test)	맨-휘트니 검정(Mann-Whitney test) : 윌콕슨 순위합 검정(Wilcoxon rank-sum test)이라고도 함
서로 대응된 두 개의 연속변수 비교	대응표본 T-검정 (Paired T-test)	윌콕슨 대응 부호-순위검정 (Wilcoxon signed-ranks test)
세 개 이상의 연속변수 비교	분산분석 (Analysis of Variance : ANOVA)	크루스칼-왈리스검정 (Kruskal-Wallis test)
두 개의 연속변수 상관성	피어슨 상관계수 (Pearson correlation coefficient)	스피어만 상관계수 (Spearman correlation coefficient)

분산분석 또는 크루스칼-왈리스검정 세 집단 이상이면 분산분석으로 평균을 비교한다. 분산분석Analysis of Variance : ANOVA은 집단 간 변동between-group variance과 집단 내 변동within-group variance을 비교하는 방법으로 집단 간 변동이 집단 내 변동보다 크면 집단의 평균 차이가 있다고 할 수 있다. 하지만 집단 내 변동이 크면 그룹 간의 정도 차이는 두드러지지 않게 된다.

크루스칼-왈리스검정Kruskal-Wallis test은 자료가 분산분석 사용조건을 만족하지 않을 때 사용되는 비모수방법이다.

귀무가설 $H_0 : \mu_1 = \mu_2 = \cdots = \mu_n$

대립가설 H_1 : 적어도 하나는 다르다.

선형회귀 두 연속변수의 관계를 직선식으로 나타내고자 할 때 쓰는 통계적 방법을 선형회귀linear regression라고 한다. 즉, 회귀분석은 X값여기서는 나이 한 단위 변화에 따른 Y값여기서는 혈압의 변화량증가 또는 감소을 설명하는 직선방정식을 의미한다. 여기서 Y는 종속변수 또는 반응변수이며 X는 독립변수 또는 설명변수이다. 예를 들어, 나이가 들면서 혈압이 증가한다고 했을 때 이를 그림으로 나타내면 그림 8-2 같다.

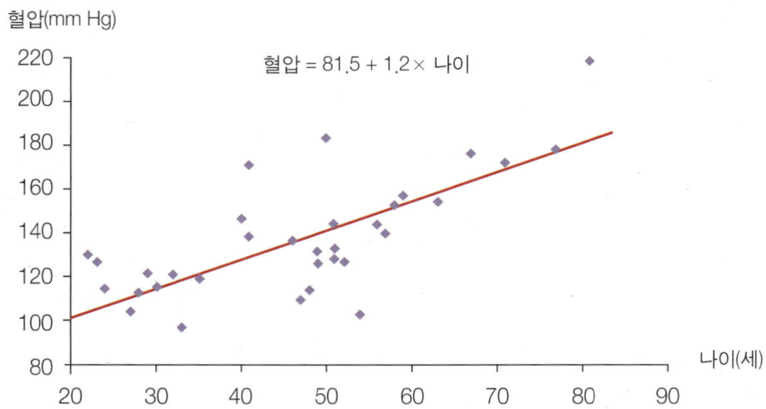

● **그림 8-2** 나이에 따른 혈압의 선형회귀

이러한 X와 Y와의 관계를 식으로 나타내면 다음과 같다.

$$Y_i = \alpha + \beta X_i$$
$$i = 1, 2, \cdots, n$$

이때 α는 X=0일 때의 기준선에서의 거리, 즉 Y절편을 의미한다. β는 Y의 변화를 나타내는 기울기이며 이를 회귀계수라고 한다.

이때 회귀계수 β는 상관계수와 동일한 부호를 가지게 된다. 회귀계수를 추정하기 위해서는 최소제곱법least-squared method이라는 방법을 사용하게 되는데, 이는 잔차 제곱들의 합을 최소화하는 직선을 선택하는 방법을 의미한다. 즉, X_i에 해당되는 실제의 Y_i 값과 추정된 회귀식에서 추정한 Y값($\hat{Y}$)의 차이인 예측오차($d_i = Y_i - \hat{Y}$)가 가장 작게 되는 회귀식을 구해야만 관찰된 자료를 가장 잘 설명할 수 있다. 어떤 직선식이라도 예측오차의 합은 0이기 때문에 각 예측오차값을 제곱하여 합한 값이 최소가 되도록 회귀식을 추정하게 된다.

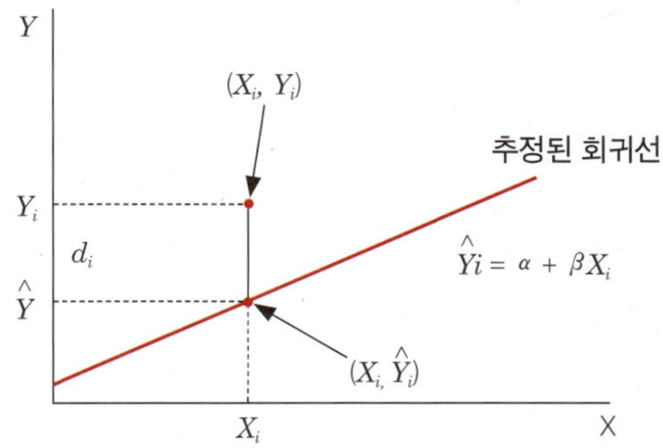

● 그림 8-3 최소제곱법에 의한 회귀계수의 추정

이러한 선형회귀모형을 통해 최적의 추정값unbiased best estimator을 얻기 위해서는 다음의 가정이 필요하다.

- 정규분포성 : 고정변수 X_i의 임의의 값에 대해 Y는 확률변수로서 정규분포를 따르며 Y값의 분포의 평균은 실제 회귀직선에 위치해야만 한다.
- 독립성 : Y_i의 값들은 서로 독립적이어야 한다.
- 선형관계 : X_i와 Y_i 값들 사이에는 선형관계가 있어야만 한다.
- 등분산성 : 임의의 X_i 값에 대한 Y_i의 분산은 일정한 값이어야 한다.

회귀계수를 검정하기 위해 가설을 설정할 때 귀무가설과 대립가설은 다음과 같다.

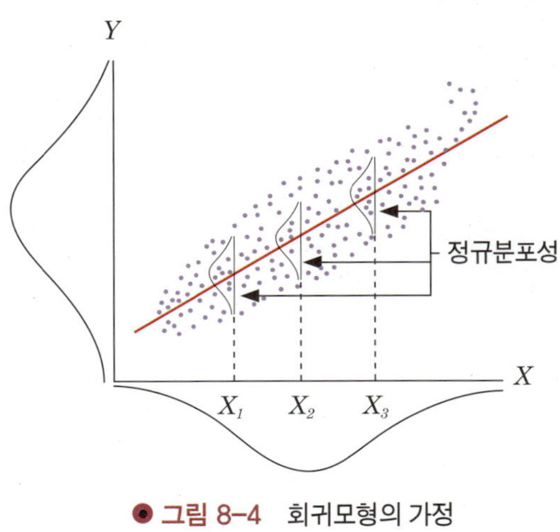

● 그림 8-4 회귀모형의 가정

$$H_0 : \beta_1 = 0$$
$$H_1 : \beta_1 \neq 0$$

이를 T−테스트를 이용하여 다음과 같이 검정한다.

$$t = \frac{b}{s.e.(b)}, \; df = n-2$$

따라서 유의수준과 비교하여 귀무가설을 기각 또는 채택하게 된다.

이러한 단순회귀simple linear regression를 확장한 것이 다중회귀multiple linear regression인데, 이는 여러 개의 독립변수를 사용하여 하나의 종속변수를 설명하고자 하는 것이다. 앞의 예에서 혈압을 설명할 때 나이 외에 체중, 혈중 콜레스테롤을 추가하여 설명한다면 세 개의 독립변수나이, 체중, 혈중 콜레스테롤가 하나의 종속변수인 혈압을 설명하게 된다. 이와 같은 다중선형회귀의 일반적인 모형식은 다음과 같으며 계산이 복잡하기 때문에 보통 컴퓨터 소프트웨어 프로그램을 이용하여 산정한다. 개별적인 회귀계수의 검정은 단순선형회귀와 동일하지만 이때의 가정은 다른 모든 X변수의 값이 일정하다고 가정할 때 X_i 한 단위 변화에 대한 Y의 변화량을 의미한다. 즉, 다른 모든 X_i 들을 보정했을 때의 X_i와 Y와의 상관성을 의미한다.

$$Y = \alpha + \beta_1 X_1 + \beta_2 X_2 + \cdots$$

로지스틱 회귀 종속변수가 명목척도로 이분형일 때 로지스틱 회귀Logistic regression 분석을 사용할 수 있다. 예를 들어, 나이에 따른 관상심장질환 간의 상관성을 설명한다고 생각해보자. 관상심장질환에 걸린 사람의 평균연령은 59세로 걸리지 않은 사람의 평균연령인 29세보다 유의미하게 높았다. 이 경우 선형회귀가 가능할까?

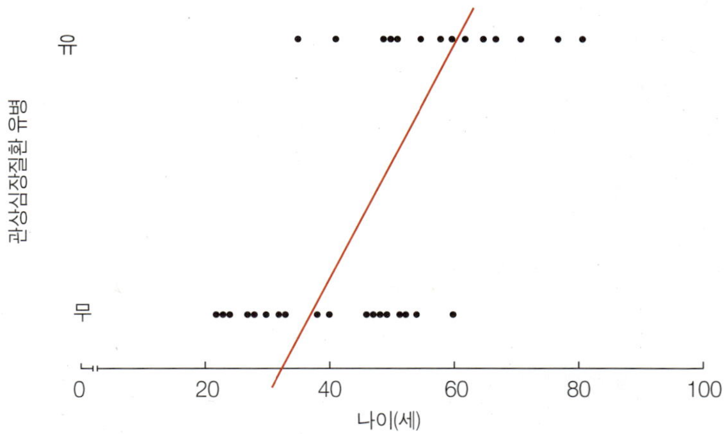

● **그림 8-5** 나이와 관상심장질환 유무와의 상관성

그림 8-5와 같이 *Y*변수가 질병이 걸린 경우와 아닌 경우밖에 없기 때문에 선형회귀는 불가능해보인다. 그렇다면 연령군으로 대상을 나눈 뒤 각 연령군당 관상심장질환에 걸린 사람의 비율을 구해보자.

● **표 8-3** 연령군당 관상심장질환에 걸린 사람의 수

연령군	#명	관상심장질환에 걸린 사람	
		#	%
20~29세	5	0	0
30~39세	6	1	17
40~49세	7	2	29
50~59세	7	4	57
60~69세	5	4	80
70~79세	2	2	100
80~89세	1	1	100

각 연령군당 관상심장질환에 걸린 사람의 비율을 그림으로 표현하면 그림 8-6과 같다.

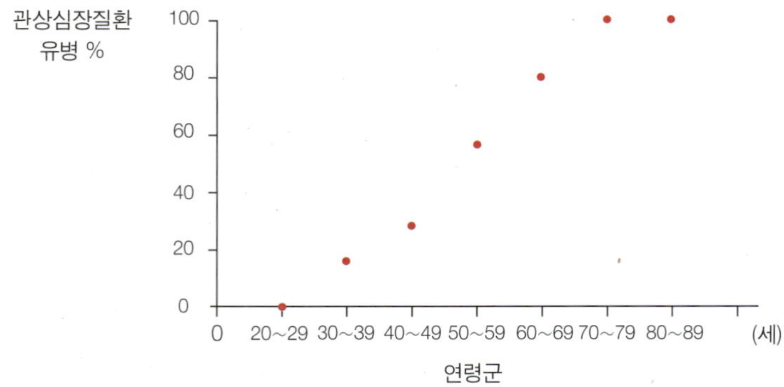

그림 8-6 각 연령군당 관상심장질환에 걸린 사람의 비율

따라서 이 경우에는 연령에 따라 관상심장질환에 걸릴 확률로서 모형을 설명하는 것이 바람직하며 모형을 위해서는 로지스틱 함수를 사용하게 된다.

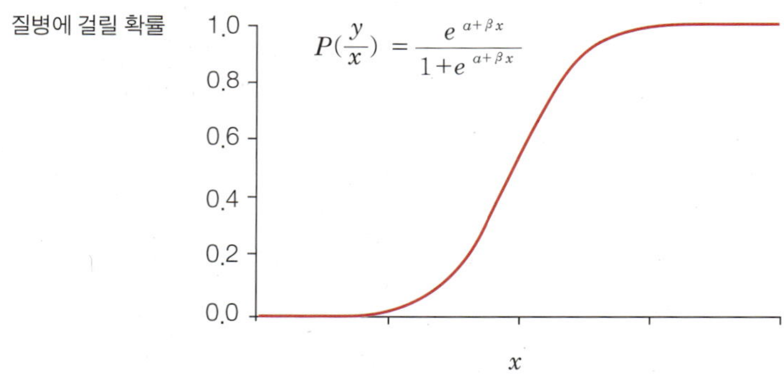

그림 8-7 로지스틱 함수

$$\text{이때 logit of } P(y|x) = \ln\left[\frac{p(y|x)}{1-p(y|x)}\right] = \alpha + \beta x$$

로 표현된다. 로지스틱 회귀는 최대우도 또는 최대가능도maximum likelihood방법으로 산출한다. 연령에 따른 관상심장질환 유무에 대한 분석결과 만약 β가 1.1이 나왔다고 하면 나이가 1세 증가할 때 관상심장질환이 걸릴 확률이 $e^{1.1}$=3.01배만큼 증

가한다고 해석할 수 있다. 즉, e^{β} 가 오즈비odds ratio라고 할 수 있다. 여기서 오즈비란 질병에 걸리지 않은 확률대비 질병에 걸릴 확률을 의미한다. 로지스틱 회귀분석 역시 다중 로지스틱 회귀가 가능하며, 이때 해석은 다중선형회귀와 동일하게 다른 모든 X_i가 동일할 때 X_i의 단위증가량당 e^{β} 의 오즈비로 해석할 수 있다.

Exercise 01

통계학 문제

1. 짐바브웨, 인도, 중국의 5세 미만 아동의 체중에 대한 평균 Z-값Z-score은 각각 −1.0, −1.5, 0.7이었다. Z-값은 WHO의 전 세계 아동을 위한 이상적인 성장표준치(gold standard)에 대비하여 계산된 값이다. 다음 보기 중 맞는 것을 고르시오.

   ① 5세 미만 짐바브웨, 인도, 중국 아이들의 평균 체중은 이상적인 성장기준치의 평균보다 크다.

   ② 평균적으로 5세 미만 중국아이들의 체중은 짐바브웨와 인도아이들의 체중보다 크지만 여전히 이상적인 성장기준치의 평균보다는 작다.

   ③ 5세 미만 짐바브웨 아동의 체중곡선은 이상적인 성장기준치 곡선에 비해 평균이 1만큼 왼쪽으로 이동되어 위치한다.

   ④ 세 국가 중 짐바브웨 5세 미만 아동의 평균 체중이 가장 작다고 할 수 있다.

2. 영양판정을 수강하는 학생 중 90명을 뽑아 식사조절과 운동 여부가 체중 감소에 미치는 효과를 알아보고자 했다. 식사조절과 운동처방을 실시하기 전 표본으로 추출된 학생 90명의 체중을 측정한 뒤 각각 무작위로 세 군으로 나누었다 : 식사만 조절한 군(30명), 운동만 시행한 군(30명), 식사조절과 운동 시행을 모두 한 군(30명). 모든 표본들이 각각에 해당하는 식사조절과 운동처방을 12주간 실시하고 나서 체중을 측정하였다.

   1) 90명의 학생들의 체중이 12주간의 식사 및 운동 프로그램 후 줄어들었는지 알고 싶을 때 실시해야 할 통계적인 분석법은 무엇인가?

   2) 식사만 조절한 군, 운동만 시행한 군, 식사조절과 운동시행을 모두 한 군 간에 12주간 프로그램을 하기 전과 하고 난 후 체중 차이가 있는지 알고 싶을 때 실시해야 하는 통계적인 분석법은 무엇인가?

3. 다음 표는 베트남 결혼이민 여성들의 스트레스 척도의 사분위수에 따라 일반 및 사회경제지표들을 비교한 값이다. 다음의 물음에 답하시오. 다음 표 중 유의수준 0.05에서 통계적으로 유의미한 차이를 보이는 결과들을 고르고 각 결과를 해석하시오.

베트남 결혼이민 여성들의 스트레스 척도의 사분위수에 따른 일반 및 사회경제지표

(n : %)

		스트레스 점수의 4분위 수					
		전체(n=570)	1(n=145)	2(n=145)	3(n=139)	4(n=141)	*P*값
		← 평균±표준편차 →					
스트레스 점수		15.8±9.76	3.9±2.73[a]	12.0±2.02[b]	18.8±2.05[c]	29.0±5.10[d]	< 0.001
연령(세)		23.7±5.02	23.0±4.52	23.8±4.78	23.9±4.72	24.2±5.93*	0.224
한국에서의 거주 기간(연)[1)]		2.1±1.92	1.7±1.50[a]	1.9±1.19[a]	2.6±2.61[b]	2.3±1.97[ab]	0.001
교육 수준	초등학교 이하	213(37.4)	47(32.4)	55(37.9)	47(33.9)	64(45.3)	0.132[2)]
	중학교	208(38.5)	60(41.4)	52(35.9)	58(41.7)	38(27.0)	
	고등학교 이상	144(25.3)	37(25.5)	35(24.1)	33(23.7)	39(27.7)	
	무응답	5(0.8)	1(0.7)	3(2.1)	1(0.7)	0(0)	
가구 소득 (100만 원/월)[3)]	< 1	108(18.9)	22(15.2)	23(15.9)	32(23.0)	31(22.0)	0.528[2)]
	1~1.49	164(28.8)	47(32.4)	47(32.4)	34(24.5)	36(25.5)	
	1.50~1.99	115(20.2)	33(22.8)	28(19.3)	24(17.3)	30(21.3)	
	≥2	120(21.0)	32(22.1)	29(20.0)	32(23.0)	27(19.1)	
	무응답	63(11.1)	11(7.5)	18(12.4)	17(12.2)	17(12.1)	
직업	유	67(11.8)	18(12.4)	9(6.2)	23(16.6)	17(12.1)	0.061[2)]
	무	493(86.5)	122(84.1)	134(92.4)	115(82.7)	122(86.5)	
	무응답	10(1.7)	5(3.5)	2(1.4)	1(0.7)	2(1.4)	
음주	현재 음주	117(20.5)	34(23.4)	28(19.3)	22(15.8)	33(23.4)	0.300
흡연	현재 흡연	83(14.6)	34(23.4)	14(9.7)	12(8.6)	23(16.3)	0.001
규칙적 운동	현재 운동함	159(27.9)	36(24.8)	47(32.4)	41(29.5)	35(24.8)	0.422

1) 558명의 자료
2) 무응답을 제외하고 카이제곱 테스트로 검정
3) 연구 시점에서 100만 원=1,000달러
* 같은 줄의 다른 알파벳은 P<0.05 수준에서 본페로니의 다중비교 사후검정결과 각 사분위군 간의 평균 차이가 있음을 의미한다.

출처 : Hwang JY, Lee SE, Kim SH, Chung HW, Kim WY(2010). Psychological distress is associated with inadequate dietary intake in Vietnamese marriage immigrant women in Korea J Am Diet Assoc, 110(5) : 779–85.

4. 다음 표는 신장왜소의 변화비율the rate of change in stunting을 설명하는 잠재적인 요인들potential resources이 무엇인지 알아보기 위해 분석한 다중선형회귀분석의 결과표이다. 수업시간에 배운 내용을 바탕으로 표를 해석하되 다음의 사항에 따라 답을 쓰시오.
유의수준 0.05에서 유의미하게 신장왜소의 변화비율을 설명한다고 해석할 수 있는 변수들을 고르고 그 변수들과 신장왜소의 변화비율과의 관련성을 설명하시오. 또한 분석결과의 설명력에 대해서도 설명하시오.

신장 왜소의 변화 비율을 설명하는 잠재적인 요인 규명을 위한 다중회귀분석 결과

구분	계수	표준화 계수	*P*-값
연도 1의 인구당 GNP(자연로그 형태)	0.320	0.384	0.084
연도 2의 인구당 GNP(자연로그 형태)	−0.681	−0.905	0.000
최초의 신장 왜소 비율	−0.031	−0.580	0.000
연도 1	−0.032	−0.285	0.004
연도 2	−0.007	−0.021	0.828
Y절편	81.636		0.229

1) 설명력(variance explained) : 28.1%, 잔차의 표준편차(SD of residuals) : 0.649

출처 : Milman, A., Frongillo, E.A., Onis, M. and Hwang, J.(2005). Differential Improvement among Countries in Child Stunting Is Associated with Long-Term Development and Specific Interventions. Journal of Nutrition, 135 : 1415−1422.

참고문헌

Agresti A(2012). Categorical Data Analysis 3rd Edition. Wiley.

Hwang JY, Lee SE, Kim SH, Chung HW, Kim WY(2010). Psychological distress is associated with inadequate dietary intake in Vietnamese marriage immigrant women in Korea J Am Diet Assoc, 110(5) : 779–85.

Kutner M, Nachtsheim C, Neter J, Li W(2004). Applied Linear Statistical Models 5th Edition. McGraw–Hill/Irwin.

Milman A, Frongillo E.A, Onis M, Hwang JY(2005). Differential Improvement among Countries in Child Stunting Is Associated with Long–Term Development and Specific Interventions. Journal of Nutrition, 135 : 1415–1422.

Rosner B(2010). Fundamentals of Biostatistics 7th Edition. Duxbury Press.

Appendix

부록

- 2020 한국인 영양소 섭취기준
- 한국의 소아 · 청소년 표준성장도표
- 미국의 소아 · 청소년 표준성장도표

2020 한국인 영양소 섭취기준

출처 : 보건복지부 · (사)한국영양학회(2020). 2020 한국인 영양소 섭취기준.

에너지와 다량영양소

성별	연령	에너지(kcal/일)				탄수화물(g/일)				식이섬유(g/일)			
		필요 추정량	권장 섭취량	충분 섭취량	상한 섭취량	평균 필요량	권장 섭취량	충분 섭취량	상한 섭취량	평균 필요량	권장 섭취량	충분 섭취량	상한 섭취량
영아	0~5(개월)	500						60					
	6~11	600						90					
유아	1~2(세)	900				100	130					15	
	3~5	1,400				100	130					20	
남자	6~8(세)	1,700				100	130					25	
	9~11	2,000				100	130					25	
	12~14	2,500				100	130					30	
	15~18	2,700				100	130					30	
	19~29	2,600				100	130					30	
	30~49	2,500				100	130					30	
	50~64	2,200				100	130					30	
	65~74	2,000				100	130					25	
	75 이상	1,900				100	130					25	
여자	6~8(세)	1,500				100	130					20	
	9~11	1,800				100	130					25	
	12~14	2,000				100	130					25	
	15~18	2,000				100	130					25	
	19~29	2,000				100	130					20	
	30~49	1,900				100	130					20	
	50~64	1,700				100	130					20	
	65~74	1,600				100	130					20	
	75 이상	1,500				100	130					20	
임신부[1]		+0 +340 +450				+35	+45					+5	
수유부		+340				+60	+80					+5	

1) 에너지, 단백질 임신부 1, 2, 3분기별 부가량

성별	연령	지방(g/일)				리놀레산(g/일)				알파-리놀렌산(g/일)				EPA+DHA(mg/일)			
		평균 필요량	권장 섭취량	충분 섭취량	상한 섭취량	평균 필요량	권장 섭취량	충분 섭취량	상한 섭취량	평균 필요량	권장 섭취량	충분 섭취량	상한 섭취량	평균 필요량	권장 섭취량	충분 섭취량	상한 섭취량
영아	0~5(개월)			25				5.0				0.6				200[2]	
	6~11			25				7.0				0.8				300[2]	
유아	1~2(세)							4.5				0.6					
	3~5							7.0				0.9					
남자	6~8(세)							9.0				1.1				200	
	9~11							9.5				1.3				220	
	12~14							12.0				1.5				230	
	15~18							14.0				1.7				230	
	19~29							13.0				1.6				210	
	30~49							11.5				1.4				400	
	50~64							9.0				1.4				500	
	65~74							7.0				1.2				310	
	75 이상							5.0				0.9				280	
여자	6~8(세)							7.0				0.8				200	
	9~11							9.0				1.1				150	
	12~14							9.0				1.2				210	
	15~18							10.0				1.1				100	
	19~29							10.0				1.2				150	
	30~49							8.5				1.2				260	
	50~64							7.0				1.2				240	
	65~74							4.5				1.0				150	
	75 이상							3.0				0.4				140	
임신부								+0				+0				+0	
수유부								+0				+0				+0	

1) 1, 2, 3분기별 부가량

2) DHA

성별	연령	단백질(g/일)				메티오닌(g/일)				류신(g/일)			
		평균 필요량	권장 섭취량	충분 섭취량	상한 섭취량	평균 필요량	권장 섭취량	충분 섭취량	상한 섭취량	평균 필요량	권장 섭취량	충분 섭취량	상한 섭취량
영아	0~5(개월)			10				0.4				1.0	
	6~11	12	15			0.3	0.4			0.6	0.8		
유아	1~2(세)	15	20			0.3	0.4			0.6	0.8		
	3~5	20	25			0.3	0.4			0.7	1.0		
남자	6~8(세)	30	35			0.5	0.6			1.1	1.3		
	9~11	40	50			0.7	0.8			1.5	1.9		
	12~14	50	60			1.0	1.2			2.2	2.7		
	15~18	55	65			1.2	1.4			2.6	3.2		
	19~29	50	65			1.0	1.4			2.4	3.1		
	30~49	50	65			1.1	1.3			2.4	3.1		
	50~64	50	60			1.1	1.3			2.3	2.8		
	65~74	50	60			1.0	1.3			2.2	2.8		
	75 이상	50	60			0.9	1.1			2.1	2.7		
여자	6~8(세)	30	35			0.5	0.6			1.0	1.3		
	9~11	40	45			0.6	0.7			1.5	1.8		
	12~14	45	55			0.8	1.0			1.9	2.4		
	15~18	45	55			0.8	1.1			2.0	2.4		
	19~29	45	55			0.8	1.0			2.0	2.5		
	30~49	40	50			0.8	1.0			1.9	2.4		
	50~64	40	50			0.8	1.1			1.9	2.3		
	65~74	40	50			0.7	0.9			1.8	2.2		
	75 이상	40	50			0.7	0.9			1.7	2.1		
임신부[1]		+12	+15										
		+25	+30			1.1	1.4			2.5	3.1		
수유부		+20	+25			1.1	1.5			2.8	3.5		

APPENDIX

성별	연령	이소류신(g/일)				발린(g/일)				라이신(g/일)			
		평균 필요량	권장 섭취량	충분 섭취량	상한 섭취량	평균 필요량	권장 섭취량	충분 섭취량	상한 섭취량	평균 필요량	권장 섭취량	충분 섭취량	상한 섭취량
영아	0~5(개월) 6~11	0.3	0.4	0.6		0.3	0.5	0.6		0.6	0.8	0.7	
유아	1~2(세)	0.3	0.4			0.4	0.5			0.6	0.7		
	3~5	0.3	0.4			0.4	0.5			0.6	0.8		
남자	6~8(세)	0.5	0.6			0.6	0.7			1.0	1.2		
	9~11	0.7	0.8			0.9	1.1			1.4	1.8		
	12~14	1.0	1.2			1.2	1.6			2.1	2.5		
	15~18	1.2	1.4			1.5	1.8			2.3	2.9		
	19~29	1.0	1.4			1.4	1.7			2.5	3.1		
	30~49	1.1	1.4			1.4	1.7			2.4	3.1		
	50~64	1.1	1.3			1.3	1.6			2.3	2.9		
	65~74	1.0	1.3			1.3	1.6			2.2	2.9		
	75 이상	0.9	1.1			1.1	1.5			2.2	2.7		
여자	6~8(세)	0.5	0.6			0.6	0.7			0.9	1.3		
	9~11	0.6	0.7			0.9	1.1			1.3	1.6		
	12~14	0.8	1.0			1.2	1.4			1.8	2.2		
	15~18	0.8	1.1			1.2	1.4			1.8	2.2		
	19~29	0.8	1.1			1.1	1.3			2.1	2.6		
	30~49	0.8	1.0			1.0	1.4			2.0	2.5		
	50~64	0.8	1.1			1.1	1.3			1.9	2.4		
	65~74	0.7	0.9			0.9	1.3			1.8	2.3		
	75 이상	0.7	0.9			0.9	1.1			1.7	2.1		
임신부[1]		1.1	1.4			1.4	1.7			2.3	2.9		
수유부		1.3	1.7			1.6	1.9			2.5	3.1		

1) 2, 3분기별 부가량

성별	연령	페닐알라닌 + 티로신(g/일)				트레오닌(g/일)				트립토판(g/일)				히스티딘(g/일)				수분(mL/일)					
		평균필요량	권장섭취량	충분섭취량	상한섭취량	평균필요량	권장섭취량	충분섭취량	상한섭취량	평균필요량	권장섭취량	충분섭취량	상한섭취량	평균필요량	권장섭취량	충분섭취량	상한섭취량	음식	물	음료	충분섭취량		상한섭취량
																					액체	총수분	
영아	0~5(개월)			0.9				0.5				0.2				1.0					700	700	
	6~11	0.5	0.7			0.3	0.4			0.1	0.1			0.2	0.3			300			500	800	
유아	1~2(세)	0.5	0.7			0.3	0.4			0.1	0.1			0.2	0.3			300	362	0	700	1,000	
	3~5	0.6	0.7			0.3	0.4			0.1	0.1			0.2	0.3			400	491	0	1,100	1,500	
남자	6~8(세)	0.9	1.0			0.5	0.6			0.1	0.2			0.3	0.4			900	589	0	800	1,700	
	9~11	1.3	1.6			0.7	0.9			0.2	0.2			0.5	0.6			1,100	686	1.2	900	2,000	
	12~14	1.8	2.3			1.0	1.3			0.3	0.3			0.7	0.9			1,300	911	1.9	1,100	2,400	
	15~18	2.1	2.6			1.2	1.5			0.3	0.4			0.9	1.0			1,400	920	6.4	1,200	2,600	
	19~29	2.8	3.6			1.1	1.5			0.3	0.3			0.8	1.0			1,400	981	262	1,200	2,600	
	30~49	2.9	3.5			1.2	1.5			0.3	0.3			0.7	1.0			1,300	957	289	1,200	2,500	
	50~64	2.7	3.4			1.1	1.4			0.3	0.3			0.7	0.9			1,200	940	75	1,000	2,200	
	65~74	2.5	3.3			1.1	1.3			0.2	0.3			0.7	1.0			1,100	904	20	1,000	2,100	
	75 이상	2.5	3.1			1.0	1.3			0.2	0.3			0.7	0.8			1,000	662	12	1,100	2,100	
여자	6~8(세)	0.8	1.0			0.5	0.6			0.1	0.2			0.3	0.4			800	514	0	800	1,600	
	9~11	1.2	1.5			0.6	0.9			0.2	0.2			0.4	0.5			1,000	643	0	900	1,900	
	12~14	1.6	1.9			0.9	1.2			0.2	0.3			0.6	0.7			1,100	610	0	900	2,000	
	15~18	1.6	2.0			0.9	1.2			0.2	0.3			0.6	0.7			1,100	659	7.3	900	2,000	
	19~29	2.3	2.9			0.9	1.1			0.2	0.3			0.6	0.8			1,100	709	126	1,000	2,100	
	30~49	2.3	2.8			0.9	1.2			0.2	0.3			0.6	0.8			1,000	772	124	1,000	2,000	
	50~64	2.2	2.7			0.8	1.1			0.2	0.3			0.6	0.7			900	784	27	1,000	1,900	
	65~74	2.1	2.6			0.8	1.0			0.2	0.2			0.5	0.7			900	624	9	900	1,800	
	75 이상	2.0	2.4			0.7	0.9			0.2	0.2			0.5	0.7			800	552	5	1,000	1,800	
임신부		0.8	1.0			3.0	3.8			0.3	0.4			1.2	1.5							+200	
수유부		0.8	1.1			3.7	4.7			0.4	0.5			1.3	1.7						+500	+700	

지용성 비타민

성별	연령	비타민 A(μg RAE/일)				비타민 D(μg/일)				비타민 E(mg α-TE/일)				비타민 K(μg/일)			
		평균 필요량	권장 섭취량	충분 섭취량	상한 섭취량	평균 필요량	권장 섭취량	충분 섭취량	상한 섭취량	평균 필요량	권장 섭취량	충분 섭취량	상한 섭취량	평균 필요량	권장 섭취량	충분 섭취량	상한 섭취량
영아	0~5(개월)			350	600			5	25			3				4	
	6~11			450	600			5	25			4				7	
유아	1~2(세)	190	250		600			5	30			5	100			25	
	3~5	230	300		700			5	35			6	150			30	
남자	6~8(세)	310	450		1,100			5	40			7	200			40	
	9~11	410	600		1,600			5	60			9	300			55	
	12~14	530	750		2,300			10	100			11	400			70	
	15~18	620	850		2,800			10	100			12	500			80	
	19~29	570	800		3,000			10	100			12	540			75	
	30~49	560	800		3,000			10	100			12	540			75	
	50~64	530	750		3,000			10	100			12	540			75	
	65~74	510	700		3,000			15	100			12	540			75	
	75 이상	500	700		3,000			15	100			12	540			75	
여자	6~8(세)	290	400		1,100			5	40			7	200			40	
	9~11	390	550		1,600			5	60			9	300			55	
	12~14	480	650		2,300			10	100			11	400			65	
	15~18	450	650		2,800			10	100			12	500			65	
	19~29	460	650		3,000			10	100			12	540			65	
	30~49	450	650		3,000			10	100			12	540			65	
	50~64	430	600		3,000			10	100			12	540			65	
	65~74	410	600		3,000			15	100			12	540			65	
	75 이상	410	600		3,000			15	100			12	540			65	
임신부		+50	+70		3,000			+0	100			+0	540			+0	
수유부		+350	+490		3,000			+0	100			+3	540			+0	

수용성 비타민

성별	연령	비타민 C(mg/일)				티아민(mg/일)				리보플라빈(mg/일)				니아신(mg NE/일)[1]			
		평균필요량	권장섭취량	충분섭취량	상한섭취량	평균필요량	권장섭취량	충분섭취량	상한섭취량	평균필요량	권장섭취량	충분섭취량	상한섭취량	평균필요량	권장섭취량	충분섭취량	상한섭취량 니코틴산/니코틴아미드
영아	0~5(개월)			40				0.2				0.3				2	
	6~11			55				0.3				0.4				3	
유아	1~2(세)	30	40		340	0.4	0.4			0.4	0.5			4	6		10/180
	3~5	35	45		510	0.4	0.5			0.5	0.6			5	7		10/250
남자	6~8(세)	40	50		750	0.5	0.7			0.7	0.9			7	9		15/350
	9~11	55	70		1,100	0.7	0.9			0.9	1.1			9	11		20/500
	12~14	70	90		1,400	0.9	1.1			1.2	1.5			11	15		25/700
	15~18	80	100		1,600	1.1	1.3			1.4	1.7			13	17		30/800
	19~29	75	100		2,000	1.0	1.2			1.3	1.5			12	16		35/1000
	30~49	75	100		2,000	1.0	1.2			1.3	1.5			12	16		35/1000
	50~64	75	100		2,000	1.0	1.2			1.3	1.5			12	16		35/1000
	65~74	75	100		2,000	0.9	1.1			1.2	1.4			11	14		35/1000
	75 이상	75	100		2,000	0.9	1.1			1.1	1.3			10	13		35/1000
여자	6~8(세)	40	50		750	0.6	0.7			0.6	0.8			7	9		15/350
	9~11	55	70		1,100	0.8	0.9			0.8	1.0			9	12		20/500
	12~14	70	90		1,400	0.9	1.1			1.0	1.2			11	15		25/700
	15~18	80	100		1,600	0.9	1.1			1.0	1.2			11	14		30/800
	19~29	75	100		2,000	0.9	1.1			1.0	1.2			11	14		35/1000
	30~49	75	100		2,000	0.9	1.1			1.0	1.2			11	14		35/1000
	50~64	75	100		2,000	0.9	1.1			1.0	1.2			11	14		35/1000
	65~74	75	100		2,000	0.8	1.0			0.9	1.1			10	13		35/1000
	75 이상	75	100		2,000	0.7	0.8			0.8	1.0			9	12		35/1000
임신부		+10	+10		2,000	+0.4	+0.4			+0.3	+0.4			+3	+4		35/1000
수유부		+35	+40		2,000	+0.3	+0.4			+0.4	+0.5			+2	+3		35/1000

1) 1 mg NE(니아신 당량) = 1 mg 니아신 = 60 mg 트립토판

성별	연령	비타민 B_6(mg/일)				엽산(μg DFE/일)[1]				비타민 B_{12}(μg/일)				판토텐산(mg/일)				비오틴(μg/일)			
		평균필요량	권장섭취량	충분섭취량	상한섭취량	평균필요량	권장섭취량	충분섭취량	상한섭취량[2]	평균필요량	권장섭취량	충분섭취량	상한섭취량	평균필요량	권장섭취량	충분섭취량	상한섭취량	평균필요량	권장섭취량	충분섭취량	상한섭취량
영아	0~5(개월)			0.1				65				0.3				1.7				5	
	6~11			0.3				80				0.5				1.9				7	
유아	1~2(세)	0.5	0.6		20	120	150		300	0.8	0.9					2				9	
	3~5	0.6	0.7		30	150	180		400	0.9	1.1					2				12	
남자	6~8(세)	0.7	0.9		45	180	220		500	1.1	1.3					3				15	
	9~11	0.9	1.1		60	250	300		600	1.5	1.7					4				20	
	12~14	1.3	1.5		80	300	360		800	1.9	2.3					5				25	
	15~18	1.3	1.5		95	330	400		900	2.0	2.4					5				30	
	19~29	1.3	1.5		100	320	400		1,000	2.0	2.4					5				30	
	30~49	1.3	1.5		100	320	400		1,000	2.0	2.4					5				30	
	50~64	1.3	1.5		100	320	400		1,000	2.0	2.4					5				30	
	65~74	1.3	1.5		100	320	400		1,000	2.0	2.4					5				30	
	75 이상	1.3	1.5		100	320	400		1,000	2.0	2.4					5				30	
여자	6~8(세)	0.7	0.9		45	180	220		500	1.1	1.3					3				15	
	9~11	0.9	1.1		60	250	300		600	1.5	1.7					4				20	
	12~14	1.2	1.4		80	300	360		800	1.9	2.3					5				25	
	15~18	1.2	1.4		95	330	400		900	2.0	2.4					5				30	
	19~29	1.2	1.4		100	320	400		1,000	2.0	2.4					5				30	
	30~49	1.2	1.4		100	320	400		1,000	2.0	2.4					5				30	
	50~64	1.2	1.4		100	320	400		1,000	2.0	2.4					5				30	
	65~74	1.2	1.4		100	320	400		1,000	2.0	2.4					5				30	
	75 이상	1.2	1.4		100	320	400		1,000	2.0	2.4					5				30	
임신부		+0.7	+0.8		100	+200	+220		1,000	+0.2	+0.2					+1.0				+0	
수유부		+0.7	+0.8		100	+130	+150		1,000	+0.3	+0.4					+2.0				+5	

1) Dietary Folate Equivalents, 가임기 여성의 경우 400 μg/일의 엽산보충제 섭취를 권장함,

2) 엽산의 상한섭취량은 보충제 또는 강화식품의 형태로 섭취한 μg/일에 해당됨.

다량무기질

성별	연령	칼슘(mg/일)				인(mg/일)				나트륨(mg/일)			
		평균필요량	권장섭취량	충분섭취량	상한섭취량	평균필요량	권장섭취량	충분섭취량	상한섭취량	평균필요량	권장섭취량	충분섭취량	만성질환위험감소섭취량
영아	0~5(개월)			250	1,000			100				110	
	6~11			300	1,500			300				370	
유아	1~2(세)	400	500		2,500	380	450		3,000			810	1,200
	3~5	500	600		2,500	460	550		3,000			1,000	1,600
남자	6~8(세)	600	700		2,500	500	600		3,000			1,200	1,900
	9~11	650	800		3,000	1,000	1,200		3,500			1,500	2,300
	12~14	800	1,000		3,000	1,000	1,200		3,500			1,500	2,300
	15~18	750	900		3,000	1,000	1,200		3,500			1,500	2,300
	19~29	650	800		2,500	580	700		3,500			1,500	2,300
	30~49	650	800		2,500	580	700		3,500			1,500	2,300
	50~64	600	750		2,000	580	700		3,500			1,500	2,300
	65~74	600	700		2,000	580	700		3,500			1,300	2,100
	75 이상	600	700		2,000	580	700		3,000			1,100	1,700
여자	6~8(세)	600	700		2,500	480	550		3,000			1,200	1,900
	9~11	650	800		3,000	1,000	1,200		3,500			1,500	2,300
	12~14	750	900		3,000	1,000	1,200		3,500			1,500	2,300
	15~18	700	800		3,000	1,000	1,200		3,500			1,500	2,300
	19~29	550	700		2,500	580	700		3,500			1,500	2,300
	30~49	550	700		2,500	580	700		3,500			1,500	2,300
	50~64	600	800		2,000	580	700		3,500			1,500	2,300
	65~74	600	800		2,000	580	700		3,500			1,300	2,100
	75 이상	600	800		2,000	580	700		3,000			1,100	1,700
임신부		+0	+0		2,500	+0	+0		3,000			1,500	2,300
수유부		+0	+0		2,500	+0	+0		3,500			1,500	2,300

성별	연령	염소(mg/일)				칼륨(mg/일)				마그네슘(mg/일)			
		평균 필요량	권장 섭취량	충분 섭취량	상한 섭취량	평균 필요량	권장 섭취량	충분 섭취량	상한 섭취량	평균 필요량	권장 섭취량	충분 섭취량	상한 섭취량[1)]
영아	0~5(개월)			170				400				25	
	6~11			560				700				55	
유아	1~2(세)			1,200				1,900		60	70		60
	3~5			1,600				2,400		90	110		90
남자	6~8(세)			1,900				2,900		130	150		130
	9~11			2,300				3,400		190	220		190
	12~14			2,300				3,500		260	320		270
	15~18			2,300				3,500		340	410		350
	19~29			2,300				3,500		300	360		350
	30~49			2,300				3,500		310	370		350
	50~64			2,300				3,500		310	370		350
	65~74			2,100				3,500		310	370		350
	75 이상			1,700				3,500		310	370		350
여자	6~8(세)			1,900				2,900		130	150		130
	9~11			2,300				3,400		180	220		190
	12~14			2,300				3,500		240	290		270
	15~18			2,300				3,500		290	340		350
	19~29			2,300				3,500		230	280		350
	30~49			2,300				3,500		240	280		350
	50~64			2,300				3,500		240	280		350
	65~74			2,100				3,500		240	280		350
	75 이상			1,700				3,500		240	280		350
임신부				2,300				+0		+30	+40		350
수유부				2,300				+400		+0	+0		350

1) 식품 외 급원의 마그네슘에만 해당

미량무기질

성별	연령	철(mg/일)				아연(mg/일)				구리(μg/일)				불소(mg/일)			
		평균 필요량	권장 섭취량	충분 섭취량	상한 섭취량	평균 필요량	권장 섭취량	충분 섭취량	상한 섭취량	평균 필요량	권장 섭취량	충분 섭취량	상한 섭취량	평균 필요량	권장 섭취량	충분 섭취량	상한 섭취량
영아	0~5(개월)			0.3	40			2				240				0.01	0.6
	6~11	4	6		40	2	3					310				0.4	0.8
유아	1~2(세)	4.5	6		40	2	3		6	220	290		1,700			0.6	1.2
	3~5	5	6		40	3	4		9	270	350		2,600			0.9	1.8
남자	6~8(세)	7	9		40	5	5		13	360	470		3,700			1.3	2.6
	9~11	8	11		40	7	8		19	470	600		5,500			1.9	10.0
	12~14	11	14		40	7	8		27	600	800		7,500			2.6	10.0
	15~18	11	14		45	8	10		33	700	900		9,500			3.2	10.0
	19~29	8	10		45	9	10		35	650	850		10,000			3.4	10.0
	30~49	8	10		45	8	10		35	650	850		10,000			3.4	10.0
	50~64	8	10		45	8	10		35	650	850		10,000			3.2	10.0
	65~74	7	9		45	8	9		35	600	800		10,000			3.1	10.0
	75 이상	7	9		45	7	9		35	600	800		10,000			3.0	10.0
여자	6~8(세)	7	9		40	4	5		13	310	400		3,700			1.3	2.5
	9~11	8	10		40	7	8		19	420	550		5,500			1.8	10.0
	12~14	12	16		40	6	8		27	500	650		7,500			2.4	10.0
	15~18	11	14		45	7	9		33	550	700		9,500			2.7	10.0
	19~29	11	14		45	7	8		35	500	650		10,000			2.8	10.0
	30~49	11	14		45	7	8		35	500	650		10,000			2.7	10.0
	50~64	6	8		45	6	8		35	500	650		10,000			2.6	10.0
	65~74	6	8		45	6	7		35	460	600		10,000			2.5	10.0
	75 이상	5	7		45	6	7		35	460	600		10,000			2.3	10.0
임신부		+8	+10		45	+2.0	+2.5		35	+100	+130		10,000			+0	10.0
수유부		+0	+0		45	+4.0	+5.0		35	+370	+480		10,000			+0	10.0

성별	연령	망간(mg/일)				요오드(μg/일)				셀레늄(μg/일)				몰리브덴(μg/일)				크롬(μg/일)			
		필요추정량	권장섭취량	충분섭취량	상한섭취량	평균필요량	권장섭취량	충분섭취량	상한섭취량	평균필요량	권장섭취량	충분섭취량	상한섭취량	평균필요량	권장섭취량	충분섭취량	상한섭취량	평균필요량	권장섭취량	충분섭취량	상한섭취량
영아	0~5(개월)			0.01				130	250			9	40							0.2	
	6~11			0.8				180	250			12	65							4.0	
유아	1~2(세)			1.5	2.0	55	80		300	19	23		70	8	10		100			10	
	3~5			2.0	3.0	65	90		300	22	25		100	10	12		150			10	
남자	6~8(세)			2.5	4.0	75	100		500	30	35		150	15	18		200			15	
	9~11			3.0	6.0	85	110		500	40	45		200	15	18		300			20	
	12~14			4.0	8.0	90	130		1,900	50	60		300	25	30		450			30	
	15~18			4.0	10.0	95	130		2,200	55	65		300	25	30		550			35	
	19~29			4.0	11.0	95	150		2,400	50	60		400	25	30		600			30	
	30~49			4.0	11.0	95	150		2,400	50	60		400	25	30		600			30	
	50~64			4.0	11.0	95	150		2,400	50	60		400	25	30		550			30	
	65~74			4.0	11.0	95	150		2,400	50	60		400	23	28		550			25	
	75 이상			4.0	11.0	95	150		2,400	50	60		400	23	28		550			25	
여자	6~8(세)			2.5	4.0	75	100		500	30	35		150	15	18		200			15	
	9~11			3.0	6.0	80	110		500	40	45		200	15	18		300			20	
	12~14			3.5	8.0	90	130		1,900	50	60		300	20	25		400			20	
	15~18			3.5	10.0	95	130		2,200	55	65		300	20	25		500			20	
	19~29			3.5	11.0	95	150		2,400	50	60		400	20	25		500			20	
	30~49			3.5	11.0	95	150		2,400	50	60		400	20	25		500			20	
	50~64			3.5	11.0	95	150		2,400	50	60		400	20	25		450			20	
	65~74			3.5	11.0	95	150		2,400	50	60		400	18	22		450			20	
	75 이상			3.5	11.0	95	150		2,400	50	60		400	18	22		450			20	
임신부				+0	11.0	+65	+90			+3	+4		400	+0	+0		500			+5	

한국의 소아 · 청소년 표준성장도표

체중 · 신장 · 머리둘레의 성장도표

① 머리둘레 남자 0~35개월

만나이 (세)	만나이 (개월)	머리둘레(cm) 백분위수										
		3rd	5th	10th	15th	25th	50th	75th	85th	90th	95th	97th
0	0	32.1	32.4	32.8	33.1	33.6	34.5	35.3	35.8	36.1	36.6	36.9
	1	35.1	35.4	35.8	36.1	36.5	37.3	38.1	38.5	38.8	39.2	39.5
	2	36.9	37.2	37.6	37.9	38.3	39.1	39.9	40.3	40.6	41.1	41.3
	3	38.3	38.6	39.0	39.3	39.7	40.5	41.3	41.7	42.0	42.5	42.7
	4	39.4	39.7	40.1	40.4	40.8	41.6	42.4	42.9	43.2	43.6	43.9
	5	40.3	40.6	41.0	41.3	41.7	42.6	43.4	43.8	44.1	44.5	44.8
	6	41.0	41.3	41.8	42.1	42.5	43.3	44.2	44.6	44.9	45.3	45.6
	7	41.7	42.0	42.4	42.7	43.1	44.0	44.8	45.3	45.6	46.0	46.3
	8	42.2	42.5	42.9	43.2	43.7	44.5	45.4	45.8	46.1	46.6	46.9
	9	42.6	42.9	43.4	43.7	44.2	45.0	45.8	46.3	46.6	47.1	47.4
	10	43.0	43.3	43.8	44.1	44.6	45.4	46.3	46.7	47.0	47.5	47.8
	11	43.4	43.7	44.1	44.4	44.9	45.8	46.6	47.1	47.4	47.9	48.2
1	12	43.6	44.0	44.4	44.7	45.2	46.1	46.9	47.4	47.7	48.2	48.5
	13	43.9	44.2	44.7	45.0	45.5	46.3	47.2	47.7	48.0	48.5	48.8
	14	44.1	44.4	44.9	45.2	45.7	46.6	47.5	47.9	48.3	48.7	49.0
	15	44.3	44.7	45.1	45.5	45.9	46.8	47.7	48.2	48.5	49.0	49.3
	16	44.5	44.8	45.3	45.6	46.1	47.0	47.9	48.4	48.7	49.2	49.5
	17	44.7	45.0	45.5	45.8	46.3	47.2	48.1	48.6	48.9	49.4	49.7
	18	44.9	45.2	45.7	46.0	46.5	47.4	48.3	48.7	49.1	49.6	49.9
	19	45.0	45.3	45.8	46.2	46.6	47.5	48.4	48.9	49.2	49.7	50.0
	20	45.2	45.5	46.0	46.3	46.8	47.7	48.6	49.1	49.4	49.9	50.2
	21	45.3	45.6	46.1	46.4	46.9	47.8	48.7	49.2	49.6	50.1	50.4
	22	45.4	45.8	46.3	46.6	47.1	48.0	48.9	49.4	49.7	50.2	50.5
	23	45.6	45.9	46.4	46.7	47.2	48.1	49.0	49.5	49.9	50.3	50.7
2	24	45.7	46.0	46.5	46.8	47.3	48.3	49.2	49.7	50.0	50.5	50.8
	25	45.8	46.1	46.6	47.0	47.5	48.4	49.3	49.8	50.1	50.6	50.9
	26	45.9	46.2	46.7	47.1	47.6	48.5	49.4	49.9	50.3	50.8	51.1
	27	46.0	46.3	46.8	47.2	47.7	48.6	49.5	50.0	50.4	50.9	51.2
	28	46.1	46.5	47.0	47.3	47.8	48.7	49.7	50.2	50.5	51.0	51.3
	29	46.2	46.6	47.1	47.4	47.9	48.8	49.8	50.3	50.6	51.1	51.4
	30	46.3	46.6	47.1	47.5	48.0	48.9	49.9	50.4	50.7	51.2	51.6
	31	46.4	46.7	47.2	47.6	48.1	49.0	50.0	50.5	50.8	51.3	51.7
	32	46.5	46.8	47.3	47.7	48.2	49.1	50.1	50.6	50.9	51.4	51.8
	33	46.6	46.9	47.4	47.8	48.3	49.2	50.2	50.7	51.0	51.5	51.9
	34	46.6	47.0	47.5	47.8	48.3	49.3	50.3	50.8	51.1	51.6	52.0
	35	46.7	47.1	47.6	47.9	48.4	49.4	50.3	50.8	51.2	51.7	52.0

출처 : 질병관리본부(2017). 2017 소아청소년 성장도표.

② 머리둘레 여자 0~35개월

만나이 (세)	만나이 (개월)	머리둘레(cm) 백분위수										
		3rd	5th	10th	15th	25th	50th	75th	85th	90th	95th	97th
0	0	31.7	31.9	32.4	32.7	33.1	33.9	34.7	35.1	35.4	35.8	36.1
	1	34.3	34.6	35.0	35.3	35.8	36.5	37.3	37.8	38.0	38.5	38.8
	2	36.0	36.3	36.7	37.0	37.4	38.3	39.1	39.5	39.8	40.2	40.5
	3	37.2	37.5	37.9	38.2	38.7	39.5	40.4	40.8	41.1	41.6	41.9
	4	38.2	38.5	39.0	39.3	39.7	40.6	41.4	41.9	42.2	42.7	43.0
	5	39.0	39.3	39.8	40.1	40.6	41.5	42.3	42.8	43.1	43.6	43.9
	6	39.7	40.1	40.5	40.8	41.3	42.2	43.1	43.5	43.9	44.3	44.6
	7	40.4	40.7	41.1	41.5	41.9	42.8	43.7	44.2	44.5	45.0	45.3
	8	40.9	41.2	41.7	42.0	42.5	43.4	44.3	44.7	45.1	45.6	45.9
	9	41.3	41.6	42.1	42.4	42.9	43.8	44.7	45.2	45.5	46.0	46.3
	10	41.7	42.0	42.5	42.8	43.3	44.2	45.1	45.6	46.0	46.4	46.8
	11	42.0	42.4	42.9	43.2	43.7	44.6	45.5	46.0	46.3	46.8	47.1
1	12	42.3	42.7	43.2	43.5	44.0	44.9	45.8	46.3	46.6	47.1	47.5
	13	42.6	42.9	43.4	43.8	44.3	45.2	46.1	46.6	46.9	47.4	47.7
	14	42.9	43.2	43.7	44.0	44.5	45.4	46.3	46.8	47.2	47.7	48.0
	15	43.1	43.4	43.9	44.2	44.7	45.7	46.6	47.1	47.4	47.9	48.2
	16	43.3	43.6	44.1	44.4	44.9	45.9	46.8	47.3	47.6	48.1	48.5
	17	43.5	43.8	44.3	44.6	45.1	46.1	47.0	47.5	47.8	48.3	48.7
	18	43.6	44.0	44.5	44.8	45.3	46.2	47.2	47.7	48.0	48.5	48.8
	19	43.8	44.1	44.6	45.0	45.5	46.4	47.3	47.8	48.2	48.7	49.0
	20	44.0	44.3	44.8	45.1	45.6	46.6	47.5	48.0	48.4	48.9	49.2
	21	44.1	44.5	45.0	45.3	45.8	46.7	47.7	48.2	48.5	49.0	49.4
	22	44.3	44.6	45.1	45.4	46.0	46.9	47.8	48.3	48.7	49.2	49.5
	23	44.4	44.7	45.3	45.6	46.1	47.0	48.0	48.5	48.8	49.3	49.7
2	24	44.6	44.9	45.4	45.7	46.2	47.2	48.1	48.6	49.0	49.5	49.8
	25	44.7	45.0	45.5	45.9	46.4	47.3	48.3	48.8	49.1	49.6	49.9
	26	44.8	45.2	45.7	46.0	46.5	47.5	48.4	48.9	49.2	49.8	50.1
	27	44.9	45.3	45.8	46.1	46.6	47.6	48.5	49.0	49.4	49.9	50.2
	28	45.1	45.4	45.9	46.3	46.8	47.7	48.7	49.2	49.5	50.0	50.3
	29	45.2	45.5	46.0	46.4	46.9	47.8	48.8	49.3	49.6	50.1	50.5
	30	45.3	45.6	46.1	46.5	47.0	47.9	48.9	49.4	49.7	50.2	50.6
	31	45.4	45.7	46.2	46.6	47.1	48.0	49.0	49.5	49.8	50.4	50.7
	32	45.5	45.8	46.3	46.7	47.2	48.1	49.1	49.6	49.9	50.5	50.8
	33	45.6	45.9	46.4	46.8	47.3	48.2	49.2	49.7	50.0	50.6	50.9
	34	45.7	46.0	46.5	46.9	47.4	48.3	49.3	49.8	50.1	50.7	51.0
	35	45.8	46.1	46.6	47.0	47.5	48.4	49.4	49.9	50.2	50.7	51.1

출처 : 질병관리본부(2017). 2017 소아청소년 성장도표.

③ 신장 남자 0~35개월

만나이 (세)	만나이 (개월)	신장(cm) 백분위수										
		3rd	5th	10th	15th	25th	50th	75th	85th	90th	95th	97th
0	0	46.3	46.8	47.5	47.9	48.6	49.9	51.2	51.8	52.3	53.0	53.4
	1	51.1	51.5	52.2	52.7	53.4	54.7	56.0	56.7	57.2	57.9	58.4
	2	54.7	55.1	55.9	56.4	57.1	58.4	59.8	60.5	61.0	61.7	62.2
	3	57.6	58.1	58.8	59.3	60.1	61.4	62.8	63.5	64.0	64.8	65.3
	4	60.0	60.5	61.2	61.7	62.5	63.9	65.3	66.0	66.6	67.3	67.8
	5	61.9	62.4	63.2	63.7	64.5	65.9	67.3	68.1	68.6	69.4	69.9
	6	63.6	64.1	64.9	65.4	66.2	67.6	69.1	69.8	70.4	71.1	71.6
	7	65.1	65.6	66.4	66.9	67.7	69.2	70.6	71.4	71.9	72.7	73.2
	8	66.5	67.0	67.8	68.3	69.1	70.6	72.1	72.9	73.4	74.2	74.7
	9	67.7	68.3	69.1	69.6	70.5	72.0	73.5	74.3	74.8	75.7	76.2
	10	69.0	69.5	70.4	70.9	71.7	73.3	74.8	75.6	76.2	77.0	77.6
	11	70.2	70.7	71.6	72.1	73.0	74.5	76.1	77.0	77.5	78.4	78.9
1	12	71.3	71.8	72.7	73.3	74.1	75.7	77.4	78.2	78.8	79.7	80.2
	13	72.4	72.9	73.8	74.4	75.3	76.9	78.6	79.4	80.0	80.9	81.5
	14	73.4	74.0	74.9	75.5	76.4	78.0	79.7	80.6	81.2	82.1	82.7
	15	74.4	75.0	75.9	76.5	77.4	79.1	80.9	81.8	82.4	83.3	83.9
	16	75.4	76.0	76.9	77.5	78.5	80.2	82.0	82.9	83.5	84.5	85.1
	17	76.3	76.9	77.9	78.5	79.5	81.2	83.0	84.0	84.6	85.6	86.2
	18	77.2	77.8	78.8	79.5	80.4	82.3	84.1	85.1	85.7	86.7	87.3
	19	78.1	78.7	79.7	80.4	81.4	83.2	85.1	86.1	86.8	87.8	88.4
	20	78.9	79.6	80.6	81.3	82.3	84.2	86.1	87.1	87.8	88.8	89.5
	21	79.7	80.4	81.5	82.2	83.2	85.1	87.1	88.1	88.8	89.9	90.5
	22	80.5	81.2	82.3	83.0	84.1	86.0	88.0	89.1	89.8	90.9	91.6
	23	81.3	82.0	83.1	83.8	84.9	86.9	89.0	90.0	90.8	91.9	92.6
2	24*	81.4	82.1	83.2	83.9	85.1	87.1	89.2	90.3	91.0	92.1	92.9
	25	82.1	82.8	84.0	84.7	85.9	88.0	90.1	91.2	92.0	93.1	93.8
	26	82.8	83.6	84.7	85.5	86.7	88.8	90.9	92.1	92.9	94.0	94.8
	27	83.5	84.3	85.5	86.3	87.4	89.6	91.8	93.0	93.8	94.9	95.7
	28	84.2	85.0	86.2	87.0	88.2	90.4	92.6	93.8	94.6	95.8	96.6
	29	84.9	85.7	86.9	87.7	88.9	91.2	93.4	94.7	95.5	96.7	97.5
	30	85.5	86.3	87.6	88.4	89.6	91.9	94.2	95.5	96.3	97.5	98.3
	31	86.2	87.0	88.2	89.1	90.3	92.7	95.0	96.2	97.1	98.4	99.2
	32	86.8	87.6	88.9	89.7	91.0	93.4	95.7	97.0	97.9	99.2	100.0
	33	87.4	88.2	89.5	90.4	91.7	94.1	96.5	97.8	98.6	99.9	100.8
	34	88.0	88.8	90.1	91.0	92.3	94.8	97.2	98.5	99.4	100.7	101.5
	35	88.5	89.4	90.7	91.6	93.0	95.4	97.9	99.2	100.1	101.4	102.3

* 2세(24개월)부터 누운 키에서 선 키로 신장측정방법 변경

출처 : 질병관리본부(2017). 2017 소아청소년 성장도표.

④ 신장 여자 0~35개월

만나이 (세)	만나이 (개월)	신장(cm) 백분위수										
		3rd	5th	10th	15th	25th	50th	75th	85th	90th	95th	97th
0	0	45.6	46.1	46.8	47.2	47.9	49.1	50.4	51.1	51.5	52.2	52.7
	1	50.0	50.5	51.2	51.7	52.4	53.7	55.0	55.7	56.2	56.9	57.4
	2	53.2	53.7	54.5	55.0	55.7	57.1	58.4	59.2	59.7	60.4	60.9
	3	55.8	56.3	57.1	57.6	58.4	59.8	61.2	62.0	62.5	63.3	63.8
	4	58.0	58.5	59.3	59.8	60.6	62.1	63.5	64.3	64.9	65.7	66.2
	5	59.9	60.4	61.2	61.7	62.5	64.0	65.5	66.3	66.9	67.7	68.2
	6	61.5	62.0	62.8	63.4	64.2	65.7	67.3	68.1	68.6	69.5	70.0
	7	62.9	63.5	64.3	64.9	65.7	67.3	68.8	69.7	70.3	71.1	71.6
	8	64.3	64.9	65.7	66.3	67.2	68.7	70.3	71.2	71.8	72.6	73.2
	9	65.6	66.2	67.0	67.6	68.5	70.1	71.8	72.6	73.2	74.1	74.7
	10	66.8	67.4	68.3	68.9	69.8	71.5	73.1	74.0	74.6	75.5	76.1
	11	68.0	68.6	69.5	70.2	71.1	72.8	74.5	75.4	76.0	76.9	77.5
1	12	69.2	69.8	70.7	71.3	72.3	74.0	75.8	76.7	77.3	78.3	78.9
	13	70.3	70.9	71.8	72.5	73.4	75.2	77.0	77.9	78.6	79.5	80.2
	14	71.3	72.0	72.9	73.6	74.6	76.4	78.2	79.2	79.8	80.8	81.4
	15	72.4	73.0	74.0	74.7	75.7	77.5	79.4	80.3	81.0	82.0	82.7
	16	73.3	74.0	75.0	75.7	76.7	78.6	80.5	81.5	82.2	83.2	83.9
	17	74.3	75.0	76.0	76.7	77.7	79.7	81.6	82.6	83.3	84.4	85.0
	18	75.2	75.9	77.0	77.7	78.7	80.7	82.7	83.7	84.4	85.5	86.2
	19	76.2	76.9	77.9	78.7	79.7	81.7	83.7	84.8	85.5	86.6	87.3
	20	77.0	77.7	78.8	79.6	80.7	82.7	84.7	85.8	86.6	87.7	88.4
	21	77.9	78.6	79.7	80.5	81.6	83.7	85.7	86.8	87.6	88.7	89.4
	22	78.7	79.5	80.6	81.4	82.5	84.6	86.7	87.8	88.6	89.7	90.5
	23	79.6	80.3	81.5	82.2	83.4	85.5	87.7	88.8	89.6	90.7	91.5
2	24*	79.6	80.4	81.6	82.4	83.5	85.7	87.9	89.1	89.9	91.0	91.8
	25	80.4	81.2	82.4	83.2	84.4	86.6	88.8	90.0	90.8	92.0	92.8
	26	81.2	82.0	83.2	84.0	85.2	87.4	89.7	90.9	91.7	92.9	93.7
	27	81.9	82.7	83.9	84.8	86.0	88.3	90.6	91.8	92.6	93.8	94.6
	28	82.6	83.5	84.7	85.5	86.8	89.1	91.4	92.7	93.5	94.7	95.6
	29	83.4	84.2	85.4	86.3	87.6	89.9	92.2	93.5	94.4	95.6	96.4
	30	84.0	84.9	86.2	87.0	88.3	90.7	93.1	94.3	95.2	96.5	97.3
	31	84.7	85.6	86.9	87.7	89.0	91.4	93.9	95.2	96.0	97.3	98.2
	32	85.4	86.2	87.5	88.4	89.7	92.2	94.6	95.9	96.8	98.2	99.0
	33	86.0	86.9	88.2	89.1	90.4	92.9	95.4	96.7	97.6	99.0	99.8
	34	86.7	87.5	88.9	89.8	91.1	93.6	96.2	97.5	98.4	99.8	100.6
	35	87.3	88.2	89.5	90.5	91.8	94.4	96.9	98.3	99.2	100.5	101.4

* 2세(24개월)부터 누운 키에서 선 키로 신장측정방법 변경

출처 : 질병관리본부(2017). 2017 소아청소년 성장도표.

⑤ 체중 남자 0~35개월

만나이 (세)	만나이 (개월)	체중(kg) 백분위수										
		3rd	5th	10th	15th	25th	50th	75th	85th	90th	95th	97th
0	0	2.5	2.6	2.8	2.9	3.0	3.3	3.7	3.9	4.0	4.2	4.3
	1	3.4	3.6	3.8	3.9	4.1	4.5	4.9	5.1	5.3	5.5	5.7
	2	4.4	4.5	4.7	4.9	5.1	5.6	6.0	6.3	6.5	6.8	7.0
	3	5.1	5.2	5.5	5.6	5.9	6.4	6.9	7.2	7.4	7.7	7.9
	4	5.6	5.8	6.0	6.2	6.5	7.0	7.6	7.9	8.1	8.4	8.6
	5	6.1	6.2	6.5	6.7	7.0	7.5	8.1	8.4	8.6	9.0	9.2
	6	6.4	6.6	6.9	7.1	7.4	7.9	8.5	8.9	9.1	9.5	9.7
	7	6.7	6.9	7.2	7.4	7.7	8.3	8.9	9.3	9.5	9.9	10.2
	8	7.0	7.2	7.5	7.7	8.0	8.6	9.3	9.6	9.9	10.3	10.5
	9	7.2	7.4	7.7	7.9	8.3	8.9	9.6	10.0	10.2	10.6	10.9
	10	7.5	7.7	8.0	8.2	8.5	9.2	9.9	10.3	10.5	10.9	11.2
	11	7.7	7.9	8.2	8.4	8.7	9.4	10.1	10.5	10.8	11.2	11.5
1	12	7.8	8.1	8.4	8.6	9.0	9.6	10.4	10.8	11.1	11.5	11.8
	13	8.0	8.2	8.6	8.8	9.2	9.9	10.6	11.1	11.4	11.8	12.1
	14	8.2	8.4	8.8	9.0	9.4	10.1	10.9	11.3	11.6	12.1	12.4
	15	8.4	8.6	9.0	9.2	9.6	10.3	11.1	11.6	11.9	12.3	12.7
	16	8.5	8.8	9.1	9.4	9.8	10.5	11.3	11.8	12.1	12.6	12.9
	17	8.7	8.9	9.3	9.6	10.0	10.7	11.6	12.0	12.4	12.9	13.2
	18	8.9	9.1	9.5	9.7	10.1	10.9	11.8	12.3	12.6	13.1	13.5
	19	9.0	9.3	9.7	9.9	10.3	11.1	12.0	12.5	12.9	13.4	13.7
	20	9.2	9.4	9.8	10.1	10.5	11.3	12.2	12.7	13.1	13.6	14.0
	21	9.3	9.6	10.0	10.3	10.7	11.5	12.5	13.0	13.3	13.9	14.3
	22	9.5	9.8	10.2	10.5	10.9	11.8	12.7	13.2	13.6	14.2	14.5
	23	9.7	9.9	10.3	10.6	11.1	12.0	12.9	13.4	13.8	14.4	14.8
2	24	9.8	10.1	10.5	10.8	11.3	12.2	13.1	13.7	14.1	14.7	15.1
	25	10.0	10.2	10.7	11.0	11.4	12.4	13.3	13.9	14.3	14.9	15.3
	26	10.1	10.4	10.8	11.1	11.6	12.5	13.6	14.1	14.6	15.2	15.6
	27	10.2	10.5	11.0	11.3	11.8	12.7	13.8	14.4	14.8	15.4	15.9
	28	10.4	10.7	11.1	11.5	12.0	12.9	14.0	14.6	15.0	15.7	16.1
	29	10.5	10.8	11.3	11.6	12.1	13.1	14.2	14.8	15.2	15.9	16.4
	30	10.7	11.0	11.4	11.8	12.3	13.3	14.4	15.0	15.5	16.2	16.6
	31	10.8	11.1	11.6	11.9	12.4	13.5	14.6	15.2	15.7	16.4	16.9
	32	10.9	11.2	11.7	12.1	12.6	13.7	14.8	15.5	15.9	16.6	17.1
	33	11.1	11.4	11.9	12.2	12.8	13.8	15.0	15.7	16.1	16.9	17.3
	34	11.2	11.5	12.0	12.4	12.9	14.0	15.2	15.9	16.3	17.1	17.6
	35	11.3	11.6	12.2	12.5	13.1	14.2	15.4	16.1	16.6	17.3	17.8

출처 : 질병관리본부(2017). 2017 소아청소년 성장도표.

⑥ 체중 여자 0~35개월

만나이 (세)	만나이 (개월)	체중(kg) 백분위수										
		3rd	5th	10th	15th	25th	50th	75th	85th	90th	95th	97th
0	0	2.4	2.5	2.7	2.8	2.9	3.2	3.6	3.7	3.9	4.0	4.2
	1	3.2	3.3	3.5	3.6	3.8	4.2	4.6	4.8	5.0	5.2	5.4
	2	4.0	4.1	4.3	4.5	4.7	5.1	5.6	5.9	6.0	6.3	6.5
	3	4.6	4.7	5.0	5.1	5.4	5.8	6.4	6.7	6.9	7.2	7.4
	4	5.1	5.2	5.5	5.6	5.9	6.4	7.0	7.3	7.5	7.9	8.1
	5	5.5	5.6	5.9	6.1	6.4	6.9	7.5	7.8	8.1	8.4	8.7
	6	5.8	6.0	6.2	6.4	6.7	7.3	7.9	8.3	8.5	8.9	9.2
	7	6.1	6.3	6.5	6.7	7.0	7.6	8.3	8.7	8.9	9.4	9.6
	8	6.3	6.5	6.8	7.0	7.3	7.9	8.6	9.0	9.3	9.7	10.0
	9	6.6	6.8	7.0	7.3	7.6	8.2	8.9	9.3	9.6	10.1	10.4
	10	6.8	7.0	7.3	7.5	7.8	8.5	9.2	9.6	9.9	10.4	10.7
	11	7.0	7.2	7.5	7.7	8.0	8.7	9.5	9.9	10.2	10.7	11.0
1	12	7.1	7.3	7.7	7.9	8.2	8.9	9.7	10.2	10.5	11.0	11.3
	13	7.3	7.5	7.9	8.1	8.4	9.2	10.0	10.4	10.8	11.3	11.6
	14	7.5	7.7	8.0	8.3	8.6	9.4	10.2	10.7	11.0	11.5	11.9
	15	7.7	7.9	8.2	8.5	8.8	9.6	10.4	10.9	11.3	11.8	12.2
	16	7.8	8.1	8.4	8.7	9.0	9.8	10.7	11.2	11.5	12.1	12.5
	17	8.0	8.2	8.6	8.8	9.2	10.0	10.9	11.4	11.8	12.3	12.7
	18	8.2	8.4	8.8	9.0	9.4	10.2	11.1	11.6	12.0	12.6	13.0
	19	8.3	8.6	8.9	9.2	9.6	10.4	11.4	11.9	12.3	12.9	13.3
	20	8.5	8.7	9.1	9.4	9.8	10.6	11.6	12.1	12.5	13.1	13.5
	21	8.7	8.9	9.3	9.6	10.0	10.9	11.8	12.4	12.8	13.4	13.8
	22	8.8	9.1	9.5	9.8	10.2	11.1	12.0	12.6	13.0	13.6	14.1
	23	9.0	9.2	9.7	9.9	10.4	11.3	12.3	12.8	13.3	13.9	14.3
2	24	9.2	9.4	9.8	10.1	10.6	11.5	12.5	13.1	13.5	14.2	14.6
	25	9.3	9.6	10.0	10.3	10.8	11.7	12.7	13.3	13.8	14.4	14.9
	26	9.5	9.8	10.2	10.5	10.9	11.9	12.9	13.6	14.0	14.7	15.2
	27	9.6	9.9	10.4	10.7	11.1	12.1	13.2	13.8	14.3	15.0	15.4
	28	9.8	10.1	10.5	10.8	11.3	12.3	13.4	14.0	14.5	15.2	15.7
	29	10.0	10.2	10.7	11.0	11.5	12.5	13.6	14.3	14.7	15.5	16.0
	30	10.1	10.4	10.9	11.2	11.7	12.7	13.8	14.5	15.0	15.7	16.2
	31	10.3	10.5	11.0	11.3	11.9	12.9	14.1	14.7	15.2	16.0	16.5
	32	10.4	10.7	11.2	11.5	12.0	13.1	14.3	15.0	15.5	16.2	16.8
	33	10.5	10.8	11.3	11.7	12.2	13.3	14.5	15.2	15.7	16.5	17.0
	34	10.7	11.0	11.5	11.8	12.4	13.5	14.7	15.4	15.9	16.8	17.3
	35	10.8	11.1	11.6	12.0	12.5	13.7	14.9	15.7	16.2	17.0	17.6

출처 : 질병관리본부(2017). 2017 소아청소년 성장도표.

체질량지수 · 허리둘레의 백분위수

① 체질량지수 남자 2~18세

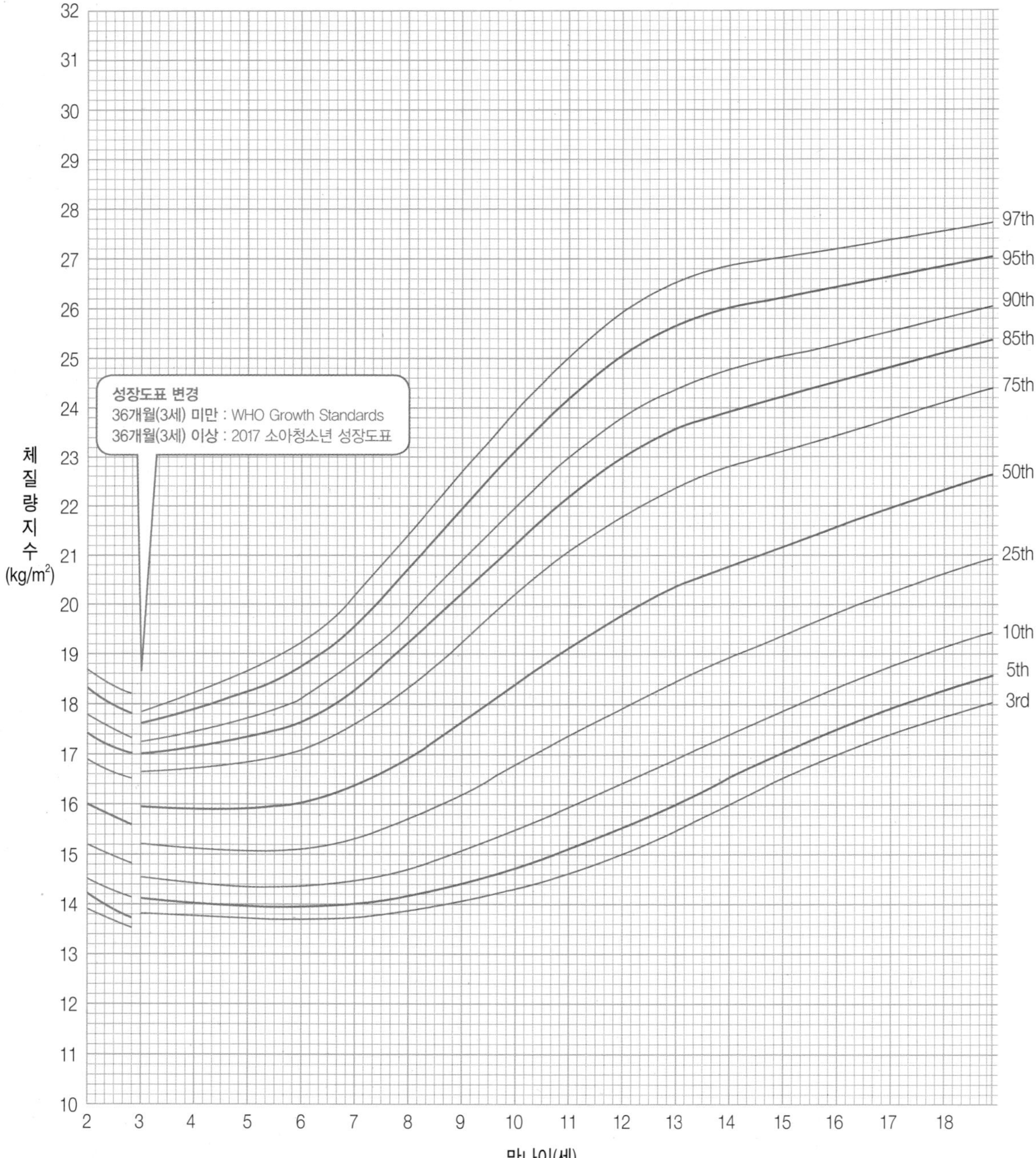

출처 : 질병관리본부(2017). 2017 소아청소년 성장도표.

② 체질량지수 여자 2~18세

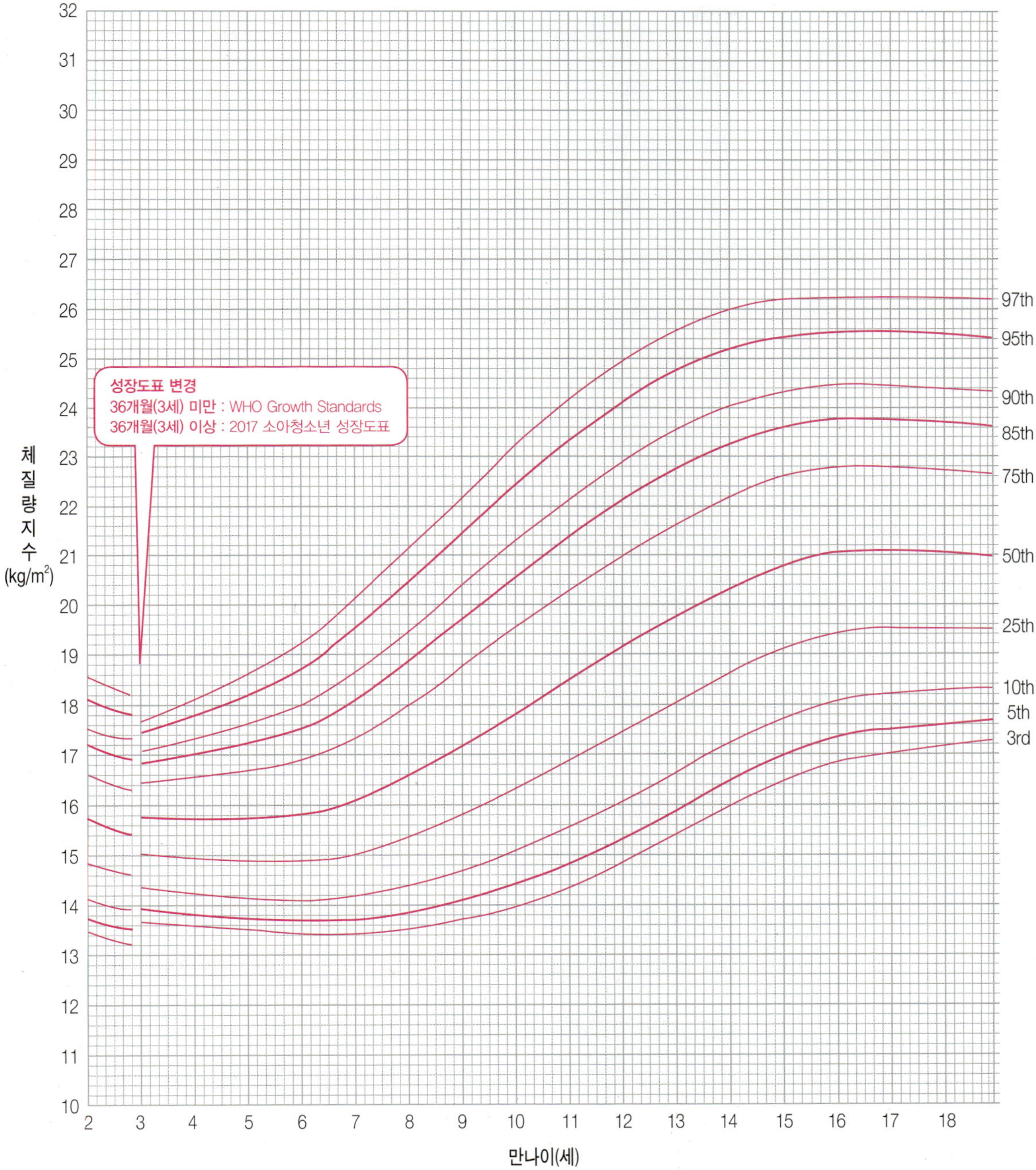

출처 : 질병관리본부(2017). 2017 소아청소년 성장도표.

③ WHO 소아 및 청소년 과체중/비만 체질량지수(만 2~18세)

만 나이(세)	BMI=25kg/m²(과체중)		BMI=30kg/m²(비만)	
	남자	여자	남자	여자
2.0	18.41	18.02	20.09	19.81
2.5	18.13	17.76	19.80	19.55
3.0	17.89	17.56	19.57	19.36
3.5	17.69	17.40	19.39	19.23
4.0	17.55	17.28	19.29	19.15
4.5	17.47	17.19	19.26	19.12
5.0	17.42	17.15	19.30	19.17
5.5	17.45	17.20	19.47	19.34
6.0	17.55	17.34	19.78	19.65
6.5	17.71	17.53	20.23	20.08
7.0	17.92	17.75	20.63	20.51
7.5	18.18	18.03	21.09	21.01
8.0	18.44	18.35	21.60	21.57
8.5	18.76	18.69	22.17	22.18
9.0	19.10	19.07	22.77	22.81
9.5	19.46	19.45	23.99	23.46
10.0	19.84	19.86	24.00	24.11
10.5	20.20	20.29	24.57	24.77
11.0	20.55	20.74	25.10	25.42
11.5	20.89	21.20	25.58	26.05
12.0	21.22	21.68	26.02	26.67
12.5	21.56	22.14	26.43	27.24
13.0	21.91	22.58	26.84	27.76
13.5	22.27	22.98	27.25	28.20
14.0	22.62	23.34	27.63	28.57
14.5	22.96	23.66	27.98	28.87
15.0	23.29	23.94	28.30	29.11
15.5	23.60	24.17	28.60	29.29
16.0	23.90	24.37	28.88	29.43
16.5	24.19	24.54	28.14	29.56
17.0	24.46	24.70	29.41	29.69
17.5	24.73	24.85	29.70	29.84
18.0	25.00	25.00	30.00	30.00

출처 : Cole et al.(2000).

④ 체질량지수 분포(만 19세 이상)

(단위 : kg/m^2)

연령		n	평균	표준오차	백분위수						
					5	10	25	50	75	90	95
남자	19세 이상	2,478	24.2	0.08	19.3	20.1	21.8	24.0	26.3	28.4	30.1
	30세 이상	2,159	24.4	0.08	19.6	20.5	22.1	24.2	26.4	28.3	29.8
	65세 이상	556	23.3	0.15	18.9	19.8	21.2	23.3	25.1	27.1	28.2
	연령(세)										
	19~29	319	23.6	0.22	18.3	19.3	20.8	23.1	25.7	28.8	30.6
	30~39	435	24.8	0.18	19.9	20.6	22.4	24.7	26.9	28.9	31.0
	40~49	504	24.7	0.17	19.7	20.6	22.4	24.2	26.7	28.9	30.9
	50~59	456	24.5	0.14	20.0	21.0	22.6	24.4	26.4	28.1	29.4
	60~69	410	23.8	0.16	19.4	20.2	21.8	23.6	25.6	27.3	28.7
	70+	354	23.0	0.18	18.7	19.5	21.1	23.1	25.0	26.6	27.6
여자	19세 이상	3,270	23.2	0.08	18.0	18.9	20.7	22.8	25.3	27.9	29.6
	30세 이상	2,872	23.6	0.08	18.6	19.5	21.2	23.2	25.6	28.3	30.0
	65세 이상	768	24.3	0.16	18.8	20.3	22.1	24.2	26.4	28.8	30.5
	연령(세)										
	19~29	398	21.3	0.21	16.8	17.5	18.8	20.5	23.0	25.9	27.6
	30~39	571	22.4	0.16	18.0	18.7	19.9	21.6	23.8	27.2	29.4
	40~49	625	23.2	0.16	18.5	19.3	20.9	22.8	25.2	27.5	29.0
	50~59	640	24.1	0.15	19.4	20.4	21.9	23.7	26.0	28.0	29.6
	60~69	495	24.8	0.20	19.9	20.9	22.3	24.4	26.8	29.6	32.2
	70+	541	24.2	0.20	18.8	20.1	21.9	24.2	26.3	28.8	30.4

1) 체질량지수 : 체중(kg)/(신장m)^2

출처 : 2013 국민건강통계(2014).

⑤ 허리둘레 분포(만 19세 이상)

(단위 : cm)

연령		n	평균	표준오차	백분위수						
					5	10	25	50	75	90	95
남자	19세 이상	2,476	83.7	0.23	68.7	72.2	77.5	83.4	89.6	95.2	98.5
	30세 이상	2,156	84.5	0.23	70.5	73.4	78.7	84.4	90.0	95.5	98.9
	65세 이상	554	84.2	0.54	69.0	71.7	78.3	84.2	90.4	95.7	99.0
	연령(세)										
	19~29	320	80.3	0.56	66.1	68.4	73.2	79.0	86.4	93.8	97.5
	30~39	435	84.4	0.47	70.5	73.2	78.1	83.7	90.0	96.9	99.5
	40~49	503	84.3	0.43	70.5	73.0	78.4	84.0	89.6	95.7	98.9
	50~59	454	85.1	0.43	70.6	74.5	80.2	85.5	9.01	94.9	97.8
	60~69	411	84.7	0.53	71.0	73.5	78.9	84.5	89.8	95.3	99.5
	70+	353	83.8	0.60	68.7	72.1	78.3	83.2	90.5	94.8	98.4
여자	19세 이상	3,266	77.2	0.28	62.8	65.0	70.0	76.5	83.1	90.6	95.5
	30세 이상	2,868	78.5	0.28	64.3	66.8	71.5	77.6	84.2	91.8	96.3
	65세 이상	767	83.1	0.50	65.5	70.2	76.7	83.0	89.8	96.0	99.2
	연령(세)										
	19~29	398	71.0	0.50	59.7	61.3	64.5	69.7	75.7	81.9	86.7
	30~39	569	74.6	0.45	62.4	64.5	67.8	73.0	79.2	86.5	93.0
	40~49	625	76.0	0.44	63.8	66.5	70.0	75.1	80.4	87.2	90.7
	50~59	639	79.4	0.44	66.4	69.1	74.0	78.9	84.0	90.5	93.6
	60~69	495	82.9	0.53	68.0	71.0	76.3	82.1	88.6	96.0	100.6
	70+	540	83.1	0.62	64.8	69.4	76.5	83.0	90.5	96.6	99.5

출처 : 2013 국민건강통계(2014).

⑥ 비만 유병률(허리둘레기준)[1] (만 19세 이상)

(단위 : %)

구분	전체		남자		여자	
	n	유병률(표준오차)	n	유병률(표준오차)	n	유병률(표준오차)
19세 이상	5,742	21.8(0.8)	2,476	23.4(1.0)	3,266	20.1(1.0)
30세 이상	5,024	24.1(0.9)	2,156	25.4(1.1)	2,868	22.8(1.1)
연령(세)						
19~29	718	11.7(1.4)	320	15.6(2.0)	398	7.1(1.5)
30~39	1,004	19.0(1.6)	435	25.7(2.5)	569	11.5(1.4)
40~49	1,128	18.8(1.4)	503	23.9(2.1)	625	13.5(1.6)
50~59	1,093	23.8(1.6)	454	26.2(2.2)	639	21.4(2.0)
60~69	906	30.9(2.0)	411	24.4(2.4)	495	36.8(2.6)
70+	893	37.6(2.5)	353	27.9(3.0)	540	43.7(2.7)
19~64	4,421	19.3(0.8)	1,922	22.9(1.1)	2,499	15.5(0.9)
65+	1,321	35.4(2.0)	554	27.0(2.3)	767	41.3(2.2)
거주지역						
동	4,609	20.9(0.9)	1,968	23.0(1.1)	2,641	18.9(1.2)
읍면	1,133	25.4(2.2)	508	25.2(2.8)	625	25.6(2.3)
소득수준[2]						
하	1,413	23.9(1.5)	617	22.6(1.8)	796	25.2(2.1)
중하	1,441	22.0(1.4)	627	23.1(2.0)	814	20.9(1.7)
중상	1,420	20.0(1.3)	601	21.8(2.0)	819	18.2(1.6)
상	1,424	20.8(1.4)	612	26.1(2.1)	812	15.7(1.5)
거주지역(표준화)[3]						
동	4,609	20.1(0.8)	1,968	23.0(1.1)	2,641	16.7(0.9)
읍면	1,133	22.4(2.2)	508	23.6(3.0)	625	20.3(2.1)
소득수준(표준화)						
하	1,413	22.5(1.3)	617	22.0(1.7)	796	22.7(1.9)
중하	1,441	21.1(1.3)	627	23.1(2.0)	814	18.1(1.5)
중상	1,420	18.5(1.3)	601	21.1(2.0)	819	15.6(1.3)
상	1,424	19.5(1.4)	612	25.9(2.1)	812	12.3(1.2)

1) 비만 유병률(허리둘레기준) : 허리둘레가 남자 90cm 이상, 여자 85cm 이상인 분율, 만 19세 이상
2) 소득수준 : 월가구균등화소득(월가구 소득 /√가구원수)을 성별・연령별(5세 단위) 사분위로 분류
3) 2005년 추계인구로 연령표준화

출처 : 2013 국민건강통계(2014).

⑦ 비만 유병률[1] (만 19세 이상)

(단위 : %)

구분	n	저체중[2]	정상[3]	비만		
				BMI≥25.0	25≤BMI≤30	BMI≥30
		분율(표준오차)	분율(표준오차)	분율(표준오차)	분율(표준오차)	분율(표준오차)
19세 이상	5,748	4.8(0.4)	62.6(0.7)	32.5(0.7)	27.8(0.7)	4.7(0.3)
30세 이상	5,031	3.0(0.3)	62.2(0.7)	34.8(0.7)	30.0(0.7)	4.8(0.4)
연령(세)						
19~29	717	12.9(1.4)	64.6(2.0)	22.4(1.8)	17.8(1.6)	4.6(0.8)
30~39	1,006	4.2(0.6)	62.6(1.7)	33.2(1.8)	27.9(1.6)	5.3(0.7)
40~49	1,129	2.9(0.6)	63.4(1.7)	33.7(1.6)	28.7(1.4)	5.0(0.8)
50~59	1,096	1.7(0.5)*	61.0(1.8)	37.3(1.7)	33.3(1.6)	4.0(0.7)
60~69	905	2.0(0.5)*	61.7(2.0)	36.3(1.9)	30.5(1.8)	5.9(1.0)
70+	895	4.4(0.7)	61.8(2.0)	33.8(2.1)	30.3(2.1)	3.5(0.8)
19~64	4,424	5.0(0.4)	62.8(0.8)	32.2(0.8)	27.3(0.7)	4.9(0.4)
65+	1,324	4.0(0.6)	61.7(1.5)	34.4(1.6)	30.3(1.6)	4.0(0.7)
거주지역						
동	4,614	4.9(0.4)	63.3(0.8)	31.8(0.8)	27.1(0.8)	4.7(0.4)
읍면	1,134	4.6(0.9)	59.8(1.6)	35.6(1.6)	30.9(1.4)	4.7(0.7)
소득수준[4]						
하	1,415	5.3(0.8)	61.8(1.4)	32.9(1.4)	26.4(1.3)	6.5(0.8)
중하	1,441	4.6(0.7)	61.7(1.4)	33.7(1.5)	28.9(1.3)	4.9(0.6)
중상	1,420	4.6(0.6)	63.8(1.4)	31.6(1.4)	27.7(1.3)	3.8(0.5)
상	1,428	4.9(0.7)	63.5(1.4)	31.5(1.4)	27.8(1.5)	3.7(0.6)
거주지역(표준화)[5]						
동	4,614	5.2(0.4)	63.4(0.8)	31.3(0.8)	26.5(0.8)	4.8(0.4)
읍면	1,134	6.1(1.3)	60.4(1.7)	33.5(1.8)	28.3(1.5)	5.2(0.9)
소득수준(표준화)						
하	1,415	5.8(0.9)	62.1(1.4)	32.1(1.3)	25.4(1.2)	6.7(0.8)
중하	1,441	4.9(0.8)	62.0(1.4)	33.0(1.5)	28.1(1.3)	4.9(0.7)
중상	1,420	5.2(0.7)	64.2(1.5)	30.6(1.4)	26.7(1.3)	3.8(0.5)
상	1,428	5.5(0.7)	63.5(1.5)	31.1(1.5)	27.3(1.5)	3.8(0.6)

1) 비만 유병률 : 체질량지수 25kg/m^2 이상인 분율, 만 19세 이상
2) 저체중 : 체질량지수 18.5kg/m^2 미만
3) 정상 : 체질량지수 18.5kg/m^2 이상 25kg/m^2 미만
4) 소득수준 : 월가구균등화소득(월가구 소득 /$\sqrt{가구원수}$)을 성별 · 연령별(5세 단위) 사분위로 분류
5) 2005년 추계인구로 연령표준화

* : 변동계수 25~50%

출처 : 2013 국민건강통계(2014).

APPENDIX

미국의 소아 · 청소년 표준성장도표

① 삼두근 피부두겹두께 백분위수 : 2개월~19세

(단위 : mm)

성별	연령	n	평균	표준오차	백분위수								
					5	10	15	25	50	75	85	90	95
남자	2~5개월	122	10.4	0.27	6.8	7.7	8.0	8.9	10.1	11.9	13.3	13.7	14.6
	6~8개월	97	10.1	0.24	6.3	7.7	8.2	8.8	9.7	11.1	11.7	12.4	13.2
	9~11개월	106	9.6	0.37	6.4	6.9	7.4	7.8	8.9	10.8	11.4	12.4	14.1
	1세	304	9.4	0.16	6.2	6.9	7.1	7.8	8.9	10.4	11.8	12.8	13.4
	2세	295	9.3	0.18	6.2	6.8	7.1	7.8	9.0	10.6	11.3	12.0	13.1
	3세	182	9.5	0.25	6.1	6.8	7.2	7.8	8.9	10.3	11.2	13.1	14.9
	4세	228	9.2	0.24	5.6	6.2	6.6	7.2	8.4	10.4	12.0	12.7	14.6
	5세	194	9.3	0.23	5.5	6.2	6.7	7.3	8.5	10.4	11.8	12.6	15.3
	6세	189	9.9	0.41	5.7	5.9	6.2	6.9	8.2	11.4	14.6	17.0	21.1
	7세	209	10.3	0.39	5.6	5.9	6.1	6.9	8.6	12.1	16.3	17.1	19.1
	8세	205	11.9	0.43	5.6	6.0	6.7	7.6	10.1	15.1	18.2	19.6	22.3
	9세	182	12.9	0.57	5.6	6.3	6.8	7.7	10.3	17.0	20.6	23.0	25.8
	10세	194	14.7	0.63	6.6	7.3	7.7	8.8	12.9	20.0	22.6	24.3	27.1
	11세	205	14.8	0.45	6.3	7.1	7.5	9.1	12.9	20.6	23.2	25.5	28.1
	12세	154	15.7	0.76	6.4	7.0	7.4	8.8	14.0	21.1	24.1	27.5	29.7
	13세	142	13.7	0.80	5.6	6.4	7.1	8.1	11.1	17.8	21.8	25.2	29.2
	14세	173	12.9	0.83	5.3	5.9	6.2	7.2	9.9	15.7	20.5	25.5	29.0
	15세	155	12.6	0.69	4.9	5.9	6.5	7.3	10.2	16.9	20.1	22.9	27.3
	16세	168	12.7	0.60	5.9	6.6	6.9	7.8	10.5	14.8	18.3	21.7	29.8
	17세	180	13.2	0.91	4.8	5.8	6.3	7.6	9.9	16.0	22.9	25.3	31.8
	18세	135	14.0	0.71	6.3	6.9	7.4	8.3	12.4	17.9	20.4	22.9	28.4
	19세	174	12.6	0.70	5.2	6.1	6.5	7.4	10.5	14.1	21.6	23.0	27.0
여자	2~5개월	111	10.2	0.16	7.3	7.5	7.9	8.5	9.9	11.6	12.1	12.8	13.6
	6~8개월	103	10.3	0.22	6.7	7.5	8.1	8.6	10.1	11.8	12.8	13.6	–
	9~11개월	118	10.2	0.31	6.8	7.7	8.1	8.5	10.0	11.6	11.9	12.6	–
	1세	284	9.6	0.19	6.1	6.9	7.4	8.0	9.2	10.8	11.9	12.9	13.8
	2세	254	10.0	0.26	6.5	7.0	7.4	8.3	9.6	11.1	11.9	12.6	15.0
	3세	182	9.9	0.24	6.2	6.8	7.2	8.0	9.6	11.3	12.1	13.0	13.6
	4세	190	10.5	0.18	6.2	7.8	8.1	8.7	10.0	11.8	13.0	13.8	15.0
	5세	169	11.1	0.32	7.0	7.5	7.9	8.6	10.2	12.4	14.3	15.8	18.2
	6세	173	10.9	0.40	6.3	6.9	7.3	8.0	10.0	12.2	13.8	15.5	18.0
	7세	201	12.2	0.42	6.1	6.9	7.6	8.5	10.7	13.9	16.9	19.5	23.7
	8세	199	14.3	0.58	7.1	7.8	8.5	9.5	13.1	18.5	20.5	23.2	23.9
	9세	200	15.0	0.73	6.9	7.7	8.9	9.8	13.6	17.9	23.2	25.3	28.7
	10세	175	15.4	0.49	7.2	7.9	9.0	10.1	14.9	19.4	22.6	24.0	26.2
	11세	210	15.9	0.71	8.3	9.0	9.2	10.3	13.6	20.5	24.8	26.4	29.1
	12세	162	16.2	0.62	7.6	8.9	9.2	10.6	15.0	20.2	23.3	24.9	27.6
	13세	130	17.8	0.71	8.2	9.5	9.8	11.5	16.8	21.5	25.9	29.0	30.4
	14세	163	19.3	0.58	9.2	11.0	11.7	14.1	18.2	23.9	27.1	28.2	30.7
	15세	132	19.1	0.78	8.9	10.8	11.7	13.2	17.0	24.2	27.5	29.9	31.8
	16세	150	19.4	0.53	10.4	11.7	12.9	14.6	18.2	23.0	26.0	26.9	33.0
	17세	137	19.7	0.87	10.1	11.5	12.6	14.4	18.3	23.0	27.2	29.3	33.2
	18세	124	18.4	0.71	10.1	11.1	11.9	13.6	16.6	22.5	26.6	28.0	28.7
	19세	113	20.6	0.90	9.1	10.5	11.5	14.3	20.7	24.2	30.5	31.7	33.4

출처 : CDC(2007~2010). Anthropometric Reference Data for Children and Adults: U.S. Population.

② 삼두근 피부두겹두께 백분위수 : 20세 이상

(단위 : mm)

인종, 민족, 연령	n	평균	표준 오차	백분위수								
				5	10	15	25	50	75	85	90	95
전체												
20세 이상	5,198	23.7	0.17	11.9	14.0	15.8	18.0	23.5	29.0	31.9	33.7	35.9
20~29세	815	22.2	0.44	11.0	13.2	14.0	16.5	21.3	27.7	31.1	32.6	35.1
30~39세	858	24.2	0.40	12.1	14.7	16.2	18.6	24.1	30.0	32.2	33.8	36.0
40~49세	943	24.2	0.26	11.5	14.1	15.9	18.7	24.7	29.5	32.1	33.9	35.8
50~59세	769	24.6	0.30	12.9	15.6	16.8	19.2	24.5	29.8	32.2	34.0	36.3
60~69세	845	24.7	0.34	13.0	15.8	17.2	20.2	24.9	29.4	31.9	33.8	35.9
70~79세	613	23.4	0.33	11.5	14.3	16.3	18.9	22.9	28.0	31.0	32.8	35.2
80세 이상	355	19.4	0.34	9.4	11.2	12.4	14.7	19.0	23.2	25.9	27.8	31.7
비히스패닉계 백인												
20세 이상	2,470	23.4	0.24	11.7	13.9	15.6	17.9	23.0	28.7	31.3	33.0	35.4
20~39세	711	22.8	0.41	11.6	13.4	14.4	17.0	22.1	28.6	31.4	32.7	35.0
40~59세	780	24.0	0.30	12.0	14.2	16.2	18.5	24.3	29.2	31.8	33.8	35.8
60세 이상	979	23.1	0.22	11.4	13.9	15.8	18.1	22.5	27.9	30.9	32.5	34.9
비히스패닉계 흑인												
20세 이상	934	25.7	0.34	11.1	14.7	16.7	20.4	26.2	31.9	34.2	35.2	37.5
20~39세	307	25.6	0.50	11.0	13.8	15.7	20.0	25.9	32.0	34.2	35.2	37.2
40~59세	313	26.5	0.39	12.8	15.2	18.0	21.7	27.5	31.9	34.2	35.2	37.9
60세 이상	314	24.6	0.70	10.9	14.7	16.1	19.7	24.9	30.0	33.1	35.0	37.1
히스패닉계 인												
20세 이상	1,546	24.4	0.22	13.4	15.7	16.9	19.2	24.3	29.1	31.9	33.8	35.8
20~39세	561	23.7	0.35	13.3	15.1	16.4	18.7	23.5	28.0	31.0	33.0	35.7
40~59세	526	25.8	0.36	15.0	17.0	18.3	21.0	25.7	30.8	33.1	34.4	36.1
60세 이상	459	23.4	0.24	12.1	13.9	15.6	18.0	23.1	28.5	31.0	32.9	35.1
멕시코계 미국인												
20세 이상	948	24.6	0.30	13.4	15.8	17.1	19.4	24.7	29.4	32.2	33.9	36.0
20~39세	353	24.1	0.43	13.5	15.5	16.6	19.0	24.0	28.5	31.8	33.4	36.0
40~59세	320	26.1	0.55	15.0	17.2	19.1	21.8	25.9	30.9	33.3	34.9	36.5
60세 이상	275	23.0	0.26	11.3	13.1	15.3	17.9	23.0	28.1	30.7	31.9	34.2

출처 : CDC(2007~2010). Anthropometric Reference Data for Children and Adults: U.S. Population.

③ 삼두근 피부두겹두께 백분위수 : 남 20세 이상

(단위 : mm)

인종, 민족, 연령	n	평균	표준오차	백분위수								
				5	10	15	25	50	75	85	90	95
전체												
20세 이상	5,307	14.9	0.17	6.2	7.5	8.4	9.9	13.4	18.6	22.0	24.3	27.8
20~29세	846	14.0	0.28	5.5	6.6	7.2	8.5	12.5	17.9	21.9	23.3	26.4
30~39세	875	15.1	0.26	5.9	7.7	8.5	9.9	13.9	18.8	22.2	24.8	28.3
40~49세	885	14.7	0.33	6.3	7.9	8.4	9.5	12.9	18.2	22.0	24.5	28.0
50~59세	880	15.1	0.37	7.0	8.2	9.0	10.5	13.3	18.8	21.8	24.2	28.4
60~69세	880	15.9	0.31	7.2	8.4	9.3	10.8	14.9	19.8	23.2	24.9	27.9
70~79세	606	15.7	0.41	7.6	8.6	9.4	10.9	14.6	19.2	22.1	24.9	27.7
80세 이상	335	14.4	0.25	7.0	8.5	8.9	9.9	13.2	16.9	20.2	22.0	25.4
비히스패닉계 백인												
20세 이상	2,588	15.1	0.22	6.5	7.8	8.7	10.1	13.4	19.0	22.1	24.4	27.6
20~39세	747	14.5	0.28	5.7	7.0	7.6	9.3	13.1	18.6	21.9	23.8	26.5
40~59세	792	15.1	0.31	7.0	8.3	8.8	10.2	13.2	18.8	22.2	24.6	28.0
60세 이상	1,049	15.8	0.28	7.4	8.7	9.5	11.0	14.8	19.5	22.6	24.8	27.4
비히스패닉계 흑인												
20세 이상	984	14.5	0.26	4.9	6.0	7.0	8.4	12.6	18.8	23.1	25.4	30.1
20~39세	316	14.2	0.39	4.5	5.6	6.6	7.8	12.0	18.3	23.5	25.9	31.5
40~59세	335	14.5	0.46	4.6	6.3	7.1	9.0	12.6	18.9	22.7	24.7	29.7
60세 이상	333	15.4	0.37	5.6	6.8	7.8	9.5	14.4	19.3	23.7	25.8	29.2
히스패닉계 인												
20세 이상	1,475	14.4	0.27	6.7	7.8	8.6	9.9	13.3	17.1	20.1	22.6	27.7
20~39세	547	14.5	0.32	6.1	7.5	8.5	9.9	13.6	17.1	20.3	22.9	28.1
40~59세	559	14.2	0.34	7.0	7.9	8.4	9.8	12.9	16.9	19.5	21.8	26.8
60세 이상	369	14.6	0.33	7.0	8.3	9.1	10.0	13.1	17.5	20.8	22.8	27.9
멕시코계 미국인												
20세 이상	949	14.4	0.30	6.8	7.9	8.7	10.0	13.3	17.0	20.0	21.9	27.0
20~39세	366	14.7	0.37	6.2	7.8	8.7	10.1	13.8	17.2	20.3	22.8	28.1
40~59세	364	13.8	0.36	6.9	7.8	8.4	9.6	12.4	16.4	19.3	21.2	25.0
60세 이상	219	14.4	0.42	7.4	8.3	9.1	10.0	12.9	17.4	19.7	21.8	27.3

출처 : CDC(2007~2010). Anthropometric Reference Data for Children and Adults: U.S. Population.

④ 견갑골하부 피부두겹두께 : 2개월~19세

(단위 : mm)

성별	연령	n	평균	표준오차	백분위수								
					5	10	15	25	50	75	85	90	95
남자	2~5개월	121	7.9	0.17	5.5	5.8	6.2	6.5	7.7	8.8	9.9	10.0	11.2
	6~8개월	98	7.9	0.26	-	5.4	5.9	6.5	7.7	9.1	9.9	10.1	10.3
	9~11개월	106	7.5	0.22	-	5.3	5.5	5.9	7.0	8.3	9.0	10.2	11.5
	1세	305	6.9	0.11	4.7	5.0	5.2	5.7	6.5	7.7	8.4	9.0	9.8
	2세	289	6.5	0.18	4.4	4.8	5.0	5.2	6.2	7.1	7.9	8.4	9.6
	3세	179	6.4	0.17	-	4.5	4.7	5.1	5.9	6.8	7.9	9.0	10.5
	4세	226	6.3	0.17	4.0	4.2	4.5	4.9	5.7	6.9	7.6	8.4	10.1
	5세	190	6.3	0.16	4.0	4.2	4.4	4.7	5.7	6.9	7.9	8.7	11.0
	6세	187	7.0	0.31	4.0	4.3	4.5	4.8	5.4	6.8	8.9	13.4	17.2
	7세	207	7.6	0.36	4.0	4.3	4.5	4.9	5.6	8.1	11.8	13.1	18.1
	8세	201	8.9	0.49	4.1	4.2	4.9	5.1	6.6	9.8	13.9	15.6	21.0
	9세	177	9.6	0.57	4.2	4.5	4.7	5.2	6.7	11.1	15.7	20.5	23.2
	10세	192	11.0	0.62	4.2	4.9	5.2	5.7	7.9	14.2	17.4	19.9	25.9
	11세	200	10.9	0.52	4.9	5.0	5.2	5.9	8.0	14.5	18.2	20.6	23.7
	12세	151	12.0	0.50	4.6	4.9	5.4	5.9	8.9	16.1	19.8	24.6	26.8
	13세	140	11.4	0.84	5.1	5.9	6.1	6.7	8.2	13.5	19.8	22.0	26.3
	14세	169	11.0	0.68	4.9	5.7	6.0	6.3	8.2	12.9	18.2	22.0	25.5
	15세	152	11.8	0.55	5.7	6.3	6.8	7.4	9.1	14.0	16.6	20.4	27.7
	16세	165	12.8	0.59	-	6.9	7.4	8.2	10.0	15.3	19.2	22.0	28.3
	17세	176	13.0	0.70	6.3	7.0	7.7	8.4	10.1	15.2	20.6	23.4	25.9
	18세	130	14.8	0.71	7.3	7.6	8.5	9.3	13.2	19.0	21.2	24.7	27.5
	19세	167	13.6	0.60	6.6	7.0	7.9	9.0	11.3	16.4	19.9	23.0	26.5
여자	2~5개월	111	8.2	0.19	5.2	5.4	5.8	6.7	8.0	9.2	10.4	11.1	11.8
	6~8개월	103	7.5	0.17	-	5.4	5.7	6.5	7.4	8.2	9.0	9.3	-
	9~11개월	118	7.8	0.23	5.0	5.3	5.8	6.6	7.5	8.9	9.2	9.7	11.1
	1세	284	7.2	0.14	4.8	5.2	5.4	5.8	6.8	8.0	8.7	9.2	10.4
	2세	253	6.8	0.19	4.5	4.9	5.0	5.5	6.4	7.5	8.2	9.0	10.5
	3세	179	6.7	0.19	4.6	4.9	5.0	5.3	6.2	7.5	8.8	9.3	9.8
	4세	188	6.9	0.14	4.6	4.8	4.9	5.2	6.1	7.5	8.2	9.3	12.1
	5세	166	7.9	0.39	4.4	4.6	4.9	5.2	6.3	8.6	11.1	13.4	17.2
	6세	172	7.5	0.31	4.3	4.7	4.8	5.2	6.2	8.3	10.4	11.7	14.3
	7세	200	9.0	0.47	4.3	4.7	4.9	5.5	6.5	10.2	13.9	16.6	20.0
	8세	192	10.6	0.67	4.5	5.1	5.3	6.1	7.8	14.0	17.4	19.7	24.3
	9세	190	11.3	0.77	4.3	5.1	5.6	6.0	7.8	15.5	19.7	22.6	27.5
	10세	169	12.0	0.55	5.6	6.0	6.5	7.1	9.7	15.2	18.6	21.7	23.0
	11세	196	12.9	0.64	4.9	5.7	6.3	7.0	10.2	17.5	21.3	25.4	27.2
	12세	156	13.1	0.75	5.5	5.9	6.4	7.5	10.7	16.8	20.5	24.7	28.0
	13세	122	14.2	0.81	-	6.8	7.7	8.3	11.0	17.4	24.0	25.4	31.3
	14세	155	15.1	0.60	6.3	7.2	8.2	9.8	13.6	18.4	21.9	24.9	30.3
	15세	129	16.7	0.97	6.9	8.1	9.1	10.0	14.2	22.7	25.8	30.0	31.8
	16세	138	15.6	0.85	-	7.9	8.7	10.2	12.7	20.1	23.2	25.7	29.0
	17세	132	15.6	0.70	7.2	8.6	9.3	11.0	13.0	19.1	24.0	26.1	28.5
	18세	118	16.0	0.91	8.1	8.6	8.8	9.5	12.7	21.8	24.4	28.6	30.9
	19세	108	18.3	0.85	-	9.3	10.6	12.7	16.8	22.1	27.2	31.1	33.6

출처 : CDC(2007~2010). Anthropometric Reference Data for Children and Adults: U.S. Population.

⑤ 견갑골하부 피부두겹두께 : 여성 20세 이상

(단위 : mm)

인종, 민족, 연령	n	평균	표준오차	백분위수								
				5	10	15	25	50	75	85	90	95
전체												
20세 이상	4,723	21.7	0.17	8.6	10.3	11.9	14.5	21.2	28.1	31.6	33.9	36.0
20~29세	740	20.0	0.53	8.5	9.6	10.9	13.0	18.9	25.9	30.7	33.6	35.9
30~39세	762	22.2	0.46	8.9	10.4	11.9	15.3	22.2	29.1	32.0	33.9	36.6
40~49세	844	22.4	0.37	8.7	10.9	12.2	15.5	22.6	28.4	32.0	33.9	36.5
50~59세	676	22.9	0.38	9.2	11.0	12.9	16.4	22.8	29.6	32.9	35.0	36.8
60~69세	782	23.3	0.36	9.6	12.3	14.2	17.7	23.1	29.4	31.9	33.7	35.5
70~79세	586	21.5	0.36	8.8	10.1	11.8	14.7	21.1	27.9	30.9	32.8	35.1
80세 이상	333	15.4	0.29	5.6	7.2	8.4	10.3	14.4	19.9	22.3	23.9	27.1
비히스패닉계 백인												
20세 이상	2,325	20.7	0.22	8.2	9.6	11.1	13.6	20.1	27.0	30.8	32.8	35.3
20~39세	659	19.8	0.52	8.1	9.3	10.5	12.6	18.4	26.1	30.6	32.7	35.4
40~59세	725	21.6	0.31	8.6	10.2	11.9	14.6	21.1	27.3	31.1	33.6	35.9
60세 이상	941	20.5	0.24	7.5	9.3	11.1	13.9	20.0	26.8	30.1	31.8	34.6
비히스패닉계 흑인												
20세 이상	773	26.1	0.39	10.3	13.2	16.4	19.9	27.1	32.9	35.3	36.7	38.0
20~39세	250	25.1	0.49	10.0	11.9	15.1	18.4	25.5	32.7	35.0	36.3	37.4
40~59세	256	27.3	0.48	11.1	14.9	17.7	21.2	28.6	34.3	36.2	37.2	38.6
60세 이상	267	25.4	0.54	10.1	13.2	17.0	20.3	26.2	31.8	33.0	35.3	37.8
히스패닉계 인												
20세 이상	1,397	23.7	0.27	10.6	13.2	15.2	18.0	23.5	29.5	32.3	34.2	36.6
20~39세	501	23.0	0.39	10.5	12.3	14.0	17.3	22.7	28.9	31.8	34.4	36.7
40~59세	458	25.1	0.47	12.9	15.4	17.1	19.8	25.2	30.8	32.9	34.5	36.7
60세 이상	438	22.4	0.40	8.9	11.5	13.8	16.8	22.3	27.9	31.0	32.9	35.9
멕시코계 미국인												
20세 이상	841	23.9	0.34	10.7	13.7	15.5	18.3	23.8	29.8	32.4	34.1	36.6
20~39세	307	23.7	0.48	10.9	13.5	15.3	17.9	23.3	29.2	32.3	34.6	36.9
40~59세	276	25.2	0.60	12.7	15.3	16.8	20.1	25.3	30.9	32.8	33.6	36.2
60세 이상	258	21.6	0.59	8.2	10.5	12.8	16.3	21.3	26.9	30.4	32.6	35.4

출처 : CDC(2007~2010). Anthropometric Reference Data for Children and Adults: U.S. Population.

⑥ 견갑골하부 피부두겹두께 : 남 20세 이상

(단위 : mm)

인종, 민족, 연령	n	평균	표준오차	백분위수								
				5	10	15	25	50	75	85	90	95
전체												
20세 이상	4,645	20.2	0.21	8.9	10.3	11.5	14.2	19.6	25.2	28.6	30.5	33.3
20~29세	792	17.8	0.40	7.6	8.8	9.5	11.0	16.5	23.2	27.0	28.9	31.4
30~39세	758	20.5	0.42	8.9	10.6	11.4	14.7	20.0	25.8	29.0	31.1	33.8
40~49세	764	21.0	0.37	9.6	11.0	12.6	15.3	20.4	26.1	28.9	30.9	33.8
50~59세	755	21.2	0.32	10.2	11.9	13.4	15.5	20.5	26.1	29.0	31.2	34.0
60~69세	752	21.5	0.35	9.6	11.3	13.1	15.8	21.2	26.3	29.9	31.4	35.0
70~79세	522	20.6	0.33	9.8	11.8	13.0	15.0	20.1	25.4	27.8	29.9	33.8
80세 이상	302	17.9	0.41	9.4	10.3	11.1	13.0	17.0	21.9	24.3	26.3	29.7
비히스패닉계 백인												
20세 이상	2,302	20.0	0.26	8.8	10.2	11.3	14.0	19.4	25.0	28.3	30.1	33.0
20~39세	695	18.6	0.46	7.8	9.0	9.8	11.8	17.9	24.3	27.9	29.0	32.4
40~59세	690	20.9	0.30	10.1	11.4	13.0	15.2	20.1	25.8	28.8	30.9	33.7
60세 이상	917	20.6	0.26	9.5	11.0	12.4	14.9	20.1	25.3	28.5	30.3	33.8
비히스패닉계 흑인												
20세 이상	832	20.2	0.38	7.9	9.6	10.6	13.1	19.1	26.4	29.6	31.7	35.8
20~39세	274	18.7	0.52	7.4	9.1	9.9	11.3	17.0	24.4	28.9	30.7	34.5
40~59세	282	21.2	0.55	7.9	9.7	11.3	14.3	20.9	27.0	30.6	32.6	36.3
60세 이상	276	22.0	0.52	9.3	11.0	13.0	15.6	22.0	27.5	30.2	32.3	36.3
히스패닉계 인												
20세 이상	1,283	21.0	0.31	9.6	11.3	13.1	15.4	20.5	26.0	28.7	30.6	33.5
20~39세	481	20.1	0.39	8.9	10.5	11.8	14.2	19.7	25.1	28.0	29.7	33.2
40~59세	482	22.4	0.48	11.0	13.2	15.0	17.1	21.9	27.2	30.0	31.8	34.9
60세 이상	320	20.8	0.35	11.0	12.8	14.1	15.4	20.1	25.6	27.2	29.4	32.1
멕시코계 미국인												
20세 이상	825	21.0	0.37	9.8	11.5	13.1	15.6	20.5	25.9	28.6	30.6	33.5
20~39세	316	20.6	0.46	9.1	10.6	12.2	14.9	20.1	25.7	28.6	30.8	33.6
40~59세	316	21.7	0.50	10.6	12.7	14.5	16.5	21.6	26.0	28.8	30.7	33.7
60세 이상	193	20.4	0.49	11.0	12.8	14.0	15.4	19.8	24.9	26.9	28.5	31.0

출처 : CDC(2007~2010). Anthropometric Reference Data for Children and Adults: U.S. Population.

찾아보기

저자소개

김유리
이화여자대학교 식품영양학과 학사
미국 Ohio State University 인체영양학 석사
미국 Tufts University 영양생화학과 대사 박사
미국 Yale University 의과대학 박사후 연구원
현재 이화여자대학교 식품영양학과 교수

김지명
이화여자대학교 식품영양학과 학사
이화여자대학교 식품영양학과 석사
이화여자대학교 식품영양학과 영양학 박사
한국식품연구원 박사후 연구원
현재 신한대학교 식품조리과학부 식품영양전공 교수

이정은
서울대학교 식품영양학과 학사
미국 Harvard University 역학 석사
미국 Harvard University 영양학 및 역학 박사
미국 Harvard University 의과대학 박사후 연구원
현재 서울대학교 식품영양학과 교수

임윤숙
숙명여자대학교 식품영양학과 학사
숙명여자대학교 식품영양학과 석사
미국 Ohio State University 인체 영양학 박사
미국 University of California, Davis 의과대학 박사후 연구원
현재 경희대학교 식품영양학과 교수

황지윤
이화여자대학교 식품영양학과 학사
이화여자대학교 식품영양학과 석사
미국 Cornell University 영양학 박사(역학, 응용경제학 부전공)
질병관리본부 생명의과학센터 연구원
현재 상명대학교 식품영양학전공 교수

홍경희
이화여자대학교 식품영양학과 학사
이화여자대학교 식품영양학과 석사
경희대학교 동서의학대학원 의학영양학 박사
서울아산병원 아산생명과학연구소 박사후 연구원
현재 동서대학교 식품영양학과 교수

개정판 영양판정

2016년 3월 18일 초판 발행
2019년 9월 3일 2쇄 발행
2021년 9월 6일 개정판 발행

지은이 | 김유리 · 김지명 · 이정은 · 임윤숙 · 황지윤 · 홍경희
발행인 | 유제구
발행처 | 파워북
주 소 | 경기도 고양시 일산동구 호수로 358-25
동문굿모닝타워2차 529호
전 화 | (02) 730-1412
F A X | (031) 908-1410
등 록 | 1997. 1. 1 제 300-1997-13
편 집 | 북스북스(hynho3196@nate.com)

정가 24,000원
ISBN 978-89-8160-458-5 (93590)